KB000128

제민요술 역주 I

齊民要術譯註 Ⅰ (제1-2권)

주곡작물 재배

저 자_ **가사협**(賈思勰)
후위後魏 530-540년 저술

역주자_ **최덕경**(崔德卿) dkhistory@hanmail.net
문학박사이며, 현재 부산대학교 사학과 교수이다. 주된 연구방향은 중국농업사, 생태환경사 및 농민생활사이다. 중국사회과학원 역사연구소 객원교수를 역임했으며, 북경대학 사학과 초빙교수로서 중국 고대사와 중국생태 환경사를 강의한 바 있다.
저서로는 『중국고대농업사연구』(1994), 『중국고대 산림보호와 생태환경사 연구』(2009), 『동아시아 농업사상의 똥 생태학』(2016)과 『麗·元대의 農政과 農桑輯要』(3인 공저, 2017)가 있다. 역서로는 『중국고대사회성격논의』(2인 공역, 1991), 『중국사(진한사)』(2인 공역, 2004)가 있고, 중국고전에 대한 역주서로는 『농상집요 역주』(2012), 『보농서 역주』(2013), 『진부농서 역주』(2016)와 『사시찬요 역주』(2017) 등이 있다. 그 외에 한국과 중국에서 발간한 공동저서가 적지 않으며, 중국농업사 생태환경사 및 생활문화사 관련 논문이 100여 편이 있다.

제민요술 역주 I 齊民要術譯註 I (제1-2권)

▌주곡작물 재배▐

1판 1쇄 인쇄 2018년 12월 5일
1판 1쇄 발행 2018년 12월 15일

저 자 | 賈思勰
역주자 | 최덕경
발행인 | 이방원
발행처 | 세창출판사
신고번호 | 제300-1990-63호
주소 | 서울 서대문구 경기대로 88 (냉천빌딩 4층)
전화 | (02) 723-8660 팩스 | (02) 720-4579
http://www.sechangpub.co.kr
e-mail: edit@sechangpub.co.kr

ISBN 978-89-8411-783-9 94520
978-89-8411-782-2 (세트)

이 번역도서는 2016년 정부(교육부)의 재원으로 한국연구재단의 지원을 받아 수행된 연구임(NRF-2016S1A5A7021010).

이 도서의 국립중앙도서관 출판시도서목록(CIP)은 서지정보유통지원시스템 홈페이지(http://seoji.nl.go.kr)와 국가자료공동목록시스템(http://www.nl.go.kr/kolisnet)에서 이용하실 수 있습니다.
(CIP제어번호: CIP2018039678)

제민요술 역주 I

齊民要術譯註 I (제1-2권)

▌주곡작물 재배▌

A Translated Annotation of
the Agricultural Manual "Jeminyousul"

賈 思 勰 저
최 덕 경 역주

세창출판사

역주자 서문

『제민요술』은 현존하는 중국에서 가장 오래된 백과전서적인 농서로서 530-40년대에 후위後魏의 가사협賈思勰이 찬술하였다. 본서는 완전한 형태를 갖춘 중국 최고의 농서이다. 이 책에 6세기 황하 중·하류지역 농작물의 재배와 목축의 경험, 각종 식품의 가공과 저장 및 야생식물의 이용방식 등을 체계적으로 정리하고, 계절과 기후에 따른 농작물과 토양의 관계를 상세히 소개했다는 점에서 의의가 크다. 본서의 제목이 『제민요술』인 것은 바로 모든 백성[齊民]들이 반드시 읽고 숙지해야 할 내용[要術]이라는 의미이다. 때문에 이 책은 오랜 시간 동안 백성들의 필독서로서 후세에 『농상집요』, 『농정전서』 등의 농서에 모델이 되었을 뿐 아니라 인근 한국을 비롯한 동아시아 전역의 농서편찬과 농업발전에 깊은 영향을 미쳤다.

가사협賈思勰은 북위 효문제 때 산동 익도益都(지금 수광壽光 일대) 부근에서 출생했으며, 일찍이 청주青州 고양高陽태수를 역임했고, 이임 후에는 농사를 짓고 양을 길렀다고 한다. 가사협이 활동했던 시대는 북위 효문제의 한화정책이 본격화되고 균전제의 실시로 인해 황무지가 분급分給되면서 오곡과 과과瓜果, 채소 및 식수조림이 행해졌던 시기로서, 『제민요술』의 등장은 농업생산의 제고에 유리한 조건을 제공했다. 특히 가사협은 산동, 하북, 하남 등지에서 관직을 역임하면서 직·간접적으로 체득한 농목의 경험과 생활경험을 책 속에 그대로 반영하였다. 서문에서 보듯 "국가에 보탬이 되고 백성에게 이익이 되었던," 경수창耿壽昌과 상홍양桑弘羊 같은 경제정책을 추구했으며, 이를 위해 관찰과 경험, 즉 실용적인 지식에 주목했던 것이다.

『제민요술』은 10권 92편으로 구성되어 있다. 초반부에서는 경작방식과 종자 거두기를 제시하고 있는데, 다양한 곡물, 과과瓜果, 채소류, 잠상과 축목 등이 61편에 달하며, 후반부에는 이들을 재료로 한 다양한 가공식품을 소개하고 있다.

가공식품은 비록 25편에 불과하지만, 그 속에는 생활에 필요한 누룩, 술, 장초醬醋, 두시豆豉, 생선, 포[脯腊], 유락乳酪의 제조법과 함께 각종 요리 3백여 종을 구체적으로 소개하고 있다. 흥미로운 것은 권10에 외부에서 중원[中國]으로 유입된 오곡, 채소, 열매[果蓏] 및 야생식물 등이 150여 종 기술되어 있으며, 그 분량은 전체의 1/4을 차지할 정도이며, 외래 작물의 식생植生과 그 인문학적인 정보가 충실하다는 점이다.

본서의 내용 중에는 작물의 파종법, 시비, 관개와 중경세작기술 등의 농경법은 물론이고 다양한 원예기술과 수목의 선종법, 가금家禽의 사육방법, 수의獸醫 처방, 미생물을 이용한 농·부산물의 발효방식, 저장법 등을 세밀하게 소개하고 있다. 그 외에도 본서의 목차에서 볼 수 있듯이 양잠 및 양어, 각종 발효식품과 술(음료), 옷감 염색, 서적편집, 나무번식기술과 지역별 수목의 종류 등이 구체적으로 기술되어 있다. 이들은 6세기를 전후하여 중원을 중심으로 사방의 다양한 소수민족의 식습관과 조리기술이 상호 융합되어 새로운 중국 음식문화가 창출되고 있다는 사실을 보여 준다. 이러한 기술은 지방지, 남방의 이물지異物志, 본초서와 『식경食經』 등 50여 권의 책을 통해 소개되고 있다는 점이 특이하며, 이는 본격적인 남북 간의 경제 및 문화의 교류를 실증하는 것이다. 실제 『제민요술』 속에 남방의 지명이나 음식습관들이 많이 등장하고 있는 것을 보면 6세기 무렵 중원 식생활이 인접지역문화와 적극적으로 교류되고 다원의 문화가 융합되었음을 확인할 수 있다. 이처럼 한전旱田 농업기술의 전범典範이 된 『제민요술』은 당송시대를 거치면서 수전水田농업의 발전에도 기여하며, 재배와 생산의 경험은 점차 시장과 유통으로 바통을 이전하게 된다.

그런 점에서 『제민요술』은 바로 당송唐宋이라는 중국적 질서와 가치가 완성되는 과정의 산물로서 "중국 음식문화의 형성", "동아시아 농업경제"란 토대를 제공한 저술로 볼 수 있을 것이다. 따라서 이 한 권의 책으로 전근대 중국 백성들의 삶에 무엇이 필요했으며, 무엇을 어떻게 생산하고, 어떤 식으로 가공하여 먹고 살았는지, 어디를 지향했는지를 잘 들여다볼 수 있다. 이런 점에서 본서는 농가류農家類로 분류되어 있지만, 단순한 농업기술 서적만은 아니다. 『제민요술』 속에 담겨 있는 내용을 보면, 농업 이외에 중국 고대 및 중세시대의 일상 생활문화를 동시에 알 수 있다. 뿐만 아니라 이 책을 통해 당시 중원지역과 남·북방민족과 서역 및 동남아시아에 이르는 다양한 문화 및 기술교류를 확인할 수 있다는 점에서 매우 가치 있는 고전이라고 할 수 있다.

특히 『제민요술』에서 다양한 곡물과 식재료의 재배방식 및 요리법을 기록으로 남겼다는 것은 당시에 이미 음식飮食을 문화文化로 인식했다는 의미이며, 이를 기록으로 남겨 그 맛을 후대에까지 전수하겠다는 의지가 담겨 있음을 말해 준다. 이것은 곧 문화를 공유하겠다는 통일지향적인 표현으로 볼 수 있다. 실제 수당시기에 이르기까지 동서와 남북 간의 오랜 정치적 갈등이 있었으나, 여러 방면의 교류를 통해 문화가 융합되면서도 『제민요술』의 농경방식과 음식문화를 계승하여 기본적인 농경문화체계가 형성되게 된 것이다.

『제민요술』에서 당시 과학적 성취를 다양하게 보여 주고 있다.

우선 화북 한전旱田 농업의 최대 난제인 토양 습기보존을 위해 쟁기, 누거耬車와 호미 등의 농구를 갈이[耕], 써레[耙], 마평[耱], 김매기[鋤], 진압[壓] 등의 기술과 교묘하게 결합한 보상保墒법을 개발하여 가뭄을 이기고 해충을 막아 작물이 건강하게 성장하도록 했으며, 빗물과 눈을 저장하여 생산력을 높이는 방법도 소개하고 있다. 그 외에도 종자의 선종과 육종법을 위해 특수처리법을 개발했으며, 윤작, 간작 및 혼작법 등의 파종법도 소개하고 있다. 그런가 하면 효과적인 농업경영을 위해 제초 및 병충해 예방과 치료법은 물론이고, 동물의 안전한 월동과 살찌우는 동물사육법도 제시하고 있다. 또 관찰을 통해 정립한 식물과 토양환경의 관계, 생물에 대한 감별과 유전변이, 미생물을 이용한 알코올 효소법과 발효법, 그리고 단백질 분해효소를 이용하여 장을 담그고, 유산균이나 전분효소를 이용한 엿당 제조법 등은 지금도 과학적으로 입증되는 내용이다. 이러한 『제민요술』의 과학적인 실사구시의 태도는 황하유역 한전旱田 농업기술의 발전에 중대한 공헌을 했으며, 후세 농학의 본보기가 되었고, 그 생산력을 통해 재난을 대비하고 풍부한 문화를 창조할 수 있었던 것이다. 이상에서 보듯 『제민요술』에는 백과전서라는 이름에 걸맞게 고대중국의 다양한 분야의 산업과 생활문화가 융합되어 있다.

이런 『제민요술』은 사회적 요구가 확대되면서 편찬 횟수가 늘어났으며, 그 결과 판본 역시 적지 않다. 가장 오래된 판본은 북송 천성天聖 연간(1023-1031)의 숭문원각본崇文院刻本으로 현재 겨우 5권과 8권이 남아 있고, 그 외 북송본으로 일본의 금택문고초본金澤文庫抄本이 있다. 남송본으로는 장교본將校本, 명초본明抄本과 황교본黃校本이 있으며, 명각본은 호상본湖湘本, 비책휘함본秘冊彙函本과 진체비서본津逮秘書本이, 청각본으로는 학진토원본學津討原本, 점서촌사본漸西村舍本이 전해지고 있다. 최근에는 스셩한의 『제민요술금석齊民要術今釋』(1957-58)이 출판되고, 묘치위의 『제민요술교석齊民要術校釋』(1998)과 일본 니시야마 다케이치[西山武一] 등의 『교정역주 제민요술校訂譯註 齊民要術』(1969)이 출판되었는데, 각 판본 간의 차이는 적지 않다. 본 역주에서 적극적으로 참고한 책은 여러 판본을 참고하여 교감한 후자의 3책冊으로, 이들을 통해 전대前代의 다양한 판본을 간접적으로 참고할 수 있었으며, 각 판본의 차이는 해당 본문의 끝에 【교기】를 만들어 제시하였다.

그리고 본서의 번역은 가능한 직역을 원칙으로 하였다. 간혹 뜻이 잘 통하지 못할 경우에 한해 각주를 덧붙이거나 의역하였다. 필요시 최근 한중일의 관련 주요 연구 성과도 반영하고자 노력했으며, 특히 중국고전 문학자들의 연구 성과인 "제민요술 어휘연구" 등도 역주작업에 적극 참고하였음을 밝혀 둔다.

각 편의 끝에 배치한 그림[圖版]은 독자들이 이해를 돕기 위해 삽입하였다. 이전의 판본에서는 사진을 거의 제시하지 않았는데, 당시에는 농작물과 생산도구에 대한 이해도가 높아 사진자료가 필요 없었을 것이다. 하지만 오늘날은 농업의 비중과 인구가 급감하면서 농업에 대한 젊은 층의 이해도가 매우 낮다. 아울러 농업이 기계화되어 전통적인 생산수단의 작동법은 쉽게 접하기도 어려운 상황이 되어, 책의 이해도를 높이기 위해 불가피하게 사진을 삽입하였다.

본서와 같은 고전을 번역하면서 느낀 점은 과거의 언어를 현재어로 담아내기가 쉽지 않다는 점이다. 예를 든다면 『제민요술』에는 '쑥'을 지칭하는 한자어가 봉蓬, 애艾, 호蒿, 아莪, 나蘿, 추萩 등이 등장하며, 오늘날에는 그 종류가 몇 배로 다양해졌지만 과거 갈래에 대한 연구가 부족하여 정확한 우리말로 표현하기가 곤란하다. 이를 위해서는 기본적으로 한·중 간의 유입된 식물의 명칭 표기에 대한 연구가 있어야만 가능할 것이다. 비록 각종 사전에는 오늘날의 관점에서 연구한 많은 식물명과 그 학명이 존재할지라도 역사 속의 식물과 연결시키기에는 적지 않은 문제점이 발견된다. 이러한 현상은 여타의 곡물, 과수, 수목과 가축에도 적용되는 현상이다. 본서가 출판되면 이를 근거로 과거의 물질자료와 생활방식에 인문학적 요소를 결합하여 융합학문의 연구가 본격화되기를 기대한다. 그리고 본서를 통해 전통시대 농업과 농촌이 어떻게 자연과 화합하며 삶을 영위했는가를 살펴, 오늘날 생명과 환경문제의 새로운 길을 모색하는 데 일조하기를 기대한다.

본서의 범위가 방대하고, 내용도 풍부하여 번역하는 데에 적지 않은 시간을 소요했으며, 교정하고 점검하는 데에도 번역 못지않은 시간을 보냈다. 특히 본서는 필자의 연구에 가장 많은 영향을 준 책이며, 필자가 현직에 있으면서 마지막으로 출판하는 책이 되어 여정을 같이한다는 측면에서 더욱 감회가 새롭다. 그 과정에서 감사해야 할 분들이 적지 않다. 우선 필자가 농촌과 농민의 생활을 자연스럽게 이해할 수 있도록 만들어 주신 부모님께 감사드린다. 그리고 중국농업사의 길을 인도해 주신 민성기 선생님은 연구자의 엄정함과 지식의 균형감각을 잡아 주셨다. 아울러 오랜 시간 함께했던 부산대학과 사학과 교수님들의 도움 또한 잊을 수 없다. 한길을 갈 수 있도록 직간접으로 많은 격려와 가르침을 받았다. 더불어 학과 사무실을 거쳐 간 조교와 조무들도 궂은일에 수발이 되어 주었다. 이분들의 도움이 있었기에 편안하게 연구실을 지킬 수 있었다.

본 번역작업을 시작할 때 함께 토론하고, 준비해 주었던 "농업사 연구회" 회원들에게 감사드린다. 열심히 사전을 찾고 토론하는 과정 속에서 본서의 초안이 완성될 수 있었다. 그리고 본서가 나올 때까지 동양사 전공자인 박희진 선생님과 안현철 선생님의 도움을 잊을 수 없다. 수차에 걸친 원고교정과 컴퓨터작업에 이르기까지 도움 받지 않은 곳이 없다. 본서가 이만큼이나마 가능했던 것은 이들의 도움이 컸다. 아울러 김지영 선생님의 정성스런 교정도 잊을 수가 없다. 오랜 기간의 작업에 이분들의 도움이 없었다면 분명 지쳐 마무리가 늦어졌을 것이다.

가족들의 도움도 잊을 수 없다. 매일 밤늦게 들어오는 필자에게 "평생 수능준비 하느냐?"라고 핀잔을 주면서도 집안일을 잘 이끌어 준 아내 이은영은 나의 최고의 조력자이며, 83세의 연세에도 레슨을 하며, 최근 화가자격까지 획득하신 초당 배구자 님, 모습 자체가 저에겐 가르침입니다. 그리고 예쁜 딸 혜원이와 뉴요커가 되어 버린 멋진 진안, 해민이도 자신의 역할을 잘해 줘 집안의 걱정을 덜어 주었다. 너희들 덕분에 아빠는 지금까지 한길을 걸을 수 있었단다.

끝으로 한국연구재단의 명저번역사업의 지원에 감사드리며, 세창출판사 사장님과 김명희 실장님의 세심한 배려에 감사드린다. 항상 편안하게 원고 마무리할 수 있도록 도와주시고, 원하는 것을 미리 알아서 처리하여 출판이 한결 쉬웠다. 모두 복 많이 받으세요.

2018년 6월 23일

우리말 교육에 평생을 바치신 김수업 선생님을 그리며

부산대학교 미리내 언덕 617호실에서 필자 씀

목차

주곡작물 재배

제1권

제2권

총 목차

제민요술역주 I

주곡작물 재배

제1권

제2권

제민요술역주 II

과일 · 채소와 수목 재배

제3권

제4권

제5권

제민요술역주 III

가축사육 · 유제품 및 술 제조

제6권

제7권

제민요술역주 IV

발효식품 · 분식 및 음식조리법

제8권

제9권

제민요술역주 V

중원의 유입작물

제10권

일러두기

❶ 본서의 번역 원문은 가장 최근에 출판되어 문제점을 최소화한 묘치위[繆啓愉]『제민요술교석(齊民要術校釋), 中國農業出版社, 1998: 이후 '묘치위 교석본' 혹은 '묘치위'로 간칭함] 교석본에 의거했다. 그리고 역주작업에는 스성한[石聲漢]『제민요술금석(齊民要術今釋)上·下, 中華書局, 2009: 이후 '스성한 금석본' 혹은 '스성한'으로 간칭함], 묘치위[繆啓愉]와 일본의 니시야마 다케이치[西山武一], 구로시로 유키오[熊代幸雄]『교정역주 제민요술(校訂譯註 齊民要術)』上·下, アジア經濟出版社, 1969: 이후 니시야마 역주본으로 간칭함]의 책과 그 외의 연구 논저를 모두 적절하게 참고했음을 밝혀 둔다.

❷ 각주와 【교기(校記)】로 구분하여 주석하였다. 【교기】는 스성한의 금석본의 성과를 기본으로 하여 주로 판본 간의 글자차이를 기술하여 각 장의 끝에 위치하였다. 때문에 일일이 '스성한 금석본'에 의거한다는 근거를 달지 않았으며, 추가 부분에 대해서만 증거를 밝혔음을 밝혀 둔다.

❸ 각주에 표기된 '역주'는 『제민요술』을 최초로 교석한 스성한의 공로를 인정하여 먼저 제시하고, 이후 주석가들이 추가한 내용을 보충하였다. 즉, 스성한과 주석이 비슷한 경우에는 스성한의 것만 취하고, 그 외에 독자적인 견해만 추가하여 보충하였음을 밝힌다. 그 외 더 보충 설명해야 할 부분이나 내용이 통하지 않는 부분은 필자가 보충하였지만, 편의상 **[역자주]**란 명칭을 표기하지 않았다.

❹ 본문과 각주의 한자는 가능한 음을 한글로 표기했다. 이때 한글과 음이 동일한 한자는 ( )속에, 그렇지 않을 경우나 원문이 필요할 경우 번역문 뒤에 [ ]에 넣어 처리했다. 다만 서술형의 긴 문장은 한글로 음을 표기하지 않았다. 그리고 각주 속의 저자와 서명은 가능한 한 한글 음을 함께 병기했지만, 논문명은 번역하지 않고 원문을 그대로 부기했다.

⑤ 그림과 사진은 최소한의 이해를 돕기 위해 본문과 【교기】 사이에 배치하였다. 참고한 그림 중 일부는 Baidu와 같은 인터넷상에서 참고하여 재차 가공을 거쳐 게재했음을 밝혀 둔다.

⑥ 목차상의 원제목을 각주나 【교기】에서 표기할 때는 예컨대 '養羊第五十七'의 경우 '第~' 이하의 숫자를 생략했으며, 권10의 중원에서 생산되지 않는 오곡·과라·채소[五穀果蓏菜茹非中國物産者]를 표기할 때도 「비중국물산(非中國物産)」으로 약칭하였음을 밝혀 둔다.

⑦ 원문에 등장하는 반절음 표기와 같은 음성학 등은 축소하거나 삭제하였음을 밝힌다. 그리고 일본어와 중국어의 표기는 교육부 편수용어에 따라 표기하였음을 밝혀 둔다.

《제민요술 역주에서 참고한 각종 판본》

시대		간칭	판본 · 초본 · 교본
송본	북송본	원각본 (院刻本)	숭문원각본(崇文院刻本; 1023-1031년)
		금택초본 (金澤抄本)	일본 금택문고구초본(金澤文庫舊抄本; 1274년)
	남송본	황교본 (黃校本)	황교원본(黃校原本; 1820년에 구매)
		명초본 (明抄本)	남송본 명대초본(南宋本 明代抄本)
		황교유록본 (黃校劉錄本)	유수증전록본(劉壽曾轉錄本)
		황교육록본 (黃校陸錄本)	육심원전록간본(陸心源轉錄刊本)
		장교본 (張校本)	장보영전록본(張步瀛轉錄本)
명청각본	명각본	호상본 (湖湘本)	마직경호상각본(馬直卿湖湘刻本; 1524년)
		진체본 (津逮本)	모진(毛晉)의 『진체비서각본(津逮秘書刻本)』(1630년)
		비책휘함본 (秘冊彙函本)	호진형(胡震亨)의 『비책휘함각본(秘冊彙函刻本』(1603년 이전)
	청각본	학진본 (學津本)	장해붕(張海鵬)의 『학진토원각본(學津討原刻本)』(1804년)/상무인서관영인본(商務印書館影印本)(1806년)
		점서본 (漸西本)	원창(袁昶)의 『점서촌사총간각본(漸西村舍叢刊刻本)』(1896년)
		용계정사본 (龍溪精舍本)	『용계정사간본(龍溪精舍刊本)』(1917년)

시대	간칭	판본 · 초본 · 교본
청대 각종 교감교본(校勘校本)	오점교본 (吾點校本)	오점교(吾點校)의 고본(稿本)(1896년 이전)
	황록삼교기 (黃麓森校記)	황록삼의 『방북송본제민요술고본(仿北宋本齊民要術稿本)』(1911년)
근년 정리본(整理本)	스셩한의 금석본	스셩한[石聲漢]의 『제민요술금석(齊民要術今釋)』(1957-1958년)
	묘치위의 교석본	묘치위[繆啓愉]의 『제민요술교석(齊民要術校釋)』(1998년)
	니시야마 역주본	니시야마 다케이치[西山武一] · 구로시로 유키오[態代幸雄], 『校訂譯注齊民要術』(1957-1969년)

제민요술

제민요술 서문齊民要術序

『사기(史記)』에 이르기를 "제민(齊民)은 비축할 것이 없다."[1]라고 하였다. 이에 대해 여순(如淳)은 주해에서 말하기를 "제(齊)는 귀천의 구별이 없다는 것이며, '제민'[2]이란 고대에서 칭하는 말로, 오늘날에는 '평민(平民)'이라고 일컫는다."라고 하였다.

史記曰, 齊民無蓋藏. 如淳注曰, 齊, 無貴賤, 故謂之齊民者, 若, 1 今言平民也.

---

1 『사기(史記)』 권30 「평준서(平準書)」에는 '개장(蓋藏)'을 '장개(藏蓋)'라고 하는데, 뜻은 동일하며 비축해서 저장한다는 말이다. 스성한[石聲漢], 『제민요술금석(齊民要術今釋)』上·下, 中華書局, 2009(이후 '스성한 금석본' 혹은 '스성한'으로 간칭함)에 의하면, 당대(唐代)는 태종[李世民]의 이름을 피휘하여 '세(世)'를 '계(系)'자로, '민(民)'자를 '인(人)'자로 바꾸었다. 이 주에 나오는 '민(民)'은 이미 '인(人)'자로 바뀐 것이며, 분명히 당대인이 초사(抄寫)할 때 이후의 형식을 따라서 개사한 것이라고 한다.

2 '제민(齊民)과 백성(百姓)': 류제[劉浩], 『제민요술사휘연구(齊民要術詞彙硏究)』, 北京大學中文系博士論文, 2004, 12쪽('류제의 논문'으로 약칭)에 의하면, 두 가지는 모두 인민을 가리키지만 어원은 다르다. '제민'의 '제(齊)'는 평등하고 보통인 평민을 뜻하며, '백성(百姓)'은 다른 각도에서 민중을 뜻한다. '백성'은 춘추시대 이전에는 원래 백관(百官)을 뜻하였는데, 우족유성(右族有姓)의 대노예주를 가리키며, 봉건제도의 형성에 따라 많은 구귀족인 백성이 강등되어 '여서(黎庶)'가 되면서 백성이 제민과 같은 의미가 되었다고 한다.

후위後魏 고양태수 가사협[3] 찬술	後魏高陽太守 賈思勰撰
대개 신농神農은 뇌사耒耜[4]를 만들어 천하의	蓋神農爲耒

---

3 가사협(賈思勰)에 대해서는 분명한 기록이 없다. 연구에 의하면 그의 조상은 무위(武威) 출신인데, 화를 피해 제(齊)로 피난 온 듯하며, 이후 북위 때에는 청주(靑州) 제군(齊郡) 익도현(益都縣)에 거주했다고 한다. 동배의 가사백(賈思伯)과 가사동(賈思同)과는 친형제보다는 동향인인 듯하다. 후위 때에는 고양태수(高陽太守)를 역임하였다. 순진룽[孫金榮], 『제민요술연구(齊民要術研究)』, 山東大學博士學位論文, 2014. 11.

4 '뇌사(耒耜)': 고대 농기구의 명칭으로, 우리의 따비와 흡사하다. 『주역(周易)』「계사하(繫辭下)」에 이르기를 "신농씨가 만들었는데, 나무를 깎아 보습을 만들고 나무를 휘어서 손잡이[耒]를 만들었다."라고 한다. 묘치위[繆啓愉], 『제민요술교석(齊民要術校釋)』, 中國農業出版社, 1998(이후 '묘치위 교석본' 혹은 '묘치위'로 간칭함)에 의하면 '사(耜)'는 이후에 점차 발전하여서 뇌의 끝부분에서 목봉의 끝부분을 대신하게 되었다. 이같이 끝이 뾰족한 나무막대는 단지 구멍을 파서 점파하는데, 번토를 하지 않았다. 이후의 첨두목봉(尖頭木棒)은 아랫부분에 횡목을 부착하여 발을 횡목에 대고 밟으면 뾰족한 부분이 땅속 깊이 들어가 흙이 파이게 되어서 아주 초보적인 번토가 이루어지게 되는데, 이것이 바로 고서에서 말하는 뇌(耒)이다. 그러나 끝이 뾰족하면 파는 범위가 너무 좁아서 번토에 한계가 있으므로, 이후에 폭이 넓게 변해서 첨두가 판모양의 날로 바뀌게 되어서 사(耜)가 되었으며, 번토의 성능은 더욱 커지게 되었다. 중국의 몇몇 소수민족 중에는 지금도 원시적인 목재 농기구를 사용하고 있는데, 예컨대 운남의 독용족(獨龍族)은 보편적으로 첨두목봉이나 죽봉(竹棒)으로 구멍을 뚫어 점파를 하고 있으며, 서장(西藏)의 문파족(門巴族)과 낙파족(珞巴族)은 아직도 목뢰(木耒)와 목사(木耜)를 구분해서 사용하고 있다. 일본 나라 지역의 쇼소인[正倉院]에서는 당나라 숙종 건원 원년(758) 일본 고켄천황[孝謙天皇]이 도다이지[東大寺: 중국 당대 승려 감진(鑒眞)이 일본에 온 이후에 최초로 머문 곳]에 준 고농기구를 보관하고 있는데, 이를 칭하여 '자일수신서(子日手辛鋤)'라고 한다. 농구의 길이는 4자[尺] 정도이다. 쉬중슈[徐中舒]는 이르기를 "고대 사(耜)의 유제(遺制)라고 한다."[쉬중슈, 「뇌사고(耒耜考)」, 『農業考古』 1983年1期.]

경작에 이롭게 했다. 요堯는 네 명의 대신[5]에게 명하여 농사의 계절을 백성들에게 반포하도록 하였다.[6] 순舜은 후직后稷[7]에게 명하여 식량 문제를 시정 중의 가장 중요한 문제로 삼도록 하였다. 우禹는 토지와 전무[土田]를[8] 구획하여 전국 각지에서 비로소 안정된 생산을 할 수 있었다. 그 후 은殷대와 주周대의 홍성한 시기에 『시경』이나 『서경』의 기록에 의하면,[9] 백성의 생활을 안정시

耜, 以利天下. 堯命四子, 敬授民時. 舜命后稷, 食爲政首. 禹制土田, 萬國作乂. 殷周之盛, 詩書所述, 要在安民, 富而教之.

5 '사자(四子)': 『상서』 「요순」편에 의하면 희중(羲仲), 희숙(羲叔), 화중(和仲), 화숙(和羲)을 가리키며 또한 희화(羲和)라고 간칭하였다. 전설에 의하면 네 사람은 요임금 때 천상사시(天象四時)를 관장하여 역법을 제정한 천문관이다.

6 『상서』에서는 '경수민시(敬授民時)'를 '경수인시(敬授人時)'라고 하고 있으나 『사기』에서는 『제민요술』과 마찬가지로 '민(民)'으로 쓰고 있는데, 스성한에 따르면 금본 『상서』에서 '인(人)'자를 쓴 것은 당대에 피휘하여 개사한 흔적이다.

7 '후직(后稷)': 전하는 말에 의하면 주나라의 시조라고 한다. 처음 태어났을 때 생모가 그를 버리고 키우지 않아 '기(棄)'라고 불렀다. 각종 양식작물을 재배하는 데 탁월하여, 요순시대에 농관(農官)이 되어 백성들에게 농사일을 가르쳐서 커다란 성과를 거두었다. 태(邰)에 분봉을 받아 호를 후직이라 칭하고 별도로 희(姬)씨 성을 하사받았다.

8 『한서(漢書)』 권24 「식화지상(食貨志上)」에는 "우는 홍수를 다스리고 구주(九州)를 평정하여 토지와 전무(田畝)를 구획했다."라고 하였는데, 이 내용은 『상서(尙書)』 「우공전(迂公傳)」에 등장한다. 전하는 말에 의하면 우가 홍수를 다스린 이후에 가장 먼저 토지와 전무를 구획하고 도랑을 파서 배수관계를 소통하는 데 힘을 다하였는데, 이를 농업 생산을 관리하고 발전시키는 기본으로 삼았다.

9 『시(詩)』는 『시경(詩經)』으로서 중국 최초의 시가의 총집으로서 춘추시대에 편찬되었다. 주로 강회(江淮) 이북의 백성의 생활, 노동, 애정 및 정치의 암흑과 혼란을 반영하고 있으며 또한 연회의 노래와 제사의 시도 있다. 『서(書)』는 『상서(上書)』로 유가경전 중의 하나이다. 중국에서 가장 오래된 사서로서 상고시기와 서주 초기의 중요한 사료이다. '금문(今文)'과 '고문(古文)'의 인용에 있어 지금 통

키고 의식을 풍족하게 한 연후에 그들을 가르친 것을 중요하게 여겼다.

『관자管子』에 이르기를 "한 농민이 농사일을 하지 않으면 백성은 굶주릴 것이다. 한 부녀자가 베를 짜지 않으면 백성들은 추위에 떨게 될 것이다." "창고식량이 가득해야 사람들은 비로소 예절을 알며, 의식이 풍족해야 사람들은 비로소 영예와 수치를 알게 된다."[10]라고 한다. 장인(丈人: 隱者)이 이르기를 "사지[四體]를 부지런히 움직이지 않고 오곡五穀을 분별하지 못하면서, 누구를 부자夫子라 하는가?"[11]라고 하였다. 고서에 이르기를[12] "사람이 산다는 것은 오직 부지런히 노동하는 데 달려 있는데, 부지런히 노동을 하면 궁

管子曰, 一農不耕, 民有飢者. 一女不織, 民有寒者. 倉廩實, 知禮節, 衣食足, 知榮辱. 丈人曰, 四體不勤, 五穀不分, 孰爲夫子. 傳曰, 人生在勤, 勤則不匱. 古語曰, 力能勝貧,

---

용되고 있는 책이름 13경 주소의 상서는 『상서』, 『금문상서』와 위서인 『고문상서』의 합편이다.

10 『관자』「목민제일(牧民第一)」.

11 '장인왈(丈人曰)': 이 내용은 『논어』「미자(微子)」편에 등장한다. 이는 자로(子路)가 공자를 따라가다가 뒤에 처져 있었는데 장인을 만나자 공자의 소재를 묻는 장면으로, 부자(夫子)는 공자를 지칭하며, 농사를 일삼지 않고 스승을 따라 유학(遊學)함을 책망하여 말한 내용이다.

12 '전왈(傳曰)': 『좌전(左傳)』「선공십이년(宣公十二年)」에 보이나, '인생(人生)'을 '민생(民生)'이라고 하고 있다. 『제민요술』에서 '인(人)'을 쓴 것은 당나라 이세민의 이름을 피휘하여서 고쳐 썼을 가능성이 있으며 그 이후의 본을 취한 듯하다. 『좌전(左傳)』은 『춘추좌씨전』이라고도 하며, 춘추시대의 노나라 사관인 좌구명(左丘明)이 편찬한 책으로 전해진다. 기원전 722년부터 기원전 481년까지 242년간의 역사적 사실을 기술하고 있는데, 많은 고대의 사료가 남아 있다. 지금 전해지고 있는 것은 서진 두예(杜預: 222-282년) 주석본으로, 13경 중의 하나이다.

핍해지지 않는다."라고 하였다. 고어에 이르기를 "노력은 빈곤을 이길 수 있고, 삼가 신중하게 처신하면 화禍를 면할 수 있다."라고 한다. 이것은 곧 노력이 궁핍을 극복하며, 삼가 신중하게 하면 화를 이길 수 있다는 말이다. 그래서 이회李悝[13]는 위나라 문후文侯[14]를 도와 토지의 이익을 다하는 정책을 제정하였고 위국은 이로 인해 부강해졌다. 진秦의 효공孝公은 상앙[商君][15]을 채용하여 적극적으로 농경과 전쟁의 책략을 장려하였고, 그 결과 진국은 이웃나라와의 경쟁에서 압도적인 우세를 보이면서 제후의 으뜸이 되었다.[16]

謹能勝禍. 蓋言勤力可以不貧, 謹身可以避禍. 故李悝爲魏文侯作盡地力之教, 國以富強. 秦孝公用商君急耕戰之賞, 傾奪鄰國而雄諸侯.

---

13 '이회(李悝: 기원전 455-기원전 395년)': 전국 초의 정치가로서 위문후의 재상이다. 위국을 도와서 '진지력지교(盡地力之敎)'를 실시했는데, 이것은 바로 땅의 이익을 극대화시키는 정책이다. 황무지 개간을 독려하고 경작을 장려하였으며, 양식을 대량생산하여 농업을 빨리 발전시킨 결과 위국은 전국시대 초기에 가장 강력한 국가가 되었다.

14 '위문후(魏文侯: ?-기원전 396년)': 전국시대 위국의 창립자로서 기원전 455년에서 기원전 396년간 재위했다. 이회를 재상으로 임용하였으며, 오기(吳起: ?-기원전 381년)를 장군으로 삼고 서문표(西門豹)를 업령(鄴令)으로 삼아서 농경과 전쟁을 독려하고 수리를 일으켜서 국가를 부강하게 하였다.

15 '상군(商君)': 이는 곧 상앙(기원전 약 390-기원전 338년)으로 전국시대의 저명한 법가 사상가이며 정치개혁가이다. 진효공(秦孝公)은 그를 임용하여서 변법을 주관하게 하고 법치를 실시하였으며, 농경과 전쟁을 독려하여 이웃나라의 농민이 농업생산에 참가하도록 유도하였다. 아울러 영토를 개척하여 진(秦)나라를 전국시대 후기의 강국으로 만들었으며 최후에는 6국을 통일하게 되었다.

16 『한서(漢書)』 권24 「식화지상(食貨志上)」.

『회남자淮南子』[17]에 이르기를 "성인聖人은 자신의 지위, 명예가 낮은 것을 부끄럽게[18] 여기지 않고, 도리어 자기의 정치적 포부를 실행할 수 없는 것을 부끄럽게 여긴다. 그들은 자신의 수명이 길고 짧은 것을 걱정하지 않고 백성들이 빈궁할까를 우려한다. 따라서 우禹임금은 양우하陽盱河에서 몸을 아끼지 않고 홍수를 막고자 기원했다. 탕湯임금은 계속되는 가뭄[苦旱]으로 인해 스스로 뽕나무 밭 근처에서 자신을 희생하여 하늘에 비를 내리기를 기원했다."라고 하였다. (고서의 기록에 의하면) "신농의 얼굴색은 초췌해졌고, 요임금의 몸은 수척해졌으며, 순임금의 피부는 누렇게 떴고, 우임금의 손과 발은 모두 굳은살이 박이고 부르텄다. 이러한 사정으로 미루어 볼 때 성인들이 백성을 위해서 매우 근심하고 노력했음을 알 수 있다. 따라서 제왕에서 백성에 이르기까지 신체를 움직이지 않으며, 깊이 사고하지 않고도 일이 잘 성사되고 생활이 만족스러워진다는 것을 일찍이 들어 본 바가 없다." "따라서

淮南子曰, 聖人不耻身之賤也, 愧道之不行也. 不憂命之長短, 而憂百姓之窮. 是故禹爲治水, 以身解於陽盱之河. 湯由苦旱, 以身禱於桑林之祭. 神農憔悴, 堯瘦癯,[2] 舜黎黑, 禹胼胝. 由此觀之, 則聖人之憂勞百姓亦[3]甚矣. 故自天子以下, 至於庶人, 四肢不勤, 思慮不用, 而事治求贍者, 未之聞也.

17 『회남자(淮南子)』「수무훈(脩務訓)」에 의하면 한나라 초 회남왕 유안(劉安: 기원전 179-기원전 122년)과 그의 문객들이 편찬한 잡가서로, 또한 『회남홍렬(淮南鴻烈)』이라고도 칭한다. 내용은 도가사상 위주로 되어 있으며 유가, 법가, 음양오행 등의 학설 등이 혼합되어 있다. 현재 후한 말 고유(高誘)의 주석본이 있지만, 실제로는 허신(許愼: 58-147년)의 주가 뒤섞여 있다.

18 '치(耻)': 스셩한의 금석본에서는 '치(恥)'로 적고 있다.

밭을 가는 사람이 노력하지 않고는 창고를 가득 채울 수 없으며, 작전을 지휘하는 장군과 정사를 총괄하는 재상이 노력하지 않고는 성과를 이룰 수 없다."라고 하였다.

故田者不強, 囷倉不盈, 將相不強, 功烈不成.

『중장자仲長子』에 이르기를[19] "하늘이 시령을 준비하지만 우리들이 경작하지 않고서는 양식을 얻을 수 없다. 봄이 되어 적시에 비가 내리면 밭을 갈고 파종을 시작하며 마지막으로 수확하여서 제기에 담기게 된다. 게으른 사람은 단지 여섯 말[釜] 정도를 수확하지만 부지런한 사람은 도리어 육십여 말[鍾]을 수확하게 된다.[20] 어찌 농

仲長子曰, 天爲之時, 而我不農, 穀亦不可得而取之. 青春至焉, 時雨降焉, 始之耕田, 終之簠簋. 惰者釜之,

19 『중장자』는 후한말 삼국 이전의 사람인 중상통(仲長統: 180-220년)의 저서이다. 중장통의 저서에는 『창언(昌言)』이 있으며, 「제민요술 서문」에서는 일부분을 인용하였다. 『수서(隋書)』 권34 「경적지삼(經籍志三)」에는 『중장자창언(仲長子昌言)』 12권이 담겨 있는데, 묘치위 교석본에 의하면 이른바 『중장자』가 곧 『창언』이라고 한다. 『후한서(後漢書)』 권49 「중장통전」에는 10만 자가 쓰여 있지만 지금은 일실되고 없다. 『후한서』 본전(本傳)에는 『창언』 중에서 「이난(理亂)」 등의 세 편을 채록하고 있지만 일부분에 지나지 않는다. 당대(唐代) 위징(魏徵: 580-643년) 등의 『군서치요(群書治要)』 중에는 『중장자창언』이 수록되어 있으며 최식(崔寔)의 『정론』과 더불어 한 권으로 합성되어 있지만 극히 간략하게 소개되어 있다. 「제민요술 서문」에서는 중장통의 각 조문을 인용하고 있으나 『후한서』와 『군서치요』에서 집록한 내용은 보이지 않는다.

20 '부(釜)'와 '종(鍾)'은 고대의 부피단위이다. 『좌전』 「소공삼년(昭公三年)」 편에는 "제에는 원래 4개의 양기(量器)가 있는데 두(豆), 구(區), 부(釜), 종(鍾)이 그것이다. 4되[升]가 1두(豆)이고, 각 단위는 4배가 되어 부(釜)에 이르는데 10부는 1종(鍾)이다.[齊舊四量, 豆區釜鍾. 四升爲豆, 各自其四, 以登於釜, 釜十則鍾.]"라고 하였다. 두예(杜預)가 주석하기를 1두는 4되이며, 1부는 6말[斗] 4되(즉 64되), 1종은 6섬[石] 4말(즉 640되)이라고 한다. "제에 원래 4개 양기" 구절의 '사(四)'로

부가 노동을 하지 않고 먹을 생각을 할 수 있겠는가?"라고 하였다. 『초자譙子』[21]에 이르기를 "아침에 (사람들이 함께) 들판으로 나가지만 저녁에는 다른 시간에 돌아와 쉬게 되는데, 부지런한 사람은 광주리에 가득 채소를 담아 온다. 하물며 (사람이 짐승이 아니듯이) 몸에 깃털이 자라지 않아[22] 베를 짜지 않고는 옷을 입을 수 없다. 사람이 단지 풀만 먹고 물만을 마실 수 없듯이, 밭갈이를 하지 않고는 먹을 식량을 구하지 못한다. 이것을 볼 때 스스로 노력하지 않고서 무엇을 생산할 수 있겠는가?"라고 하였다.

조조晁錯가 말하기를[23] "성군이 제왕이 되면

勤者鍾之. 矧夫不爲, 而尚乎食也哉. 譙子曰, 朝發而夕異宿, 勤則菜盈傾筐. 且苟無羽毛, 不織不衣. 不能茹草飲水, 不耕不食. 安可以不自力哉.

晁錯曰, 聖王

볼 때, 원문은 "四升爲豆" 다음에 "四斗爲區"라는 말이 생략되어 있다. "各自其四, 以登於釜"는 4구가 1부(즉 64되)라는 의미이다.

21 『초자』는 삼국시대 촉나라 사람 초주(譙周: 201-270년)의 저서로, 이미 소실되었다.

22 스성한의 금석본에서는 "苟有羽毛"라고 쓰고 있으나, 이 구절의 앞에 두 글자는 '미유(未有)'나 '구무(苟無)'일 것으로 추측하였다. 묘치위 교석본에 의하면 『무영전취진판(武英殿聚珍版)』 계통본 『농상집요』(이후 전본의 『농상집요』로 약칭)에서는 『제민요술』의 '무(無)'를 인용하였는데 『사고전서』의 편집자가 고쳤을 가능성이 있다고 한다.

23 '조조(晁錯: 기원전 200-기원전 154년)'는 전한 초기의 저명한 정치가로, 한 경제(韓景帝) 때 어사대부로 임명되었다. 중농억상정책을 견지하였으며 식량을 중시하여 농업생산의 발전을 국가 근본의 대계로 삼았다. 그의 정론인 「논귀속소(論貴粟疏)」는 후세에 칭송을 받았다. 그는 제후왕의 제후 봉지를 삭탈할 것을 주장했는데, 오(吳), 초(楚) 등의 7왕국의 무장반란 중에 피살되었다. 이 구절은 『한서』 권24 「식화지상(食貨志上)」에 보인다. 북송의 경우본(景祐本)의 이 구절은 『제민요

백성은 얼어 죽거나 굶주려 죽지 않게 된다. 제왕이 경작해서 먹게 하고 옷을 짜서 입히는 것이 아니라, 재화와 재물을 이용할 수 있는 길을 열어 주는 것이다." "추위에 떨고 있는 사람이 필요한 것은 가볍고 따뜻한[24] 옷이 아니며, 굶주린 사람이 필요한 것은 맛있는 음식이 아니다. 춥고 배고플 때는 염치를 돌아보지 않는다. 하루에 한 끼만 먹으면 굶주리게 되고, 일 년간 옷을 짓지 않으면 추위에 떨게 된다. 굶주려 먹지 못하고 몸이 얼어 입지 못한다면 자애로운 어머니라 할지라도 자식들을 보전할 수도 없듯이 군주 또한 백성이 그를 떠나지 않도록 보전할 수 있겠는가?"

"무릇 진주, 옥, 금, 은이 있다 한들 배고플 때에 먹을 수 없고 추울 때에 마땅히 입을 수 없다. 조, 쌀, 거친 베, 비단 이런 것들이 하루라도 없으면 배고프고 추위에 떨게 된다. 따라서 현명한 제왕은 오곡을 귀중히 여기고 금옥을 천하게 여기는 것이다."라고 하였다. 유도劉陶가 말하기를[25] "백성은 백년간 재화가 없더라도 하루도 굶

在上，而民不凍不飢者．非能耕而食之，織而衣之，爲開其資財之道也．夫寒之於衣，不待輕暖，飢之於食，不待甘旨．飢寒至身，不顧廉耻．一日不再食則飢，終歲不製衣則寒．夫腹飢不得食，體[4]寒不得衣，慈母不能保其子，君亦安能以有民．夫珠玉金銀，飢不可食，寒不可衣．粟米布帛，一日不得而飢寒至．是故

술』에서 인용한 것과 더불어 다소 차이가 있는데, "民不凍不飢者"는 『한서』에서 '기(飢)'자 앞에 '불(不)'자가 하나 적고, 또한 "織而衣之"의 구절은 『한서』에서는 '야(也)'가 한 자 더 많다. 이 '야'자는 반드시 있어야 한다.

24 '난(暖)': 스셩한은 금석본에서 '난(煖)'자를 쓰고 있다.

주려서는 안 되니, 양식은 매우 긴요한 것이다." 라고 하였다.

진사왕陳思王[26]이 이르길 "추위에 떠는 사람은 크고 좋은 옥을 탐하지 않고 거친 베로 만든 홑옷을 원한다. 굶주리는 사람은 천금을 바라지 않고 한 끼의 맛있는 음식을 원한다. 비록 천금과 크고 좋은 옥은 모두 귀하지만 거친 베로 만든 홑옷이나 한 끼 밥보다 못하며, 사물의 긴요함은 시간성과 관계되어 있다."라고 하였는데, 이러한 말은 합당하다.

明君貴五穀而賤金玉. 劉陶曰, 民可百年無貨, 不可一朝有飢, 故食爲至急. 陳思王曰, 寒者不貪尺玉而思短褐. 飢者不願千金而美一食. 千金尺玉至貴, 而不若一食短褐之惡者, 物時有所急也, 誠哉言乎.

신농神農과 창힐倉頡[27]은 모두 성인이다. 그

神農倉頡, 聖

---

25 『후한서(後漢書)』 권73 「유도전(劉陶傳)」에 보인다. 유도는 후한 환제 때의 효렴(孝廉)으로서, 영제 때 여러 차례 내정개혁을 요구하는 상서를 올리고 환관의 전권을 반대하였으며, 옥에 갇혀서 죽었다. 이것은 그가 대전을 바꾸어 주조하는 논의 중의 일부분이다.

26 '진사왕'은 곧 조식(曹植: 192-232년)이다. 조식은 삼국시대의 저명한 시인으로서, 자는 자건(子建)이며 조조의 셋째 아들이다. 진왕(陳王)에 봉해졌으며 '사(思)'는 시호인데, 보통 진사왕으로 불린다. 『수서』 권35 「경적지사(經籍志四)」에는 「조식집(曹植集)」 30권이 수록되어 있다.

27 '창힐(倉頡)'은 또한 창힐(蒼頡)이라고도 한다. 황제(黃帝) 때의 사관으로 한자를 창조했다. 문자는 사회 발전의 산물이며 한 사람이 창조한 것이라고는 볼 수 없으므로, 창힐은 상고시대 때의 모든 문자를 정리한 저명한 인물이라 보아야 할 것이다.

러나 몇 가지 일에 대해서는 그들도 능히 할 수 없는 바가 있었다. 다시 말하자면 조과趙過[28]가 처음으로 소를 이용해서 밭갈이를 한 것은 (신농의) 뇌사보다 효과가 뛰어났다. 채륜蔡倫[29]이 뜻을 세워 종이를 만든 것이 어찌 비단과 나뭇조각에 글씨를 쓰는 번거로움에 비할 수 있겠는가? 또 경수창耿壽昌[30]의 상평창常平倉, 상홍양桑弘羊[31]의 균수법均輸法[32]은 모두 국가에 보탬이 되고 백

人者也. 其於事也, 有所不能矣. 故趙過始爲牛耕, 實勝耒耜之利. 蔡倫立意造紙, 豈方[5]緗牘之煩. 且耿壽昌之常平倉, 桑弘

28 '조과(趙過)'는 한나라 무제 때 수속도위(중앙고급 농관)에 임명된 후에 이전 사람들의 경험을 종합하여 삼각누리(三脚耬犁)를 만들고 기타 경작 농기구를 개조했으며 아울러 대전법을 창시하여 당시 농업생산을 촉진시켰다. 그러나 우경(牛耕)은 조과가 처음 시작한 것은 아니고, 적어도 춘추시대에는 이미 우경을 시작하였다고 한다.

29 '채륜(蔡倫: ?-121년)': 후한 화제(和帝)와 안제(安帝) 때의 환관으로, 전한 이래의 제지기술을 바탕으로 하여 원료를 확대하고 품질을 향상시키는 등의 종이 제작기술을 크게 진보시켰다.

30 '경수창(耿壽昌)': 전한 선제 때 대사농중승(大司農中丞)에 임명되었다. 그는 서북 변군(邊郡)에 상평창(常平倉)을 설치하였는데, 이러한 시도는 후세의 의창(義倉), 혜민창(惠民倉) 등의 선구가 되었다. 이러한 사실은 『한서』 권24 「식화지상」에 보인다.

31 '상홍양(桑弘羊: 기원전 152-기원전 80년)': 한 무제 때 중앙의 고급 농관(農官)이다. 그가 만든 균수법(均輸法)은 시험단계를 거친 후, 한 무제 원봉(元封) 원년(기원전 110)에 정식으로 전국에 시행되었다. 상인이 이익을 위해 각지에서 구매하여 운송한 생산품을 백성이 정부에 대해 납부하는 실제적 공물로 삼았는데, 이후에는 정부에서 직접 징수·장악하여, 일부 수도 장안에 운반할 일부를 제외하고 나머지는 모두 현지에서 시장가격보다 약간 높은 가격으로 팔아서 돈을 중앙으로 보냈다. 이것이 이른바 균수이다. 물가를 억제하고 상인의 투기를 방지하여 중앙의 수입을 증가시키는 데 그 목적이 있다.[『사기』 권30 「평준서(平準書)」와 『한서』 권24 「식화지상」 참고.]

성에게 이익이 되는 불후의 방법이었다. 농언에 이르기를 "지혜로움이 우禹나 탕湯과 같을지라도 일찍이 경험한 지혜만 못하다."라고 하였다. 번지樊遲[33]가 공자에게 밭갈이하는 법을 배우기를 요청했을 때, 공자는 (몸소 실천의 경험이 없었기 때문에) 대답하여 말하기를 "내가 아는 것은 경험 있는 농부만 못하다."라고 하였다. 그런즉 성인과 현인의 지혜라 할지라도 또한 아직 도달하지 못하는 바가 있으니, 일반적인 사람에 있어서는 더 말할 필요가 있겠는가.

羊之均輸法, 益國利民, 不朽之術也. 諺曰, 智如禹湯, 不如嘗更. 是以樊遲請學稼, 孔子答曰, 吾不如老農. 然則聖賢之智, 猶有所未達, 而況於凡庸者乎.

의돈猗頓[34]은 노나라의 가난한 사인[士]이었는데, 도주공陶朱公[35]이 큰 부자가 되었다는 소식

猗頓, 魯窮士, 聞陶朱公富, 問

32 '균수법(均輸法)': 전한 소제(昭帝) 때 상홍양이 건의하였다. 군마다 한 개의 균수관을 설치하여 정부의 세공(稅貢)을 납부하도록 한 것으로, 토산품 중에 생산량이 풍부한 물품을 납부하게 함으로써 현지의 시가를 안정시켰다. 정부는 이 같은 토산품을 거둔 후에 다른 장소로 운반하여 내다 팔았다. 이와 같이 하면 납세자와 정부가 모두 편리하고, 아울러 정부는 수송 판매를 통해서 약간의 이익을 거둘 수 있었다.

33 '번지(樊遲)': 공자의 제자로, 씨 뿌리고 농사짓는 법을 가르쳐 주기를 공자에게 요청하였다. 이 내용은 『논어』「자로」편에 등장한다.

34 '의돈(猗頓)': 춘추시대 노나라 사람으로, 지금 산서성 임의현(臨猗縣) 남쪽에 거주한 의씨(猗氏)는 소와 양을 쳐서 부자가 되었으며 읍의 이름을 따서 성으로 하였다. 그러나 『사기(史記)』 권129 「화식열전(貨殖列傳)」과 『한서(漢書)』 권24 「식화지(食貨志)」에는 모두 의돈이 염업(鹽業)으로 부자가 되었다고 하였으며, 소와 말을 쳐서 부자가 되었다는 말은 없다.

35 '도주공(陶朱公)': 범려(范蠡)로, 춘추시대 말기의 인물이다. 일찍이 월나라를 도와서 오나라를 멸하였다. 후에 제나라로 여행을 가서 지금의 산동성 정도현(定陶

을 듣고 그 방법을 물었다. 도주공은 이르기를 “빨리 부자가 되려 하면 응당 다섯 종류의 가축[36]을 기르라.”라고 답하였다. 의돈이 듣고서 돌아와 소와 양을 길러서 곧 만萬 마리의 가축으로 번식하게 되었다. 구진九眞과 여강廬江 지역[37]에서는 소를 이용해서 밭을 가는 방식을 알지 못하여 사람들의 생활이 빈곤하였다. (구진의 태수) 임연任延,[38] (여강의 태수) 왕경王景[39]은 백성들에게 밭을 갈 농구를 주조하게 하고 황무지를 개간[墾闢]하도록 교육하였는데, 해마다 경지면적이 확대되어 백성들의 생활이 풍요로워졌다. 돈황燉煌 지역은 누거[耬犁]를 이용해서 파종하는 방식을 알지 못하여, 파종할 때는 사람과 소의 힘이 매우 많이 들었지만 수확한 양식은 도리어 적었다.	術焉. 告之曰, 欲速富, 畜五牸. 乃畜牛羊, 子息萬計. 九眞廬江, 不知牛耕, 每致困乏. 任延王景, 乃令鑄作田器, 教之墾闢, 歲歲開廣, 百姓充給. 燉煌不曉作耬犁, 及種, 人牛功力既費, 而收穀更少. 皇甫隆乃教作耬犁, 所

縣) 서북쪽의 도(陶)에 이르러 스스로를 도주공으로 부르고 상업을 통해서 거부가 되었다.

36 ‘오자(五牸)’: ‘자’는 새끼를 낳는 어미가축이다. 스성한의 금석본에 따르면, 자(牸)는 ‘남송본의 명대 초본[명초본(明抄本)으로 약칭]’에서는 ‘특(特)’이라고 했으며 명초본과 명청 각본(明淸刻本)에서는 모두 ‘자(牸)’라고 한다.

37 ‘구진(九眞), 여강(廬江)’: 한대에는 일찍이 오늘날의 베트남의 중부 지역에 속하는 후에[Hue] 이북에 구진군을 설치했으며, 또 지금의 안휘성 중부에는 여강군을 설치하였다.

38 ‘임연(任延)’은 구진(九眞), 무위(武威), 영천(潁川), 하내(河內) 등 4군(郡)의 태수를 역임하였다.

39 ‘왕경(王景)’: 후한시대의 저명한 수리전문가로서, 황하를 다스리는 데 탁월한 공적을 남겼다.

(이에) 황보륭皇甫隆[40]은 누거를 제작하여 파종하도록 가르쳐 절반 이상의 노동력을 줄였는데 곡물은 도리어 절반정도를 더 생산하였다. 또한 돈황燉煌의 풍속에는 부녀자들이 치마[裙]를 만드는데 양의 창자와 같이 주름[攣][41]지게 만들어 치마 한 벌에 베 한 필이 사용되었다. 황보륭은 또한 이와 같은 옷을 만들지 못하게 하고 개량하게 하여 적지 않은 물자를 줄였다. 자충茨充[42]이 계양현(현재의 호남성 남부) 현령縣令이 되었을 때 현지 풍습이 뽕나무를 심지 않아, 누에를 치고 비단과 삼베를 짜는 등의 장점을 갖지 못하여, 겨울이면 삼실로 만든 솜을 옷 속에 끼워 넣었다.[43] 백성들이 게으르고 대충대충 일을 하여 거친 짚신[44]조

省庸力過半，得穀加五．又燉煌俗，婦女作裙，攣縮如羊腸，用布一匹．隆又禁改之，所省復不貲．茨充爲桂陽令，俗不種桑，無蠶織絲麻之利，類皆以麻枲頭貯衣．民惰窳，少麤履，足多剖裂血出，盛冬皆

40 ‘황보륭(皇甫隆)’: 삼국시대 위나라 사람으로서 위 가평(嘉平: 249-253년) 연간에 돈황태수를 역임하였다. 황보륭은 돈황 지역에서 파종기를 전파시켰을 뿐 아니라 경작과 관개기술을 개선하였다.

41 ‘연축(攣縮)’: 펼 수 없거나 주름진 것을 의미한다. 금택초본[金澤抄本: 금택문고(金澤文庫)에서 소장(所藏)한 북송본을 초사한 것(1166년)으로 이후 금택초본으로 약칭]과 명청시대 각종의 각본에서는 모두 ‘연(攣)’자를 쓰고 있지만 명초본에서는 ‘연(孿)’으로 잘못 표기하고 있다.

42 ‘자충(茨充)’: 후한 광무제 때 계양 태수를 역임하였다. 그의 사적은 『동관한기(東觀漢記)』 및 『후한서(後漢書)』 권76 「자충전(茨充傳)」에 보이는데, 전자는 비교적 상세하나 후자는 간략하게 취급하고 있다.

43 당시에는 면화가 없는데다가 이 지역 사람들은 양잠을 알지 못하여서 삼[麻] 보풀을 옷 속에 끼워 넣어서 방한 동복을 만들었다.

44 ‘추(麤)’: 묘치위의 교석본에 따르면, 추는 남초인(南楚人)들이 삼으로 엮은 신발이나 풀로 엮은 신발의 속명이다. 계양의 땅은 남쪽 초나라지역에 속하고 자충은

차도 부족하였기 때문에 발은 모두 얼어 터져 피가 났으며, 한겨울에는 단지 화톳불로 불을 쬐어서 온기를 취했다. 자충茨充은 백성들에게 뽕나무와 산뽕나무를 심고 누에를 치고 삼신을 삼게 하고, 또 모시풀[45]을 재배하도록 했다. 몇 년이 지나 백성들은 모두 큰 이익을 얻었으며 모두 옷을 입고 신발을 신어서 따뜻하게 되었다. 현재(남북조시대) 강남(남조지역)에서 뽕나무를 심고 누에를 치고 신발을 삼는 것은 모두 자충이 가르친 것이다. 오원五原의 토질은 삼을 심는 데 적당하지만, 당시의 사람들은 삼을 잣고 베를 짜는 것을 알지 못하였기에 백성들은 겨울에 입을 옷이 없어서 단지 가는 풀을 쌓고 그 속에서 잠을 잤다. 관리가 오면 풀더미 속에서 나와 관리를 맞이했다. 때문에 최식崔寔[46]은 삼을 잣고 실을 꼬고 베를 짜고 실을 꿰는 공구를 만들어서 사용하도록 교육하였고, 백성들은 비로소 추위의 고

然火燎炙. 充教民益種桑柘, 養蠶, 織履, 復令種紵麻. 數年之間, 大賴其利, 衣履溫暖. 今江南知桑蠶織履, 皆充之教也. 五原土宜麻枲, 而俗不知織績, 民冬月無衣, 積細草, 臥其中. 見吏則衣草而出. 崔寔爲作紡績織紝之具以教, 民得以免寒苦. 安在不教乎.

그 지역의 방언을 사용하였던 것이라고 한다.

45 저마(紵麻)는 곧 저마(苧麻)를 가리킨다.

46 '최식(崔寔: ?-170년)': 후한 환제 원가 원년(元嘉: 151)에 벼슬하여 낭관(郎官)이 되었으며 얼마 후 오원태수(五原太守)로 부임하였다. 오원군은 오늘날 내몽고 오르도스 동쪽에서 산서성 편관(偏關) 서북 일대의 지역이다. 그 후에 요동태수와 상서에 임명되었으나 모두 취임하지는 않았다. 저서로는 『사민월령(四民月令)』과 『정론(政論)』이 있지만 모두 전해지지 않는다. 『사민월령』은 『제민요술』에 인용됨으로써 가장 먼저 대량의 자료를 보존하게 되었다.

통을 벗어날 수 있었다. 이는 백성을 가르친 덕분이 아니겠는가?

황패黃霸[47]가 영천(潁川: 현재의 하남성 남부) 태수가 되었을 때 우정郵亭과 향관鄉官[48]과 같은 하급 관리들에게 모두 닭과 돼지를 기르게 하고 연로한 홀아비[鰥], 연로한 과부[寡], 빈곤한 사람을 돕도록 하였다. 아울러 힘써 밭을 갈고 뽕나무를 심어 비용을 절약하고, 재산을 증식하기 위하여 나무를 심도록 하였다. 연로한 홀아비와 과부, 고아, 친척이 없는 혈혈단신[獨]이 죽어 장례를 치를 수 없는 경우에, 향리에서 서면으로 보고하면[49] 황패는 곧 자세하게 계획하여 처리했는데,[50] 어느 곳에 나무가 있다면 그것을 이용하여

黃霸爲潁川, 使郵亭鄉官, 皆畜雞豚, 以贍鰥寡貧窮者. 及務耕桑, 節用, 殖財, 種樹. 鰥寡孤獨有死無以葬者, 鄉部書言, 霸具爲區處, 某所大木, 可以爲棺, 某亭豚子,

---

47 '황패(黃霸: ?-기원전 51년)': 전한의 대신으로, 한 선제(宣帝) 때 두 번이나 영천(潁川)태수로 부임하여 8년간 영천을 다스렸다. 농업을 제창하고 뽕나무를 심고 누에를 쳤는데 후에는 승상에까지 올랐다. 영천은 한대 군의 이름으로 지금의 하남성 우현(禹縣) 지역이다.

48 '우정(郵亭)': 문서를 전달하는 사람과 경계를 지나는 관원에게 휴식을 제공하는 장소[驛站]이다. '향관(鄉官)'은 한대에 교화를 담당하는 삼로(三老), 부세와 소송을 담당하는 색부(嗇夫), 치안을 담당하는 유요(游徼) 등으로 현의 일을 도와 향을 다스리는 곳을 향관이라고 하며, 또한 향정부의 사무처를 일컫는다. 향정은 한대(漢代) 현 이하의 행정기구이다. 『한서』 권19 「백관공경표상(百官公卿表上)」에는 "대개 10리(里)에 1정(亭)이 있고 정에는 장(長)이 있으며, 10정에 1향(鄉)이 있다."라고 한다. 정장은 경찰치안업무를 담당했으며 아울러 여객(旅客)을 관장하고, 백성들의 일을 처리하였다.

49 '향부(鄉部)': 향관의 아문이며 '서(書)'는 '서면(書面)'을 뜻한다. '언(言)'은 설명을 의미하는데, 즉 향(鄉) 정부가 서면으로 보고하는 것이다.

관을 짜게 하고, 어떤 역참에 작은 돼지가 있으면 그것을 이용해서 제사를 지내게 했다. 담당관리가 그곳에 가서 황패의 지시대로 하였다.

可以祭. 吏往皆如言.

공수龔遂[51]가 발해(渤海: 오늘날 하북성 해빈海濱 지역)의 태수로 부임하여 백성들에게 힘써 밭갈고 뽕나무를 심도록 하였다. 명을 내려 사람마다 느릅나무 한 그루, 염교 100포기, 파 50포기, 부추 한 두둑을 심게 하였으며 집집마다 어미 돼지 두 마리, 암탉 다섯 마리를 기르도록 하였다. 백성 중에 간혹 칼과 검을 차고 있는 사람이 있으면 검을 팔아서 소를 사게 하고 칼을 팔아서 송아지를 구입하게 했다. 또 말하기를 "어찌 소를 옷에 차고 디니고 송아지를 손에 가지고 다닐 수 있겠는가?"라고 하였다. 이와 같이 봄과 여름이 되면 백성들을 들판에 나가서 노동을 하도록 재촉하고 가을·겨울이면 수확한 성과를 조사[52]하여 백성들에게 더욱 많은 종류의 과실과 마

龔遂爲渤海, 勸民務農桑. 令口種一樹楡, 百本韰, 五十本葱, 一畦韭, 家二母彘, 五雞. 民有帶持刀劍者, 使賣劍買牛, 賣刀買犢. 曰, 何爲帶牛佩犢. 春夏不得不趣田畝, 秋冬課收斂, 益蓄果實菱芡. 吏民皆富實. 召信

50 이 문장에서 '구(具)'는 '완전'의 의미이며, '구처(區處)'는 계획해서 처리한다는 뜻이다.

51 '공수(龔遂)': 전한 선제 때 70여 세의 나이에 처음으로 발해태수에 부임했으며 정치적 공적이 탁월했다.

52 '과(課)'에는 세 가지 의미가 있는데 첫째는 검사, 둘째는 어떠한 일을 처리하기 위해서 기준을 세우는 것, 셋째는 징벌의 의미이다. 여기서는 첫 번째 의미로 사용되었다. 뒤의 문장에 나오는 '우과(又課)'와 '과민(課民)'은 두 번째 의미로 사용되었으며 '독과(督課)'는 세 번째 의미이다.

름·가시연 등을 수집하도록 하였다. 이로 인해서 지방의 관리와 백성들의 양식이 풍부해졌다. 소신신召信臣[53]이 남양(南陽: 현재 하남과 호북의 접경지대)의 태수가 되었을 때, 널리 백성들에게 이익이 되는 사업을 일으켜 힘써 부유해지도록 하였다. 그는 몸소 많은 사람들의 농업 생산을 독려하고 밭 사이로 들어가서 항상 멀리 떨어진 향촌을 돌며 그곳에 묵었기에[54] 안정된 거처가 적었다. 수시로 군郡 중의 물길과 수원을 살펴 크고 작은 도랑을 개통했으며, 십수 곳의 갑문과 제방[55]을 세워서 관개면적을 확대하였다. 사람들은 관개의 도움에 힘입어 모두 잉여의 양식을 비축할 수 있었다. 그는 또 결혼과 장례식 때 지나친 낭비를 금지하고 힘써 근검절약하여, 이로 인해

臣爲南陽，好爲民興利，務在富之．躬勸農耕，出入阡陌，止舍離鄉亭，稀有安居．時行視郡中水泉，開通溝瀆，起水門提閼，凡數十處，以廣溉灌．民得其利，蓄積有餘．禁止嫁娶送終奢靡，務出於儉約，郡中莫不耕稼力

53 '소신신(召信臣)': 공수(龔遂)보다 약간 후대 사람으로서 영릉, 남양, 하남 세 군(郡)의 태수에 부임했다. 농전의 수리를 매우 중시했으며, 남양 등지에서 관개사업을 하고 크고 작은 도랑을 여러 곳에서 세워서 3만경(頃)의 토지를 확보하였다.

54 '지(止)'는 머무른다는 의미이며 '사(舍)'는 숙소의 의미이고 스셩한의 금석본에서는 '이(離)'는 멀어지다는 의미이며 '향정(鄕亭)'은 향부(鄕部)와 우정(郵亭)의 뜻이다. 이는 곧 향정부 소재지와 역참의 관사이다. 오늘날의 표현으로 한다면 "향정부의 관사에서 머물지 않는다."의 의미이다. 묘치위 교석본에서는 '이(離)'는 '역(歷)'의 의미이며, '이향정(離鄕亭)'은 곧 '역향정(歷鄕亭)'으로서 해석하였지만 내용상의 의미는 스셩한과 차이가 없다.

55 '제알(提閼)': 스셩한은 '조절할 수 있는 수로의 갑문'이라고 해석하였으나 묘치위는 '갑문과 제방'이라고 풀이하고 있다.

한 군郡의 백성이 모두 힘써 경작하지 않음이 없었다. 관리와 백성은 모두 소신신을 가까이하면서 존경하여 그를 '소부召父'라 불렀다.

田. 吏民親愛信臣, 號曰召父.

동종僮种이 불기(不其: 현재 산동성 즉묵卽墨 부근)현의 현령縣令이 되었을 때, 집집마다 돼지 한 마리, 암탉 4마리를 길러, 평소에는 제사의 용도로 사용하고 장례식이 있을 때에는 관을 구입하는 용도로 사용하였다. 안비顔斐[56]가 경조윤(京兆尹: 후한의 경조윤은 낙양과 그 부근을 관장하였다.)이 되었을 때 (농가에 명하여) 농로를 정비하게 하고 뽕나무와 과일나무를 심도록 하였다. 또한 농한기에는 목재를 채벌하고 서로 돌아가며 기술[57]을 가르쳐서 수레를 만들게 했다. 또 소가 없는 백성들에게는 돼지를 길러 돼지 값이 비쌀 때 내다 팔아서 소를 사게 했다. 처음에 사람들은 모두 번거롭게 여겼으나 1, 2년이 지나면서 집집마다 튼튼한 수레와 큰 소를 보유하게 되었으며 생활이 모두 풍족해졌다.

僮种6爲不其令, 率民養一豬, 雌雞四頭, 以供祭祀, 死買棺木. 顔斐爲京兆, 乃令整阡陌, 樹桑果. 又課以閑月取材, 使得轉相教匠作車. 又課民無牛者, 令畜豬, 投貴時賣, 以買牛. 始者, 民以爲煩, 一二年間, 家有丁車大牛, 整頓豐足.

왕단王丹[58]의 집에는 천금의 부富가 있어서

王丹家累千

---

56 '안비(顔斐)': 안비의 자는 문림(文林)이며 황초[黃初: 조위(曹魏) 문제(文帝)의 연호] 초에 황문시랑(黃門侍郞)이 되었다가 후에 경조태수(京兆太守)로 부임하였다.

57 스성한은 '장(匠)'이 동사로 사용되어 계획하고 노동하며 아울러 기교 있게 완성한다는 의미라고 보았으나, 묘치위는 수레 제작기술을 뜻한다고 하였다.

58 '왕단(王丹)': 후한 초의 사람으로 절개가 곧았으며 호강세력을 싫어하였으나,

다른 사람에게 베풀거나 위급할 때 두루 살피는 것을 좋아했다. 매년 농가가 수확한 이후에는 어느 집이 힘써 노력하여 많이 수확하였는지의 여부를 살피고, 수레에 번번이 술과 안주를 준비하여 그들을 위로하면서[59] 밭가의 나무 아래에서 술을 마시고 안주를 먹도록 청하여 격려했으며, 아울러 떠날 때는 남은 안주를 남겨 두었다. 유독 게을러서[惰孏][60] 위로를 받지 못한 사람은 왕단이 자기에게 오지 않는 것에 대해서 부끄럽게 여겼다. 이후부터 농사일에 힘쓰지 않는 사람이 없게 되었으며, 모든 촌락은 부유해졌다.

金, 好施與, 周人之急. 每歲時農收後, 察其強力收多者, 輒歷載酒肴, 從而勞之, 便於田頭樹下, 飲食勸勉之, 因留其餘肴而去. 其惰孏者, 獨不見勞, 各自耻不能致丹. 其後無不力田者, 聚落以至殷富.

두기杜畿[61]가 하동(河東: 진한시대의 하동은 오늘날 산서성 서남부이다.)태수가 되었을 때 백성들에게 암소[牸牛]와 암말[草馬][62]을 기르도록 하였으며, 닭과 돼지와 같은 사소한 것에 이르기까지 모두 규정이 있었다. 그리하여 집집마다 풍족하

杜畿爲河東, 課民畜牸牛草馬, 下逮雞豚, 皆有章程. 家家豐實. 此等豈好

유수가 거병했을 때 항복하여 장군이 되었다. 만년에는 태자의 태부로 부름을 받았다.

59 '노(勞)': 동사로 사용되고 있으며 오늘날의 위로와 위문의 뜻이다.

60 '난(孏)': 이 글자는 '나(懶)'와 동일하다.

61 '두기(杜畿)': 후한 말 위나라 초의 사람으로서 하동태수(河東太守)로 16년간 부임하였다.

62 '초마(草馬)': 초마의 '초(草)'는 암컷 가축의 속칭으로서, 초마는 암말을 일컫는다.

게 되었다. 위에서 말한 이러한 사람들이 설마 백성을 번거롭고 귀찮게 하는 일들을 좋아하고 인력과 재물을 낭비하는 것을 가볍게 여겨서 그러했겠는가? 일반사람의 성향은 누군가가 이끌어 주면 곧 스스로 노력을 다하나, 내버려 두면 바로 게을러진다.

爲煩擾而輕費損哉. 蓋以庸人之性, 率之則自力, 縱之則惰窳耳.

따라서 중장통은 이르기를 "우거진 숲 아래에도 양식을 쌓아 둘 곳을 만들 수 있으며, 물고기와 자라가 노니는 진흙[63]도 곡물을 파종할 수 있는 장소가 될 수 있으니, 이것은 모두 군장이 마음을 써야 할 일이다. 이로 인하여 강태공[64]이 제나라에 봉封해진 이후에 소금기 많은 땅을 개간하여 곡물을 파종했으며, 정국거鄭國渠와 백거白渠[65]를 축조한 이후에는 관중關中에 흉년이 들

故仲長子曰, 叢林之下, 爲倉庾之坻,[7] 魚鼈之堀, 爲耕稼之場者, 此君長所用心也. 是以太公封而斥鹵播嘉穀, 鄭白成而關

---

63 '굴(堀)'은 '굴(窟)'과 같은 글자다. 앞의 구절은 산을 개간하여 밭을 만드는 것이고, 이 구절은 호수와 늪지를 밭으로 만든다는 의미로, 모두 수륙의 황무지를 개간하여 식량을 생산함을 뜻한다.

64 '태공(太公)'은 태공망 즉, 여상(呂尙)이다. 속칭 강태공이라고 한다. 주나라 무왕을 도와서 은나라를 멸하는 데 공을 세워 제나라에 봉해졌으며, 제나라의 시조이다.

65 '정백(鄭白)': 정국거(鄭國渠)와 백거(白渠)를 가리키며, 진한시대에 관중의 경수(涇水)에 개착한 거대한 수리시설이다. 정국거는 진왕 정(政) 원년(기원전 246)에 개착되었으며, 한(韓)나라의 수리전문가 정국(鄭國)이 주관하였기에 그 이름을 따서 지었다. 정국거의 길이는 300여 리에 달하며, 400만 경을 관개했다. 백거는 한나라 무제 태시(太始) 2년(기원전 95) 백공(白公)에 의해서 축조를 주관하였다고 하여 백의 이름을 붙었다. 백거의 길이는 200여 리에 달하며, 4,500여 경을 더 관개했다. 두 시설은 모두 섬서 관중 평원에서 경수를 끌어다가 관개하였으며, 거(渠)를 개착한 이후에 관중은 비옥해졌다.

지 않았다. 대개 물고기와 자라를 먹을 때는 수택藪澤[66]의 형세를 상상할 수 있고, 야생의 초목을 보면 토지의 비옥함과 척박함을 파악할 수 있다."라고 하였다.

中無飢年. 蓋食魚鼈而藪澤之形可見, 觀草木而肥墝之勢可知.

또 말하기를 "농작물을 관리하지 않으면 뽕나무와 과일나무가 무성하지 않으며 가축이 살찌지 않으면 채찍질하여 책임을 물을 수 있다. 울타리[杝落][67]가 완전하지 않고 담상이 견고하지 않으며 지면이 깨끗하게 청소되어 있지 않으면 매질하여 책임을 묻는다."라고 하였다.

又曰, 稼穡不修, 桑果不茂, 畜産不肥, 鞭之可也. 杝落不完, 垣牆不牢, 掃除不淨, 笞之可也.

이것은 책임을 물어서 감독하는 방식이다. 황제가 친히 밭을 갈고 황후 또한 스스로 누에를 치는데, 하물며 일반 농부가 어찌 게으르고 대충할 수 있겠는가.

此督課之方也. 且天子親耕, 皇后親蠶, 況夫田父而懷窳惰乎.

이형李衡[68]이 무릉군[武陵] 용양현[龍陽][69]의 모래섬[70] 위에 집을 지어 감귤 천 그루를 재배했다. 죽음에 이르러 그의 아들들에게 일러 말하기를[71]

李衡於武陵龍陽汎洲上作宅, 種甘橘千樹. 臨

66 '수택(藪澤)': 얕은 연못이다.

67 '이락(杝落)': 나뭇가지로 얼기설기 엮은 울타리이다.

68 '이형(李衡)': 삼국시대 오나라에서 벼슬길에 올라, 후에 단양태수(丹陽太守)에 부임하였다.

69 '용양현(龍陽縣)': 오나라가 설치한 군현으로, 지금의 호남성 한수(漢壽)현이며 원강(沅江)이 동정호로 유입되는 곳에 위치한다.

70 '범주(汎洲)': '범(汎)'은 원래 '부(浮)'의 의미이다. 큰 모래섬은 마치 수면에 떠 있는 육지와 같아서 이를 범주라고 일컬었다.

"우리 농장에 천 그루의 '나무노예[木奴]'가 있는데, 그들은 입히고 먹일 것을 요구하지 않으면서도 너에게 매년 한 필의 비단을 줄 것이니 그것은 모두 너의 수입이므로 넉넉하게 써도 좋다." 라고 하였다. 삼국시대 오吳나라 말기에 이르러 감귤[72]이 성장하여 (열매를 맺은 후에) 해마다 몇 천 필의 비단을 거두는 이익이 있었다. 이것은 바로 (이형이) 항상 인용했던 태사공太史公의 구절 속에 "강릉江陵의 귤나무 천 그루는 천호후千戶侯에 상당한 수입이 있다.[73]"라는 의미이다. 번중樊重[74]이 가정의 일용 그릇을 만들려고 할 때 먼저 (목재를 제공할) 개오동나무와 (도료로 쓸) 옻나무를 심었는데, 당시 사람들은 모두 그를 비웃었다. 하지만 몇 년이 지나 모두 사용할 수 있게 되자, 이전에 비웃었던 사람이 도리어 그에게 빌리게 되었다. 이것은 곧 나무 심기가 중단할 수 없는 일임을 말하는 것이다. 농언에 이르기를 "1년을 계획하면 곡식을 심는 것이 가장 좋고, 10년

死勑兒曰, 吾州里有千頭木奴, 不責汝衣食, 歲上一匹絹, 亦可足用矣. 吳末, 甘橘成, 歲得絹數千匹. 恒稱太史公所謂, 江陵千樹橘, 與千戶侯等者也. 樊重欲作器物, 先種梓漆, 時人嗤之. 然積以歲月, 皆得其用, 向之笑者, 咸求假焉. 此種植之不可已已也. 諺曰, 一年之計, 莫如樹穀, 十

71 '내(勑)': 스셩한의 금석본에서는 '칙(敕)'으로 쓰고 있다.

72 '감귤(甘橘)': 스셩한의 금석본에 의하면, 당나라 이전에는 '감(柑)'이 항상 '감(甘)'자로 쓰였다고 한다.

73 『사기』 권129 「화식열전」에 의하면 '천호후(千戶侯)'란 천호의 식읍을 받은 제후이다. 이 같은 화식자는 모두 빈손으로 집안을 일으킨 대부호로서, 천자로부터 받은 봉읍이 없는 소봉(素封)의 가문이나 왕후와 버금가는 부를 지녔다.

74 '번중(樊重)': 후한 초의 사람이다. 『후한서』 권32 「번굉전(樊宏傳)」에 보인다.

을 계획하면 나무를 심는 것이 가장 좋다."라고 하였는데, 이를 두고 하는 말이다.

『상서』[75]에 이르기를 "곡물은 파종에서 수확까지 매우 힘들다."라고 하였다. 『효경孝經』[76]에 이르기를 "자연의 법칙에 따라 토지의 이익을 취하고 삼가 몸소 일상의 비용을 줄여서 부모를 공양한다."라고 하였다. 『논어論語』[77]에 이르기를 "백성의 씀씀이가 풍족하지 않으면 군주 또한 어찌 용도가 풍족하겠는가."라고 하였다. 한 문제漢文帝는 이르기를 "내가 천하 백성을 대신하여 공공의 재물을 관리하는데, 어찌 헛되이 쓸 수 있겠는가?"라고 하였다. 공자孔子가 이르기를[78] "가정의 재산을 잘 관리하면 그러한 방식을 빌려 국가를 관리할 수 있다."라고 하였다. 가정은 국가와 같고 국가는 가정과 같아서, 가정이 가난하면 근검절약하는 아내를 원하며, 나라가 어려울 때는 공정하고 어진 재상을 원하는데, 이것은 똑같은 이치이다.

무릇 재화를 생산하는 것은 매우 어려운 일이다. 쓰기만 하고 또한 절제가 없게 되는데,

年之計, 莫如樹木, 此之謂也.

書曰, 稼穡之艱難. 孝經曰, 用天之道, 因地之利, 謹身節用, 以養父母. 論語曰, 百姓不足, 君孰與足. 漢文帝曰, 朕爲天下守財矣, 安敢妄用哉. 孔子曰, 居家理, 治可移於官. 然則家猶國, 國猶家, 是以家貧則思良妻, 國亂則思良相, 其義一也.

夫財貨之生, 既艱難矣. 用之

75 『상서』「무일(無逸)」.

76 『효경』「서인장(庶人章)」.

77 『논어』「안연(顏淵)」.

78 『효경』「광양명장(廣揚名章)」.

무릇 사람의 습성은 안일한 것을 좋아하고 게으르다. 조직을 인도함에 있어 돈독[79]하지 못하다. 게다가 정책의 법령이 합당하지 못하여 간혹 수재와 한재를 입어 한 작물이라도 수확이 좋지 않으면 굶어 죽는 사람이 끊임없이 생기게 된다.[80]

又無節, 凡人之性, 好懶惰矣. 率之又不篤. 加以政令失所, 水旱爲災, 一穀不登, 胔腐相繼.

고대부터 현재에 이르기까지 모두 이와 같은 어려움이 끝이지 않으니 실로 통탄스럽다. 배고픈 사람은 많은 음식을 먹기 바라며, 목마른 사람은 두 사람 몫의 물을 마시고자 한다. 이미 배가 부른 이후에는 음식을 가벼이 여기고, 따뜻하면 의복을 아까워하지 않는다. 간혹 그해에 풍년이 들면 식량을 비축하는 것에 소홀해지며, 간혹 포백이 넉넉해지면 다른 사람에게 베풀기를 가벼이 여긴다. (이 때문에) 빈곤이 점차적으로 생겨난다.

古今同患, 所不能止也, 嗟乎. 且飢者有過甚之願, 渴者有兼量之情. 既飽而後輕食, 既暖而後輕衣. 或由年穀豐穰, 而忽於蓄積, 或由布帛優贍, 而輕於施與. 窮窘之來, 所由有漸.

그러므로 『관자管子』[81]에 이르기를 "걸桀[82]은 천하의 강토를 소유했지만 오히려 쓰기에 부족했고, 탕湯은 단지 72리里의 영역을 소유했지

故管子曰, 桀有天下而用不足,

79 '독(篤)'은 진실하고 마음을 다하는 것이고, '솔(率)'은 조직을 이끈다는 의미이다.

80 '등(登)'은 수확의 의미이다. 자부(胔腐)는 굶어 죽은 사람으로, 들판에 버려진 시체를 뜻한다.

81 『관자』「지수(地數)」.

82 '걸(桀)': 하 왕조의 마지막 군왕이자 폭군인 '걸왕(桀王)'을 가리키며, 상나라 탕왕에 의해서 멸망했다.

만, 도리어 여유가 있었다. 하늘은 결코 탕만을 위해 콩과 조를 내리지[83] 않았다."라고 하였다. 대개 이는 용도에 있어서 절제가 있어야 함을 뜻한다.

湯有七十二里, 而用有餘. 天非獨爲湯雨菽粟也. 蓋言用之以節.

『중장자』[84]에 이르기를, 절인 생선을 널어 놓고 파는 가게 주인은 스스로 상점의 비린내를 느끼지 못하며,[85] 중국 국경 밖의 사람들[四夷]은 스스로 음식물이 어찌 다른지를 알지 못하는데, 이것은 모두 오랜 습관에서 나온 결과이다. 생활이 이미 습관이 된 환경 속에서는 모두 이와 같은 일을 보고도 누가 스스로 (다르다는 것을) 알 수 있겠는가? 이것은 매운 여뀌만 먹는 벌레는 달콤한 여뀌[蓼藍]가 있다는 것을 알지 못하는 것과 어찌 다르겠는가.[86]

仲長子曰, 鮑魚之肆, 不自以氣爲臭, 四夷之人, 不自以食爲異, 生習使之然也. 居積習之中, 見生然之事, 夫孰自知非者也. 斯何異蓼中之蟲, 而不知藍之甘乎.

---

83 '우(雨)'는 '비와 같이 내린다'는 의미이다.

84 『중장자』는 이미 소실되었다. 이 글의 내용은 중장통의 『창언(昌言)』에는 보이지 않아 어디에서 유래되었는지 정확하지 않다.

85 이 말은 삼국의 위나라 왕숙(王肅: 195-256년)이 위조한 『공자가어(孔子家語)』 「육본(六本)」편에 등장한다.

86 여뀌[蓼]는 매운 것이며 요람(蓼藍)은 맵지 않다. 여뀌는 여뀌과로서 1년생 초본으로 줄기와 잎은 매운맛이 있기 때문에 예로부터 '신채(辛菜)'라고 하며, '날료(辣蓼)'라고 한다. 반면 요람(蓼藍)은 흔히 '남(藍)'이라고도 하며, 1년생 초본으로서 매운맛이 없고 염색을 할 때 사용된다. 스셩한의 금석본에 의하면, 여뀌만 먹는 벌레는 모두 맵다고 생각하고 또한 맵지 않은 것이 있다는 것을 알지 못한다고 한다.

현재 고금의 서적에서 대량의 자료를 수집하고, 많은 민담을 채집하였으며, 경험 많은 사람으로부터 가르침을 받고, 아울러 몸소 실천하고 경험하였다. 경작재배에서부터 식초와 젓갈[醯醢][87]을 만들기에 이르기까지, 무릇 생업과 관련된 모든 것을 이곳에 포함시켰다. 이 책을 『제민요술』이라고 칭한다. 모두 92편으로 하고 10권으로 엮었다. 매권의 서두에는 모두 목록이 달려 있기 때문에, 문장이 다소 번잡할지라도 자료를 찾을 때는 비교적 용이하다. 그곳에는 오곡과 과라[88]가 있는데, 중국[89]에서 생산되지 않는 것은 이름만 기록해 두었다. 이는 재배방법을 들은 적이 없기 때문이다.

今採捃[8]經傳, 爰及歌謠, 詢之老成, 驗之行事. 起自耕農, 終於醯醢, 資生之業, 靡不畢書. 號曰齊民要術. 凡九十二篇, 束爲十卷. 卷首皆有目錄, 於文雖煩, 尋覽差易. 其有五穀果蓏非中國所殖者, 存其名目而已. 種蒔之法, 蓋無聞焉.

농업을 버리고 상업의 이익을 좇는 것은 현명한 사람이 할 바가 아니다. 하루의 투기이익을 좇아서 갑자기 부자가 되었지만 (농사를 짓지 않

捨本逐末, 賢哲所非.

87 '혜(醯)'는 '초'이며 『제민요술』에는 술·초·절임[菹] 등의 양조방법이 제시되어 있다. '해(醢)'는 육장(肉醬)으로서, 『제민요술』에서는 각종 간장·된장·부식품의 가공과 요리방법을 제시하고 있다.

88 '나(蓏)'는 '외 종류'로서 『제민요술』 제10권 「비중국물산(非中國物産)」에 기록되어 있다. 여기에는 영남지방의 식물이 대량으로 기록되어 있는데, 이는 중국에서 가장 이른 '남방식물지'로서, 본서에서 인용한 책은 이미 모두 소실되어 이 책의 자료는 특별히 가치가 있다.

89 '중국(中國)': 후위(後魏)의 강토를 가리키며, 주로 한수(漢水)와 회수(淮水) 이북의 중원지역을 지칭한다.

아) 결국은 빈곤하게 되어 춥고 배고파지는 근원이 된다. 이로 인해서 장사치에 대한 것은 빼고 기록하지 않았다.

日富歲貧, 飢寒之漸. 故商賈之事, 闕而不錄.

화초류는 보기에는 매우 아름답지만 단지 봄에 꽃이 피고 가을에는 이용할 열매가 없으니, 마치 허황된 물건과 같아서[90] 기록할 가치가 없었다.

花草之流, 可以悅目, 徒有春花, 而無秋實, 匹諸浮僞, 蓋不足存.

내가 이 책을 쓰는 원래의 의도는 집안의 일꾼들[91]에게 보여서 깨우치기 위함이지, 감히 학식이 있는 사람들에게 보이기 위한 것은 아니었다. 따라서 글자를 반복적으로[92] 사용해서 서술하는 것은 매 글귀마다 모두 "귀를 당겨 주지시키기"[93] 위함이다. 매 사건은 모두 직접 그 지역에

鄙意曉示家童, 未敢聞之有識. 故丁寧周至, 言提其耳. 每事指斥, 不尚浮辭. 覽者無或嗤焉.

90 '필(匹)'은 '무엇과 더불어 견줄 만하다'는 의미이다.

91 '가동(家童)'을 소년들로 본 스셩한의 견해에 대해 묘치위는 교석본에서 가객이나 노객을 가리키며 가사협 집안의 어린 자제는 아니라고 하였다. 그에 의하면, 북제의 균전제가 후위(後魏)로 이어지면서 7품 이상의 관원에게는 법정 노예의 수를 80명으로 규정하고, 비법정 인원수는 이것에 포함되지 않았다. 태수 가사협은 4품 관료이기에 법정 노비의 수는 최소한 80명 이상이고, 일반 지주 또한 법으로 정해지지 않은 노예를 대량으로 둘 수 있어서, 이른바 "밭갈이는 남자 노비에게 묻고, 베 짜는 것은 여노비에게 물으라고 하였다."라고 하였는데 당시 사회의 배경을 분석해 볼 때 『제민요술』에서의 가동은 이러한 노비일 것이며, 절대 가족 중의 어린 사람이 아님을 알 수 있다.

92 '정녕(丁寧)'은 이중삼중으로 반복해서 깨우치게 한다는 의미이다.

93 묘치위 교석본에 따르면, 언제기이(言提其耳)는 사자성어로서, 귀를 당겨 그에게 이야기한다는 의미로 간절히 교도(敎導)함을 뜻한다. '지척(指斥)'이란 명백하고 분명하게 설명한다는 뜻이지, 비난하는 것은 아니다.

대해서 설명하였으며 꾸며서 수식하지는 않았다.
독자 여러분들이 비웃지 않기를 바랄 뿐이다.

교 기

1 '약(若)': 금택초본에는 '약고(若古)'로 되고 있으며, 스셩한의 금석본에서도 '고(古)'자로 쓰고 있다.

2 '구(癯)'는 『제민요술』각본에는 이 글자로 되어 있고 『회남자』에는 구(臞)로 되어 있는데 두 글자는 모두 '여위다[少肉]'의 뜻이다.

3 '역(亦)'자는 『제민요술』각본과 『태평어람』 권401에서 인용한 것에는 있지만 금본(今本)의 『회남자』에는 이 글자가 없는데, 마땅히 있어야 한다.

4 '체(體)': 경우본(景祐本) 『한서』에는 '체(體)' 대신에 '부(膚)'라고 되어 있으며, 자모(慈母) 대신에 자부(慈父)라고 적고 있다.

5 '방(方)': 즉 '비(比)'의 의미로서 견준다는 뜻이다.

6 '동종(僮种)': 금택초본 및 명초본 및 명청각본에서는 모두 사승(謝承)에 따라 동종으로 하고 있다. 다만 원창(袁昶)의 『점서촌사총간각본(漸西村舍叢刊刻本)』(이후 점서본으로 약칭)은 상무인서관영인본[商務印書館影印本; 1806년에 각인(刻印)]의 학진토원본(學津土原本)과 장해붕(張海鵬)의 『학진토원각본[學津討原刻本; 1804년 간인(刊印)]』[이후 이 두 책을 합쳐 학진본(學津本)으로 약칭함]에 의거하고 있으며 범엽(范曄)의 『후한서』에 의거하여 동회(僮恢)로 적고 있다.

7 '지(坻)': 원래는 하류 중의 작은 모래톱이며, 곡물을 쌓아 둔 것을 형상하는 것으로 아주 많음을 의미한다.

8 '군(捃)': 곡물을 수확한 후에 사람들이 땅에 남겨진 이삭을 줍는다는 의미로서, 오늘날에는 수집한다는 뜻이다.

잡 설雜說[94]

모름지기 생계유지하는 길은, 관리가 되지 않으면 농민이 되는 것이다. 만약 농사짓는 일을 알지 못한다면 궁핍해진다. 나 자신의 밭을 갈고 수확하는 역량이 비록 경험 있는 농부에 미치지 못할지라도, 경영하고 기획하는 측면에 있어서는 후직后稷[95]에 못지않다고 생각한다. 농사 경영의 방법을 아래와 같이 제시한다.

夫治生之道, 不仕則農. 若昧於田疇, 則多匱乏. 只如稼穡之力, 雖未逮於老農, 規畫之間, 竊自同於后稷. 所爲之術, 條列後行.

무릇 토지를 경영하는 농가는 반드시 정확하게 자기의 역량을 헤아려야 하는데, 차라리 작게 시작하는 것이 좋지 (욕심을 부려) 많이 하면

凡人家營田, 須量己力, 寧可少好, 不可多惡.

94 『제민요술』 앞부분의 「잡설」은 청대(淸代)부터 현재까지 가사협 원저의 일부분이 아니라는 의심을 끊임없이 받고 있다.

95 '후직(后稷)': 스성한의 금석본에 의하면 이곳의 후직은 반드시 '백성들에게 농사를 가르쳤던' 전설상의 후직은 아니고, '후직법(后稷法)' 혹은 '후직서(后稷書)'와 같이 입으로 전해져 왔던 것이나 농서일 가능성이 크다고 한다.

결과가 좋지 않다. 가령 소 한 마리가 있다면 소무小畝 3경을 경작할 수 있다. 제齊 지역의 관습에 의하면 대무大畝 1경은 35무에 해당한다. 매년 한 차례에 걸쳐서 윤작을 하되, 반드시 두 번 이상 연속으로 재배해서는 안 된다.[96] 잡곡을 재배한 땅에는 이듬해 주곡 작물을 재배하는 것이 좋다.

假如一具牛, 總營得小畝三頃. 據齊地大畝, 一頃三十五畝也. 每年一易, 必莫頻種. 其雜田地, 即是來年穀資.

농사를 잘 지으려고 하면 먼저 농기구가 편리해야 한다. 작업하는 사람이 즐거운 마음을 갖게 해야 피로를 잊는다. 아울러 반드시 항상 농기구를 능숙하게 조작하고 익혀 날래게 다루도록 힘써야 한다. 소와 같은 가축들은 잘 먹여 항상 살찌고 건강하게 해야 하며, 농사일을 하는 사람을 위무하여 항상 기분 좋게 해 주어야 한다.

欲善其事, 先利其器. 悅以使人, 人忘其勞. 且須調習器械, 務令快利. 秣飼牛畜, 事須肥健, 撫恤其人, 常遣歡悅.

농지의 형상을 살펴서 마르고 습한[乾濕] 것이 알맞도록 해야 한다. 가을에 조를 수확한 후

觀其地勢, 乾濕得所. 禾秋收

96 '필막빈종(必莫頻種)': 금택초본과 명초본은 군서교보(羣書校補)에 의거하여 남송본을 초록했는데, 모두 '필막(必莫)'으로 되어 있다. 명청 각본은 '필수(必須)'로 되어 있으나, 의미상으로 볼 때 '필막(必莫)'이 옳다. 주목해야 할 점은 『제민요술』의 본문 중에는 '금지'를 나타낼 때 '막(莫)'자를 쓴 적이 없으며, 단지 '물(勿)', '무(毋)'자와 '불용(不用)', '불가(不可)'라는 말을 사용하고 있다는 것이다. 스셩한[石聲漢] 교주, 『농정전서교주(農政全書校注)』 상(上) 「농사(農事)·영치상(營治上)」(明文書局 1981)에서는 두 번[兩茬] 이상 연속 파종하지 말고 토지를 휴한하여 회복의 기회를 주어야 함을 강조하고 있다.

에 먼저 메밀을 파종할 밭을 갈고 그 이후에 나머지 밭을 가는데, 갈이는 반드시 깊고 부드럽게 해 주어야 하며 (욕심을 부려) 대충대충 갈아서는 안 된다. 토양의 마르고 습한 정도를 보고 수시로 끌개질하여 덮어 평평하게 해 준다.[97]

보통 사람들이 가을갈이한 땅을 보면 흙덩이가 위로 드러난 채 모두 정월[孟春]이 되어야 비로소 끌개질하여 덮어 준다.

만약 겨울에 비와 눈이 적게 내리고 여름 내내 가물이 들면, 한갓 가을갈이를 하더라도 파종에 좋지 않다. 따라서 갈이의 많고 적음을 막론하고 모두 반드시 수시로 이전처럼 고무래질하여 준다.

소 한 마리로 2개월 동안 가을갈이를 한다면 소무 3경을 경작할 수 있다. 겨울동안에는 먹이를 충분하게 먹인다.

12월이 되면 반드시 농기구를 가지런히 정리하여 넉넉하게 마련해야 한다. 또한 정월 초가 되어 양기가 아직 상승하지 않았을 때[98] 갈아 둔

了,**1** 先耕蕎麥地, 次耕餘地, 務遣深細, 不得趁多. 看乾濕, 隨時蓋磨著.

切見**2**世人耕了, 仰著土塊, 並待孟春蓋. 若冬乏水雪, 連夏亢陽, 徒道秋耕不堪下種. 無問耕得多少, 皆須旋蓋磨如法.

如一具牛, 兩箇月秋耕, 計得小畝三頃. 經冬加料餵. 至十二月內, 即須排比農具使足. 一入正月初,

97 '개마(蓋磨)': 이는 간 땅을 평평하게 해 주는 작업으로서, 본문 중에는 '개마(蓋磨)' 두 글자가 연용된 예는 없다. 묘치위 교석본에 의하면 '개마(蓋磨)'는 갈이한 후에 흙을 부수고 땅을 평평하게 하는 농구로서 '개압(蓋壓)'을 '개(蓋)'라고 일컫고, 부수어 깨는 것을 '마(磨)'라고 말하였는데, 오늘날은 '마(耱)'로 쓴다.

98 "正月初, 未開陽氣上": 스성한의 금석본에 따르면, 이 구절에 대해서는 이해하기 힘들다고 하면서, 글자 그대로 해석하여 "정월에 첫 번째 미일에 양기가 상승한

땅을 다시 한 번[99] 고무래질한다.

무릇 토지에는 비옥한 곳도 있고 척박한 곳도 있는데, 바로 거름을 주어 기름지게 한다.

외양간 거름 만드는 법[踏糞法]: 농가에서 추수하고 밭을 정리한 후에, 곡물을 타작한 마당에서 모든 짚과 겨[100] 등을 거두어 한곳에 쌓아 둔다. 매일 소 우리에 3치 두께로 펴 주고, 이튿날 일찍 끌어모아 다른 장소에 쌓아 둔다.

전날 깔아 준 것과 마찬가지로 하룻밤이 지나면 또 끌어 모아 쌓아 둔다. 이와 같이 하여 겨울이 지나면 소 한 마리가 30수레의 거름을 밟아 만들 수 있다. 12월에서 1월 사이에 거름을 수레에 실어 농지에 낸다.

소무小畝로써 셈하면, 1무당 5수레씩의 거름이 필요하며, 모두 6무의 토지에 시비할 수 있다. 밭에다 거름을 고르게 깔고 밭을 갈아 고무래질을 한 뒤에 더 이상 뒤집어엎어서는 안 된다.

未開陽氣上, 即更蓋所耕得地一遍.

凡田地中有良有薄者, 即須加糞糞之.

其踏糞法. 凡人家秋收治田後, 場上所有穰穀䅩等, 並須收貯一處. 每日布牛脚下, 三寸厚, 每平旦收聚堆積之. 還依前布之, 經宿即堆聚. 計經冬一具牛, 踏成三十車糞. 至十二月正月之間, 即載糞糞地. 計小畝畝別用五車, 計糞得六畝. 匀攤, 耕, 蓋

다."라고 하였다.

99 '편(遍)': 스성한 금석본에서는 '편(徧)'자를 쓰고 있다.

100 '직(䅩)': 이 글자는 사전 중에 실려 있지 않지만, 전후 문장으로 짐작하건대 곡물의 겨나 잡초 등을 뜻하는 것으로 짐작된다.

땅이 약간 마른 후에 갈았던 밭을 그날 오후에 한 차례 고무래로 덮어 주고,[101] 땅을 모두 갈아엎은 이후에 다시 횡으로 한 차례 더 고무래질한다.

정월과 2월 두 달에는 또 다시 한 차례 갈아엎는다.

그런 후에 토지의 상태를 살펴 조[粟]를 파종한다. 먼저, 물기가 많은 토지[黑地]와 다소 낮은 지역의 땅에 파종하는데 조생종 조[穉種][102]를 파종한다. 그 후에 고전高田의 마른 땅[白地]에 파종한다. 이처럼 마른 땅에는 한식寒食 이후 느릅나무 꼬투리[楡莢]가 무성할 때 파종한다. 이어서 순서에 따라 콩[大豆]을 파종하고, 그다음에 참깨[油麻] 등을 땅에 파종한다.

그 후에 거름한 땅을 갈아엎는데, 5-6 차례

著, 未須轉起.

自地亢後, 但所耕地, 隨餉蓋之, 待一段總轉了, 即橫蓋一遍. 計正月二月兩箇月, 又轉一遍.

然後看地宜納粟. 先種黑地微帶下地, 即種穉種. 然後種高壤白地. 其白地, 候寒食後榆莢盛時納種. 以次種大豆油麻等田.

然後轉所糞得

101 '수향개지(隨餉蓋之)': 스성한의 금석본에 따르면, '향(餉)'자는 단지 음식물을 증여하거나 예물을 증여한다는 뜻이다. 여기서는 '상(晌)'자의 잘못이며, 오늘날 낮 12시에 해당한다. 그러나 『농정전서(農政全書)』「농사(農事)·영치상(營治上)」에서는 '향(餉)'을 '향(向)'으로 고쳐 쓰고 있다.

102 '조종(穉種)': 벼와 밀 등 곡물의 껍질에 윤기가 없는 곡식을 가리킨다. 스성한의 금석본에서는 기장, 참깨, 콩 등처럼 윤기가 있는 곡식에 대해 상대적으로 사용된 것으로 보았다. 반면 묘치위의 교석본에 의하면 현재 하남에서는 조생종 밀을 '조맥(穉麥)'이라고 하는데, 여기서 '조종(穉種)'은 곧 곡식의 조숙품종을 가리킨다고 한다.

간다. 매번 한 차례 갈 때마다, 2차례 고무래질하여 덮는다. 마지막 한 차례 갈 때에는 3번 고무래질하는데 종횡으로 덮어 준다. 황혼이 질 무렵에 방성[房]과 심성[心]이 정남의 방향에서 운행을 할 때[103] 찰기장을 파종하면 더할 나위 없이 좋다.

地, 耕五六遍. 每耕一遍, 蓋兩遍. 最後蓋三遍, 還縱橫蓋之. 候昏房心中, 下黍種無問.

조[穀]는 매 소무小畝당 1되[升]를 파종하면 조밀도가 적합하다.

穀, 小畝一升下子, 則稀穊得所.

찰기장과 조의 싹[苗]이 아직 이랑의 높이로 자라지 않았을 때, 한 차례 김을 매어 준다. 찰기장은 5일이 지나면 다시 재빨리[104] 두 번째 호미질을 해 준다. 누에[105]가 아직 섶에 오르지 않았을 때 재빨리 세 번째 김매기를 해 준다. 만약 노동력이 부족하면 김매기를 멈추는데, 아직 여력

候黍粟苗未與壠齊, 即鋤一遍. 黍經五日, 更報鋤第二遍. 候未蠶老畢, 報鋤第三遍. 如無力, 即止, 如

103 '혼방심중(昏房心中)': '방(房)'과 '심(心)'은 서로 인근 하는 두 개의 별자리 명칭이며 '중(中)'자는 공중을 의미한다. 스셩한은 '방(房)', '심(心)', '미(尾)'를 합하면 이는 곧 '진성(辰星)'의 '대화(大火)'좌를 의미한다고 한다.

104 '보서(報鋤)': '보(報)'자는 『예기』 「소의(少儀)」편 중의 '무보왕(毋報往)'의 '보(報)'자 용법인 듯하며, '재빨리 거듭한다'는 의미이다.

105 '미잠(未蠶)': 스셩한은 '말잠(末蠶)'의 잘못으로 의심하고 있다. 누에가 막잠을 자고 난 것을 흔히 '익은[老]누에'라고 일컫는다. 니시야마 다케이치[西山武一], 구로시로 유키오[熊代幸雄], 『교정역주 제민요술(校訂譯註 齊民要術)』上·下, アジア經濟出版社, 1969(이후 '니시야마 역주본'으로 간칭함)에 의하면 누에가 섶에 오르는 것은 입하절(4월의 절기)의 마지막에 가까운 양력 5월 15일일 것이다. 그러므로 여기서의 기장에 씨 뿌리는 것은 『제민요술』 본문과 마찬가지로 3월 상순일 것이라고 한다.

이 있으면 이삭이 팬 후에 다시 네 번째 김매기를 한다.

참깨와 콩은 모두 두 번 김매기하는 것이 좋으며 또한 더 일찍 해도 나쁘지 않다. 조는 첫 번째 김매기[106]할 때 모종의 간격을 정하는데,[107] 매 포기에 두 그루만 남기고 더 이상 남길 필요가 없다.

포기의 간격은 한 자[尺]로 하고 이랑의 양끝은 비워 둔다. (김매기를 할 때는) 깊고 정치하게 한다.

첫 번째 김매기는 지나치게 깊게 할 필요는 없지만, 두 번째 김매기는 깊을수록 좋고 세 번째 김매기는 두 번째 김매기에 비하여 얕게 하며, 네 번째는 비교적 얕게 맨다.

무릇 메밀은 5월 중에 땅을 간다. 땅을 간 지 35일[108]이 지나 풀이 썩어 문드러지면 갈아엎고 파종한다. 모두 3차례 간다.[109]

有餘力, 秀後更鋤第四遍. 油麻大豆, 並鋤兩遍止, 亦不厭早鋤. 穀, 第一遍便科定, 每科只留兩莖, 更不得留多. 每科相去一尺, 兩壠頭空. 務欲深細. 第一遍鋤, 未可全深, 第二遍, 唯深是求, 第三遍, 較淺於第二遍, 第四遍較淺.

凡蕎麥, 五月耕. 經二十五日, 草爛得轉, 並種.

106 스셩한[石聲漢] 교주, 앞의 책, 『농정전서교주(農政全書校注)』, p.134에서는 "穀, 第一遍便科定"을 "穀, 第一遍耕科定"으로 바꾸어 쓰고 있다.

107 '과정(科定)': 스셩한의 금석본에서는 한 포기 중에 남겨 두는 그루라고 보았다.

108 '경이십오일(經二十五日)': 금택초본 및 『농상집요』에는 '25일'로 되어 있다. 명초본과 명청 각본에는 모두 '35일'로 되어 있는데 스셩한은 이 견해를 따르고 있다.

109 세 차례 간다는 의미는, 5월에 초경(初耕)을 하고 풀이 썩어 문드러지면 재경(再耕)하고 파종하기 전에 다시 한 번 갈아 모두 세 번 가는 것이다.

파종은 입추 전후 10일 이내에 한다. 가령 땅을 3번 갈게 되면 3층[重]으로 열매가 달린다.[110]

아래 두 층의 열매는 검고 맨 위층의 열매는 희게 되어, 열매 속의 흰 즙이 진액[膿][111]처럼 가득 차게 되면 수확한다.

다만 메밀가지를 서로 잇대어 땅위에 펴놓으면[112] 흰 것은 날마다 점차 검은색으로 변하는데, 이렇게 될 때 수확하기 적합하다.

만약 맨 위층의 열매가 모두 검은색으로 변할 때까지 기다리면 그 아래층의 절반의 검은색 열매는 모두 땅에 떨어지게 된다.

미리 거름을 주어 기장을 파종한 땅에서는 또한 기장을 베어 낸다. 즉시 두 번 갈아 땅을 부드럽게 한 후, 흙덩이를 깨고 평평하게 하여 쌀

耕三遍. 立秋前後, 皆十日內種之. 假如耕地三遍, 即三重著子. 下兩重子黑, 上頭一重子白, 皆是白汁, 滿似如濃, 即須收刈之. 但對梢相苔鋪之, 其白者日漸盡變爲黑, 如此乃爲得所. 若待上頭總黑, 半已下黑子, 盡總落矣.

其所糞種黍地, 亦刈黍子. 3 即耕兩遍, 熟蓋,

---

110 '삼중저자(三重著子)': 메밀의 뿌리는 아주 가늘어서 반드시 세심하게 정지해야만 비로소 싹이 나고 생장과 발육에 유리하다. 정지할 때 세심하게 하는지 거칠게 하는지에 따라 그루의 높낮이, 가지의 수는 물론이고 그루마다의 결실률 등에서 모두 현격한 차이가 난다. 묘치위 교석본에 따르면 여기서 말하는 "3층으로 열매가 달린다."고 하는 것은 땅을 세 번 비교적 세심하게 갈면 세 단계로 가지가 나오는 것이다. 그러나 땅을 가는 횟수가 많고 적음에 따라서 가지의 급수가 많고 적은 상응관계가 이루어지는 것은 아니라고 한다.

111 '농(膿)': 흰 우유가 농후하여 고름과 같은 상태임을 말한다.

112 '답(苔)': 스셩한의 금석본에서는 '답(荅)'이라고 쓰고 있다.

보리[穬麥]를 파종한다. 봄이 되면 3번 김매기를 해 주어야 한다.

下穬麥. 4 至春, 鋤三遍止.

무릇 밀을 파종하는 땅은 5월에 한 차례 간다. 땅의 수분이 적당한 때를 살펴서 갈아엎는데, 3번 갈아엎어야 적합하다.

추사일[秋社][113]이 지난 후에 즉시 파종한다. 봄이 되어 김매기를 두 차례 해 주는 것이 가장 좋다.

凡種小麥地, 以五月內耕一遍. 看乾濕轉之, 耕三遍爲度. 亦秋社後即種. 至春, 能鋤得兩遍最好.

무릇 삼을 파종하려면 땅은 반드시 5-6차례 갈이를 해 주어야 하는데, 흙덩이를 부수고 평탄하게 만드는 작업은 그 두 배로 해 주어야 한다.[114] 하지夏至 이전 10일경에 파종한다. 파종 후에 김매기를 두 차례 해 준다. 또한 세심하게 모종을 솎아내서 조밀도를 일정하게 해 주고,[115] 약하고 가는 모종은 남기지 말고 즉시 뽑아낸다.

凡種麻地, 須耕五六遍, 倍蓋之. 以夏至前十日下子. 亦鋤兩遍. 仍須用心細意抽拔全稠閙細弱不堪留者, 即去却.

모두 이와 같은 방식으로 경작하고 파종하면 병충해의 피해를 제외하고는 약간의 가뭄이 닥쳐도 큰 손실은 없을 것이다. 왜냐하면 흙덩이

一切但依此法, 除蟲災外, 小小旱, 不至全

113 '추사(秋社)': 고대에 토지신에 제사하는 날로서, 입추 후에 다섯 번째의 무(戊)일인데 날짜는 추분 전후가 된다.

114 '배개지(倍蓋之)': 이것은 흙덩이를 부수고 평탄작업을 하는 횟수가 갈이하는 횟수보다 배가 된다는 말이다.

115 '전조료(全稠閙)': 이 구절은 해석하기 다소 어려운데, 스성한의 금석본에서는 '사이 간격을 고루 한다'는 의미로서 모종의 밀도를 고루 조절하는 것으로 보았다.

를 부수고 평탄작업 하는 횟수가 많으며, 또한 김매기를 시간에 맞게 해 주었기 때문이다. 농언에 이르기를 "호미 머리에 세 치의 빗물을 머금고 있다.(호미질만 잘해도 세 치의 비가 내린 것과 맞먹는다.)"[116]라고 한 것은 이를 두고 하는 말이다. 요堯임금 때 홍수를 만나고 탕湯 임금 때 가뭄을 만난 해에는[117] 감히 보장할 수 없었다. 비록 그러하나 이것은 정상적인 방식이다.[118] 옛 사람들이 이르기를 "수재와 한재 때문에 밭 갈고 호미질 하는 것을 멈추지만 않는다면 반드시 풍년의 수확을 얻을[119] 수 있다."라고 하였다.

만약 성읍[城郭]에 가깝다면 모름지기 외[瓜][120] · 채소[菜] · 가시[茄子] 따위를 많이 파종하여

損. 何者, 緣蓋磨數多故也, 又鋤耨以時. 諺曰, 鋤頭三寸澤, 此之謂也. 堯湯旱澇之年, 則不敢保. 雖然, 此乃常式. 古人云, 耕鋤不以水旱息功, 必穫豐年之收.

如去城郭近, 務須多種瓜菜茄子

116 호미질은 잡초를 제거하고 땅의 온도를 조절하며 양분을 분해하고 뿌리의 발육을 촉진하는 작용을 한다. 토양 중의 수분이 모세관의 공극을 통해서 위로 올라가 바로 지표면에 도달하면, 기화로 인해서 증발하기 때문에 토양이 습기를 잃게 된다.

117 『관자(管子)』「산권수(山權數)」에는 "탕 임금 때 7년 간 가뭄이 들었다."라고 하였으며 『한서(漢書)』 권24 「식화지상(食貨志上)」에는 "요임금과 우임금 때 9년간의 홍수가 있고 7년간 가뭄이 있었다."라고 기록하였다.

118 '차내상식(此乃常式)': 이는 홍수와 가뭄의 재해가 있다 할지라도, 부드럽게 갈고 자주 흙덩이를 부수며 부지런히 김매기하는 일상적인 작업은 필수적이라는 뜻이다.

119 '확(穫)': 스셩한의 금석본에서는 '획(獲)'으로 쓰고 있다.

120 '과(瓜)': 묘치위 교석본에서는 명청 시대의 각본에 따라서 '과(瓜)'로 쓰고 있다. 하지만 스셩한은 '고(苽)'로 보았는데, 이는 본래 '조호(彫胡)' 즉 '줄[菰; 蔣]'의 의미로서 여기서는 분명 '과(瓜)'자가 잘못이라고 보고 있다.

가정용으로 공급할 뿐만 아니라 나머지는 내다 팔 수도 있다. 예컨대 만약 10무의 땅이 있다면 그중 기름진 5무의 땅을 지정[121]해서 2무반은 파[葱]를 심고 2무반은 각종 채소를 심는다.

等, 且得供家, 有餘出賣. 只如十畝之地, 灼然良沃者, 選得五畝, 二畝半種葱, 二畝半種諸雜菜.

보통의 땅[122]에는 외[瓜]나 무[蘿蔔]를 파종한다. 채소를 파종할 때는 매년 봄 2월에 기름지고 부드러운 땅 2무를 택하여 부드럽게 땅을 정지하고 아욱[葵]과 상추[萵苣]를 파종한다. 간혹 이랑을 만들고 순무[蔓菁; 蕪菁]를 옮겨 심어 종자를 거둔다.[123]

似校平者種瓜蘿蔔. 其菜每至春二月內, 選良沃地二畝熟, 種葵萵苣. 作畦, 栽蔓菁,

121 '작연(灼然)': 작은 불로써 한 지점을 연속하여 태운다는 것으로서, 마치 연속적으로 한곳을 지진다는 의미이다. 작연은 마치 불에 지진 후에 남겨진 흔적처럼 '명확한 것'으로 구어로 '분명[的確]하다'는 뜻이다. 이 부사는 당말 이후 송대까지 통용된 것으로 어떤 일정한 실마리를 제공하여 「잡설」편의 저자를 추적할 수 있다.

122 '교평(校平)': 보통의 땅을 의미하며, 그곳에는 외[瓜]와 무를 파종하는데, 이것은 '아주 비옥한 땅'과 대비하여 말하는 것이다. 금택초본(金澤鈔本), 황요포교송원본(黃蕘圃校宋原本; 이하 황교본으로 약칭), 장보영전록본(張步瀛轉錄本; 이하 장교본으로 약칭)은 본문의 문장과 같으며 명초본, 마직경호상각본(馬直卿湖湘刻本; 이하 호상본이라 약칭), 모진진체비서각본(毛晉津逮祕書刻本; 이하 진체본으로 약칭)에는 '소평(邵平)'이라고 하였지만. 명초본의 '소(邵)'자가 원래 초본과 글자체가 상이한 것을 보면 원래 비어 있던 것이 후인이 명 각본에 의해서 보충을 한 듯하나. 소평은 곧 소평(召平)으로 진나라 말기의 사람이다. 외 파종[種瓜]으로 유명하여 권2 「외 재배[種瓜]」에 인용되었지만, 무를 파종한 흔적이 없고 관련시킬 수도 없다. '교(校)'는 '교(較)'와 통하고 '평(平)'은 평상, 일반의 의미이며 '사(似)'는 '이(以)'의 잘못인 듯하다.

123 이것은 가을에 파종하는 순무이다. 묘치위에 의하면 겨울에 종자용 그루를 구덩이 속이나 바람과 추위를 피할 수 있는 곳에 심어서 이듬해 봄에 노지로 옮겨 심

5, 6월이 되면 먼저 자란 각종 채소를 뽑아서 모두 묶어 두고 종자를 거둔다.[124] 빈 땅[空閑地]에는 무, 상추, 순무 등을 파종하되 모종의 조밀 정도를 살펴 그 포기를 김매기한다.

만약 자기 집에 소달구지가 있으면, 7월 6일과 14일[125]에 전부 수확하여 판매한다. 만약 자기 집에 소달구지가 없다면, 모두 도매[126]하여 다른 사람에게 넘기고 그 땅에는 가을 채소를 심는다.

收子. 至五月六月, 拔諸菜先熟者, 並須盛裹,5 亦收子訖, 應空閑地種蔓菁萵苣蘿蔔等, 看稀稠鋤其科. 至七月六日十四日, 如有車牛, 盡割賣之. 如自無車牛, 輸與人, 即取地種秋菜.

파는 4월에 파종하고, 무와 아욱은 6월에 파

葱, 四月種, 蘿

으면 여름에 열매를 수확한다고 한다.

124 음력 5, 6월에 수확하는 채소는 적지 않은데 1년생, 2년생 혹은 3년생으로 재배하는 것으로는 봄 아욱, 상추, 갓, 순무, 무, 대파 등이 있다. 그런데 묘치위는 어째서 뽑아서 '성과(盛裹)'해야 되는지, 교차로 혼성재배해서는 안 되는지, 성과 후에는 며칠을 두고 타작해야 되는지 등의 문제가 이 문장에서는 분명하지 않다고 지적하였다.

125 스셩한의 금석본에서는 이러한 일수를 매우 특이하다고 보았다. 미루어 보건대, 둘째 날이 '절일(節日)'이어서 성읍에 비교적 많은 채소가 필요하기 때문에 7월 7일을 '과과절(瓜果節)'이라고 하는 것 같다. 이날은 여자아이들이 오이와 과일을 윗사람에게 올리고 직녀에게 "손재주를 내려 달라고[乞巧]" 한다. 7월 15일은 '중원(中元)'으로서, 불교의 '우란분회(盂蘭盆會: 아귀도에 떨어진 어머니를 구하기 위해 석가모니의 가르침을 받아 여러 수행승에게 올린 공양에서 비롯한다.[출처]: 국립국어원)'가 이날 거행되었는데, 역시 많은 채소가 불교 행사에 사용되었다. 우란분회는 수당 이후에야 점차 성행하였는데, 이 점에서 볼 때 이 「잡설」편의 시대를 미루어 추측할 수 있다.

126 '수(輸)': 명초본에서는 '윤(輪)'으로 잘못 쓰고 있으나, 스셩한은 금택초본과 명청각본에 근거하여 '수(輸)'로 표기하였다. '수(輸)'는 '도매로 판다'는 의미이다.

종한다. 순무는 7월에 파종하며, 갓은 8월에 파종하고, 외[瓜]는 2월에 파종한다.

만약 4무의 땅에 외씨를 심으려면, 4월에 외를 심고[127] 10차례 김매기를 한다.

무와 갓은 두 차례 김매기해 준다. 아욱·무는 세 차례 김을 맨다. 다만 파는 배토 때문에 4차례 김을 맨다.

흰 콩[白豆]과 소두小豆는[128] 동시에 파종하고 동시에 수확하는데, 콩 꼬투리의 상태를 보고 딸 필요가 없다.

단지 이와 같은 방식에 따라서 한다면 만에 하나라도 잘못되지 않는다.

蔔及葵, 六月種. 蔓菁, 七月種, 芥, 八月種, 瓜, 二月種. 如擬種瓜四畝, 留四月種, 並鋤十遍. 蔓菁芥子, 並鋤兩遍. 葵蘿蔔, 鋤三遍. 葱, 但培6鋤四遍. 白豆小豆, 一時種, 齊熟, 且免摘角. 但能依此方法, 即萬不失一.

127 '유사월종(留四月種)': 묘치위 교석본에 의하면, 만약 4월에 익은 외씨[瓜子]를 남겨 두고 파종한다고 해석하면, 앞 문장에서 2월에 외를 파종한다고 하였으므로 4월에 익은 외씨로 파종이 불가능하다. 앞 문장에서 모두 파종기를 설명하면서 '유(留)'라고 말하고 있는데 남겨 둔다는 의미로서 4월까지 파종을 연기한다는 것이다. 그 미루는 까닭은 대개 파종 면적이 넓고 생산량이 많으며 또한 여름철 기온이 높아 성숙이 빠르기 때문으로, 뜨거운 햇볕을 틈타 더운 여름날에 소비가 크게 일어날 때 시장에 내다 팔 수 있으며 또한 우란분회(盂蘭盆會) 때 재빨리 시장에 낼 수도 있다.

128 '백두(白豆)': 흰 콩으로 밥을 지어 흰색이 된 것을 말한다. 묘치위의 교석본을 보면, '소두(小豆)'는 오늘날 통상 붉은 팥을 의미하지만 옛날에는 한 종류를 가리킨 것이 아니고, 적두, 적소두, 녹두, 흑소두 등을 모두 소두라고 불렀다.

교 기

1 '화추수료(禾秋收了)': '화(禾)'자는 명초본에서는 '시(示)'자로 표기하고 있는데, 스셩한은 금택초본에 의거하여 '화(禾)'자로 고쳤다.

2 "절견(切見)": 여기서 '切'은 각 본에서는 서로 동일하며, '밀착하여 붙인다'는 의미로 해석된다. 그러나 묘치위는 『왕정농서(王禎農書)』에서 『제민요술』을 인용한 부분에는 '절(竊)'자로 쓰고 있어 왕정이 고친 것으로 인식하여, 다음 구절에 연결해야 한다고 보고 있다.

3 '자(子)': 각본에서는 모두 '자(子)'자로 잘못 쓰이고 있지만 오직 금택초본에서만 '요(了)'자로 쓰고 있다. 스셩한의 금석본에서는 이 구절의 '자(子)'는 '하(下)'자가 잘못으로 보았는데, 묘치위는 이것이 정확하다고 보았다.

4 '강맥(糠麥)': '광맥(穬麥)'의 잘못인 듯하며, '종맥(種麥)'의 잘못으로 보는 견해도 있다. 묘치위 교석본에 따르면, '강(糠)'은 각각의 책에서는 동일하지만 해석할 수가 없으며, '광(穬)'의 잘못인 듯하다. 광맥은 곧 쌀보리[裸大麥]이며 또한 원맥(元麥)이라고도 한다.

5 "拔諸菜. 先熟者, 並須盛裹": 스셩한의 금석본에서는 '발(拔)'과 '제(諸)' 사이를 끊어서 읽고 "至五月六月, 拔. (諸菜先熟, 並須盛裹, 亦收子.) 訖, 應空閑地."라고 표기하고 있다. 명청 각본에는 '숙(熟)'자 다음에 '자(者)'자가 있으며, 그 아래 "並須盛裹"는 "並須勝衰"라고 되어 있다. 명초본과 금택초본은 완전 일치하며, 군서교보(羣書校補)에 의거한 남송본 또한 마찬가지이다. 이것은 비교적 이른 시기의 판본이며 명청 각본에 비해 해석이 다소 용이하다고 한다. 묘치위 교석본에서 황교본, 호상본 등에는 '자(者)'자가 있지만 명초본에는 없다고 한다.

6 '배(培)': 명초본에서는 '배(倍)'라고 하고 있는데, 스셩한은 금택초본과 명청시대의 각본과는 달리 '배(培)'로 하는 것이 더욱 합당하다고 하였다.

제민요술
제1권

제1장

밭갈이 耕田第一

『주서(周書)』[1]에 이르기를 "신농(神農)시대에 하늘에서 조[粟]가 떨어져 신농이 마침내 땅을 갈이하여 조를 파종했다. 도기를 제작하고 도끼와 자귀를 주조하였으며 뇌사(耒耜), 각진 호미[鋤], 둥근 호미[耨]를 만들어 풀이 자란 황무지를 개간하였는데, 이와 같이 하여 오곡은 비로소 널리 번성하고 각종 과실이 열려 음식물을 저장할 수 있게 되었다고 한다."라고 하였다.

書[1]曰, 神農之時, 天雨粟, 神農遂耕而種之. 作陶, 冶斤斧, 爲耒耜鋤[2]耨, 以墾草莽, 然後五穀興, 助百果藏實.

『세본(世本)』[2]에 이르기를 "수(倕)[3]가 뇌사(耒耜)를 만들었다. 수(倕)는 신농의 가신(家臣)이다."라고 하였다.

世本曰, 倕作耒耜. 倕, 神農之臣也.

---

1 『주서(周書)』: 스셩한[石聲漢], 『제민요술금석(齊民要術今釋)』上, 중화서국(中華書局), 2009(이후 '스셩한 금석본' 혹은 '스셩한'으로 간칭함)에 의하면, 『제민요술』에서 인용한 『주서』는 이미 금본(今本)의 『상서』에는 보이지 않고, 또한 『급총주서(汲冢周書)』에도 보이지 않는 것으로 보아 이미 유실되었다고 하였다.

2 『세본(世本)』: 이 책은 이미 유실된 고대 사서로서 후한시대에 존재하였다.

3 '수(倕)': '수(垂)'라고도 하며 고대의 장인이라고 전해지고 있다. 살았던 시대에 대해서는 일치되는 견해가 없지만 송충(宋衷)은 신농시대의 사람이라고 하였고, 『회남자(淮南子)』「설산훈(說山訓)」의 고유 주에서는 "요임금의 장인이다."라고 하였으며, 『광운(廣韻)』「오지(五支)」에서는 황제시대의 장인이라고 하였다.

『여씨춘추(呂氏春秋)』[4]에 이르기를 "보습형 사(耜)는 그 날의 폭이 6치[寸]이다."라고 하였다.

呂氏春秋曰, 耜博六寸.

『이아(爾雅)』[5]에 이르기를 "구촉(斪斸)[6]은 정(定)이라고 한다."라고 하였다. 건위사인(犍爲舍人)[7]은 "구촉은 곧 각진 호미[鋤]이며 정(定)이라고도 부른다."라고 주석하고 있다.

爾雅曰, 斪斸謂之定. 犍爲舍人曰, 斪斸, 鋤也, 名定.

[하승천(何承天)[8]의] 『찬문(纂文)』[9]에는 "곡식의 모종을

纂文曰, 養苗之

---

4 『여씨춘추』: 전국 말 진나라 재상 여불위(呂不韋; ?-기원전 235년)가 문객을 모아서 편찬한 것으로, 잡가의 대표적인 저작이다. 내용은 유교, 도교 사상을 위주로 하여 명가, 법가, 묵가, 농가, 음양가의 말을 덧붙이고 있다. 그중에서 「상농(上農)」, 「임지(任地)」, 「변토(辯土)」, 「심시(審時)」 등 4편은 중국에서 현존하는 가장 빠른 농업 정책과 농업 기술의 전문적인 논저이며, 후한 때 고유(高誘)의 주석본이 있다.

5 이 문장은 『이아(爾雅)』 「석기(釋器)」에 보인다. 『이아』는 진한시대의 학자들이 주나라와 한(漢)나라 시대의 여러 책의 구문을 편집하여 돌아가면서 증보하였으며, 한 시대의 한 사람에 의해서 저술된 것은 아니다. 후세에서는 13경 중의 하나로 열거하기도 한다. 오늘날에는 동진시대의 곽박(郭璞: 267-324년)의 주와 북송시대의 형병(邢昺)의 주소본이 있다.

6 '구촉(斪斸)'은 손잡이가 굽은 호미로서 오늘날의 거위 목과 같다. '구'는 '구부러지다'라는 의미이고 '촉'은 호미의 끝부분으로서, 두 글자가 한 농기구를 이룬다.

7 '건위사인(犍爲舍人)': 『이아(爾雅)』를 주석한 사람이다. 당대(唐代) 육덕명(陸德明: 550-630년)의 『경전석문서록(經典釋文叙錄)』에 의하면 한 무제 때 일찍이 건위군 문학 졸사로 임명되었고, 후에 사인으로 옮겨졌으므로 건위문학이라고 칭하였다. 혹자는 성이 곽이라고도 하는데, 그 외에는 알려지지 않고 있다. 그의 주석본은 이미 유실되었다.

8 '하승천(何承天)': 유송(劉宋) 산동(山東) 담성(郯城) 사람이다. 수학자이자 천문학자로 여러 학문에 정통했다. 무제(武帝) 때 상서사부랑(尙書祠部郎)에 임명되었고, 외직으로 나가 형양내사(衡陽內史)가 되었다. 문제(文帝) 때 어사중승(御史中丞)이 되었다. 저작좌랑(著作佐郎)으로 국사를 편찬하는 일을 맡았다가 나중에 어사대부(御史大夫)의 지위에 올랐는데, 특히 산학(算學)과 역학(易學)에 뛰어나 원가력(元嘉曆)을 만들었다.([출처]: 『중국역대인명사전』, 이회문화사,

재배함에 있어 각진 호미[鋤]는 둥근 호미[耨]보다 못하고, 둥근 호미는 가래[鏟]만 못하다.[10] 가래는 손잡이 길이가 2자[尺]이고, 날의 폭이 2치[寸]이며, 지면에 평행하게 대고 밀어서 풀을 제거하는 농구이다."라고 한다.

道, 鋤不如耨, 耨不如鏟. 鏟柄長二尺, 刃廣二寸, 以剗地除草.

허신(許愼)[11]의 『설문(說文)』[12]에 이르기를 "뇌(耒)는 손힘으로 밭을 가는 구부러진 나무막대이며, 사(耜)는 뇌 끝부분에 부착된 횡목이다. 촉(斸)은 가른다는 의미로, "제(齊)나라에서는 자기(鎡基)라고 부르며 일설에서는 구부러진 나무막대 끝에 보습을 부착한 것"이라고 한다. "전(田)은 배열한다[13]는 의미로, 곡물을 심는 땅을 전(田)이라고 하며, [전(田)자의] 형상은

許愼說文曰, 耒, 手耕曲木也, 耜, 耒端木也. 斸, 斫也, 齊謂之鎡基, 一曰斤柄性自曲者也. 田, 陳也, 樹穀曰田, 象四

2010. 이하 『중국역대인명사전』으로 약칭함.)

9 『찬문(纂文)』: 남북조시대 송나라의 책으로 지금은 전해지지 않는다.

10 '산(鏟)': 『왕정농서』에서는 '박(鎛)'이라고 하며 별도로 '누(耨)'라고도 한다. 다만 '전(錢)'은 가래의 별칭이며 '초(鍬)'는 아니다. 묘치위[繆啓愉], 『제민요술교석(齊民要術校釋)』, 中國農業出版社, 1998(이후 '묘치위 교석본' 또는 '묘치위'로 간칭함)에 따르면, 하남성 안양에서 출토된 상나라 말기의 청동가래는 바로 '전(錢)'이다. 가래[鏟]는 손으로 가래의 손잡이를 꼭 잡고 앞으로 향해서 밀어서 이랑 사이를 제초하고 흙을 일구는 데 사용된다. '누(耨)'는 흙을 깍은 후에 당겨서 중경제초하는 농기구로서, 형태와 만드는 법은 '구촉(斪斸)'과 같지만 비교적 소형이며 작물 사이에서 이용하기가 편리하다고 한다.

11 '허신(許愼: 대략 58-147년)': 후한 시기의 관리이자 경학자, 문자학자이다. 태위남각제주(太尉南閣祭酒), 오경박사교서동관(五經博士校書東觀) 등을 지냈다. 가규(賈逵)의 제자로 경사(經史)와 문자학에 정통했다.([출처]: 『중국역대인명사전』)

12 『설문(說文)』: 『설문해자』의 간칭이며 후한 때 허신의 저작으로서 기원후 100년에 편찬되었다. 중국 최초의 부수로 글자를 해석하는 자전으로서, 세계에서 가장 빠른 글자 사전 중의 하나이다.

13 '진(陳)': 고대의 '진(陳)'과 '전진(戰陣)'의 진은 동일한 글자이다. 진(陣)은 '고르게 배열한다'라는 뜻으로 전(田) 또한 바르게 배열한다(구획한다)는 것이다.

네 면의 경계인 구(口)와 중간의 십(十)자가 밭을 종형으로 구획하는 농로[阡陌]이다." "'경(耕)'은 간다[犂][14]는 의미로 뇌(耒)의 변에 정(井)의 소리를 붙인 것이다. 어떤 사람은 옛날의 정전이라고 한다."라고 한다.

口, 十, 阡陌之制也. 耕, 犂也, 從耒, 井聲. 一曰古者井田.

유희(劉熙)의 『석명(釋名)』[15]에 이르기를 "전(田)은 채운다[塡]는 의미이다. 전(田)속에 오곡을 가득 채운다." "이(犂)는 예리하다는 것이며, 예리해야 흙을 일으켜 풀뿌리를 자른다."라고 한다. "둥근 호미[耨]는 각진 호미[鋤]와 유사한 형태로, 허리를 구부려서[16] 곡물의 모종을 김매는 것이다. 촉(斸)은 벤다는 의미로, 주로 잡초의 뿌리와 가지를 제거하는 것이다."라고 한다.

劉熙釋名曰, 田, 塡也. 五穀塡滿其中. 犂, 利也, 利則發土絶草根. 耨, 似鋤, 嫗耨禾也. 斸, 誅也, 主以誅鋤物根株也.

무릇 산지山地와 물이 고여 있는 저습지를 개간하려면 모두 7월 중에 풀을 베어 내어야 한

凡開荒山澤田, 皆七月芟艾

14 "耕, 犂也.": 이는 송각본 『설문해자』와 완전히 일치한다. 호진형(胡震亨)의 『비책휘함각본(秘冊彙函刻本)』(이후 '비책휘함본' 혹은 '비책휘함계통의 판본'으로 약칭) 판본에서는 '이(犂)'가 '종(種)'으로 쓰여 있었기 때문에 일찍이 청나라 『설문해자』의 연구가들 사이에 논쟁이 있었다.

15 『석명(釋名)』: 한(漢)나라 말기의 훈고학자 유희(劉熙: ?-?년)가 백과사전의 성격을 지닌 『이아』를 모방하여 1,502개의 사물의 명칭을 27개 부문으로 분류하여 뜻풀이한 책이다. 8권 27편으로 이루어져 있으며, 오늘날 존재하지 않는 가구와 그릇에 관한 기록이 포함되어 있어 중요한 자료로 평가된다.

16 '구(嫗)': 필원(畢沅)의 『석명소증(釋名疏證)』에 의하면 마치 노인이 "모종의 뿌리를 돌보는 것" 같다고 한다. 비책휘함(秘冊彙函)의 판본에는 '구누(嫗耨)'를 '이호(以薅)'라고 쓰고 있지만, 남송본의 명대 초본[명초본(明抄本)으로 약칭], 금택문고구초본(金澤文庫舊抄本; 이하 금택초본으로 약칭) 및 군서교보(羣書校補)에 의거하여 사초한 남송본에는 모두 '구누(嫗耨)'라고 하고 있다. 『태평어람(太平御覽)』 권823 '누(耨)'조에서 『석명』을 인용하고 있는 것에는 도리어 '이호(以薅)'라고 쓰고 있다.

다. (풀이 마르면 불을 질러 태운다.)[17] 이듬해 봄이 되면 개간한다. (이때) 풀뿌리가 썩으면 노동력을 줄일 수 있다. 큰 나무는 나무의 껍질을 돌려 벗겨 내서[18] (줄기가 말라) 죽도록 하는데, 잎이 시들어서 더 이상 그늘을 드리울 수 없을 때[19] 바로 밭을 갈아 파종한다. 3년이 지나 뿌리가 마르고 줄기가 썩게 되면 다시 불을 질러 태운다. 이렇게 하면 땅속의 뿌리 또한 죽게 된다. 황무지의 갈이가 끝나면 쇠발써레[20]로 두 번 써레질하고 누런 찰기장인 서黍나 메기장인 제穄[21]를 흩어 뿌린 후,[22] (이빨 없는) 끌

之. 至春而開[3]墾. 根朽省功. 其林木大者劉殺之, 葉死不扇, 便任耕種. 三歲後, 根枯莖朽, 以火燒之. 入地盡矣. 耕荒畢, 以鐵齒鎒楱再遍杷之, 漫擲黍穄,

---

17 스성한의 금석본에는 "풀이 마르면 불을 질러 태운다.[草乾卽放火.]"라는 구절이 있다.

18 '영(劉)': 『제민요술』 권4 「배 접붙이기[插梨]」의 사료로 미루어 스성한은 '영(劉)'은 칼로 나뭇가지를 벗겨 내는 것으로 추정하였다. 『왕정농서』 또한 『제민요술』의 이 부분을 인용하여 같은 의미로 주석하고 있다. 그러나 묘치위 교석본에서는 뿌리 근처 나무줄기의 껍질을 둥글게 벗기면 더 이상 새로운 목질부가 치유될 수 없어서 체내의 영양물질이 상하로 전달되지 못하여 나무가 자연히 말라죽게 된다고 한다. 비록 『강희자전』에서는 줄기를 자르는 것으로 해석하고 있지만 문맥으로 볼 때 묘치위의 해석이 타당하다.

19 '선(扇)': 본래 대나무나 갈대로 짠 문으로서 가리개의 뜻을 가지고 있는데, 동사로는 '가려서 막다'는 의미이다.

20 '누주(鎒楱)': 『왕정농서』에서는 "'인자(人字)' 형태인 써레[人字耙: 쇠 이빨의 써레]"라고 한다. 흙을 부드럽게 깨고 일구는 작업에 주로 쓰인다. 스성한의 금석본에서는 누주를 즉 '쇠스랑[鐵搭]'이라고 하고 있는데, 본서에서는 쇠스랑과 구분하기 위해 철치누주(鐵齒鎒楱)를 '쇠발써레'로 번역하였다.

21 '제(穄)': 메기장은 내한성이 매우 강하고 잡초와의 경쟁력 또한 강하며 척박하고 소금기 있는 땅에도 잘 견디고 생육기간이 짧아서 황무지의 '선봉작물'에 적합하다.

개[勞][23]질을 두 번 한다. 이듬해에는 곡식을 파종할 수 있다.

勞亦再遍. 明年, 乃中爲穀田.

무릇 밭을 갈 때는 고전高田과 하전下田 모두 봄과 가을을 막론하고 반드시 토양의 습도가 적당한 것이 좋다. 만약 물이 가물어 습도가 적당하지 못하면, 차라리 건조할지언정 절대로 습해서는 안 된다. 건조할 때에 갈면 비록 큰 덩어리가 생기더라도, 한 번 비가 오게 되면 흙이 가루처럼 풀어진다. 습할 때 갈면 흙이 단단하게 굳어져 몇 년이 지나도 상황이 좋지 않게 된다.[24] 농언에 이르기를 "습할 때 갈이하고 물기가 있을 때 호

凡耕高下田, 不問春秋, 必須燥濕得所爲佳. 若水旱不調, 寧燥不濕. 燥耕雖塊, 一經得雨, 地則粉解. 濕耕堅垎, 數年不佳. 諺曰, 濕耕澤鋤, 不

22 '만척(漫擲)': 스성한의 금석본에서는 '만(漫)'은 편리한 대로 일정한 규율과 제한이 없는 '산만(散漫)'으로 보았는데, 오늘날의 용어로는 '산파(散播)'이다. 반면 묘치위 교석본에서는 본서 권2 「삼 재배[種麻]」의 내용으로 미루어 '만척(漫擲)'은 단순한 산파가 아니며, 누거(耧車)를 사용한 후 파종한 것을 보면 조파(條播)라고 하는 것이 더 타당할 듯하다고 하여 스성한과 다른 견해를 제시하였다.

23 '노(勞)': 갈이한 후에 뒤엎은 흙덩이를 부수는 동시에 평평하게 고르는 농기구로서, 가축으로 끌어 땅을 고르게 가는 데 사용한다. 가축을 부리는 사람이 '노' 위에 앉거나 서기도 한다. 끌개[勞]는 가시나무나 등나무류로 짠 정지농구로서, 마(摩)라고도 하며 지금은 마(耱)라고 쓰고 있다. 『제민요술』 앞부분의 「잡설」에서는 '개(蓋)'라고도 불렀다. 끌개질은 땅을 고르고 흙덩이를 가볍게 부수고 흙을 부드럽게 진압하고 습기를 보전하는 작용도 한다. 파종한 후에는 흙을 덮고 싹이 나오는 시기에 중경의 역할도 한다. 『제민요술』 시대에 북방의 정지는 갈고[耕] 써레질[耙]하고 복노와 쇄토[耢]가 한 짝이 되어 습기를 유지하며 가뭄을 막는 경작기술이 이미 정형화되었다.

24 '견각(堅垎)': 마르고 단단하다는 의미로, 습할 때 갈아엎은 흙은 마른 후에 딱딱해서 쉽게 부서지지 않는다는 것이다. 점토의 특성은 습할 때는 찰기가 있어서 농구가 진흙에 들러붙으며, 두드리면 덩어리져서 떡처럼 되고, 마른 후에는 또 굳어져서 쉽게 부서지지 않는다.

미질하는 것은 손대지 않고 돌아가는 것만 못하다."라고 하였는데, 이것은 이익이 없고 손해만 있게 된다는 것을 이른다. 습할 때 갈이를 했다면 흙덩이의 겉이 하얗게 마를 때[25]를 기다려서 재빨리 쇠발써레로 써레질하게 되면 역시 손해가 없다. 그렇지 않으면 대단히 나쁘다.

如歸去，言無益而有損. 濕耕者，白背速鍽楱之，亦無傷，否則大惡也.

봄철에 갈이한 땅은 즉시[26] (이빨 없는) 끌개[勞]로 평평하게 골라 주어야 한다. 고대에는 (이러한 작업을) '우(櫌)'[27]라 하였고 지금은 '끌개[勞]'라고 칭한다. 『설문(說文)』에는 '우(櫌)'를 땅을 평평하게 고르는 기구[摩田器]로 해석하였다. 오늘날 사람 또한 '끌개[勞]'를 '마(摩)'라고도 칭하며, 향촌에서는 "땅을 갈고 끌개질을 한다."라고 한다. **가을에 흙덩이의 겉이 하얗게 될 때 끌개질을 한다.** 봄에는 바람이 많이 불어, 만일 갈아엎은 뒤 즉시 끌개질을 하지 않는다면 땅은 반드시 성글고 건조해진다. 가을의 밭은 축축하고 견실하여 수분이 많을 때 끌개질을 하면 딱딱한 판결(板結)이 형성된다. 농언에 이르기를 "갈아엎고 끌개질을 하지 않는다면 쓸데없이 법석 떠는 것과 같다."라고 하였다. 대개 이 말은 비 내리는 날이 적어 (밭갈이할) 좋은 시기를 만나는 것이 쉽지 않다는 의미이다. 환관(桓寬)의 『염철론(鹽鐵論)』[28]에서는 "무성

春耕尋手勞. 古曰櫌，今曰勞. 說文曰，櫌，摩田器. 今人亦名勞曰摩，鄙語曰，耕田[4]摩勞也. **秋耕待白背勞.** 春既多風，若不尋勞，地必虛燥. 秋田㙍實，濕勞令地硬. 諺曰，耕而不勞，不如作暴. 蓋言澤難遇，喜天時故也. 桓寬鹽鐵論曰，茂木之下無豐草，大塊之間無美苗.

---

25 '백배(白背)': 토양의 표면이 마르면 더 이상 검게 되지 않고 땅의 표면이 흰색으로 변하는 현상이다. 가사협은 산동사람으로서, 오늘날에도 이 지역 사람들은 이 말을 사용하고 있다.

26 '심수(尋手)': 오늘날 구어체의 '즉각', '즉시'라는 뜻이다.

27 '우(櫌)': 나무로 만든 몽치이다. 가장 먼저 흙을 부수고 평탄하게 하는 농구로서, 복토에도 사용된다.

한 나무 아래에서는 덥수룩한 풀이 없고, 큰 흙덩이 사이에는 좋은 모가 자라지 않는다."라고 하였다.

무릇 가을갈이는 쟁기질을 깊게 해야 하고, 봄과 여름에는 얕게 간다.[29] 쟁기[30]질한 고랑은 좁아야 하며[31] 한 번 갈이하면 두 번 끌개질한다.

凡秋耕欲深, 春夏欲淺. 犂欲廉, 勞欲再. 犁廉

28 '환관(桓寬)': 『염철론』을 편찬한 환관은 여남(汝南) 지방 출신으로, 자(字)가 차공(次公)이다. 『춘추공양전(春秋公羊傳)』를 공부하여 낭관(郎官)이 되었고, 이후에 여강군(廬江郡)의 태수승(太守丞)의 지위에 이르렀으며 박식하고 글을 잘 지었다고 한다. 『염철론(鹽鐵論)』은 모두 12권 60장(章)으로 구성되어 있으며, 기원전 81년 전한의 조정에서 열렸던 회의의 토론내용을 재현(再現)하는 형태로 정리한 것이다. 무제(武帝) 때부터 비롯된 소금 · 철 · 술 등의 전매(專賣) 및 균수(均輸) · 평준(平準) 등 일련의 재정정책을 무제가 죽은 뒤에도 존속시킬 것인가의 여부에 대해 전국에서 추천을 받고 참석한 자들이 논의한 내용을 수록한 것이다.

29 화북지역에서는 가을에 항상 비가 오기 때문에 가을철에 깊이 갈면 보습에 유리하며 봄 파종을 위해서 좋은 조건을 제공하게 된다. 묘치위 교석본에 의하면 가을갈이 후 겨울이 지나 봄이 되면 토양은 반복적으로 얼었다 녹으면서 풍화가 촉진되어서 흙이 바스러져 토양구조가 매우 좋다. 또한 심경을 거치면서 층을 이루어 토양이 부드러워지므로 가을갈이는 깊게 해야 한다. 봄여름은 이러한 조건이 되지 않는데, 왜냐하면 북방은 봄에 바람이 많아 가물고 여름에는 고온이기 때문에, 만일 깊게 갈아엎으면 바닥의 습기가 마르고 토양 또한 부드럽지 않게 되어 심경에 적합하지 않다.

30 '이(犂)': 스셩한 금석본에는 '이(犁)'로 쓰고 있다.

31 '염(廉)': 폭이 좁다는 의미이다. 스셩한의 금석본에 따르면, 평방의 골을 탈 때 두 개의 좁고 긴 선이 보이는데 이것을 '염'이라고 칭하며, 이랑 위의 골을 탈 때는 세 개의 작고 방형의 긴 선 역시 염이라 한다. 평쟈오린[馮兆林]은 '이욕염(犁欲廉)'은 쟁기질을 한 횟수가 적어야 하고, 끌개[勞]질을 두 번 해야 한다는 것과 상대적이라고 한다. 평쟈오린의 견해는 일리가 있다. 그러나 『제민요술』에서 "횟수가 적다."라고 말할 때는 항상 '불번다(不煩多)', '불용수(不用數)', '욕성(欲省)' 같은 표현을 사용하였으나 '염'자는 보이지 않는다. 이 때문에 "쟁기질한 길

쟁기가 지나가는 길이 좁으면 갈이한 흙이 곱고 소 역시 힘이 덜 들어 피로하지 않다. 두 번 끌개질을 하면 흙이 물러져서 가뭄이 들어도 습기를 보전할 수가 있다. 가을갈이는 푸른 풀을 갈아엎는 것을 최상으로 여긴다. 겨울이 되어 푸른 풀이 다시 나는 것은 그 이익이 소두와 동일하다. 처음 간 땅은 깊게 갈아엎어야 하며 두벌갈이는 얕게 갈아야 한다. 첫 번째 갈이에서 깊게 갈아엎지 않으면 토양이 물러지지 않으며, 두벌갈이 때 약간 얕게 갈지 않으면 생토가 뒤집혀 드러나게 된다. 띠풀[菅茅]이 자라난 땅에는 먼저 소와 양을 마음대로 풀어놓아 밟게 하는 것이 좋다. 밟아 주면 뿌리가 들뜨게 된다. 7월에 밭갈이를 하면 띠풀은 비로소 말라죽는다. 7월이 아니면 다시 살아나게 된다.

耕細, 牛復不疲. 再勞地熟, 旱亦保澤也. 秋耕稀青者爲上. 比至冬月, 青草復生者, 其美與小豆 5 同也. 初耕欲深, 轉地欲淺. 耕不深, 地不熟, 轉不淺, 動生土也. 菅茅之地, 宜縱牛羊踐之. 踐則根浮. 七月耕之則死. 非七月, 復生矣.

대개 밭을 기름지게 하는 가장 좋은 방법으로는 녹두綠豆를 파종하는 것이 가장 좋고, 그다음이 소두小豆나 참깨[胡麻]를 파종하는 것이다. 모두 5·6월에 흩어 뿌린다[穊].[32] 7·8월에 쟁기

凡美田之法, 綠豆爲上, 小豆胡麻次之. 悉皆五六月中穊種.

이 좁아야 한다."라고 해석하였다. 중국의 쟁기는 한대에 이르러 쟁기바닥면에 돌출면[凸棱形]이 부착되어 있어 흙을 좌우로 가를 수 있었고, 쟁기로 기토하는 고랑의 폭을 좁게 혹은 넓게 조절할 수가 있었다.

32 '미(穊)'는 '기(穊)'의 이체자이면서 또한 이(穊)라고도 하는데, 조밀하다는 뜻이다. 『농상집요』에서는 『제민요술』의 주(注)를 인용하여 '산파'라고 해석하고 있으며, 명초본 『제민요술』에서는 명각본에 근거하여서 '만엄야(漫掩也)'라고 주석하고 있다. '만(漫)'은 산파해서 흩어 뿌린다는 뜻이고, '엄(掩)'은 덮는다는 의미라고 하지만 모두 신빙성이 부족하다. 『제민요술』의 각종 사료에 의하면 산파는

로 밭을 갈아엎어 그것을 죽여 거름으로 삼는다. 이와 같이 하여 봄 곡식을 심을 밭을 만들면, 1무畝당 10섬[石][33]을 거둘 수 있으며, 누에똥[蠶矢]이나 잘 썩은 거름[熟糞]을 사용한 것만큼의 효과를 거둘 수 있다.

七月八月犁稀殺之. 爲春穀田, 則畝收十石, 其美與蠶矢熟糞同.

가을걷이[秋收]를 한 뒤에 소의 힘이 약하여 미처 가을갈이를 하지 못했으면, 조[穀]·찰기장[黍]·메기장[穄]·차조[粱秫] 등의 그루터기[34]가 남아 있는 밭은 즉시 척박하게 변하는데[35] 뾰족한 봉鋒을 이용해서 재빨리 (그루터기를 제거위해) 얕게 땅을 일구어 준다. 그러면 항상 습기를 유지할 수 있게 되어 땅이 굳지 않게 된다. 초겨울이 되어 일정하게 갈고 끌개질을 하면 더 이상 땅이 건조해질 걱정을 하지 않아도 된다. 만약 소의

凡秋收之後, 牛力弱, 未及卽秋耕者, 穀黍穄粱秫茇之下, 卽移羸, 速鋒之. 地恒潤澤而不堅硬. 乃至冬初, 常得耕勞, 不患枯旱. 若牛力少者, 但

'기종(穊種)'의 주요한 파종법이라 할 수 있지만, '기종' 자체가 산파는 아니다. 그리고 누거(樓車)를 사용한 후 '만(漫)'했다면 이는 조파(條播)에 해당한다.

33 리샤오핑[李小平], 「齊民要術升斗類量詞稱量對象及成因」, 『雲夢學刊』, 2011年 第6期, 133쪽에서 석(石)'은 원래 무게를 재는 단위로서 남북조시기에 이르러 점차 부피를 재는 단위로 쓰였으며, 『제민요술』에 보이는 '석' 역시 부피를 재는 단위라고 한다.

34 '발(茇)': 『설문해자』에서는 풀뿌리라고 하고 있다. 이것은 작물 수확 후에 땅속에 남겨진 그루터기이다.

35 '이영(移羸)': 묘치위는 '이영(移羸)'을 힘이 약한 소를 옮겨 땅을 얕게 갈이하는데 이용했다고 보았으며, 이때 '봉(鋒)'을 쟁기 보습으로 해석하고 있다. 그에 반해, 스셩한은 '이영(移羸)'을 '척박하게 변한다'는 뜻으로 이해하였으며, '봉(鋒)'을 호미로 취급하여 땅을 일군다고 보고 있다. 이 견해가 보다 자연스럽다.

힘이 여전히 모자라면 9 · 10월 사이에 한 번 끌개[勞]질을 해 주고 이듬해 봄에 (갈아엎지 않고) 듬성듬성하게 점파[36]하여도 좋다.

九月十月一勞之, 至春稿種亦得.

『예기禮記』「월령月令」에 따르면, "정월[孟春]이 되면, 천자天子는 좋은 날[元日]에 상제에게 풍년이 들도록 기원했다."라고 하였다. 정현(鄭玄)[37]은 주석하기를 "상순의 신일(辛日)에 교외에서 하늘에 제사를 올렸다."[38]라고 하였다. 『춘추좌씨전(春秋左氏傳)』[39]에서는, "봄날에 교외에서 후직에게 제사를 올려 농사를 기원하였다.[40] 이 때문에 경칩[41] 이후에 교외에서 제사를 지냈으며, 제사를 지

禮記月令曰, 孟春之月, 天子乃以元日, 祈穀於上帝. 鄭玄注曰, 謂上辛日, 郊祭天. 春秋傳曰, 春郊祀后稷, 以祈農事. 是故

36 '석(稿)'. 『집운(集韻)』에서는 떨어진 상태로 파종된 것을 '적'이라고 했으나, 묘치위는 적종(稿種)은 '갈이하지 않고 파종하는 것'이라고 해석하고 있다.

37 '정현(鄭玄: 127-200년)': 중국 후한(後漢) 말기의 대표적 유학자이다. 시종 재야(在野)학자로 지냈다. 제자들에게는 물론 일반인들에게서도 훈고학 · 경학의 시조로 깊은 존경을 받았다. 경학의 금문(今文)과 고문(古文) 외에 천문(天文) · 역수(曆數)에 이르기까지 광범위한 지식을 소유하였다.

38 고대 제왕이 경성의 남쪽 교외에서 하늘에 제사 지내는 것을 일러 '교(郊)'라고 했으며, 오늘날 북경의 동남쪽 교외의 천단(天壇)은 바로 명청시대 제천의 건축물이다. 북쪽 교외에서 땅에 제사 지내는 것을 일러 '사(社)'라고 하는데 오늘날 북경 북쪽 교외의 '지단(地壇)'은 땅을 제사 지내던 건축물이다. 합하여 '교사(郊社)'라고 한다.

39 『좌전』「양공칠년(梁公七年)」에서는 '춘(春)'을 '부(夫)'라 하고 있다.

40 여기서 말하는 '사제(社祭)'는 토지와 곡물신에 제사 지내는 것으로, 백곡을 파종한 후직을 배향하여 곡신으로 삼아 제사 지냈다. 춘사는 2월에 제사 지내서 풍년을 기원하는 것이고, 추사는 8월에 제사 지내서 수확 후에 신령들에게 보답하는 것이다.

41 '계칩(啓蟄)': 경칩(驚蟄)으로서, 정월 중순이며 지금의 경칩이 2월인 것과는 다르다. 묘치위 교석본에 따르면, 전한 이전의 절기의 순서는 입춘, 경칩, 우수, 춘분

낸 이후에 비로소 밭갈이를 하였다고 한다. 상제(上帝)는 태미(太微)[42]의 옥황상제[帝]이다."라고 하였다. 이어서 길일인 원진일元辰日을 택하여 천자가 친히 수레에 뇌사耒耜를 싣고 삼공三公·구경九卿·제후諸侯·대부大夫를 거느리고[43] 몸소 적전籍田에 나아가 친히 땅을 경작하였다.[44] 원진은 교외에서 제사를 지낸 이후의 길일인 진(辰)일이다. 제적(帝籍)은 황제가 천신을 제사하기 위해 백성의 힘을 빌려 경작하는 토지이다. 이달[月]은 천기가 하강하고 지기가 상승하며, 하늘과 땅이 조화를 이루고 초목이 움트는 시기이다. 이때는 땅의 양기(陽氣)가 소통되어 땅을 경작할 수 있는 징후이다. 『농서(農書)』[45]에 이르기를 "흙이 위로 솟구쳐서 나무말뚝이 아니더라도 지난해 말라죽은 뿌리를 손으로 뽑을 수 있으며, 갈아야 할 것은 재빨리 일구어야 한다."라고 말하고 있다. 지금 전사田	啟蟄而郊, 郊而後耕. 上帝, 太微之帝. 乃擇元辰, 天子親載耒耜, 率三公九卿諸侯大夫, 躬耕帝籍. 元辰, 蓋郊後吉辰也. 帝籍, 爲天神借民力所治之田也. 是月也, 天氣下降, 地氣上騰, 天地同和, 草木萌動. 此陽氣蒸達, 可耕之候也. 農書曰, 土長冒橛,

이며 오늘날 음력 상으로 볼 때는 중간의 두 절기가 순서가 바뀌어 있는데, 그것은 전한 말 유흠이 '삼통력(三統曆)'을 만든 이후의 현상이라고 한다.

42 '태미(太微)': 이는 3월의 상원으로서 천정(天庭)이라고도 부르는데, 중간에는 다섯 황제의 성좌가 있으며 다섯 개의 임금을 총칭해서 태미라고 한다. 중국고대 천문학은 3원(垣) 28수(宿) 등의 천구로 구분된다.

43 '솔(率)': 스셩한의 금석본에는 '솔(帥)'로 되어 있다.

44 '궁경제적(躬耕帝籍)': 종전의 황제들은 매년 초봄에 몸소 경작하는 일종의 의식이 있었다. 적전의 토지에서 황제는 쟁기를 잡고 앞으로 향해 3보씩 나아갔다. 이른바 적전이나 제적은 정현이 주에서 해석한 바와 같이 천신에게 기도하고 제사 지내기 위하여 농민의 힘을 빌려서 경작하는 토지인 것이다. 황제가 3보를 나아간 후에는 파종과 수확은 농민들이 하였다.

45 '농서(農書)': 이 농서는 대개 『범승지서』를 가리키지만 이 책에서는 『범승지서』의 구절과는 다르며 최식(崔寔)의 『사민월령(四民月令)』의 내용과 유사하다.

司에게 명하여, 사(司)는 전준(田畯)을 일컬으며 이는 곧 농사를 주관하는 관리이다. 구릉과 비탈 또는 절벽, 고지와 평지, 습지를 잘 살펴서 토지에 어떤 곡물이 적합한가를 보고, 어떤 곡물이 쉽게 자랄 수 있을지를 검토하여 교육을 통해 백성들을 지도하였다. 갈고 파종하는 일이 이미 갖춰지고 먼저 토지경계의 기준을 잘 정하면 비로소 농민의 마음이 흔들리지 않는다."라고 한다.

"2월[仲春]에 경지가 점차 풀리면 이내 문을 수리하기 시작한다. 사(舍)는 정지한다는 것과 같다. 이때 땅속에서 겨울잠을 자던 작은 벌레가 문을 열고 나오는데,[46] 이때는 농사일이 다소 한가하므로 문을 수리한다. 나무로 만든 문을 '합(闔)'이라고 하고, 대나무와 갈대 등으로 만든 문을 '선(扇)'이라고 한다. 대규모 공사[47]를 일으켜 농사일을 방해해서는 안 된다."

"4월[孟夏]에는 농민을 위로하고 독려하여 농시를 놓치지 않게 해야 한다. 거듭 그들을 위로하고 권고한다. 농민들에게 부지런히 노동하도록 하고, 읍성[48]에서 머무르며 놀게 해서는 안 된다." 서둘

陳根可拔, 耕者急發也. 命田司 司謂田畯, 主農之官. 善相丘陵阪險原隰, 土地所宜, 五穀所殖, 以教導民. 田事既飭, 先定準直, 農乃不惑.

仲春之月, 耕者少舍, 乃脩闔扇. 舍, 猶止也. 蟄蟲啟戶, 耕事少閒, 而治門戶. 用木曰闔, 用竹葦曰扇. 無作大事, 以妨農事.

孟夏之月, 勞農勸民, 無或失時. 重力勞來之. 命農勉作, 無休於

46 손희단(孫希旦)의 『예기집해(禮記集解)』에 의하면 호(戶)는 구멍을 의미하며, 계호(啓戶)는 처음으로 벌레가 문을 열고 나오는 것이다.

47 '대사(大事)': 정부의 토목건축, 운수 등 농민을 징집할 필요가 있는 일을 가리킨다.

48 '도(都)'는 읍성으로 아래의 '국(國)'과 같은 의미이다. 고대에는 '오무지택(五畝之宅)'의 제도가 있는데 후인들이 그중에서 들판의 2무 반의 택지를 해석하여 '여

러 농사일을 하도록 재촉한다. 『예기』「왕거명당례(王居明堂禮)」에 이르기를 "읍성에서 머물러서는 안 된다."라고 한다.

都. 急趣農也. 王居明堂禮曰, 無宿於國也.

"9월[季秋]에 동면에 들어간 곤충은 모두 동굴 속에서 머리를 아래로 숙이고, 아울러 모두 그 속에서 진흙으로 동굴의 문을 발라 막는다." '근(墐)'[49]은 발라서 봉하는 것으로, 가을의 추운 기운을 피한다는 뜻이다.

季秋之月, 蟄蟲咸俯在內, 皆墐其戶. 墐, 謂塗閉之, 此避殺氣也.

"10월[孟冬]에는 천기는 상승하고 지기는 하강하는데, 천기와 지기가 상호 소통하지 않아 막히게 되면 겨울이 된다.

농민을 위로하고 휴식하게 한다." 당정(黨正)[50]은 농민을 소집하여 향음주례를 거행하는데, 나이에 따라서 좌석을 배치한다.[51]

孟冬之月, 天氣上騰, 地氣下降, 天地不通, 閉藏而成冬. 勞農以休息之. 黨正屬民飮酒, 正齒位是也.

(廬)'라고 하고 있다. 이것은 『시경(詩經)』「소아(小雅)·신남산(信南山)」에서 말하는 "밭 가운데 여가 있다."라는 구절에 기인한 것이다. 나머지 2무 반의 택지는 '전(廛)'에 있는데 이것은 즉 읍성으로서 『시경(詩經)』「빈풍(豳風)·칠월(七月)」에서 말하는 "해가 바뀌었구나. 거처할 집으로 돌아가자."라는 구절에 기인한 것이다. 농부는 봄여름 경작 때 들판의 여에서 거주하고 가을 수확 후에는 성중의 전으로 옮겨 거주하는데 성중에 모여서 마을을 이루었다. 『한서(漢書)』 권24「식화지상(食貨志上)」에 이르길 "겨울에 농민들이 읍으로 들어와, 부인들은 마을사람들과 더불어서 함께 길쌈을 한다."라고 하였는데, 여기서의 마을이 그것이다. 이것은 맹자가 여름 4월에 농번기가 되면 농부가 읍에서 머무를 수 없다고 하여 모두 토지에 가서 노동하도록 한 것이다.

49 '근(墐)': 부드럽게 버무린 진흙을 '근(墐)'이라고 하는데, 오늘날에는 '칠하여 막는다'는 의미로 사용한다.

50 『주례』「지관(地官)·당정(黨正)」.

51 고대 지방 조직은 5백가(家)를 1당(黨)으로 하고 당정(黨正)에 의해서 관장되었

"11월[仲冬]에는 토목공사[土事][52]를 일으켜서는 안 된다. 삼가 이미 잘 덮어 둔 땅을 뒤집어서는 안 된다. 이미 닫혀 있는 크고 작은 방을 열어서도 안 되는데, (만약 열면) 지기가 새어 나가게 되며, 이것은 곧 천지의 '밀방[房; 密房]'을 여는 것이 되어 숨어서 동면하고 있는 벌레들이 죽게 되고 농민들은 전염병이 발생하게 된다." (정현이 이르기를) "태음[大陰]이 일체의 월령을 주관하여 닫고 감추는 것을 더욱 중시하였다."라고 한다. (가사협이) 생각건대 오늘날 10월과 11월에 밭을 가는 것은 자연의 도리를 전적으로 위배할 뿐만 아니라 겨울잠을 자는 곤충에게도 피해를 주고, 땅이 열게 되면 보습도 할 수 없어 이듬해 수확이 반드시 감소한다고 하였다.

仲冬之月, 土事無作. 愼無發蓋. 無發屋室, 地氣且6泄, 是謂發天地之房, 諸蟄則死, 民必疾疫. 大陰用事, 尤重閉藏. 按今世有十月十一月耕者, 非直逆天道, 害蟄蟲, 地亦無膏潤, 收必薄少也.

"12월[季冬]에 전관田官에게 명하여 농민들에게 오곡을 꺼내서 파종할 준비를 하도록 한다. 전관에게 명하여 농민들이 저장해 둔 오곡의 종자[53]를 꺼내게 하는데, 이는 대한(大寒)이 지나 농사가 곧 시작된다는 의미이다. 농가에 명하여 우경耦耕[54] 조직을 계획하게 하며

季冬之月, 命田官告人出五種. 命田官告民出五種, 大寒過, 農事將起也." 命農計

다. 당 내의 백성은 3계절에는 농업에 힘쓰고 10월의 수확 후에는 음주례(飮酒禮)를 거행했는데, 노인을 존중하여 나이의 순서에 따라서 좌석을 배치하여 위로했으며 동시에 적령 법규에 따라서 사람들을 교육하였다.([출처]: Baidu 백과)

52 '토사(土事)': 공사를 위해 진흙을 파는 작업이다.

53 '오곡(五穀)': 각본의 주석에는 '오(五)'자가 탈락되어 있는데, 묘치위 교석본에서는 『예기』 「월령」의 본문과 정주(鄭注)에 의거하여 보충하였다. 본문의 '전관(田官)' 두 자는 오늘날 『예기』 「월령」에는 없다. '종(種)'은 각종 종자를 가리킨다.

뇌사耒耜를 수리하고 경작할 농기구를 준비하도록 하였다. 사(耜)는 뇌(耒)의 날에 부착된 금속의 보습으로, 폭은 5치이다. 밭가는 농기구는 '호미[鎡錤]'와 같은 것들을 가리킨다."

이달은 태양의 운행이 이미 종점에 달하고, 해와 달의 회합 또한 종점에 달하며, 별이 천상에서 한 바퀴 순환하여[55] 일 년의 일수가 끝나게 된다. (정현은) 이르기를 태양 · 달 · 별의 순환 운동이 이달에 이르러 하나의 순환주기가[56] 끝난다고 한다. '차(次)'는 '사(舍)'이며 머무른다는 의미이다. '기(紀)'는 '합(合)'의 뜻이다. 일 년은 또 다시 시작된다. 휘하의 농민들이 오로지 생산 활동에만 종사하도록 하고 다른 일을 하지 못하게 한다. "'이(而)'는 바로 '너[汝]'이며, 휘하의 농민들의

耦耕事, 脩耒耜, 具田器. 耜者, 耒之金, 耜廣五寸. 田器, 鎡錤之屬. 是月也, 日窮於次, 月窮於紀, 星迴於天, 數將幾終. 言日月星辰運行至此月, 皆匝於故基. 次, 舍也. 紀, 猶合也. 歲且更始. 專而農民, 毋有所使. 而, 猶汝也, 言

---

54 '우경(耦耕)': 『주례』 「고공기(考工記) · 장인(匠人)」편에 보이는데 "뇌사(耒耜)의 보습[耜] 폭은 5치[寸]이고 두 개의 보습을 나란히 하여 함께 가는데 폭 한 자[尺], 깊이 한 자로 한다."라고 한다. 묘치위 교석본에 의하면, 2개의 보습이 도대체 어떻게 짝을 이루었는가에 대해 옛사람들의 해석이 일치하지 않는다. 어떤 사람은 두 사람이 두 개의 보습을 나란히 하여 갈이하는 것이라고 하였으며, 어떤 사람은 한 사람은 앞에 한 사람은 뒤에서 각각 하나의 보습을 잡고 땅을 가는 것이라는 의견도 제기하였다. 오늘날의 견해 또한 다양하지만, 결국 두 사람이 한 조가 되어서 협동노동을 하는 것이기 때문에 우경을 조직한다고 말하는 것이다. 니시야마 다케이치[西山武一], 구로시로 유키오[熊代幸雄], 『교정역주 제민요술(校訂譯註 齊民要術)』上, アジア經濟出版社, 1969(이후 니시야마 역주본으로 간칭함)에서는 '우경'을 조합하는 것을 '결우(結耦)'라고 말하며, 그 용어와 유사한 관행은 한반도에서는 오늘날에도 남아 있다고 한다.

55 '형(迥)': 스셩한 금석본에는 '회(迴)'로 되어 있다.

56 '잡(匝)': 스셩한의 금석본에서는 '잡(帀)'으로 쓰고 있다.

마음을 한곳에 집중하여 사람들에게 농사짓는 일을 미리 생각하도록 한다. 그들을 징용하여 요역을 시켜서는 안 되는데, 징용하면 마음이 분산되어 생산활동에 손실을 초래하게 된다."라고 하였다.

專一汝農民之心, 令人預有志於耕稼[7]之事. 不可徭役, 徭役之則志散, 失其業也.

『맹자孟子』에서 이르기를[57] "독서인[士]이 관직에 오르는 것은 마치 농민이 밭 갈고 씨 뿌리는 것과 같다."라고 한다. 조기(趙岐)가 주석하여 말하기를 "독서인이 관직에 나아가는 것이 아주 중요하니, 농부가 밭갈이를 하지 않을 수 없는 것과 같다."라고 한다.

孟子曰, 士之仕也, 猶農夫之耕也. 趙岐注曰, 言仕之爲急, 若農夫不耕不可.

위 문후魏文侯[58]가 말하기를 "농민은 봄철에 힘써 밭갈이를 하고 여름철에는 호미로 김을 매고, 가을에는 곡식을 거둔다."라고 하였다.

魏文侯曰, 民春以力耕, 夏以強耘, 秋以收斂.

『잡음양서雜陰陽書』[59]에 이르기를 "이달의 해

雜陰陽書曰,

57 『맹자(孟子)』: 전국시대의 맹가(孟軻: 기원전 372-289년) 및 그 제자 만장(萬章) 등의 저술이며 혹자는 맹자의 제자 및 다시 제자에게 전수되어 기록된 것이라고 한다. 주자는 『맹자』를 사서의 하나로 나열했다. 조기(趙岐; 108-201년)는 후한 말의 경학자로서 자사(刺史), 태상(太常) 등의 관직을 역임했고, 『맹자장구(孟子章句)』를 저술했는데, 바로 지금의 조기 주본(注本)이다.

58 '위문후(魏文侯)': 전국 시대 위나라의 군주(기원전 472-기원전 396년)이며, 위사(魏斯) 또는 위도(魏都)라고도 한다. 위환자(魏桓子; 魏駒)의 손자인데, 일설에는 아들이라고도 한다. 일찍이 자하(子夏)에게 경예(經藝)를 배웠다. 신흥국가 진(秦)나라의 동진을 황하(黃河)에서 방어하고, 조(趙)나라와 한(韓)나라를 설득하여 동방의 강국 제(齊)나라의 내란에 간섭했다. 남으로 초(楚)나라의 중원(中原) 침공을 저지하여 중원 제국(諸國)의 주도권을 장악했다.([출처]: 『중국역대인명사전』.)

59 『잡음양서(雜陰陽書)』는 일부가 유실된 점후서(占候書)이다. 『한서(漢書)』 권30 「예문지(藝文志)」에는 『잡음양』 38편이 수록되어 있는데, 이 책인지 아닌지

亥일은 '천창성天倉星'[60]에 해당하며, 밭갈이가 시작되는 시기이다."라고 하였다.

亥爲天倉, 耕之始.

『여씨춘추呂氏春秋』에 이르기를 "동지 후 57일에 창포가 싹이 나기 시작한다. 창포는 온갖 풀 중에서 1년 중 가장 빨리 싹이 트는 식물이다. 이때 밭갈이가 시작된다."라고 하였다. 고유(高誘)[61] 주에는 "'창(昌)'[62]은 창포(昌蒲)이며 물에서 자라는 풀[水草]이다."라고 한다.

呂氏春秋曰, 冬至後五旬七日昌生. 昌者, 百草之先生也. 於是始耕. 高誘注曰, 昌, 昌蒲, 水草也.

『회남자淮南子』[63]에 이르기를 "밭갈이하는

淮南子曰, 耕

의 여부는 알 수 없다.

60 '천창(天倉)': 별 이름으로 위수(胃宿)이다. 묘치위 교석본에 따르면 『사기(史記)』 권27 「천관서」에는 "위수가 천창이다."라고 하였고, 당나라 장수절(張守節)의 『정의(正義)』에는 "위수는 창름(倉廩)을 주관하며 오곡을 저장하는 관부이다."라고 하며, 윗 문장의 정월에는 '원진(元辰)'일에 천자가 친히 적전에서 경작한다고 했는데 공영달(孔穎達)은 주에서 이르기를 "해일(亥日)에 경작한다."라고 하였다. 이것은 해일이 천창이기 때문에 이날에 적전을 경작한 것이며, 경작의 시작이라고 한다.

61 '고유(高誘)': 후한 탁군[涿郡: 하북성 탁현(涿縣)] 사람으로 영제(靈帝)와 헌제(獻帝) 때 활동했다. 어려서 노식(盧植)에게 배웠다. 인성(人性)은 천지(天地)의 성(性)에 근본한다고 강조해 정치를 할 때도 천도(天道)와 인성에 근본을 둘 것을 주장했으며, 유학의 충효와 인의를 강조하여 현인이 나라를 다스려야 한다고 강조했다. 저서에 『옥함산방집일서(玉函山房輯佚書)』에 수록된 『맹자고씨장구(孟子高氏章句)』와 제자집성(諸子集成)에 들어 있는 『여씨춘추주(呂氏春秋注)』, 『회남자주(淮南子注)』, 『효경주(孝經注)』, 『전국책주(戰國策注)』 등이 있다. ([출처]: 『중국역대인명사전』)

62 '창(昌)'은 곧 '창(菖)'이다. 『설문해자(說文解字)』는 '창(菖)'자가 없는데, 이전에는 '창(昌)'자를 차용하였다.

63 『회남자(淮南子)』 「주술훈(主術訓)」.

일은 아주 힘들고 고통스러우며, 베 짜는 일은 번거로운 일이다. 농민들이 번거롭고 고통스러운 일을 그만두지 않는 것은 모두 다 옷을 입고 밥을 먹어야 한다는 것을 알기 때문이다.

사람이란 입고 먹지 않을 수는 없다. 입고 먹는 방법이란 반드시 밭 갈고 베 짜는 데에서 비롯된다. 밭 갈고 베 짜는 것과 같은 일은 처음에는 매우 힘들지만 최후에는 이익 또한 많다."[64]라고 한다.

또 이르기를 "밭 갈지 않으면서 맛있는 찰기장과 차조를 생각하고, 베 짜지 않으면서 좋은 옷을 짓기를 바라는 것은 그 일을 하지 않고 단지 그 효과를 얻으려고 하니, 어려운 일이다."라고 한다.

『범승지서氾勝之書』[65]에 이르기를 무릇 밭갈

之爲事也勞, 織之爲事也擾. 擾勞之事而民不舍者, 知其可以衣食也. 人之情, 不能無衣食. 衣食之道, 必始於耕織. 物之若耕織, 始初甚勞, 終必利也衆. 又曰, 不能耕而欲黍粱, 不能織而喜縫裳, 無其事而求其功, 難矣.

氾勝之書曰,

---

64 '중(衆)'자를 당시의 『회남자(淮南子)』에 의거하여 첨가해 넣었는지는 확실하지 않다. 『회남자』의 '중'자는 논쟁점 중의 하나인데, 스셩한 금석본에서는 왕염손의 견해에 의거해서 '중'자를 '이익이 매우 많다'는 의미로 해석하고 있다.

65 『한서』 권30 「예문지」에는 "『범승지(氾勝之)』 18편"이라고 기록되어 있는데 후세에서는 흔히 『범승지서』라고 일컫는다. 지금은 전해지지 않는다. 묘치위 교석본에 따르면, 『주례』, 『예기』의 정현 주, 『후한서』 당의 이현(李賢) 주, 『문선』 당의 이선(李善) 주와 『북당서초(北堂書鈔)』, 『예문유취(藝文類聚)』, 『초학기(初學記)』, 『태평어람(太平御覽)』, 『사류부(事類賦)』 등에도 인용되어 기록되고 있지만, 모두 산발적인 단편에 불과하다. 또한 잘못되고 누락된 부분이 있어 『제민요술』에 인용된 것만큼 비교적 정확하고 자세한 것은 없는데, 오늘날 『제민요술』은 가장 완전하게 『범승지서』의 내용을 보존하고 있다. 범승지는 한나라 성

이의 근본은 때에 맞추어[66] 토양을 부드럽게 섞고 거름과 보습에 힘쓰며,[67] 일찍 김을 매고 일찍 수확하는 데[68] 있다고[69] 한다.

凡耕之本, 在於趣時, 和土, 務糞澤, 早鋤, 早穫.

봄에 얼었던 것이 풀리고 땅의 기운[地氣][70]이 통하기 시작하면 토양은 처음으로 부드럽게 풀린다. 하지夏至에는 '날씨[天氣]'가 무덥기 시작하

春凍解, 地氣始通, 土一和解. 夏至, 天氣始暑,

제(成帝: 기원전 32-기원전 7년 재위) 때의 사람으로 의랑(議郞)에 임용되었다가 후에 어사가 되었다. 일찍이 지금의 섬서성 관중지역에서 농업을 지도하여 많은 소득을 올렸다. 『진서』 권26 「식화지」에는 "옛날 한은 경거사자(輕車使者) 범승지를 파견하여 삼보(三輔)에 밀을 파종하도록 독려하여 관중이 마침내 풍족해졌다."라고 하였다. 당대(唐代)에 이르러서도 여전히 추앙되어 "한나라 때 농서에는 수많은 전문가가 있지만 범승이 으뜸이다."[『주례』 고공언(賈公彥)의 주]라고 하였다.

66 '취시(趣時)': '취(趣)'는 '추(趨)'이다. '급히 위의 것을 좇는다'는 뜻으로, 또한 오늘날의 '쟁취하다'라는 의미이다.

67 '무분택(務糞澤)': '분(糞)'과 '택(澤)'은 두 가지 일이다. '분'은 비옥하게 하는 것이며, '택'은 수분을 보존하는 의미로서 오늘날 '보상(保墒)'이다.

68 스성한의 금석본에 따르면, 비책휘함(祕冊彙函) 계통의 판본에서는 모두 '한서확(旱鋤穫)'이라고 하는데, 금택초본과 명초본에 의거하여 고쳐 보충하였다고 한다.

69 이는 농작물을 파종하는 기본적인 대원칙이다. 즉, 시기에 맞추어 토양을 부드럽게 일구고 비료와 물을 주고 때맞추어 김매고 수확하는 것으로, 파종에서부터 수확에 이르기까지 아주 중요한 순서를 개괄하고 있다.

70 지기(地氣)는 옛사람들이 토양상태에 대해서 애매하게 제시한 말로서, 묘치위는 주로 토양의 온도, 습도, 토양 중의 수분과 기체의 흐름에 대한 상황을 담고 있다고 한다. '지기시통(地氣始通)'은 지기가 비로소 소통되기 시작한다는 것으로서, 땅이 얼었을 때는 토양이 굳고 닫히게 되는데 해동되면서 토양의 성질이 비로소 열리고 소통하게 되어 경작하기에 용이하다는 의미이다. '화해(和解)'는 토양이 부드러워서 쉽게 풀리는 것을 의미하는데 실제로는 토양 경작에 적합한 습윤 상태에 이르렀음을 말한다.

고, '음기陰氣; 地氣'가 비로소 생겨나기 시작하여[71] 토양이 재차 풀리게 된다. 하지 후 90일[秋分]이 지나면 낮과 밤의 길이가 같고 '천기'와 '지기'가 조화를 이룬다.[72] 이때를 맞추어 땅을 갈면 한 번 갈아도 평상시에 5번 갈이하는 효과가 있다.[73] 이 시기를 '고택膏澤'이라 하는데, 모두 적합한 시령의 효과를 얻은 것이다.	陰氣始盛, 土復解. 夏至後九十日, 晝夜分, 天地氣和. 以此時耕田, 一而當五. 名曰膏澤, 皆得時功.
봄에 '지기'가 소통하면 굳은 토지[强地]와 검은색의 노토壚土[74]를 갈이한다. 자주 흙덩이를 깨	春地氣通, 可耕堅硬强地黑壚

71 옛 사람들은 『역경』의 점괘로써 하지의 음양 교체를 해석했다. 하지에는 양기가 왕성함과 동시에 이미 잠복하고 있던 음기가 점차 자라나기 시작한다. 이것이 이른바 "음기가 비로소 생겨나기 시작한다."이다. 이때 토양은 다시 한 번 풀린다. 묘치위의 교석본에 의하면, 실제 화북의 여름철은 비가 비교적 많이 내려 한 해 강수량의 60-70%를 차지하는데, 음력 5월에는 기온이 무더워지면서 비 또한 많이 내려 토양의 수분이 충분하고 토양 또한 풀리게 되어 여름갈이에 적당하다고 한다. 때문에 이하 본문은 5, 6월이 맥전(麥田)을 갈이하는 데 가장 좋은 시기라고 말하고 있다.

72 하지 후 90일은 추분으로서 낮과 밤의 시간이 같아지고 천기와 지기가 서로 융화되기 때문에 토양은 또 한 차례 풀리게 된다. 묘치위는 이 또한 옛사람들이 음양이 생성하고 소멸되는 시기로서, 범승지는 적절한 시기에 맞추어 봄갈이와 여름갈이와 가을갈이를 행할 것을 강조하고 있다고 한다.

73 '일이당오(一而當五)': '당(當)'은 '그에 버금가는 가치가 있다'라는 것이다.

74 흑로토(黑壚土)는 일종의 석회성 점토로서, 딱딱하고 점성이 강하여 옛사람들은 '강토(强土)' 또는 '강토(剛土)'라고 하였다. 묘치위의 교석본에 따르면, 오늘날 황하 유역의 민간에도 노토(壚土)라는 명칭이 있는데, 습기가 많아서 점성이 크고 마르면 딱딱해져서 갈이하기에 좋지 않은데, 단지 건습의 정도가 적당할 때 갈이하면 잘 갈리고 또한 부드러워져서 흙덩이도 잘 부서지므로, 토양의 구조를 개량하여 습기를 보존하고 발아하여 생장하는 데 유리하다고 한다.

서 평평하게 하여 풀이 돋아나게 하며, 풀이 돋아난 이후에 다시 한 번 갈이한다. 하늘에서 가랑비가 내리면 다시 간다. (땅을 부드럽게 해야 하며) 절대 흙덩이를 그대로 두고 때를 기다리지 말아야 한다. 이것이 바로 이른바 딱딱한 땅을 부드럽게 만드는 방법이다.

土. 輒平摩其塊以生草, 草生, 復耕之. 天有小雨, 復耕和之. 勿令有塊以待時. 所謂強土而弱之也.

봄에 땅의 기운이 통하기 시작하면, 한 자[尺] 2치[寸] 길이로 나무 막대기를 잘라[75] 땅속에 한 자를 묻고 2치는 땅 위로 드러나게 한다. 입춘이 지난 후에 흙덩이가 풀어지고 땅이 위로 부풀어 올라 지면에 드러난 나무 막대가 묻히게 되는데, (이때) 지난해 말라죽은 묵은 뿌리는 (손으로도) 뽑아낼 수 있다. 이런 적기가 지나[76] 20일 이후에는 지나면 토양이 풀어지는 기운이 사라지고 바로 흙이 굳어진다. 적합한 때에 땅을 갈이하면 한 번 갈아도 네 번 가는 효과가 있지만, 화기和氣를 잃고 나서 갈이하게 되면 네 번 갈아도 한 번 가는 효과에 미치지 못한다.

春候地氣始通, 椓橛木長尺二寸, 埋尺, 見其二寸. 立春後, 土塊散, 上沒橛, 陳根可拔. 此時二十日以後, 和氣去, 卽土剛. 以時耕, 8 一而當四, 和氣去耕, 四不當一.

살구나무 꽃이 활짝 피기 시작할 때 성글고[輕土] 부실한[弱土] 땅을 자주 갈아 둔다. 살구꽃이

杏始華榮, 輒耕輕土弱土. 望

75 '탁(椓)': 이것은 한 끝은 점차 커지고 한 끝은 점차 작아지는 나무 막대기로서 오늘날에 대부분 '찰(札)'로 대신하고 있다.

76 '차시(此時)'는 이 구절의 완전한 문구로서, 스성한은 "이것이 바로 적합한 때[此乃時也.]"라고 해석해야 하며, '이 시기'로 해석해서는 안 된다고 지적하였다.

다 떨어질 때 다시 갈며, 갈고 나서 번번이 밟아서 눌러 준다.[77] 이 땅에 잡초가 자라고 비가 내려 땅이 습기를 머금을 때 갈고 다시 밟아서 다져 준다. 흙이 지나치게 성근 땅은 소와 양으로 하여금 흙을 밟게 한다. 이렇게 하면 땅이 견실해진다. 이것은 바로 부실한 땅[弱土]을 강토로 변화시키는 방법이다.

杏花落, 復耕, 耕輒藺之. 草生, 有雨澤, 耕, 重藺之. 土甚輕者, 以牛羊踐之. 如此則土强. 此謂弱土而强之也.

봄에 지기가 소통하기 전에 땅을 갈면 흙은 푸석하고 접착력이 없어서[78] 수분을 유지할 수가 없기 때문에 1년 내내 농사짓기가 적합하지 않고, 거름을 주지 않으면 땅기운을 회복할 수 없다. 밭을 갈 때는 빨리 갈지 말고[79] 잡초가 자라

春氣未通, 則土歷適不保澤, 終歲不宜稼, 非糞不解. 愼無早耕, 須草生. 至

77 '인(藺)': 이 글자의 본래의 의미는 자리를 짤 때 사용되는 가는 풀이며, 풀로 짠 자리[草席]는 본래 "밟혀" 눌리는 물건이다. 그래서 스셩한은 '인(藺)'을 밟아 누른다는 의미로 해석해야 한다고 하며, 묘치위는 중력을 이용하여 부드럽고 들뜬 흙을 끌면서 진압하는 공구로 보고 있다.

78 '역적(歷適)'은 흙이 푸석해서 서로 고립되어 접착력이 없으며, 공극(空隙)이 많아서 수분이 증발되기 쉽다는 것을 뜻한다.

79 '조경(早耕)': 『제민요술』의 각 판본에서는 '한경(旱耕)'이라고 적고 있으나 스셩한은 '조(早)'자의 잘못으로 보았다. 황하 유역에서는 결코 한경(旱耕)을 반대하지는 않지만 문제는 어느 때 경작하느냐에 달려 있다. 청명절이 지나면 기후가 날로 따뜻해지고 바람 또한 매우 건조하여 대기는 상대적으로 습도가 낮다. 이때 토지를 갈아엎으면 증발이 많아져서 수분 손실이 생기게 되기 때문에, 근본적으로 갈아서는 안 된다. 입춘 이후 경칩 이전에는 봄기운이 아직 통하지 않고 갈아엎은 후에도 원래의 지면이 아직 용해되지 않은 상태이기 때문에 언 땅을 갈아엎게 되면 토양의 온도가 높아지지 않는다. 원래의 지면을 갈아엎은 토양 중에 함유된 수분은 밤이 되면 도리어 결빙하게 되므로, 토양온도가 늦게 상승하여 작물

기를 신중하게 기다린다. 파종할 시기에 이르러 비가 내리고, 바로 파종하면, 종자와 토양이 긴밀하게 서로 달라붙어 곡식의 싹만 자라 나오고, 잡초는 썩어 문드러져서 좋은 밭이 된다. 이와 같이 하면 한 번 밭갈이하고도 5번 간 효과를 얻을 수 있다. 이와 같이 하지 않고 일찍[80] 밭갈이하면 흙덩이가 굳어 단단해지며, 잡초와 싹이 한 구멍에서 발아하면 호미질하여 다스릴 수가 없으므로 도리어 밭을 망치게 된다.

가을에 비가 내리지 않을 때 땅을 갈면 수분이 유실되어 갈아엎은 흙덩이가 말라서 단단하고 굳어지는데, 이러한 밭을 '석전腊田'[81]이라 한다. 또한 한겨울에 갈게 되면 땅의 수분[陰氣]이 새어 나가서 토양이 건조해지는데, 이와 같은 밭

可種時，有雨卽種，土相親，苗獨生，草穢爛，皆成良田. 此一耕而當五也. 不如此而旱耕，塊硬，苗穢同孔出，不可鋤治，反爲敗田.

秋無雨而耕，絶土氣，土堅垎，名曰腊田. 及盛冬耕，泄陰氣，土枯燥，名曰脯田.

에 유리하지 않으며, 미생물의 활동 또한 좋지 않기 때문에 거름을 반드시 주어야 한다. 이때에는 지나치게 빨리 갈아엎는 것은 좋지 않다. 만약 너무 빨리 갈게 되면 잡초가 아직 발아하지 않은 상태에서 뒤집혀서 일부 잡초 종자가 발아할 수 있는데 작물을 파종한 후에도 모종과 잡초가 함께 자라게 돼서 호미로 김맬 수 없는 상태로 빠지게 된다. 이 때문에 오늘날 관중지역에서는 잡초를 제거하기 위해 파종 전 10일을 전후하여 한 번 갈아엎는데 반드시 10일 전후로 해야 하며 너무 빨라도 이롭지 않다. 따라서 '한(旱)'자는 모두 초서과정에서 생긴 잘못이라고 판단된다고 한다.

80 '한경(旱耕)': 스셩한은 금석본에는 '조경(早耕)'이 합당하다고 한다.

81 '석전(腊田)': 스셩한의 금석본에는 '납(臘)'으로 되어 있는데, 비책휘함 계통의 판본은 '지전(脂田)'이라고 잘못 표기하고 있어 금택초본과 명초본에 의거하여 수정하였다고 한다.

을 '포전脯田'이라고 한다. '포전'과 '석전'은 모두 해를 입게 된다. 그 밭은 2년 동안 작물이 잘 자라지 못해[82] 한 해 동안 쉬게 하지 않을 수 없다.

무릇 맥을 파종할 밭은 보통 5월에 밭을 갈고 6월에 다시 한 번 간다. 7월에는 갈아서는 안 된다. 조심스레 마평摩平작업을 하여 파종할 때를 기다린다. 5월에 갈면 한 번 갈아 세 번 갈이한 효과를 얻을 수 있다. 6월에 갈이하면 한 번 갈아 두 번 갈이한 효과를 얻을 수 있다. 만일 7월에 갈이를 하면 다섯 번 갈이하더라도 한 번 간 것만 못하다.

겨울에 눈이 내려 멈춘 후에 번번이 기구를 이용해서 눈을 눌러 주고, 동시에 땅 위의 눈을 잘 덮어서 바람에 날아가지 않도록 한다. 이후에 눈이 내리면 다시 눌러 다져 둔다. 이와 같이 하면 입춘이 지난 이후에는 수분을 유지할 수 있고 아울러 벌레도 얼어 죽어서 이듬해 농사짓기에 좋다.

시령이 조화를 이루고 땅이 그에 합당하면 설령 척박할지라도 1무畝에서 10섬[石]의 수확을 얻을 수 있다.

최식崔寔의 『사민월령四民月令』[83]에는 "정월

脯田與腊田, 皆傷田. 二歲[9]不起稼, 則一歲休之.

凡麥田,[10] 常以五月耕, 六月再耕. 七月勿耕. 謹摩平以待種時. 五月耕, 一當三. 六月耕, 一當再. 若七月耕, 五不當一.

冬雨雪止, 輒以藺之, 掩地雪, 勿使從風飛去. 後雪, 復藺之. 則立春保澤, 凍蟲死, 來年宜稼.

得時之和, 適地之宜, 田雖薄惡, 收可畝十石.

崔寔四民月令

82 '불기가(不起稼)': '기(起)'는 무성하게 생장한다는 의미이며, 그런 점에서 '불기가'는 작물이 무성하게 성장하지 않는다는 뜻이다.

83 『사민월령(四民月令)』: 후한 때 최식(崔寔: ?-170년)이 편찬하였다. 중국에서 가

에 지기가 상승하고 흙이 푸석하게 들떠서 나무 말뚝을 덮고 지난해 묵은 뿌리는 (손으로도) 뽑을 수 있을 무렵에 재빨리 굳은 토지[強土]와 검은 노토壚土의 그루터기[84]를 갈아엎는다. 2월에 그늘져 얼었던 땅이 모두 촉촉하게 해동되므로[85] 기름진 땅, 잘 풀린 토양과 강가와 물가의 밭을 갈아엎는다. 3월에 살구꽃이 활짝 필 때 사토沙土, 백토白土,[86] 경토輕土[87]의 밭을 갈아엎을 수 있다. 5·6월에는 맥전麥田을 갈아엎기에 알맞다."라고 한다.

曰, 正月, 地氣上騰, 土長冒橛, 陳根可拔, 急菑强土黑壚之田. 二月, 陰凍畢澤, 可菑美田緩土及河渚小處. 三月, 杏華盛, 可菑沙白輕土之田. 五月六月, 可菑麥田.

최식의 『정론政論』[88]에 이르기를 "한나라 무

崔寔政論曰,

장 빠른 월령식 농서로서, 농업생산과 생활 활동 등을 월별로 한 편씩 서술하였다. 현재 전해지지 않지만 『제민요술』에서 인용하여 그 기본적인 내용을 수록하고 있다. 수나라 때 두대경(杜臺卿)이 저술한 월령식의 『옥촉보전(玉燭寶典)』에도 인용되어 있지만 9월 한 달이 빠져 있다.

84 '치(菑)': 곽박은 『이아(爾雅)』 「석지(釋地)」편 주석에서 처음 땅을 갈이하며, 땅속의 풀이나 그루터기를 지면으로 갈아엎은 것으로 주석하여 "오늘날 강동에서는 처음 땅을 갈 때 풀을 뒤엎는 것을 치(菑)라고 한다."라고 하였다. 따라서 본문에서 처음 갈아엎는다는 의미로 사용하였다.

85 '음동필택(陰凍畢澤)': '음(陰)'은 태양이 직접 내리쬐지 않는 지역이다. '동(凍)'은 결빙하는 것이며, '필(畢)'은 완전하다는 의미이고, '택(澤)'은 윤택하다는 의미로 액체 상태의 물이 남아 있는 것이다. '택(澤)'은 또한 '석(釋)'으로 곧 녹는다는 의미로도 해석된다.

86 '백토(白土)': 이것은 회백색의 과립분말로서, 비교적 큰 비표면적과 구멍을 가지고 있기 때문에, 탁월한 흡착능력과 이온 교환에 적합한 조건을 갖추고 있다.

87 '경토(輕土)': 경토는 부드럽고 성긴 진흙을 말한다. 『회남자』 「추형훈(墬形訓)」에는 "輕土多利, 重土多遲."라는 구절이 있다.([출처]: Baidu 백과)

88 『정론(政論)』은 최식의 정치논문집이다. 이 책은 농업을 숭상하고 상업의 억제

제武帝는 조과를 채용해서 '수속도위搜粟都尉'[89]로 삼아 백성들에게 밭 갈고 곡물을 파종하는 것을 가르쳤다. 그의 방법은 소 한 마리에 3개의 보습이 달린 누리를 써서 한 사람이 조종하고 파종할 때는 누거[耬][90]를 끌어 사용한다. 모두 갖춰지면 하루에 1경頃을 갈았다. 지금(후한 말)도 삼보三輔[91]지역에서는 그와 같은 방법을 써서 혜택을 입	武帝以趙過爲搜粟都尉, 教民耕殖. 其法三犂共一牛, 一人將之, 下種, 挽耬. 皆取備焉, 日種一頃. 至今三輔猶賴其

를 주장하며, 농업 생산을 발전시키고 형벌을 엄격하게 적용하고 옛것을 폐하고 새로운 것을 개혁하여 당시의 암흑정치를 타파하자고 주장하였는데 논조가 자못 격렬하였다. 이것은 왕부(王符: 85-162년) 『잠부론(潛夫論)』, 중장통의 『창언(昌言)』과 더불어 당시의 정치 명저였지만 전해지지 않는다. 당나라 위징(魏徵) 등의 『군서치요(羣書治要)』, 당나라 마총(馬總)의 『의림(意林)』에도 일부 기록되어 있는데, 내용이 극히 적으며 청나라 엄가균(嚴可均: 1762-1843년)의 『전상고삼대진한삼국육조문(全上古三代秦漢三國六朝文)』 중에도 약간 편집되어 있으나, 원저의 아주 적은 부분에 해당한다.

89 '수속도위(搜粟都尉)'는 중앙 최고의 농관(農官)인 대사농을 돕는 관직으로, 품계는 대사농보다 다소 낮다. 주로 농업 수입을 주관하고 농업 생산을 교육하며 때때로 대사농을 대신한다.

90 묘치위는 이 '누(耬)'는 파루(耙耬)의 '누(耬)'로서, 종자에 흙을 덮는 농구이며 누거를 가리키지는 않는다고 한다. 왜냐하면 본문에서는 이미 한 사람이 누리(耬犂)를 잡고 있기 때문에 더 이상 '만루(挽耬)'를 말할 수 없기 때문이다. 따라서 이 기구는 누리의 뒤쪽에서 끌면서 복토하는 데 사용되었으며, 고랑을 만들어 파종하고 복토하는 세 가지 작업이 동시에 이루어져서 효력이 매우 크다. 다음 문장의 만루는 이 뜻과 동일하다고 한다. 그러나 묘치위와 같이 만루를 복토작업용으로 해석한다면 파종 후의 복토효과가 극히 미흡할 것이다. 따라서 이것은 "파종할 때는 누거를 끌어 사용한다.[下種挽耬.]"로 해석해야 하며, 이어서 등장하는 요동지역의 경우 "한 사람은 파종하고 두 사람은 누리를 끈다.[一人下種, 二人挽耬.]"라고 해석하는 것이 좋을 듯하다. 물론 이때 누리는 한 사람이 앞에서 끌고 다른 한 사람은 기구의 손잡이를 잡고 있는 형상이었을 것이다.

고 있다. 현재 요동지역에서 땅을 갈 때 사용하는 쟁기는 끌채[轅]가 4자[尺]나 되어 회전하거나 방향을 바꿀 때 상호 방해를 받아 불편하다. 소 두 마리를 두 사람이 이끌고, 한 사람은 쟁기를 조정하여 땅을 갈며 한 사람은 파종하고 두 사람은 누거를 끈다. 무릇 소 두 마리에 여섯 사람이 동원되어 하루에 겨우 25무의 토지를 파종하니 차이가 이와 같이 실로 크다."라고 하였다. 생각건대 3개의 보습이 달린 쟁기에 소 한 마리를 사용한 것은 마치 오늘날 삼각루(三脚樓)와 같지만 어떤 경작법을 사용했는지는 알 수 없다.[92] 오늘날 제주(濟州) 서쪽에는 여전히 끌채가 긴 쟁기에 두 개의 보습이 달린 누거(樓車)를 사용하고 있다. 끌채가 길면 평지에서 경작할 수는 있지만 산이나 계곡 사이의 협지에 사

利. 今遼東耕犂, 轅長四尺, 迴轉相妨. 既用兩牛, 兩人牽之, 一人將耕, 一人下種二人挽耬. 凡用兩牛六人, 一日纔種二十五畝, 其懸絶如此. 按, 三犂共一牛, 若今三脚耬矣, 未知耕法如何. 今自濟州以西, 猶用長轅犂兩脚耬. 長

91 '삼보(三輔)'는 지역의 이름으로 전한에서 비롯되며 오늘날 섬서성 관중평원 지역이다. 후세에 습관적으로 이 일대를 일러 삼보라고 한다.

92 『왕정농서(王禎農書)』 「농기도보집지이(農器圖譜集之二)」에서는 '누거(耬車)'에 대해 "누거로써 파종하는 방식은 하나같지 않은데 다리가 하나, 둘, 셋으로 서로 다르다."라고 하는데, 최식(崔寔)이 말하는 "세 개의 보습이 달린 누리에 소 한 마리를 채웠다."라는 것은 바로 세 개의 다리가 달린 누리를 말하는 것이다. 왕정은 또한 누거로 파종하는데 "한 사람은 옆에서 끌고 한 사람은 누를 잡고 가면서 흔들면 종자가 저절로 떨어진다."라고 하였다. 누와 가축을 통제하는 사람은 최소한 두 사람이다. 묘치위 교석본에 따르면 과거에 북방에서는 구(舊) 누거로써 파종했는데 일반적으로 한 사람은 누를 잡고 한 사람은 소를 잡고 두 사람은 종자를 떨어트린 후에 상자 속의 종자가 떨어지면 바로 복토진압 하였다. 최식이 말하는 조과(趙過)의 법은 단지 한 사람을 이용해서 각 항목의 파종작업을 전부 완성하여 하루에 1경을 파종했다고 하는데, 가사협이 갈이하는 법이 어떠한가를 알지 못한다고 하는 의문은 이해되지 않는다고 한다.

용하기가 적합하지 않으며, 또한 회전하고 방향을 바꿀 때는 극히 불편하여 힘이 많이 들어 제나라 지역 사람의 '위리(蔚犂)'[93] 처럼 부드럽고 편리한 것 같지 않다. 보습의 다리가 두 개인 누리로 파종한 이랑은 모종의 간격이 너무 조밀하여,[94] 다리가 하나인 누리로 파종한 것만큼 적합하지 않다.

轅耕平地尚可, 於山澗之間則不任用, 且迴轉至難, 費力, 未若齊人蔚犂之柔便也. 兩脚耬種, 壠穊, 亦不如一脚耬之得中也.

● 그림 1
호미[耨]:
『왕정농서(王禎農書)』
참조.

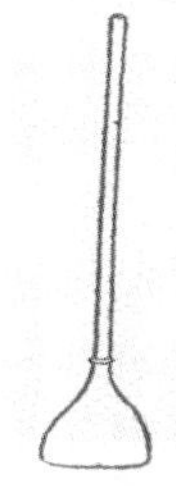

● 그림 2
가래[鏟]:
『왕정농서』
참조.

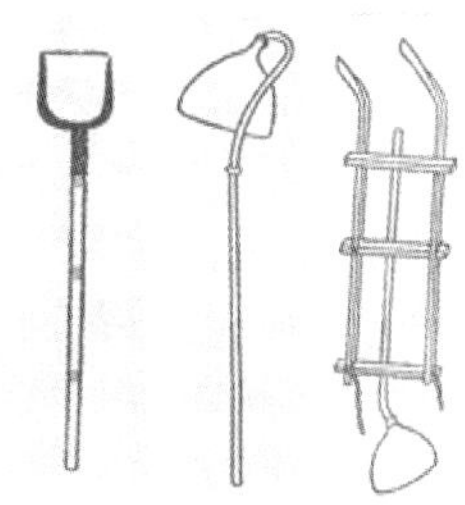

● 그림 3
호미[鋤]: 『왕정농서』 중의
각종 호미[鋤]

93 묘치위 교석본에 의하면, 위리(蔚犂)에 대한 구체적인 기록은 없지만, 끌채가 긴 쟁기와 더불어 우열을 비교할 수 있는데, 분명 개량되고 무게가 가벼워진 끌채가 짧은 쟁기일 것이다. 『제민요술』에서 사용한 이(犂)의 성능을 보면, 갈아서 이랑을 만들고 깊거나 얕게 갈며 또한 자유롭게 쟁기의 폭과 넓이를 조정하여 계곡이나 강가 등의 만곡 부분의 좁은 땅에 사용되었다. 또한 최소한 유동적인 쟁기바닥[犂床] 곡면으로 이어서 달린 보습과 볏이 달려 깊이를 조정할 수 있는 이전(犂箭)의 장치가 있는 것으로 보아 확실히 요동리(遼東犂)보다는 많이 진보되었다. 이른바 위리는 이러한 쟁기이다. 중국쟁기의 '유동성'과 '곡면의 볏' 두 가지 특징은 한대에 이미 갖추어졌으며 한대 쟁기는 대부분 끌채가 긴 쟁기로서, 위리는 개량된 것이다.

94 '농기(壠穊)': 누리의 다리가 고정되어서 파종이 너무 조밀하기 때문에 다리가 하나인 누리처럼 자유롭게 거리를 조정할 수 없다.

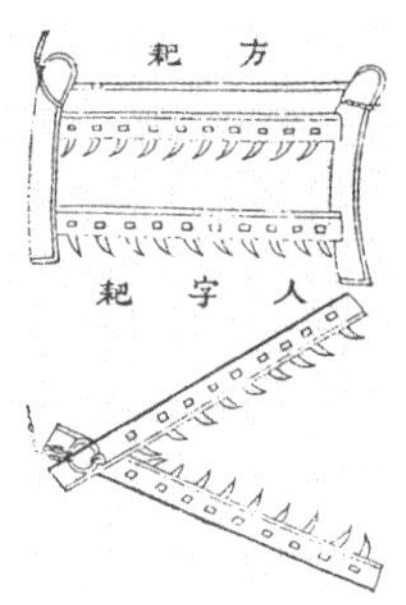

● 그림 4
인자파(人字耙):
『왕정농서』

● 그림 5
정전(井田):
『농정전서(農政全書)』
참조.

● 그림 6
적전도(藉田圖; 籍田圖)

교 기

1 이 문단은 명초본, 금택초본이며, 군서교보(羣書校補)가 남송본(南宋本)을 초(鈔)한 것을 근거한 것은 모두 작은 글자로 되어 있다. 바로 『사고전서총목제요(四庫全書總目提要)』에서 인용한 전증(錢曾)의 『독서민구기(讀書敏求記)』에 "가정(嘉靖) 경신(庚申) 연간에 호상(湖湘)에서 『제민요술』을 판각했다. 권의 첫 머리에 '『주서』에 이르기를'이라고 하는 것은 원래 작은 협주(夾註)였다. 오늘날에는 큰 글자로 쓰여 모진(毛晉)의 『진체비서(津逮秘書)』(이후 진체본으로 약칭) 또한 그러한 것"과 서로 부합된다. 작은 글자로 한 것은 정확한 것인데 협주는 무슨 주석인지 알 수 없다. 전증은 비록 분명한 설명을 하고 있지 않더라도 사실 매우 명백한데, 단지 편목의 표제가 '경전(耕田)'이라고 주석하고 있다. 이 때문에 일반적인 책의 관례에 비추어 본다면, 이 단은 직접적으로 본서 「밭갈이[耕田]」의 표제 아래에 쓰이는 것이 합당하며, 본서 중에 몇 군데 좋게 느껴지는 곳은(권2 「암삼 재배[種麻子]」【교기】) 바로 일반적인 관례에 따라 쓰인 것이다.

2 '서(鋤)': 명초본과 금택초본에는 모두 '서(鋤)'자로 되어 있으나 군서교보(羣書校補)가 근거하고 있는 남송본은 비책휘함(秘冊彙函) 계통의

판본에서는 모두 '서(鉏)'로 되어 있다.

3 '지춘이개(至春而開)': 금택초본과 군서교보(羣書校補)가 의거하여 남송본의 초록은 모두 '지춘이개'로 되어 있다. 명초본은 '개(開)'자 다음의 빈 공간에 '간(墾)'자를 덧붙이고 있고, 나머지 명청시대의 각본에는 모두 '간(墾)'자가 있으나 스셩한은 이 글자가 필요하지 않다고 하여 삭제하였다.

4 '경전(耕田)': 금택초본과 장해붕(張海鵬)의 『학진토원각본(學津討原刻本)』(이후 학진본으로 약칭)에는 '경왈(耕曰)'로 적고 있다.

5 '소두(小豆)': 명초본에서는 '소두(小頭)'로 잘못 쓰고 있는데, 금택초본과 『농상집요』 및 명청시대 각본에 의거하여 바로잡았다. 콩류는 토양 중에 질소성분을 증가시켜서 후작물의 생장에 보탬을 주는데, 콩류의 파종은 곡물의 윤작에 좋은 조건을 제시한다.

6 '차(且)': 『여씨춘추(呂氏春秋)』「중동기(仲冬紀)」에는 '차(且)'로 쓰고 있으나, 『예기』「월령」에서는 '저(沮)'로 표기하고 있다. '차(且)'와 '저(沮)'는 서로 통하며, '새다'의 의미이다.

7 '유지어경가(有志於耕稼)': 스셩한의 금석본에서는 '지(志)'를 '사(思)'로 쓰고 있다. 스셩한에 따르면 '사'는 금택초본과 비책휘함(祕冊彙函)의 각 판본에는 '지(志)'로 되어 있는데, 명초본과 군서교보(羣書校補)에는 남송본에 의거하여 '사(思)'로 보았다. '경가'는 명초본과 비책휘함 계통의 판본에서는 '판가(辦稼)'라고 하고 있고, 군서교보는 남송본에 의거하여 '가색(稼穡)'이라고 하는데, 지금은 금택초본에 의거하여 '경가'라고 쓴다.

8 '이시경(以時耕)': 비책휘함(祕冊彙函) 계통의 각본에서는 '시(時)'자 앞에 모두 '차(此)'자가 있다.

9 '이세(二歲)': 명초본과 비책휘함 계통의 판본에는 모두 '이세'라고 하고 있지만, 금택초본에는 '삼세(三歲)'로 되어 있다.

10 '범맥전(凡麥田)': '맥전(麥田)'은 금택초본, 명초본, 남송본을 인용한 군서교보에는 '맥(麥)'자로 쓰고 있는데, 비책휘함 계통의 판본에서는 모두 '애(愛)'자로 잘못 표기하고 있다.

제2장

종자 거두기 收種第二

양천(楊泉)의 『물리론(物理論)』[95]에서는 다음과 같이 말하고 있다. "양(粱)이란 찰기장[黍]과 조[稷][96] 등 (작은 알곡의) 총칭이고, 벼[稻]라는 것은 관개해서 파종하는[97] 곡식의 총칭이다. 숙(菽)은 각종 콩류[豆]의 총칭이다. 3가지 곡류[穀]는 각각 20종이 있어 모두 60종(種)에 달한다. 채소와 과실의 열매는 곡류를 보조하는 것으로서 각각 20종이 있다. 모두 합쳐서 100종

楊泉物理論曰, 粱者, 黍稷之總名, 稻者, 溉種之總名. 菽者, 衆豆之總名. 三穀各二十種, 爲六十. 蔬果之實, 助穀各二

95 『태평어람』 권837 '곡(穀)'과 『초학기(初學記)』 권27 「오곡(五穀)」은 모두 『물리론(物理論)』을 인용하고 있으며 기본적으로 동일하다. 양천(楊泉)은 삼국시대 오나라 사람으로 서진(西晉) 초에 초빙되었지만, 관직에 나아가지 않고 저술활동만 하였다. 그는 당시의 청담분위기를 반대하고 사람이 죽은 후에 영혼이 남지 않는다고 주장하여 남조의 양범진(梁范縝) 『신멸론(神滅論)』의 길을 열었다. 그가 저술한 『물리론(物理論)』은 『구당서(舊唐書)』 「경적지하(經籍志下)」 권16에 수록되어 있으나, 지금은 전해지지 않는다. 청대 손성연(孫星衍: 1753-1818년)은 『물리론(物理論)』을 편집하였다.

96 '직(稷)': 묘치위 교석본에 따르면 이것은 조[粟]를 가리키고, 제(穄: 검은 메기장)를 가리키지는 않는다. 양(粱)은 조의 좋은 품종으로서 여기서는 기장과 조를 함께 일컫는데, 실제로는 벼[稻] 이외의 곡물의 열매를 가리킨다고 한다.

97 '개종(溉種)': 관개를 해야 비로소 파종할 수 있음을 의미한다.

이다. 따라서 『시경(詩經)』[98]에서는 '백 가지 곡류[百穀]를 파종한다.'"라고 하였다.

무릇 오곡五穀의 종자는 습기에 젖어 눅눅하게 되면 발아하지 않으며,[99] 설사 싹이 나더라도 (성장이 좋지 않아) 곧 죽고 만다. 만약 섞어서 곡물을 파종하면 곡물의 성숙이 빠르고 늦음이 고르지 않으며, 이런 종자로 방아를 찧을 때 (어떤 것은 지나치게 도정을 하여) 쌀이 나오는 비율이 감소하고[100] (어떤 것은 아직 익지 않아) 방아를 고르게 잘 찧기가 어렵다.[101] 시장에 내다 팔려 하더라도 낟알이 고르지 않고 잡다하며, (잘 팔리지 않고) 불을 피워 밥을 지으면 설기도 하고 익기도 하여 조절하기가 어렵다. 이 때문에 특별히 주의해야 하며, 편의대로 헛되이 할 수는 없다.[102]

十. 凡爲百種. 故詩曰, 播厥百穀也.

凡五穀種子, 浥鬱則不生, 生者亦尋死. 種雜者, 禾則早晚不均, 舂復減而難熟. 糶賣以雜糅見疵, 11 炊爨失生熟之節. 所以特宜存意, 不可徒然.

98 『시경』「소아(小雅)·대전(大田)」; 『시경』「주송(周頌)·희희(噫嘻)」.

99 '읍울(浥鬱)': '읍'은 축축한 것을 말하며, '울(鬱)'은 막혀서 답답한 상태이다. 종자가 저장 중에 습기가 차고 통풍이 되지 않아서 발열하여 종자가 변질되기 때문에 발아할 수 없다. 묘치위는 오늘날 사람들이 흔히 '와(窩)', '악(渥)', '오(澔)' 혹은 '오(燠)'라고 부르는 것은 모두 습도와 온도 및 통기성으로 말미암아 변화되었음을 나타낸 말이라고 한다.

100 '감(減)': 도정하여 나온 쌀의 비율이 적음을 뜻한다.

101 '난숙(難熟)': 방아를 찧어서 흰쌀로 도정하기가 어려움을 말하며, 벼가 덜 익은 상태에서 도정을 하면서 지나치게 찧게 되면 먼저 익은 것이 쉽게 부서지기 때문에 도정한 쌀의 양이 감소한다.

102 '도연(徒然)': '도연'은 '헛되게' 또는 '공연히'라는 의미로서, 대충 하면서 마음을

조[粟]·찰기장[黍]·메기장[穄]·우량품종의 조[粱]·차조[秫]는 해마다 구분하여 종자를 거두어들인다. 이삭이 충실하고 빛깔이 고운 종자를 골라 베어서 높은 곳에 걸어 둔다. 이듬해 봄이 되면 종자를 털어 내어 따로 심었다가[103] 이듬해의 종자로 삼는다.[104] 누거[樓]로 일구어 파종하고 덮는데, 1말[斗][105]의 종자로 1무의 땅에 파종할 수 있다. 자신의 토지에 어느 정도의 종자가 필요한지를 헤아린 이후 그 필요에 따라서 종자를 파종한다.

粟黍穄粱秫, 常歲歲別收. 選好穗純色者, 劁刈高懸之. 至春治取, 別種, 以擬明年種子. 樓耩稀種, 一斗可種一畝. 量家田所須種子多少而種之.

그 외의 종자는 평상시 모름지기 김매 주어야 한다. 호미질을 많이 하면 쭉정이가 없게 된다. (수확할 때에는) 먼저 종자를 깨끗하게 타작하여 움에다 묻어 두어야 한다. 우선 할 일은 타작마당을 깨끗하게 하여 다른 곡물과 섞이지 않게 하는 것이다. 움 속에 묻어 두는 것

其別種種子, 常須加鋤. 鋤多則無秕也. 先治而別埋. 先治, 場淨不雜. 窖埋, 又勝器盛. 還

쓰지 않는 것을 말한다.

103 '치취별종(治取別種)': 이것은 '정치(整治)'의 의미이며, 별(別)은 '별도'라는 의미이다.

104 '의(擬)': 『제민요술』에서는 '무엇을 하는 데 준비한다'라는 의미로 사용하며, 미리 어떤 용처를 정하는 것이다.

105 '일두(一斗)'는 각본에서 동일하지만 잘못된 듯하다. 『제민요술』의 기장과 조와 같은 유의 작물을 파종하는 양은 1무(畝)에 3-5되[升]이며 '누강엄종(樓耩稀種: 갈고 파종하고 복토하는)'의 경우 종자 양이 감소한다. 오늘날 밭에 파종하여 종자를 배양하는 것은 『시경』의 대전(大田) 종법보다 배 이상 조밀하므로 그루 또한 건강하게 자라지 않는데, 어떻게 파종하든 합리적이지 않다. 묘치위 역시 '일두'는 잘못된 것으로 보았다. 이 같은 기장과 조의 종자는 설령 같거나 유사하며 파종 양도 비슷한데, 만약 '일두'가 잘못되지 않았다면 '일무(一畝)'가 잘못되었다고 한다.

이 또 그릇에 담아 두는 것보다 낫다. 또한 타작한 볏짚[穰][106]으로 움의 구멍을 단단하게 막는다. 만약 이렇게 하지 않으면 반드시 이물질이 섞이게 된다.

以所治穰草蔽窖. 不爾, 必有爲雜之患.

파종하기 20일 전에 (움을) 열어서 (종자를) 꺼내어 물에 씻어 인다.[107] (일어서) 물에 뜬 쭉정이를 제거하면 강아지풀 같은 잡초가 생기지 않는다. 즉시 햇볕에 말려서 시기에 맞추어 파종한다. 『주관周官』의 규정에 의하면 토양이 적합한지를 살펴 거름물에 종자를 담가 파종하였다.[108]

將種前二十許日, 開出水洮. 浮秕[12]去則無莠. 卽曬令燥, 種之. 依周官相地所宜而糞種之.

---

106 '양(穰)': 농작물을 털어 낸 짚, 마른 잎 및 쭉정이를 모두 '양(穰)'이라고 하는데 또한 '양(穰)'이라고도 쓴다. 『제민요술』에서는 대부분 '양(穰)'으로 사용하고 있다. 종자를 털어 내고 남은 식물의 그루에서 얻은 짚은 남은 종자를 넓서나 온전하게 보전하는 데 매우 적합하다. 묘치위 교석본에 의하면, 『제민요술』 중의 본문에는 항상 '서양(黍穰)', '제양(穄穰)'으로 칭하고, 조[穀], 밀[麥], 벼[稻]를 일컬을 때도 '곡간(穀稈)', '맥견(麥䴷)', '도간(稻稈)' 등으로 칭하며 절대로 '양(穰)'으로 일컫지는 않는데, '양(穰)'은 『제민요술』에서 오직 기장류의 짚을 가리킨다. 권7 「분국과 술[笨麴并酒]」에서는 또 별도로 잎이 달린 것을 '양(穰)'이라고 하고, 잎이 없이 깨끗한 짚을 '고(藁)'라고 한다. 여기서의 '양초(穰草)'는 곡류의 작물에 잎이 달려 있는 짚을 두루 가리키며, 오직 '기장 짚[黍穰]'을 가리키는 것과는 구분된다. '초(草)'는 볏짚의 의미로, 오늘날 구어에서는 곡물의 짚을 '곡초(穀草)'라고 하고, 볏짚을 '도초(稻草)'라고 칭한다. 곡물의 종자를 덮고 막아서 뒤섞이지 않도록 하기 위해 사용하는 것이라고 한다.

107 '조(洮)': '도(淘)'자의 옛 글자로서, 물에 일어서 물에 뜬 쭉정이를 제거하는 것이다.

108 『주관(周官)』: 『주관』은 곧 『주례(周官)』이다. 아래 본문에서 볼 수 있는 것처럼 『제민요술』은 토의(土宜)와 물의(物宜)에 따라서 대처하는 원칙을 달리했다. 다만 『제민요술』에는 시비에 관한 독립적인 편이 없고, 대전작물(大田作物)의 각 편은 이따금 제시하였으며, 채소의 각 편은 매우 중시하고 있다. 그러나 이것은

『범승지술氾勝之術』[109]에 이르기를 "말을 이끌고 곡물 더미[穀堆]로 가서 곡물 몇 입을 먹이고 다시 말로 곡물더미를 밟게 하여 파종하면 나방애벌레[蚄蚄] 등의 병충해가 없어지게 되는데 (이로써) 나방애벌레 등의 병충해를 제압할 수 있다."[110]라고 하였다.

氾勝之術曰，牽馬令就穀堆食數口，以馬踐過爲種. 無虸蚄，厭虸蚄蟲也.

대전작물에게 밑거름[基肥]을 주지 않는 것을 말하지는 않는다. 본서 「밭갈이[耕田]」의 '숙분(熟糞)', 본서 권2 「삼 재배[種麻]」의 "땅이 척박하면 거름을 준다.[地薄者糞之.]"라고 했으며, 여기서의 '분종지(糞種之)' 등은 이 같은 사실을 반영한다.

109 '범승지(氾勝之)' 다음에 '술(術)'자를 붙여 쓰고 있는데, 묘치위의 교석본을 참고하면, 이 같은 책이 있을 가능성이 있으며 또한, 그 기술 · 방술[方術: 염승(厭勝) · 기피 · 점험(占驗) 등] 등을 가리킬 수도 있다. 예컨대 다음 문장의 『주관』의 정현 주에서 범승지의 토화지법(土化之法: 대개 강토와 약토 등을 개량하는 방식)을 인용하여 '범승지술(氾勝之術)'이라고 하고 있으며, 『농상집요』에서는 이 조항을 인용하여 『범승지서』로 바꾸어 표기하고 있다.

110 "無虸蚄, 厭虸蚄蟲也.": "염(厭)"은 염승술(厭勝術)를 가리키며, 이 물건으로 다른 물건을 이겨 제압하는 것을 말한다. 자방은 오늘날 점충(黏蟲)으로 곡류 작물의 잎을 갉아먹는 해충이다. 스성한의 금석본에 따르면, 일찍이 '자방'에 대해 직접 주석한 것은 (삼국시대 오나라 사람인) 육기(陸璣)의 『모시초목조수충어소(毛詩草木鳥獸蟲魚疏)』로서, "명(螟)은 자방(子方)과 유사하나 머리는 붉지 않다."라는 문장이 있다. 『이아』「석충(釋蟲)」 중에는 "자방은 없으며 단지 무종의 줄기를 먹는 해충[螟]이다."라고 한다. 소이운(邵二雲)의 『이아정의(爾雅正義)』, 학의행(郝懿行)의 『이아의소(爾雅義疏)』에서 육기의 이 같은 구절을 인용할 때 모두 "자방(子方)은 곧 '자방(虸蚄)'이며 『제민요술』에 보인다."라고 하였다. 서북 농학원 저우야오[周堯] 교수는 육기가 추론한 바에 따라서 "자방은 해충[螟]과 같이 머리가 붉으며 … 이 때문에 나는 자방이 바로 찰기장의 벌레[점충(黏蟲)]라고 믿는다."라고 반증하였다.[저우야오, 『중국 조기 곤충학 연구사(中國早期昆蟲學研究史)』, 科學出版社.] 남경 농학원 완궈딩[萬國鼎]은 이르기를 "조우슈원[鄒樹文] 교수 역시 자방이 곧 찰기장 해충이라고 보았다."라고 하였다. 그리고 자방이라

『주관周官』[111]에 이르기를 "초인草人은 토양을 개량하는 방법[土化][112]을 관장하였다. 작물의 종류와 토지의 적합성을 살펴[113] 파종한다. 정현의 주석에 이르기를 "'토양을 개량하는 방법'에 따라 토양을 개량하면 작물이 잘 자란다. 마치 범승지가 사용한 기술과 같다. 작물과 토지를 지세와 흙의 색깔을 살펴 그에 맞추어 파종한다. 마치 황백색 토양에는 '조[禾]'와 같은 곡물을 파종한다."라고 한다. "'거름을 섞어 파종하는 것[糞種]'[114]은 홍황색의 단단한 성강토[騂剛]에는 쇠뼈를 달인 물[汁]을 사용하고, 담홍색의 적제토[赤緹]에는 양 뼈 달인 물을, 부풀린 분양토[墳壤]에는 큰사슴[麋] 뼈 달인 물, 마른 늪지의 갈택토[渴澤]에는 사슴[鹿] 뼈 달인 물, 소금기가 많은 함석토[鹹潟]에는 오소리[貆] 뼈 달인 물, 말라서 마치 가루처럼 된 발양토[勃壤]에는 여우 뼈 달인 물, 점성이 강한 전로토[埴壚][115]

周官曰, 草人, 掌土化之法. 以物地相其宜而爲之種. 鄭玄注曰, 土化之法, 化之使美. 若氾勝之術也. 以物地, 占其形色, 爲之種. 黃白宜以種禾之屬. 凡糞種, 騂剛用牛, 赤緹用羊, 墳壤用麋, 渴澤用鹿, 鹹潟用貆, [13] 勃壤用狐, 埴壚用豕, 彊檃用蕡, 輕爂用犬. 此草人

는 명칭은 산동성, 하남성 등지의 농촌에서 오늘날에도 여전히 사용되고 있다. 따라서 자방은 찰기장 해충[黏蟲]이라는 것이 거의 확실하다.

111 이 구절은 『주례』「지관(地官)·초인(草人)」편의 주와 『제민요술』에서 볼 수 있다.

112 '토화(土化)': 원주(原注)에 의하면 토양의 성질 바꾼다는 의미이다.

113 '상(相)': 동사로 사용되었으며 세심하게 살핀다는 의미이다.

114 '분종(糞種)': 정중(鄭衆)과 정현은 모두 뼈 달인 물에 종자를 담그는 것으로 보았다. 그러나 손이양(孫詒讓)은 『주례정의』에서 청대 강영(江永: 1681-1762년)의 견해를 인용하여 다르게 해석하였는데 강영은 분종의 '종(種)'은 심는다는 의미의 '종(種)'으로 분전(糞田)의 의미이지, 종자의 '종(種)'은 아니라고 보았다.

115 스셩한의 금석본에는 '식(埴)'으로 되어 있다. 묘치위 교석본에서는 이 부분만 '전

에는 돼지 뼈 달인 물, 딱딱한 강함토[彊㯺]에는 삼씨[蕡] 달인 물, 그리고 푸석한 경표토[輕㶾]에는 개 뼈 달인 물을 사용한다."[116] 이것은 초인(草人)의 직무이다. 정현(鄭玄)의 주석에 의하면 무릇 '분종'이라는 것은 삶아서 그 즙을 취해 종자를 담그는 것이다. 적제(赤緹)는 담홍색 토양이며,[117] 갈택(渴澤)은 이전에 물이 있었던 토양이고, 석

職. 鄭玄注曰, 凡所以糞種者, 皆謂煮取汁也. 赤緹, 縓色也, 渴澤, 故水處也, 潟, 鹵也, 貆, 貒也, 勃壤, 粉解者, 埴壚, 黏疏

(墳)'자를 쓰고 있다.

116 토양을 변화시키는 소재 중 하나인 '훤(貆)'에 대해 정현은 '훤(貆)'으로 해석하여, '저환(豬貛)' 또는 '환(貛)'이라고 한다. 또 『설문해자』에는 "학지류(貉之類)"라는 것이 있으며, 『시경』「위풍(魏風)·벌단(伐檀)」편에는 '훤(貆)'이 있는데 정현은 "학(貉)은 훤(貆)이다."라고 하였다. 이는 어린 새끼를 '학(貉)'으로 지칭한다고 한 것이다. 곽박(郭璞)은 『산해경』「북산경(北山經)」의 '훤(貆)'에 대해서 주석하기를 '호저(豪豬)'라고 하였다. '분(蕡)'은 이 '분(黂)'과 같으며 삼씨[大麻子]를 뜻한다고 한다. 묘치위 교석본에 따르면, 이상의 각종 토양 중 '성강(騂剛)'은 홍황색의 단단한 점토질 토양이고, '성(騂)'은 적색 혹은 적황색을 의미한다고 한다. '적제(赤緹)'는 누렇고 홍색이나 옅은 홍색을 띤 토양이다. '제(緹)'와 '전(縓)'은 모두 이런 색깔이다. 그리고 '분양(墳壤)'은 점토질 토양으로 물을 만나면 쉽게 풀리고, 마르면 굳고 단단해져서 정현은 '윤해(潤解)'라고 하였다. '발양(勃壤)'은 사질 토양으로서 '분양'과 더불어 '양(壤)'이라고 하지만, '발양'은 마를 때 쉽게 풀어져서 정현이 '분해(粉解)'라고 하였다. '분(墳)'은 '분(坋)'으로 통하고 또한 '발(勃)'의 의미이다. '분양(墳壤)', '발양(勃壤)'은 모두 가루를 뜻하지만, '습해(濕解)'와 '건해(乾解)'로 구분된다. '갈택(渴澤)'은 오늘날 '습토(濕土)'와 같으며, 웅덩이에 원래 물이 있었는데 현재 물이 말라 파종할 수 있게 된 땅을 가리킨다. '함석(鹹潟)'은 소금기 있는 토양을 말한다. '식로(埴壚)'는 일종의 석회성분이 있는 점토이며, 많은 석회 덩어리가 포함되어 있다. '강함(彊㯺)'은 '노토(壚土)'보다 굳고 단단한 무거운 토양이다. '경표(輕㶾)'는 가벼워 물에 뜨는 일종의 사질 토양이라고 한다.

117 "赤緹, 縓色也": 『설문해자』에서는 '제(緹)'를 '단황색(丹黃色)'이라 해석하는데, 이것은 황단(黃丹)과 유사한 홍황색이다. '전(縓)'은 옅은 홍색을 뜻한다.

(潟)은 소금기 있는 땅[鹵]이며,[118] 훤(貆)은 오소리[貒]이고, 발양(勃壤)은 잘 풀려 가루와 같은 토양이며,[119] 식로(埴壚)는 거친 찰흙이고, 강함(彊檻)[120]은 매우 딱딱한 토양이며, 경표(輕票)는 가볍고 푸석한 토양이다. 고서에서 '성(騂)'을 '설(挈)'로 쓰며, '분(墳)'을 '분(坋)'으로 쓰고 있다. 두자춘(杜子春)[121]은 '설(挈)'을 '성(騂)'으로 읽고, 흙 빛깔이 붉으면서 토질이 딱딱한 것이라고 하였다. 정사농(鄭司農)[122]이 이르기를 "소를 사용하는 것은 쇠뼈 달인 물에 종자를 담그는 것으로서 이를 일러 분종(糞種)이라 한다. 분양(墳壤) 속에는 두더지[坋]와 쥐[鼠][123]가 많다. 흙은 백색이다. 분(蕡)은 삼[麻]씨이다."라고 하

者, 彊檻, 強堅者, 輕票, 輕脃者. 故書騂爲挈, 墳作坋. 杜子春挈讀爲騂, 謂地色赤而土剛強也. 鄭司農云, 用牛, 以牛骨汁漬其種也, 謂之糞種. 墳壤, 多坋鼠也. 壤, 白色. 蕡, 麻也. 玄謂墳壤, 潤解.

118 '석로야(潟鹵也)': '석(潟)'은 오늘날 '사(瀉)'로 쓴다. 스셩한의 금석본에 따르면, '사로(瀉鹵)'는 흔히 '척로(斥鹵)'라고 쓰며 납실(鈉質) 토양으로 염토(鹽土)·감토(鹼土)·염감토(鹽鹼土)를 포함하고 있다고 한다.

119 '발양분해자(勃壤粉解者)': 발(勃)은 일반적으로 가볍고 흩어져 날아가기 쉬운 가루 형태의 물질이며, '분해(粉解)'는 쉽게 분해되어 가루형태가 되는 것을 말한다.

120 '함(檻)': '함(鹹)' 또는 '함(檻)'이라고 하며 단단하게 굳은 토양이다.

121 '두자춘(杜子春: 기원전 30?-기원후 58?년)': 전한 말기에서 후한 초기의 경학가로서, 유흠(劉歆)에게서 『주례』를 받아서 일찍이 『주례』의 주석을 하였지만 지금은 전해지지 않는다. 후한 명제(明帝) 때 나이 90세가 될 즈음에 그 학문을 정중(鄭衆)과 가규(賈逵: 30-101년)에게 전하였다고 한다.

122 '정사농(鄭司農)': 정중(鄭衆: ?-83년)으로 후한의 경학가이다. 일찍이 대사농(大司農)에 임명되어 사람들이 정사농이라고 칭하였으며, 후대의 이름이 같은 환관 정중(?-114년)과는 구별된다. 정흥(鄭興), 정중 부자는 모두 경학에 능통하여 '선정(先鄭)'이라고 불리었고, 정현은 '후정(後鄭)'이라고 칭해졌다.

123 '분서(坋鼠)': 묘치위 교석본에 의하면, 이는 '분서(鼢鼠)'로서 앞발톱이 특별히 커서 이를 이용하여 땅을 파며, 중국에는 중화분서(中華鼢鼠) 등이 있다. 손이양(孫詒讓)은 『주례정의(周禮正義)』에서 "선정(先鄭)의 생각에, 분양(坋壤)은 분서

였다. 정현은 분양(墳壤)이 물을 부으면 곧 흩어지는 토양이라고 하였다.

『회남술淮南術』[124]에 이르길 "동지冬至부터 이듬해 정월 초하루까지 헤아려서 만약 50일이 되면 백성들의 양식이 풍족해진다. 만일 50일이 차지 않으면 하루 부족한 일수에 따라서 한 말[斗]씩 모자라게 되고, 50일이 초과하면 하루 초과함에 따라서 한 말씩 여유가 생기게 된다."라고 하였다.

淮南術曰, 從冬至日數至來年正月朔日, 五十日者, 民食足. 不滿五十日者, 日減一斗, 有餘日, 日益一斗.

『범승지서氾勝之書』에 이르기를 "(저장하고 있는) 종자가 만약 습하여 눅눅해져 열이 나면[125] 이내 벌레가 생기게 된다."[126]라고 한다.

氾勝之書曰, 種傷濕鬱熱則生蟲也.

가 땅속에 구멍을 뚫어서 흙을 파 일으키고 나오면서 흙이 떠서 부풀어진 토양이다."라고 한다.

124 '회남술(淮南術)': 『회남자(淮南子)』에서 말하는 '만필술(萬畢術)'과 '변화술(變化術)' 두 부분은 무술을 토론한 것으로, 본서에서는 약간의 '만필술'을 인용하고 있다. 이들은 현재 모두 유실되었는데, 스셩한에 의하면, 이 구절은 현존하는 「천문훈(天文訓)」에서 나온 것이며 '술(術)'의 것은 아니라고 한다.

125 '상습울열(傷濕鬱熱)': 스셩한의 금석본을 보면, 이 네 글자는 두 종류로 해석할 수 있다고 한다. ① 습기가 있고 눅눅하고 열기에 의해서 손상된다. ② 습기로 손상되어서 눅눅해져 열기가 빠져나가지 못한다. 이 두 가지 해석은 마치 동일하지 않은 것처럼 보이지만 실제의 내용에는 별 차이가 없다. 습기가 있고 눅눅하지 않으면 큰 열이 발생할 수 없고, 습기가 없으면 눅눅해져도 열이 발생하지 않으며, 열이 나서 습기가 없으면 눅눅해지는 것과 상관이 없다. 여기서는 ①의 해석을 채용하였다.

126 종자가 습기를 받아 뜨게 되어 열이 나면 변질되며, 동시에 해충의 알이 부화할 수 있는 조건을 제공하기 때문에 "벌레가 생긴다.[生蟲.]"라고 하였다. 후한 왕충

"맥麥의 종자를 거두려면 맥이 익어서 수확할 수 있을 때 이삭 중에서 크고 건장한 것을 골라 베어 내어 단으로 묶어서 타작마당 중의 높고 건조한 곳에 세워 둔다. 햇볕에 바짝 말려 좀[白魚][127]이 슬지 않도록 한다. 만약 좀이 생기면 번번히 까불러 제거한다." "마른 황해쑥[艾]을 끼워 넣어서 함께 저장하는데, 맥 한 섬[石]에 황해쑥 한 단을 사용한다. 옹기나 대나무 그릇을 사용하여 저장한다. 이후에 시령에 맞추어 파종하면 수확은 항상 두 배에 달한다."라고 한다.

取麥種, 候熟可穫, 擇穗大彊者斬, 束, 立場中之高燥處. 曝使極燥, 無令有白魚. 有輒揚治之. 取乾艾雜藏之, 麥一石, 艾一把. 藏以瓦器竹器. 順時種之, 則收常倍.

"조[禾]의 종자를 거두려면, 키 큰 종자를 택하여 이삭의 끝마디를 잘라서 작은 단으로 묶어 높고 건조한 곳에 걸어 둔다. 이와 같은 종자는

取禾種, 擇高大者, 斬一節下, 把懸高燥處. 苗

(王充)의 『논형(論衡)』 「상충(商蟲)」편에서도 "벌레가 생기는 것은 반드시 따뜻하고 습하기 때문이다."라고 하였다.

127 '백어(白魚)': 스성한은 '백어'가 좀을 의미하며 '의어(衣魚)' · '은어(銀魚)' · '두어(蠹魚)' · '담(蟫)'이라고도 칭한다고 하였다. 스성한은 『농상집요교주』에서 산동의 한 농민의 말에 의거하여, 산동 지역에서는 맥의 이삭에서 가장 늦게 피는 두 개의 속이 텅 빈 작은 이삭을 '백어'라고 하는데, 색깔이 흰색이고 형상은 물고기의 꼬리지느러미와 같다고 하였다. 그런데 묘치위 교석본에 의하면, '두어(蠹魚)'도 '백어(白魚)'라고 하지만 이것을 가리키는 것은 아니다. 동일한 맥의 이삭 중에 뒤에 꽃피는 작은 이삭은 양분이 부족하여, 항상 가늘게 알갱이가 오그라져서 흔히 '맥여(麥餘)'라고 한다. '맥여', 그 자체는 종자로 삼기에 좋지 않고 또한 껍질도 쉽게 벗겨지지 않으며, 종자 중에 섞여 쉽게 변질되거나 벌레의 해를 일으키므로 반드시 제거해야 한다.

싹이 잘 자란다."라고 하였다.

"이듬해 수확이 가장 적합한 곡물을 알고자 하면 (동짓날에) 포대 속에 조와 같은 각종 곡물을 담아서 (동일한 용기를 사용하여) 고르게 저울질하여 응달에 묻어 둔다. 동지 후 50일이 되면 파내어 다시 달아 보아 종자가 가장 많이 불어난[128] 것이 이듬해에 파종하기에 가장 적합한 것이다."라고 하였다.

최식崔寔이 이르길 "오곡의 종자 한 되씩을 고르게 달고 서로 구분하여 작은 옹기[甖] 속에 담아 담장의 북측 그늘진 곳에 묻어 둔다. … 나머지 방법은 앞의 방법과 동일하다."[129]라고 하였다.

『사광점술師曠占術』[130]에 이르기를 "(금년에)

則不敗.

欲知歲所宜, 以布囊盛粟等諸物種, 平量之, 埋陰地.[14] 冬至後五十日, 發取量之, 息最多者, 歲所宜也.[15]

崔寔曰, 平量五穀各一升, 小甖盛, 埋垣北牆陰下. … 餘法同上.

師曠占術曰,

---

128 '식(息)': 시간에 따라서 천천히 증가되는 것이다.

129 『사시찬요(四時纂要)』에서는 최식의 이 조항을 인용하여 「십일월」에 배치하고 있다. 이것은 또한 『사민월령(四民月令)』 「십일월」의 문장에 해당한다. 인용문에서는 '동지일'에 매장한다고 기록되어 있다. 묘치위 교석본에 따르면, '여법동상(餘法同上)'은 가사협의 간괄어(簡括語)로서, "동지가 지난 후 오십일 … 그해에 적당한 것이다."와 서로 같다고 한다.

130 '『사광점술(師曠占術)』': 『예문유취(藝文類聚)』 권85 「백곡부(百穀部)」 '곡(穀)'과 『태평어람』 권837 「과부육(果部六)」 '곡(穀)', 권968의 '행(杏)'은 모두 『사광점(師曠占)』에서 인용한 것으로서 『사광점술』은 곧 『사광점』이다. 이 책은 이미 전해지지 않는다. 권3 「잡설(雜說)」은 『사광점』에서 여러 조항을 인용하고 있다. 또 『수서(隋書)』 「경적지(經籍志)」 '오행류(五行類)'에는 『사광점』 3권을 수록하고 있으며, 또한 양(梁)나라의 『사광점』 5권이 있는데 실전되었다고 주석하고 있다. 사광(師曠)은 춘추시대의 진(晉)나라의 악사로서 눈은 멀었지만 음을

살구나무에 열매가 많이 달리고 또 벌레가 생기지 않는다면 이듬해 가을에 곡식의 수확이 반드시 좋다." "오목五木은 오곡五穀보다 앞서서 조짐을 보인다. 오곡의 수확을 알려고 하면 먼저 오목을 살펴보아야 한다.[131] (올해에) 무성한 나무를 택하여[132] 내년에 그에 상응하는 곡물을 파종한다면 만에 하나도 잘못이 없게 된다."라고 하였다.

杏多實不蟲者, 來年秋禾善. 五木者, 五穀之先. 欲知五穀, 但視五木. 擇其木盛者, 來年多種之,[16] 萬不失一也.

교 기

[11] '자(疵)': 『농상집요(農桑輯要)』와 『농상집요』를 근거로 교정을 한 학

판별하여 길흉을 알 수 있었기 때문에 후인들이 그 이름에 가탁하여 이 점서를 썼다고 전한다.

131 '오목오곡(五木五穀)': 앞의 문장에서 "살구나무에 열매가 많이 달리고 또 벌레가 생기지 않는다면 이듬해 가을에 곡식의 수확은 반드시 좋다."라고 한 것은 이른바 '오목(五木)'이 '오과(五果)'와 상응함을 의미한다. 스셩한의 금석본에 따르면, 오과와 오곡이 상응하는 종류는 책 속에서 구분되어, 오과에는 복숭아, 자두, 매실, 살구, 대추, 밤, 배를 포함하며, 오곡에는 기장, 조, 밀보리, 콩, 벼, 찰기장, 삼[麻] 등이 있다. '화(禾)'는 고대에서는 대개 조[粟]를 가리킨다고 한다.

132 '택기목성자(擇基木盛者)': 묘치위 교석본에 의하면, 이것은 『잡음양서(雜陰陽書)』와 더불어 이해해야 한다. 이 책의 "조[禾]는 대추나무[棗], 사시나무[楊]와 더불어 상생(相生)한다."(아래의 「조의 파종[種穀]」) 등의 구절은 바로 곡물과 대추나 사시나무의 생장이 상응하여, 지난해의 대추나 사시나무가 무성하게 자라면 금년에는 많은 곡식을 파종할 수 있음을 말한다. 오목(五木)은 각종의 과일나무이다. 『사광점술』과 『잡음양서』와 같은 책은 대개 한대 이전의 책이라고 할 수 없다고 한다.

진본과 원창점서촌사총간각본(袁昶漸西村舍叢刊刻本; 이하 점서본으로 약칭)에서는 모두 '자(呰)'라고 한다. 본 문장에는 '자(呰)'가 적합하나, '자(疵)'자 또한 그렇게 해석할 수 있어 바꾸지 않았다.

12 '부비(浮秕)': 명초본에서는 '심비(深粃)'라고 기재되어 있는데, 금택초본과 비책휘함(秘冊彙函) 계통의 판본에 의거하여 바로잡았다.

13 '훤(貆)': 금택초본에서는 '훤(貆)'으로 쓰고 있는데, 명초본에서는 북송 흠종(欽宗)의 이름인 '환(桓)'을 피해서 '맥(貊)'으로 잘못 쓰고 있지만 스성한은 이를 따랐다. 현재는 모두 '환(貛)' 혹은 '환(獾)'으로 쓰고 있으며 고대에는 별도로 '단(貒)'이라고 쓰고 있다.

14 '매음지(埋陰地)': 『태평어람』 권823에서는 '매음원하(埋陰垣下)'로 적고 있다.

15 "息最多者, 歲所宜也": 『태평어람』 권840에는 '식(息)'자가 없다. 또한 『제민요술』에는 '歲所宜也'라고 쓰여 있으나, 『태평어람』 권840에는 '多種之'라고 쓰고 있다. 권841에서 인용한 것 또한 '식(息)'자는 없으며 다음 문장에서는 '多者種焉'이라고 쓰고 있다.

16 『태평어람』 권837에서도 이 구절을 인용하여, "杏多實不蟲者, 來年秋善. 五穀之先, 欲知五穀, 但視五木, 擇其木盛者, 來年益種之."라고 적고 있다.

제3장

조의 파종 種穀第三

● 種穀第三: 稗附出. 稗爲粟類故. 피[稗]를 덧붙임. 피는 조류[粟類]의 식물이기 때문이다.[133]

곡물의 종류:[134] '곡(穀)'은 곧 '직(稷)'이다. (곡의 종자) '속(粟)'을 '곡'이라고도 칭한다.[135] 이것은 원래 모든 '곡류(穀類)'[오곡(五穀)]의 명칭을 포함하고 있어 오직 '속'만을 지칭

種穀. 穀, 稷也. 名粟, 穀者. 五穀之總名, 非止謂粟也.

133 피[稗]에 대한 주석은 권내편(卷內篇)의 제목 아래에 있는 것을 보충한 것이다. 책머리의 총목차에서는 항목의 성격상 뒷부분 피에 대한 설명은 생략했다. 각 편의 편명과 그에 부속하는 주는 대부분 권 머리의 전체 목차와 일치하지 않는다. 여기에 부속된 주는 권 머리의 총목 중에는 없다. 묘치위 교석본에 의하면, 금택초본, 황요포교송원본(黃蕘圃校宋原本; 이하 황교본으로 약칭), 명초본에서 모두 보충한 것이며, 장보영전록본(張步瀛轉錄本; 이하 장교본으로 약칭), 마직경호상각본(馬直卿湖湘刻本; 이하 호상본이라 약칭), 진체본은 단지 '패부(稗附)' 두 글자만 있다고 한다.

134 '종곡(種穀)': 스셩한의 금석본에 따르면, '종곡'을 금택초본, 명초본 및 명청시대의 각 본에는 큰 글자, 즉 본문으로 되어 있으며, 나머지 작은 글자의 내용으로 미루어 볼 때 '곡종(穀種)'으로 써야 한다고 하였다.

135 '직(稷)': 가사협은 분명히 '직(稷)'은 '속(粟)' 즉, '곡자(穀子)'를 가리킨다고 하였다. 당시 많은 대중이 널리 호칭하여 공인된 사회 통명이었다. 묘치위 교석본에 의하면, 두 글자의 발음이 동일했기 때문인지 당대(唐代)부터 '직'을 '제(穄)'라고 하기 시작했으며, 언젠가부터 '제'를 '직'으로 부르면서 이후에는 여러 사람이 그렇게 부르게 되어 '직'의 원래 의미가 '속'이었음이 잊혀졌다.

하지는 않는다. 그러나 오늘날[남북조 황하 유역]의 사람들은 이미 오로지 '직'을 곡(穀)으로 불러 (이후) 습관적으로[136] 그렇게 부르게 된 것이다.

然今人專以稷爲穀, 望俗名之耳.

『이아(爾雅)』「석초」편에 이르기를[137] "자(粢)는 직(稷)이다."라고 하며, 『설문(說文)』에는 "속(粟)은 좋은 곡식의 열매를 이른다."라고 한다.

爾雅曰, 粢, 稷也, 說文曰, 粟, 嘉穀實也.

곽의공(郭義恭)이 『광지(廣志)』[138]에서 이르기를 "줄기가 흰 적속(赤粟)이 있으며, 검은 가지의 작속(雀粟)이 있고,[139] 장공반(張公斑)·함황창(含黃倉)[140]이 있으며, 또 청직(青稷)이

郭義恭廣志曰, 有赤粟白莖, 有黑格雀粟, 有張公斑, 有含

---

136 '망(望)': 묘치위 교석본에 의하면, '망(望)'은 각 본에서 동일한데, 금택초본에서는 '고(故)'로 쓰고 있다. '망속(望俗)'은 '수속(隨俗)'과 같다. 『석명(釋名)』을 통해 살펴보면, 당시의 명칭으로 '곡(穀)'은 곧 '직(稷)'이며, 또한 조[粟]이다. 그러나 원래 '곡'의 품은 뜻은 오곡의 총칭이며, 단지 조[粟]만을 가리키지는 않는다. 현재 사람들이 이미 오직 '속'을 가리키고 있는데, 묘치위 또한 이를 따르고 있다.

137 『이아』「석초」편에는 '야(也)'자가 없다. 『제민요술』이 인용한 바에는 어떤 것은 있고 어떤 것은 없어 일치하지는 않지만 대부분은 있다. 가사협은 동시대보다 약간 뒤에 나온 안지추의 『안씨가훈(顏氏家訓)』「서증(書證)」편의 호칭에 근거하였다. 당시 경전은 대부분 '속학(俗學)'의 영향으로 인해 임의로 '야'자를 붙였는데 심지어 필요 없는 곳에 붙이기도 하였다. 묘치위는 『제민요술』에서 인용한 것도 이러한 정황이 적지 않다고 지적하였다.

138 『광지』: 『수서(隋書)』「경적지(經籍志)」에 곽의공이 찬술한 『광지』 두 편이 수록되어 있지만 책은 전해지지 않는다. 고적에서 인용한 대량의 내용으로 미루어, 이 책은 주로 각지의 물산을 기록한 책으로서 그중에는 동물, 식물, 광물을 포함하여 남북 각 지역이 모두 기술되어 있다. 곽의공의 생애는 자세하지 않으며 대개 진대(晉代) 사람이라고 전해진다.

139 '흑격작속(黑格雀粟)': '격(格)'은 해석하기 곤란하다. 묘치위는 일종의 검은 이삭에 가시가 달린 속의 품종이라고 보았다.

140 '함황창(含黃倉)': '창(倉)'은 비책휘함 계통의 판본에는 빠져 있다. 스성한은 '창(倉)'이 '창(蒼)'일 것으로 보고 '함황창'은 즉 황색을 띤 푸른색이라고 풀이하

있고 '백경'이라고 불리는 설백속(雪白粟)이 있다.

또한 백람하(白藍下), 죽두경청(竹頭莖青), 백체맥(白逮麥), 탁석정(擢石精), 노구번(盧狗蹯) 등의 명칭이 있다."라고 한다.

黃倉, 有青稷, 有雪白粟, 亦名白莖. 又有白藍下竹頭莖青, 白逮麥, 擢石精, 盧狗蹯之名種云.

곽박(郭璞)[141]이 『이아(爾雅)』에 주석하여 이르기를 "오늘날[진대(晉代)] 강동(江東)에서는 직(稷)을 자(粢)라고 칭한다."라고 한다. 손염(孫炎)[142]은 주에서 "직(稷)이 곧 속(粟)이다."라고 한다.[143]

郭璞注爾雅曰, 今江東呼稷爲粢. 孫炎曰, 稷, 粟也.

생각건대, 오늘날[후위(後魏)] 속(粟)의 이름은 대부분 사람의 성명으로 이름 지어졌으며 또한 그 형상이나 의미를 통해 명칭이 정해졌음을 알 수 있다. 잠시 기록하자면 다음과 같니.

按, 今世粟名, 多以人姓字爲名目, 亦有觀形立名, 亦有會義爲稱. 聊復載之云耳.

주곡(朱穀), 고거황(高居黃), 유저해(劉豬獬), 도민황(道愍黃), 괄곡황(聒穀黃), 작오황(雀懊黃), 속명황(續命黃), 백일

朱穀, 高居黃, 劉豬獬, 道愍黃, 聒穀黃, 雀

였다.

141 '곽박(郭璞: 276-324년)': 동진의 훈고학자로서 시부에 능하며, 또한 음양 복서의 술수에 능통했다. 대장군 왕돈(王敦)이 모반을 하여 곽박에게 점을 치게 하였는데, 곽박이 반드시 패할 것이라고 하여 왕돈에 의해 살해되었다. 저서로는 『이아주』, 『방언주』, 『산해경주』가 전해지고 있다.

142 '손염(孫炎)': 삼국 위나라 시대의 경학자로서 정현에게서 수학하였다. 일찍이 『이아』, 『모시』, 『예기』, 『춘추삼전』, 『국어』 등을 주석하였는데, 지금은 모두 전해지지 않는다.

143 곽박이 '직'은 '속(粟)'이라고 주석하고 있는 것은 본문과 다소 차이가 있다. '직(稷)'이 곧 '속(粟)'이라고 해석한 경우는 삼국시대 위나라 손염 외에도 『이아』를 가장 빨리 주석한 한나라 무제 때의 건위사인(犍爲舍人)이 있다.

량(百日糧)[144]이 있다.

그리고 기부황(起婦黃), 욕도량(辱稻糧), 노자황(奴子黃), 가지곡(䅉支穀), 초금황(焦金黃), 맥정장(麥爭場)이라고 하는 암이창(鵪履倉)[145]이 있는데, 이 14종은 빨리 성숙하고[146] 가뭄에 잘 견디며 병충해에 강하다. 이 중에서 괄곡황과 욕도량의 두 종류는 맛도 좋다.

금타거(今墮車), 하마간(下馬看), 백군양(百羣羊), 현사적미(懸蛇赤尾), 파호황(罷虎黃), 작민태(雀民泰),[147] 마예강(馬曳韁), 유저적(劉豬赤), 이욕황(李浴黃), 아마량(阿摩糧), 동해황(東海黃), 석라세(石騾歲), 청경청(青莖青), 흑호황(黑好黃), 맥남화(陌南禾),[148] 외제황(隈隄黃), 송기치(宋冀癡), 지장황(指張黃), 토각청(兎脚青), 혜일황(惠日黃), 사풍적(寫風赤), 일현황(一晛黃), 산차(山鹺),[149] 둔당황(頓櫳黃) 등 24

懊黃, 續命黃, 百日糧. 有起婦黃, 辱稻糧, 奴子黃, 䅉支穀, 焦金黃, 鵪履倉, 一名麥爭場, 此十四種, 早熟, 耐旱, 熟旱免蟲. 聒穀黃[17]辱稻糧二種, 味美.

今墮車, 下馬看, 百羣羊, 懸蛇赤尾, 罷虎黃, 雀民泰, 馬曳韁, 劉豬赤, 李浴黃, 阿摩糧, 東海黃, 石騾歲, 青莖青, 黑好黃, 陌南禾, 隈隄黃, 宋冀癡, 指張黃, 兎脚青, 惠日黃,

---

144 '백일량(百日糧)': 묘치위 교석본에 따르면 이 곡자(穀子)는 통상 생장기가 70-100일 정도로 가장 조숙한 품종이며, 생장기가 가장 짧은 것은 '맥쟁장(麥爭場)', '속명황(續命黃)' 등의 품종이 있다고 한다.

145 '암이창(鵪履蒼)': '암(鵪)'자는 곧 '암(鶴)'자이다. '암이(鵪履)'는 이삭의 특이한 형태로서 세 가락의 발톱의 형태를 가리킨다.

146 묘치위 교석본에서는 금택초본에 의거하여 '숙조(熟早)'를 쓰고 있다.

147 스성한의 금석본에서는 파호(罷虎)·황작(黃雀)·민태(民泰)로 끊어 읽고 있다.

148 '맥남화(陌南禾)': 명초본에는 '부남목(附南木)'이라고 하고 있으며, 호상본 등에는 '맥남목(陌南木)'이라고 잘못 적고 있다.

149 '산차(山鹺)': 앞뒤 두 개의 품종 끝에는 모두 '황'자가 있어서 종자의 색깔을 말해주고 있기 때문에, 이 종자 역시 분명 '황'자가 있었을 것으로 생각된다. 『제민요술』의 좁쌀의 품종 중에 '차(鹺)'자를 품종의 명칭으로 쓰고 있는 것으로는 '백차곡(白鹺穀)', '차절광(鹺折筐)'이 있다. 『설문해자』와 『곡례(曲禮)』의 주석에 의

좋은 종자 이삭에 모두 털이 있다. 이들은 바람에 강하고 참새나 조류의 피해가 없다.[150] 그중에서 일현황(一晛黃)은 방아찧기가 쉽다.

보주황(寶珠黃), 속득백(俗得白), 장린황(張鄰黃), 백차곡(白䆉穀), 구간황(鉤干黃), 장의백(張蟻白), 경호황(耿虎黃), 도노적(都奴赤), 가로황(茄蘆黃), 훈저적(薰豬赤), 위상황(魏爽黃), 백경청(白莖青), 죽근황(竹根黃), 조모량(調母粱), 뇌외황(磊碨黃), 유사백(劉沙白), 승연황(僧延黃), 적량곡(赤粱穀), 영홀황(靈忽黃), 달미청(獺尾青), 속덕황(續德黃),[151] 간용청(稈容青), 손연황(孫延黃),[152] 저시청(豬矢青), 연훈황(煙熏黃), 낙비청(樂婢青), 평수황(平壽黃), 녹궐백(鹿橛白), 차절광(䆉折筐), 황식신(黃穇䅌), 아거황(阿居黃), 적파량(赤巴粱), 녹제황(鹿蹄黃), 아구창(餓狗蒼),[153] 가연황(可憐黃), 미곡(米

寫風赤, 一晛黃, 山䆉, 頓䆉黃, 此二十四種, 穗皆有毛. 耐風, 免雀暴. 一晛黃一種, 易舂.

寶珠黃, 俗得白, 張鄰黃, 白䆉穀, 鉤干黃, 張蟻白, 耿虎黃, 都奴赤, 茄蘆黃, 薰豬赤, 魏爽黃, 白莖青, 竹根黃, 調母粱, 磊碨黃, 劉沙白, 僧延黃, 赤粱穀, 靈忽黃, 獺尾青, 續德黃, 稈容青, 孫延黃, 豬矢青, 煙熏黃, 樂婢青, 平壽黃, 鹿橛白, 䆉折筐,

---

하면, '차(䆉)'는 '대함(大鹹)'으로서 명칭의 뜻과는 무관하지만, 스성한은 '백차(白䆉)'가 있는 것은 '산차황'과 서로 대응하는 것이라고 지적하였다.

150 곡자(穀子)의 작은 이삭 아랫부분에 붙어 있는 긴 가시가 완충작용을 하여서, 바람이 불어 서로 부딪히더라도 이삭이 떨어지는 것을 막는 작용을 하고, 또한 참새나 조류가 쪼아 먹는 것도 방지한다.

151 '속득백(俗得白)'과 '속덕황(續德黃)': '속덕황(續德黃)'의 '덕(德)'자는 금택초본에 근거한 것이며, 명초본과 비책휘함 계통의 책에서는 모두 '득(得)'자로 되어 있다. 스성한의 금석본에 따르면, 이 두 품종의 이름은 같은 사람의 이름에서 나왔으며, 첫 번째 글자가 잘못 쓰인 듯하다고 한다.

152 '승연황(僧延黃)'과 '손연황(孫延黃)': 스성한은 이 두 가지가 동일한 명칭이며, 중복하여 쓰는 과정에서 한 글자를 잘못 쓴 것으로 보았다.

153 '아구창(餓狗蒼)': '창(蒼)'자는 '아구(餓狗)'의 다음에 이어져 있지만 큰 뜻은 없으며, 스성한의 금석본에서는 '창(倉)'자를 쓰고 있으나 '창(蒼)'이 맞는 것으로

穀), 녹궐청(鹿橛青), 아라라(阿邏邏) 등 38종은 납세용의 곡물이다. 백차곡, 조모량의 두 종류는 맛이 좋고, 간용청, 아거황, 저시청 세 종류는 맛이 좋지 않으며, 황석삼, 낙비청 두 종류는 방아 찧기가 용이하다.

黃穞穇, 阿居黃, 赤巴粱, 鹿蹄黃, 餓狗蒼, 可憐黃, 米穀, 鹿橛青, 阿邏邏, 此三十八種中租大穀.[18] 白鹾穀調母粱二種, 味美, 稈容青, 阿居黃, 豬矢青三種, 味惡, 黃穞穇樂婢青二種, 易舂.

'호곡(胡穀)'이라고 하는 죽엽청(竹葉青)과 석억축(石抑閦), 수흑곡(水黑穀), 홀니청(忽泥青), 충천봉(衝天棒), 치자청(雉子青), 치각곡(鴟脚穀),[154] 안두청(鴈頭青), 남퇴황(欖[155]堆黃), 청자규(青子規) 등의 10종이 있다.

이들은 성숙이 더디고 침수에도 잘 견디지만, 충해(蟲災)가 들면 전부 망치게 된다.

竹葉青, 石抑閦, 竹葉青, 一名胡穀, 水黑穀, 忽泥青, 衝天棒, 雉子青, 鴟脚穀, 鴈頭青, 欖堆黃, 青子規, 此十種. 晚熟, 耐水, 有蟲災則盡矣.

무릇 조[穀; 粟]에는 성숙이 빠른 것도 있고 늦은 것이 있으며, 줄기가 큰 것도 있고 작은 것도 있으며, 열매가 많이 수확되기도 하고 적게 수확되기도 하며, 줄기가 굵고 강한 것도 있으나 가늘고 연약한 것도 있다.[156] 좁쌀의 맛이 좋은 것

凡穀, 成熟有早晚, 苗稈有高下, 收實有多少, 質性有强弱. 米味有美惡, 粒實

보았다.

154 '치각곡(鴟脚穀)': '끝이 갈라진 형태[分叉形]'를 가진 특이한 이삭이다.

155 '남퇴황(欖堆黃)': 스성한의 금석본에서는 '남(欖)'자를 '남(攬)'으로 쓰고 있다.

156 '강약(强弱)': 본문의 주를 근거로 하면, '강약'은 줄기가 굵고 건장하거나 연약한

도 있고 그렇지 못한 것도 있으며, 도정한 쌀이 어떤 것은 깎여 소모되는 것이 많고, 어떤 것은 적게 소모된다.[157] 성숙이 빠른 것은 줄기가 작지만 수확량은 많으며, 성숙이 늦은 것은 줄기가 크지만 수확량은 적다. 그루가 단단한 것은 키가 작은데, 누런 조[黃穀]가 이러한 것이다. 그루가 약한 것은 키가 높이 자라는데, 푸른 조[青穀], 흰 조[白穀], 검은 조[黑穀]가 이런 것이다. 수확량이 적은 것은 맛은 좋지만 깎이는 소모량이 많고, 수확량이 많은 것은 맛은 좋지 않지만 깎이는 것이 적다.[158] (이 외에) 토양은 비옥한

有息耗. 早熟者苗短而收多, 晚熟者苗長而收少. 强苗者短, 黃穀之屬是也. 弱苗者長, 青白黑是也. 收少者美而耗, 收多者惡而息也. 地勢有良薄. 良田宜種晚, 薄田宜種早. 良

것을 가리키며, 알곡의 성질에 찰기가 있는지의 여부를 가리키지는 않는다.

157 '식모(息耗)': '식(息)'은 늘어나는 것이고 '모(耗)'는 줄어드는 것으로, 곡물을 가공하여 쌀을 만들 때의 비율을 가리킨다.

158 『제민요술』 시기의 주곡작물이었던 조는 품종이 이미 86개에 달하여, 품종의 자원이 풍부하고 재배면적이 넓어졌음을 반영하고 있다. 그들 품종에는 조숙종과 만숙종이 있으며, 줄기가 높거나 낮은 것도 있고, 줄기가 강하고 약한 것도 있으며, 가뭄과 홍수, 바람과 병충해 등에 저항력이 강하거나 강하지 않은 것들이 있어서, 상황이 매우 복잡하였다. 가사협은 세밀한 조사와 관찰을 통하여, 이들 종자에 대해서 비교분석을 함으로써 형태와 성질 간에 일정한 상관성이 존재한다고 결론지었다. 가사협의 결론에 대해 묘치위는 다음과 같이 정리하였다.
① 그루가 높고 낮은 것과 생산량과의 관계: 줄기가 낮은 것은 생산량이 높고, 줄기가 높은 것은 생산량이 낮다. ② 그루의 높낮이, 줄기의 강약 및 알곡의 색깔과의 관계: 그루가 낮은 것은 줄기가 아주 튼튼하고, 넘어지지 않게 버티는 힘도 강하며, 알곡은 황색이다. 그루가 높은 것은 비교적 연약하고, 알곡의 색깔은 청색·백색·흑색이다. 86개의 품종 중에 조숙한 것이 14종이고, '황'이라는 이름을 가진 것이 8종이며, 만숙종의 10종 중에서는 '청', '흑'의 이름을 가지고 있는 것이 6종에 달한다. 그 외에는 성숙기가 분명하지 않은 62개의 품종 중에 대부분 '황', '적'의 이름을 가지고 있다. ③ 그루가 높고 낮은 것과 성숙기의 관계: 그루가 낮은 것은 성숙이 빠르고, 그루가 높은 것은 성숙이 늦다. ④ 그루가 높고 낮은

것도 있고 척박한 것도 있다. 좋은 밭은 늦게 파종해야 하며, 척박한 밭에는 일찍 파종해야 한다. 땅이[159] 비옥하면 파종을 늦게 할 뿐만 아니라, 일찍 파종해도 해될 것이 없다. 땅이 척박하면 빨리 파종해야 하며, 늦게 파종하면 반드시 열매가 잘 맺히지 않는다. 산지와 저습지는 (지형 조건이 다르므로) 곡물을 달리 파종하는 것이 좋다. 산지에는 모종이 강한 작물을 파종해야 바람과 서리와 (같은 심한 기후 변화의 피해를) 벗어날 수 있으며, 지세가 낮고 물이 많은 땅에는 비교적 모종이 약한 작물을 파종하여도 높은 수확을 기대할 수 있다. 농시[天時]에 따르고 땅의 이로움을 살피면 적은 노력으로도 많은 수확을 올릴 수 있다. 만약 주관에 의거하여 자연의 법칙을 위반[160]하게 되

田非獨宜晚，早亦無害．薄地宜早，晚必不成實也．山澤有異宜．山田種強苗，以避風霜，澤田種弱苗，以求華實也．順天時，量地利，則用力少而成功多．任情返道，勞而無獲．入泉伐木，登山求魚，手必虛，迎風散水，逆坂

것과 땅의 적합성의 관계: ②와 ③의 원인에 의해서, 그루가 낮은 것은 산전(山田)에 파종하는 것이 적합하며, 바람과 서리에 강하다. 그루가 높은 것은 저지대에 파종해야 적합하며, 비교적 물기에 강한 성질을 가지고 있어, 수확량이 비교적 좋다. ⑤ 그루가 높고 낮은 것과 재배상황: ①과 ③의 관계에 의해서 황색의 조는 줄기가 낮고, 일찍 익으며, 생산량이 높고, 가뭄과 바람에 잘 견딘다. 86개의 품종 중 대부분은 황색의 조인데 재배면적 역시 생산량이 비교적 높은 조중숙(早中熟)이며, 그루가 낮은 황색 조가 우세를 점하였다. 이 같은 품종 중에 대부분은 가지 하나에 이삭이 큰 것을 의미한다. ⑥ 알곡의 찰기와 생산량 및 맛의 관계: 찰기가 있는 것은 생산량이 낮고, 맛은 좋지만, 밥의 양은 적다. 찰기가 없는 것은 생산량이 높고, 맛은 떨어지나, 밥의 양이 많다. 조뿐만 아니라, 기장과 검은 메기장도 이와 같다. 이것은 400년간 존재해 온 전분의 화학적 구성과 생산량 간의 모순으로, 이미 가사협이 인식을 하였는데, 현대 과학도 여전히 이를 밝히기 어렵다.

159 '양전(良田)': 스셩한의 금석본에는 양지(良地)로 되어 있다.

160 '반(返)': '반(返)'자는 뒤집는다는 의미이므로, 스셩한은 '반(反)'자로 쓰는 것이

면 노력을 해도 얻는 것이 없다. 물속에 들어가 나무를 베고 산에 올라 물고기를 잡으려고 한다면 빈손으로 돌아올 것이며, 바람을 향해 물을 뿌리고 비탈을 거슬러 위로 향해 구른다면[161] 형세는 반드시 곤란해진다.

走丸, 其勢難.

무릇 조[穀]를 심는 밭은 전 작물로 녹두나 소두小豆를 심었던 땅[162]이 가장 좋으며 삼·찰기장·깨가 다음이고,[163] 순무[蕪菁]와 콩을 심었던 땅이 가장 좋지 않다. 일찍이 외[瓜]를 파종한 적이 있는 땅은 녹두를 파종했던 땅 못지않게 좋다. 본서에서는 원래 구체적인 언급이 없어서 잠시 여기에 부기해 둔다.

凡穀田, 綠豆小豆底爲上, 麻黍胡麻次之, 蕪菁大豆爲下. 常見瓜底, 不減綠豆. 本既不論, 聊復記之.

기름진 땅은 1무에 5되[升]를 파종하며, 척박한 땅에는 3되를 파종한다. 이것은 올조[164]를 말하는 것이며, 만전(晚田)에 파종한다면 종사의 분량은 약간 많게 해야 한다.

良地一畝, 用子五升, 薄地三升 此爲稙[19]穀, 晚田加種也.

더욱 적합하다고 보고 있다.

161 '환(丸)': 명초본과 군서교보가 근거한 남송본은 모두 송나라 흠종의 이름을 피휘하여 '환(圜)'이라고 하였으나 금택초본과 비책휘함 계통의 각본은 맞게 표기하였다.

162 "綠豆小豆底爲上": 여기서의 '저(底)'는 전 작물을 수확한 이후의 땅이다. 스셩한의 금석본에 따르면, 콩과식물은 뿌리혹박테리아가 공생하여 토양 중의 질소 화합물의 함유량을 증가시켜 뒤에 심는 작물(특별히 곡물)의 생장을 유리하게 한다. 중국은 이전부터 윤작제도 속에 화곡류(禾穀類)와 더불어 사이짓기[間作]하였다.

163 '마(麻)'는 '삼[大麻]'을 가리키며, '호마(胡麻)'는 '깨[芝麻]'이다.

164 '직(稙)': 빨리 파종하거나 빨리 익는 것의 통칭이다. 『마수농언(馬首農言)』「농언(農諺)」에서 청대 왕균(王筠)의 주석에 의하면 "임치 사람들은 올맥을 '직맥(稙麥)'이라고 부른다."라고 한다.

조를 심는 밭[穀田]은 반드시 해마다 밭을 바꾸어야[歲易][165] 한다. (전년에 떨어진 종자가) 발아하면서[166] 강아지풀이 많아져 수확이 줄어든다.

2월과 3월에 파종하는 것은 올조[稙禾][167]라 하고, 4월과 5월에 파종하는 것은 늦조[穉禾][168]라 한다. 2월 상순에 (수삼[麻]의 삼씨가 발아하고 꽃가루가 흩날리고)[169] 사시나무[楊]의 싹이 나올 때[170]

穀田必須歲易. 颺子則莠多而收薄矣.

二月三月種者爲稙禾, 四月五月種者爲穉禾. 二月上旬及麻菩楊生

---

165 '세역(歲易)': 조[穀]는 연작하는 것이 좋지 않은데, 농언에 의하면 "조[穀]를 심은 후에 또 조를 심으면 앉아서 운다."라고 한다. 묘치위 교석본에 의하면, 조는 비료를 많이 흡수하며, 아울러 병충해를 제거하고 잡초를 없애기 위하여 윤작할 필요가 있다. 산서성 수양(壽陽) 지역의 『마수농언(馬首農言)』「종식(種植)」편에는 "조를 거듭 파종함을 두려워하는 것이 아니라, 다만 조를 바로 연이어 파종하는 것이 두렵다."라고 하였다. 왕균은 주석하기를 그의 고향 산동성 안구(安丘)의 농언에 의하면, "거듭 이어 심는 것을 두려워하지 않고, 다만 거듭 싹이 나는 것을 두려워한다."라고 한다. 같은 장소에 거듭 심는다는 것[重茬]은 파종을 보충[補種]하는 것을 가리키며, 마찬가지로 연작은 적합하지 않다.

166 '연자(颺子)'는 종자가 떨어져서 발아함을 가리킨다. 이는 종자를 파종하였는데 앞서 떨어진 종자가 같은 땅에서 거듭 발아하는 것으로, 중치(重茬)라고도 한다. 종자가 떨어져서 거듭 싹이 나면 강아지풀이 되는데 강아지풀이 많아지면 수확량이 떨어지며, 여러 종류의 병충해를 옮기기 때문에 피해가 극심해진다.

167 '직화(稙禾)': 이는 곧 '올조[早禾]'로서, '직(稙)'과 '치(穉)'는 서로 상대적이다.

168 '치(穉)': '치(稚)'와 같으며, 원래는 '어리다'는 의미이다. 묘치위에 의하면, 점차 '만종(晩種)', '만숙(晩熟)'의 의미로 파생되어, '치화(穉禾)'는 곧 늦조를 뜻한다고 한다.

169 '보(菩)': 삼에 꽃이 피는 것을 '마발(麻勃)'이라고 한다. '발(勃)'은 가볍고 날아서 흩어지기 쉬운 분말이다. 삼은 풍매화(風媒花)로서 한낮에 기온이 높을 때 꽃가루가 무리지어 흩어지는 모습이 사람들의 주의를 끌기 때문에 '마발(麻勃)'이라고 한다. 본서의 권2「삼 재배[種麻]」,「암삼 재배[種麻子]」중에는 '마발(麻勃)'이라는 명칭을 사용하고 있다. 여기서 '보(菩)'자를 사용하는 것은 음을 가차한 것

를 틈타 파종하는 것이 가장 좋은 시기이다. 3월 상순에 청명절淸明節이 되어 복숭아[桃] 꽃이 막 피려 할 때가 그다음 좋은 시령이며, 4월 상순에 대추나무[棗] 잎이 나오고 뽕나무[桑] 꽃이 떨어질 때가 가장 늦은 시기이다. 그해의 운행[歲道]이 늦어지면 5월, 심지어 6월 초순까지도 파종할 수 있다.

種者爲上時. 三月上旬及淸明節桃始花爲中時, 四月上旬及棗葉生桑花落爲下時. 歲道宜晩者, 五月六月初亦得.

무릇 봄에는 약간 깊게 파종하고, 무거운 끄으레[撻][171]를 사용하여 끌어서 다져 준다. 여름에는 약간 얕게 파종하여, (단지 흙만 덮고 끄으레질을 하지 않고) 그냥 두어도 저절로 싹이 나온다.[172] 봄에는 날씨가 차서 싹이 더디게 나오는데, 만약 끄으레를 이용하여 다져 주지 않으면 뿌리가 들뜨고, 비록 싹이 나

凡春種欲深, 宜曳重撻. 夏種欲淺, 直置自生. 春氣冷, 生遲, 不曳撻則根虛, 雖生輒死. 夏氣熱而生速, 曳撻

이다.

170 '양생(楊生)': 사시나무[楊]의 부드러운 잎과 여린 싹이 자란다는 의미이다.

171 '의예중달(宜曳重撻)': '끄으레[撻]'는 『왕정농서(王禎農書)』 「농기도보집지이(農器圖譜集之二)」에서 보는 바와 같이 한 묶음의 나뭇가지를 묶고 그 위에 진흙이나 돌덩이로 눌러서 들뜬 흙을 누르거나 흙을 덮는 데 사용하는 농기구이다. 대개는 가축을 사용해서 끌지만 간혹 사람이 끌기도 하며 끌개 위에 누르는 물건은 가벼울 수도 있고, 무거울 수도 있다고 한다. 류제[劉潔], 『제민요술사휘연구(齊民要術詞彙硏究)』, 北京大學中文系博士論文, 2004, 12쪽, 92쪽(류제의 논문으로 약칭)에서는 '달(撻)'은 평토(平土)와 쇄토(碎土)의 농기구로서 『제민요술』 중에서는 동사로 사용되고 있다고 한다.

172 '직치자생(直置自生)'은 놓아두어도 자연스럽게 싹이 나오는데 다만 흙을 덮을 뿐이며 끄으레[撻]를 끌어서 진압할 필요가 없다는 의미이다. 왜냐하면, 점성의 토양은 진압하여 비를 맞게 되면 토양이 판결 구조를 가지게 되어 단단해지기 때문이다.

더라도 번번이 죽는다. 여름철은 기온이 높아서 작물이 빨리 자라나므로, 끄으레를 끈 뒤에 비가 내리면 반드시 흙덩이가 굳고 딱딱해진다. 그러나 봄이 되어 비[173]가 많이 내리는 곳에는 끄으레를 끌 필요가 없다. 반드시 끌어야 한다면 지면이 하얗게 마르기를 기다려야 한다. 물기가 많은 땅에 끄으레를 끌면 땅이 굳고 딱딱해지기 때문이다.

遇雨必堅垎. 其春澤多者, 或亦不須撻. 必欲撻者, 宜須待白背. 濕撻令地堅硬故也.

무릇 조[穀]를 파종할 때는 비가 내린 후에 파종하는 것이 좋다. 가랑비가 내리면 습기가 있을 때 파종을 하며, 큰 비가 내리면 잡초[174]가 나기를 기다린 후에 다시 파종한다. 비가 적게 내려 (종자가) 습기에 닿지 않으면, 파종하더라도 조의 모종이 발아하지 못한다. 큰비가 내렸는데도 겉흙이 하얗게 변할 때까지 기다리지 않고 습기가 있는데 궁글대를 이용해서 다지면 싹이 연약해진다.[175] 만일 잡초가 많다면 먼저 한 번 김매기한 후에 파종하는 것이 적합하다. 봄에 가뭄이 들면, 지난해 가을에 간 땅에 이랑[176]을 만들고 비가 오기를 기다린다.

凡種穀, 雨後爲佳. 遇小雨, 宜接濕種, 遇大雨, 待薉生. 小雨不接濕, 無以生禾苗. 大雨不待白背, 濕輾則令苗瘦. 薉若盛者, 先鋤一遍, 然後納種乃佳也. 20 春若遇旱, 秋耕之地, 得仰

173 '택(澤)': 여기서는 빗물을 가리킨다.

174 '예(薉)': 이는 잡초이며, 간혹 '예(穢)'로 쓰기도 한다.

175 '전(輾)': '연(碾)'과 동일하다. 일종의 돌이나 쇠로 만든 궁글대를 이용해서 토양을 다지는 농구로서 파종 후에 흙을 덮고 다지는 데 사용되며, 종자가 토양과 밀접하게 결합하여 싹이 자라기 쉽게 하고, 뿌리가 떠서 죽거나 말라죽는 폐단을 없게 한다. 『왕정농서』에는 돈거도(砘車圖)가 있는데 참고할 만하다. 묘치위에 의하면, 습기가 있을 때 연을 사용하게 되면 토지가 단단해져 모종의 뿌리가 뻗기 곤란해지고, 영양분도 부족해져서 그루가 메마르게 된다고 한다.

176 '앙롱(仰壟)': 스셩한은 "밭에 이랑을 개설하여 드러나게 한다."라는 의미로 보았다. 그런데 묘치위 교석본에 의하면, 『제민요술』의 농(壟)은 대개 낮은 이랑, 곧

봄에 간 땅은 이와 같이 할 필요가 없다. 여름에 만약 이랑을 만든다면 (빗물에) 종자가 씻겨 내려갈 뿐 아니라[177] 싹이 나오지 못하며, 또한 (발아를 하더라도 농작물과) 잡초가 함께 자란다.

무릇 밭은 조전[早]과 만전[晩][178]을 서로 배합하여 (파종해야) 한다. 그해의 운행이 이르거나 늦어지는 것을 대비하기에 적합하다. 윤달이 있는 해에는 절기가 약간 밀리므로,[179] 마땅히 늦게 파종하는 것이 합당하다. 그러나 일반적으로는 일찍 파종해야 하는데, 조전은 만전보다 수확이 배로 많기 때문이다. 조전은 깨끗하여 관리하기가 쉬우나, 만전은 잡초가 많아

壟待雨. 春耕者, 不中也. 夏若仰壟, 非直盪汰不生, 兼與草薉俱出.

凡田欲早晚相雜. 防歲道有所宜. 有閏之歲, 節氣近後, 宜晚田. 然大率欲早, 早田倍多於晚. 早田淨而易治, 晚者蕪薉難

파종구를 가리킨다고 한다. 가을에 간 땅은 겨울과 봄에 얼었다 녹았다를 반복하면서 토양이 풍화되어 좋은 구조를 띠게 되며, 비와 눈으로 풍족할 정도로 바닥에 물기가 쌓여, 이랑을 만들어서 비를 기다릴 필요가 없다. 봄에 간 땅은 이러한 조건이 없고, 아울러 새로 갈아엎은 토지는 더욱 습기를 보전할 필요성이 있어서 그렇게 할 수 없다고 한다.

177 '비직탕태(非直盪汰)': '비직(非直)'은 곧 '~뿐 아니라'의 의미이다. 비가 온 후에 종자가 발아할 때 잡초도 동시에 싹이 트는데, 모종과 잡초가 뒤섞여 수습할 수 없게 된다. '탕(盪)'은 '흔들다' 또는 '흔들어 씻다'라는 의미이며, '태(汰)'는 '씻다', '씻어 낸다'라는 의미이다. 스셩한은 합쳐진 두 글자를 "빗물에 의해서 씻겨 내려간다."라고 해석하였다.

178 '조만(早晚)': 조전(早田)과 만전(晚田)으로서, 조전(早田)은 빨리 파종하는 밭을 가리키며, '만전(晚田)'은 늦게 파종하는 밭을 일컫는다.

179 '절기근후(節氣近後)': 중국의 옛날 역법에는 윤년에 13달이 있다. 스셩한의 금석본에 의하면, 윤달 전의 각 절기는 날짜상 평년보다 빠르며, 윤달 이전 특별히 초봄(정월은 윤달을 둘 수 없으며, 가장 빠른 것이 윤2월이다.) 날짜는 비록 도달했지만, 절기는 도리어 아직 이르지 않아 이 시간 동안의 절기는 날짜보다 늦다고 한다.

서 관리하기 번거롭다.[180] 수확이 많고 적음은 그해의 사정에 따라 따르지,[181] 조종이나 만종과는 관계가 없다. 그러나 올조[早穀]는 껍질이 얇으며 쌀알이 충실하고 생산량도 많지만, 늦조[晩穀]는 껍질도 두껍고, 알갱이도 작으며 부실하다.

治. 其收任多少, 從歲所宜, 非關早晚. 然早穀皮薄, 米實而多, 晩穀皮厚, 米少而虛也.

곡물의 모종이 마치 말의 귀[182]와 같은 모양으로 자랐을 때, 끝이 뾰족한 호미[鏃鋤; 小鋤]로 김을 맨다. 농언에 이르기를 "곡식을 얻으려고 한다면, 모종이 말의 귀와 같을 때 뾰족한 호미로 김맨다."라고 한다. 모종이 듬성듬성 비어 있는[183] 곳은 호미로 흙을 일구고 모종을 옮겨 보충한다. 비록 수고는 말할 필요도 없지만, 항상[184] 백 배의 이익을 거둘 수 있다. 무릇 오곡五穀은 항상 모종이 어릴 때 호미질하는[185] 것이 좋다. 모종이 어릴 때 호미질하면 노력을 줄일 수 있을 뿐 아니라, 수확

苗生如馬耳則鏃[21]鋤. 諺曰, 欲得穀, 馬耳鏃. 稀豁之處, 鋤而補之. 用功蓋不足言, 利益動能百倍. 凡五穀, 唯小鋤爲良. 小鋤者, 非直省功, 穀亦倍[22]勝. 大鋤者,

---

180 금택초본과 호상본(湖湘本)에는 '예(薉)'자로 쓰고 있으며, 명초본에는 '예(穢)'자로 쓰고 있는데 글자는 동일하다. '치(治)'자는 명초본과 청각본은 글자는 같으며 잡초가 많아서 관리하기가 쉽지 않음을 가리키며, 금택초본과 호상본에서는 '출(出)'자를 쓰고 있으나 잘못된 것이다.

181 '임(任)': '감(堪)'으로서, '할 수 있다', '감당하다'의 의미이다.

182 '마이(馬耳)': 조의 모종이 처음 나올 때 말 귀와 같은 형상을 형용한 것이다.

183 '활(豁)': 비어서 물건이 없는 상태, 즉 모종이 없는 것을 가리키며, 역대 농서에서는 모두 모종을 보충하는 것을 중시했다.

184 '동(動)': 종종 '항상'을 뜻한다.

185 '소서(小鋤)': 여기서 '소(小)'는 모종의 크고 작음을 말하며, '서(鋤)'는 모종의 간격을 지을 때 호미질하여 나머지 그루를 없애는 조작을 가리키는데, 즉 "모종이 어렸을 때 곧 호미질한다."라고 해석된다. 조의 모종이 어릴 때에는 생장이 늦어 잡초에 의해서 덮이기 쉬운 특징이 있기 때문에, 어릴 때 호미질하는 것이 중요하다.

하는 곡식 또한 배가 된다. 모종이 컸을 때 비로소 호미질하면 잡초의 뿌리가 무성해져, 수고는 많이 들지만 수확은 도리어 크지 않다. **좋은 밭은 한 자[尺] 거리에 한 포기[186]를 남긴다.** [『한서』 「주허후전(朱虛侯傳)」에 수록된] 유장(劉章)의 「경전가(耕田歌)」[187]에 이르기를 "깊이 갈고 촘촘하게 파종하더라도 싹이 나오면 듬성듬성해야 하니, 같은 무리에 속하지 않는 것은 호미질하여 솎아 내세."라고 한다. 농언에 이르길 "(포기 사이가 듬성듬성하여) 마차의 말이 회전을 할 수 있고, 또 (너무 조밀하여) 옷을 던져 땅에 떨어지지 않을 정도라도 (1무에) 모두 10섬을 수확할 수 있다."[188]라고 한다. 이것은 너무 듬성듬성하거나 너무 조밀하더라도 수확은 매한가지임을 말하는 것이다.

草根繁茂, 用功多而收益少. **良田率一尺留一科.** 劉章耕田歌曰, 深耕穊種, 立苗欲疏, 非其類者, 鋤而去之. 諺云, 迴車倒馬, 擲衣不下, 皆十石而收. 言大稀大概之收, 皆均平也.

척박한 땅은 한 이랑 한 이랑마다 모두 발뒤꿈치로 밟는다.[189] 왜냐하면 아직 갈아엎지 않았기 때문이다.

薄地尋壠躡之. 不耕故.

186 '과(科)': 이는 '과(棵)', '과(窠)'와도 통하는데, 여기서는 '과(窠)'를 가리킨다.

187 「경전가(耕田歌)」는 『사기』 권52 「제도혜왕세가(齊悼惠王世家)」에도 보이며, 여기에는 '유(類)'를 '종(種)'으로 기록하고 있다. 『한서』 권38 「고오왕전(高五王傳)」에도 그 사실을 기록하고 있다. 유장(劉章)은 유방(劉邦)의 손자로서, 여후(呂后)가 정치를 할 당시에 여씨 일가가 권력을 농단하였는데, 유장은 여씨를 제거하고자 한 번 연회석상에서 기회를 틈타 이 농가를 불렀다.

188 '회차도마(迴車倒馬)': 농작물의 그루 사이에 남겨진 빈 공간으로서, 말이 끄는 마차가 회전할 정도의 공간 즉, 매우 듬성듬성하게 파종한 것이다. '척의불하(擲衣不下)'는 농작물이 조밀하여 던진 옷이 걸려 있는 상태이다. "드물게 파종하고, 극히 조밀하게 심더라도 총생산량은 모두 무당 10섬이다."라는 것이 당시의 일반적인 생각이다. 그러나 묘치위는 이것은 만약 무당 생산량을 가리킨다면 높은 생산량이지만, 극히 듬성듬성하거나 극히 조밀하게 파종하면 무당 10섬을 수확할 수 없기 때문에 '십석(十石)'을 잘못된 글자로 추측하였다.

싹이 이랑 위로 나오면 깊게 김을 맨다. 김매는[190] 횟수는 많아도 관계없다. 한 번 두루 호미질한 후 반복하여 다시 호미질하는데, 잡초가 없다고 하여서 멈출 수 없기 때문이다.[191] 김매기하는 것은 단순히 잡초를 제거하기 위함만이 아니다. 김맨 후에 땅을 부드럽고 고르게 하여서 결실이 많아지고, 곡물의 껍질이 얇아져 쌀이 나오는 비율이 높아진다. 10번 김매기를 하면 (방아를 찧을 때) 8할[192]의 쌀[좁쌀]을 얻을 수 있다.

苗出壟則深鋤. 鋤不厭[23]數. 周而復始, 勿以無草而暫停. 鋤者非止除草. 乃地熟而實多, 糠薄米息. 鋤得十遍, 便得八米也.

---

189 '심농(尋壟)': 묘치위 교석본에 의하면, 이랑을 따라서 한 이랑 한 이랑 밟는 것이다. 이것은 중경(中耕)을 하면서 행하는 조치로서, 파종 후에 밟아 흙을 덮고 누르는 것은 아니다. 곡물의 모종의 잎이 서너 개 났을 때 발로 밟아서 지상부의 생장을 억제하고, 뿌리가 내리는 것을 촉진하여 모를 건장하게 한다. 이 땅을 아직 갈아엎지 않은 상태에서 이런 방법으로 뿌리를 내려 모를 건장하게 한다. 갈지 않는 이유로는 바로 추수한 이후에 소의 힘을 안배하지 않으면 가을갈이를 할 수 없기에 9, 10월에 파종할 땅을 한 차례 끌개질하고, 이듬해 봄에 본권 「밭갈이[耕田]」 편의 앞에 보이는 것과 같이 '갈지 않고 파종하는[稿種]' 것이라고 한다.

190 '서(鋤)': 이 문장 아래에서 말하는 '서'는 '땅을 김매다'라는 의미이며, 이 앞부분의 '서(鋤)'는 모종 사이에 호미질하는 것을 말하여 뜻이 다르다.

191 여러 차례 중경하는 것은 제초를 하기 위함일 뿐 아니라, 아울러 항상 토양을 부풀려 부드럽게 하여 공기가 잘 통하게 하고 흙을 분해시키고 습기를 보존하는 등의 좋은 효과를 가지고 있어 식물의 생장에 매우 유리하며, 생산성 향상에도 매우 중요하다.

192 '팔미(八米)': 쌀의 도정율이 8할임을 뜻한다. 『마수농언(馬首農言)』 「종식(種植)」 편에는 산서 지역 수양(壽陽)의 농언에 대해서 기록하고 있는데, "3번 갈고 4번 써레질하고 5번 김매면, 항상 껍질이 2할이고 쌀이 8할인 것이 변함없다."라고 한다. 왕균(王筠)은 이 책에서 조에 호미질하는 것에 대해 주석하여 말하기를, "호미질은 제초할 뿐만 아니라, 열매를 견실하고 좋게 한다. 지금의 산동성 안구현(安丘縣: 王筠의 고향)에는 조를 5-6차례 김매기하는 것은 일상으로서, 한 말의 조에서 6되 5홉[六升五合]의 좁쌀을 얻을 수 있다. 아홉 번 김매기하면, 좁쌀 9

봄에 하는 김매기는 땅을 부풀려[193] 부드럽게 하고, 여름에는 제초하기 위해 김을 맨다.[194] 따라서 봄에는 축축할 때 김매기를 해서는 안 된다. 6월 이후에는 비록 땅이 축축할지라도 김매기하는 것이 무방하다. 봄철에는 조의 싹이 크게 자라지 않아서 그 그늘이 지면을 덮지 않아서, 축축할 때 김매기를 하면 토양이 마르고 굳어지게 된다.[195] 여름철에 싹이 그늘이 짙게 드리워지면 지면이 햇빛을 보지 못하기 때문에, 비록 축축할 때 김매기하더라도 해가 되지 않는다. 『관자(管子)』에 이르기를[196] "국가의 정사를 관장하는 자는 농민들에게 추울 때 밭을

春鋤起地, 夏爲除草. 故春鋤不用觸濕. 六月以後, 雖濕亦無嫌. 春苗既淺, 陰[24]未覆地, 濕鋤則地堅. 夏苗陰厚, 地不見日, 故雖濕亦無害矣. 管子曰, 爲國者, 使農寒耕而熱芸. 芸, 除

되를 얻는다고 하는데, 쭉정이가 없고, 또한 껍질이 얇아진다."라고 하였다.

193 '기(起)': 토양을 일으켜 부드럽게 한다는 뜻이다.

194 북방에서는 봄철이 되면 건조하고 바람이 많아서, 봄에 김매기를 통해 거듭 땅을 일으켜 부드럽게 하는데, 이 같은 조치는 발토하여 모세관을 통해서 물이 스며드는 것을 차단함으로써 가뭄을 막고 습기를 보존하기에 유리하다. 여름철에는 기온이 높고 비도 많이 와서 잡초가 빨리 자라고 이미 싹이 높이 자라 비료도 많이 필요로 하기 때문에, 여름에 김매기를 함으로써 잡초를 제거하고 모종의 성장을 돕는다. 이것은 북방 농업이 갖고 있는 관리상의 특징으로서 가사협의 분석이 매우 합리적이다.

195 묘치위 교석본을 보면, 점성 토양의 특성은 습기가 있을 때 김매기를 하여 흙을 일으키면 건조해진 후에는 단단한 흙덩이로 변하며, 말랐을 때 다시 빗물이 스며들면 또한 진흙덩이가 되는 것이다. 황토의 토질은 입자가 아주 곱고 세밀하여 분말에 가까운 토양인데 모래 성질의 토양을 제외하면 일반적으로 분말형의 점양토가 분말의 점토로 된다. 봄에 싹이 작고 지면이 드러나서 습기가 있을 때 김매기를 한 후에 온 종일 햇볕을 쬐면 땅이 굳은 덩어리로 변하지만 여름에 모종이 자라서 지면을 덮게 되면 그늘이 져서 태양을 볼 수 없게 되기 때문에, 축축할 때 김매기하더라도 방해받지 않는다. 이것은 바로 점성 황토의 특성을 반영하는 것이라고 한다.

갈고 더울 때에는 '운(芸)'을 하도록 한다."라고 한다. 이 '운(芸)'은 제초하는 것이다.

(조의) 싹이 자라 이미 이랑 위로 나오고 비가 한바탕 내리고 나서 지면의 흙이 하얗게 변할 때 재빨리 쇠발써레를 이용해서 종횡으로 써레질을 하고, 끌개[勞]로 평평하게 고른다. 써레질을 하는 법으로 사람이 써레 위에 타고 앉아 끊임없이 손으로 써레 이빨 사이에 끼인 풀을 제거한다. (만약 그렇지 않고) 풀이 써레 이빨을 막게 되면 (조의) 싹을 해치게 된다. 이와 같이 하여 땅이 부드럽고 연해지면 김매기가 쉽고 힘이 덜 든다. 봉(鋒)을 사용할 때는 써레질을 멈춘다.[197]

싹이 한 자[尺] 정도 자라게 되면 끝이 뾰족한 봉鋒[198]으로 흙을 일군다. 세 번 일구는 것이 가장 좋다.

草也.

苗既出壟, 每一經雨, 白背時, 輒以鐵齒鎉楱縱橫杷而勞之. 杷法, 令人坐上, 數以手斷去草. 草塞齒, 則傷苗. 如此, 令地熟軟, 易鋤省力. 中鋒止.

苗高一尺, 鋒之. 三遍者皆佳. 耩[25]

---

196 『관자(管子)』「신승마(臣乘馬)」.

197 '중봉지(中鋒止)': '중(中)'의 뜻은 할 수 있다는 의미이고, '봉(鋒)'은 '봉(鋒)'이라는 끝이 뾰족한 농구로서 땅을 일군다는 의미이며, '지(止)'는 정지한다는 의미이다. 묘치위 교석본에 의하면, 이는 모종이 이미 높게 자랐기 때문이라고 한다.

198 '봉(鋒)': 스셩한의 금석본에 의하면, '봉(鋒)'은 땅을 부드럽게 일구는 데 사용하는 농구로서 날 부분은 예리하고 뾰족한 철제가 부착되어 있다.(그래서 봉이라고 하였다.) 윗부분은 구부러진 나무로 고정하여 쟁기와 같은 손잡이를 설치하고 손잡이 윗부분에는 가로대를 설치하여서 손잡이로 삼는다. 일종의 작은 날이 달린 뇌사로서 후대에는 사용되지 않았다. 그런데 류제의 논문, 172쪽에 의하면, '봉'과 '강(耩)'은 토지를 갈이하는 쟁기를 가리킨다고 하며, 형태가 달라서 쟁기로 토지를 간 후의 작용 또한 다르다고 한다. 또한 그의 논문 65쪽에서 묘치위의 견해에 근거하여 '봉'은 예리한 보습은 있으나 쟁기의 볏이 없는 농구로서, 소를 이용해서 끌며 흙을 얕게 갈고 뒤집지는 않으며, 가볍게 힘을 주어 파기 때문에 습기를 보존하는 작용을 지닌다고 지적하였다. '강(耩)' 역시 보습은 있으나 쟁기의

갈이를 할 때는 실로 뿌리에 복토하지 않으면 안 되는데, 싹을 흙 속에 깊게 묻히게 하고 또 잡초를 죽이며 종자의 결실을 많아지게 할 수가 있기 때문이다. 그러나 갈이를 하면 토지가 굳고 단단해지며 토양의 물기가 날아가므로 이후에는 갈아엎기가 곤란해진다. 만약 5차례 이상 김매기를 하면 번거롭게 갈이를 할 필요가 없다. 반드시 밭갈이를 해야 할 때는 곡식을 수확한 이후에 즉시 봉(鋒)을 이용해서 곡물의 그루터기 아래를 찔러 토층을 일구어 주어야만 흙이 윤택하여 갈이하기에 용이하다.

者，非不壅本苗深，殺草26益實. 然令地堅硬，乏澤難耕. 鋤得五遍以上，不煩耩. 必欲耩者，刈穀之後，卽鋒茇下令突起，則潤澤易耕.

무릇 (소를 끌어) 파종할 때에는 소를 천천히 가게 하고 파종하는 사람은 잰걸음으로 이랑면[壟底]을 따라 걷는다.[199] 소가 느리게 가면 파종한 종자가 골고루 발아하고, 밟게 되면 종자와 토양이 밀착되어 싹이 무성해진다. 발로 밟은 흔적이 서로 이어져 번거롭게 끄으레[撻]로

凡種，欲牛遲緩行，種人令促步以足躡壟底. 牛遲則子勻，足躡則苗茂. 足跡相接者，

볏이 없다는 점에서 봉과 유사하나 봉의 보습은 끝이 예리하고 평평한 데 반해, 강은 중간에 높은 '고척(高脊)'이 있어서 고랑을 만들어 흙을 북돋으면서 습기가 달아나 땅이 굳어진다. '봉(鋒)·강(耩)'은 실제는 누거(耬車) 발의 보습으로서 형태와 기능은 다르며, 『제민요술』에서는 이들이 모두 동사로 사용된다고 한다. 이 견해는 위의 스셩한의 지적과 다르다는 점에서 주목되며, 『왕정농서』의 '강(耩)'의 의미에 근거하여 윗 사료를 해석하고 있다.

199 '促步以足躡壟底': 걸으면서 밀착하여 이랑면을 밟는 것이다. 묘치위 교석본에 따르면, 이것은 '끄으레[撻]', '궁글대[輾]' 이외에 흙을 덮고 누르는 제3의 방법으로서, 현재에도 사용된다. 그러나 발을 잰걸음으로 밟는 것은 시간이 소모가 많고 또한 온전하게 밟는다고 보증하기가 매우 어려워 다지는 농구보다 효율성이 높지 않다고 한다.

써 평탄작업을 할 필요가 없다.

곡식이 익으면 재빨리 수확한다. 말린 후에는 재빨리 쌓아 둔다. 너무 빨리 수확하면 (짚이 마르지 않아) 알곡이 차지 않고[鎌傷],[200] 너무 늦게 수확하면 이삭이 꺾여 바람이 불면 (알곡이 많이 떨어지므로) 수확량이 줄어들게 된다. 축축할 때 곡식을 쌓아 두면 짚[201]이 썩어 문드러지고, 너무 늦게 쌓아 두면 종자의 손실이 생기며, 연일 비를 맞게 되면 싹이 튼다.[202]

무릇 오곡五穀은 대개[203] (그달[月]의) 상순에

亦可不27煩撻也.

熟, 速刈. 乾, 速積. 刈早則鎌傷, 刈晩則穗折, 遇風則收減. 濕積則藁爛, 積晩則損耗, 連雨則生耳.

凡五穀, 大判

---

200 '겸상(鎌傷)': 이는 곧 '상겸(傷鎌)'으로, 이것은 알곡이 가득 차지 않는 것을 가리킨다. 묘치위 교석본을 보면, 오늘날 북방에서는 "고량이 상겸하면 먹기 좋은 쌀이 되고, 조가 상겸하면 한 줌의 쭉정이가 된다."라는 농언이 있는데, 고량은 일찍 수확하는 것이 적당하고, 조는 지나치게 일찍 수확하면 쭉정이가 많아짐을 뜻한다. 『마수농언(馬首農言)』「종식(種植)」편에서는 농언을 인용하고 있는데, "상겸은 원래 일찍 수확하는 것을 뜻한다. 따라서 일찍 수확하면 쭉정이가 많고 곡식이 비고 차지 않게 된다."라는 말로 대신하게 되었다고 한다.

201 '고(藁)'는 '화(禾)'의 짚을 가리킨다. 류제의 논문에 따르면, 『제민요술』에서 짚을 가리키는 명사에는 '고'외에 '간(稈)'과 '개(稭)'가 있다. '간(稈)'의 경우 『설문해자』「화부(禾部)」에서는 "화의 줄기이다.[禾莖也.]"라고 한다. '고(藁)'는 '고(槀)'와 같으며, '고(槀)'는 『설문해자』「화부」에서 '간(稈)'이라고 한다. '개(稭)'는 『설문해자』「화부」에서 "화고의 껍질을 벗기고 하늘에 제사 지낼 때 자리를 만들었다."라고 한다. '간'과 '고'는 이름은 다르지만 모두 잎이 달린 화간(禾稈)을 가리키며, '개(稭)'는 이미 잎이 떨어져 나간 깨끗한 화간을 가리킨다고 한다.

202 '생이(生耳)': 현존하는 각본에는 모두 '생이(生耳)'라고 하는데 '생아(生牙)'의 의미이다. 본 책의 '아(芽)'자를 다른 각본에서는 대부분 '아(牙)'로 쓰고 있는데 '아(牙)'자와 '이(耳)'자의 행서는 형상이 유사하여 착오가 생긴 것이다. '생이(生耳)'는 뜻이 없으며, 습기를 머금은 종자는 저장 중에 쉽게 싹이 틀 수 있다.

203 '판(判)': 이는 '반(半)'이고, '대판(大判)'은 대부분, 즉, '대개'의 의미이다.

파종하면 온전하게 수확하고, 중순에 파종하면 중간 정도의 수확을, 그리고 하순에 파종한 것은 하등下等의 수확을 올리게 된다.

上旬種者全收, 中旬中收, 下旬下收.

『잡음양서雜陰陽書』에 이르기를 "조[禾]는 대추나무[棗], 사시나무[楊]와 더불어 상생相生한다. 90일 후에는 이삭이 패고, 이삭 팬 후 60일이 지나면 익는다. 조는 인寅일에 싹이 트며 정丁일과 오午일에는 튼실해지고[壯] 병丙일에 자라게 되며[長], 무戊일에는 노쇠하게 되고[老], 신申일에는 죽는다[死]. 임壬일과 계癸일은 싫어하고 을乙일과 축丑일을 기피한다[忌]."라고 하였다.

雜陰陽書曰, 禾生於棗或楊. 九十日秀, 秀後六十日成. 禾生於寅, 壯於丁午, 長於丙, 老於戊, 死於申. 惡於壬癸, 忌於乙丑.

무릇, 각종의 오곡을 파종하여 '싹트고[生]', '자라고[長]', '튼실해지는[壯]' 세 가지 날에 파종하면 결실이 많아진다. '노쇠해지고[老]', '싫어하고[惡]', '죽게 되는[死]'[204] 이 세 날에 하면 수확은 반드시 감소하게 된다. '기피하는[忌]' 날에 파종하게 되면 손실을 입게 된다. 또 ['일건(日建)'에 있어] '이루고[成]', '거두고[收]', '가득 차고[滿]', '평안하고[平]', '안정된[定]' 날에[205] 파종하게 되면 반드

凡種五穀, 以生長壯日種者多實. 老惡死日種者收薄. 以忌日種者敗傷. 又用成收滿平定日爲佳.

204 "노(老), 악(惡), 사(死)": 명초본과 군서교보가 초사한 남송본에는 '노(老)'자가 '우(尤)'로 잘못 표기되어 있는데, 스셩한은 파손된 결과로 추측하였다. 금택초본과 명청시대의 각본에 따라서 개정했는데, '노(老)', 오(惡)', '사(死)'와 위의 문장의 '생(生)', '장(長)', '장(壯)'은 서로 대응된다.

205 "성(成)·수(收)·만(滿)·평(平)·정(定)": 한대 이래로 점차 발전해 온 점후(占候)의 미신을 이른바 '건제(建除)'의 '일점법(日占法)'이라고 한다. 스셩한에 따르면 "건

시 좋아진다.

『범승지서氾勝之書』에 이르길 "소두小豆는 묘卯일을 꺼리고 벼와 삼은 진辰일을 꺼리며, 조[禾]는 병丙일을 꺼리고, 찰기장[黍]은 축丑일을 꺼린다. 차조[秫]는 인寅일과 미未일을 꺼리며, 밀[小麥]은 술戌일을 꺼리고, 보리[大麥]는 자子일을 꺼리고 콩[大豆]은 신申일과 묘卯일을 꺼린다."라고 한다. 무릇 아홉 개의 곡물은[206] 모두 꺼리는 날[忌日]이 있어서[207] 만약 파종할 때 피하지 않으면 손

氾勝之書曰, 小豆忌卯, 稻麻忌辰, 禾忌丙, 黍忌丑. 秫忌寅未, 小麥忌戌, 大麥忌子, 大豆忌申卯. 凡九穀有忌日, 種之不

(建)·제(除)·만(滿)·평(平)·정(定)·집(執)·파(破)·위(危)·성(成)·수(收)·개(開)·폐(閉)" 12개의 글자는 주기적으로 순환하며 다른 한 측면에서는 또한 매번 순환하는 과정 속에서 한 글자가 중복되어서 모두 12×13의 대순환이 형성된다. 이것이 이른바 '건제가(建除家)'의 '방사(方士)'들이 창작한 '파희(把戲)'로서 근대 이전까지 전해져 왔으며, 음력으로 매일 월, 일, 간지와 천간이 서로 대응하는 "금·목·수·화·토" 5행, 28수의 순환과 이러한 건재의 대순환이 매일의 '마땅함', '꺼림'이 결정된다. 예컨대, "정월 12일 경자(庚子) 금두만(金斗滿), ~은 적합하고 ~은 꺼린다.", "정월 14일, 임인(壬寅) 수여정(水女定) 일은 만사가 적합하지 않다."라는 부류를 의미한다고 한다.

206 '구곡(九穀)': 이는 위 문장의 조[禾; 粟]·기장[黍]·차조[秫]·벼[稻]·삼[麻]·보리[大麥]·밀[小麥]·콩[大豆]·소두(小豆) 등 9종의 곡물이다. 후한의 정중이 주석한 『주례(周禮)』「천관(天官)·대재(大宰)」편의 구곡도 이와 같다. 『농상집요(農桑輯要)』「수구곡종(收九穀種)」에는 정중의 설을 채용하고 있다.

207 이 문장은 『태평어람』 권823에서 "무릇 구곡(九穀)은 꺼리는 날에 파종해서는 안 된다. 꺼리는 날을 피하면 손상이 없을 것이다. 모든 일에 금지하는 날을 꺼리는 것은 헛된 말이 아니다. 그것은 자연의 도리이며, 마치 기장 짚을 태우니 표주박[瓠]이 손상되는 것과 같다."라고 하였다. 또 『태평어람』 권837에는 "팥은 묘(卯)일을 꺼리고, 벼와 삼은 진(辰)일을 꺼리고, 조는 축(丑)일을 꺼리고, 찰기장은 미(未)일을 꺼리고, 밀은 술(戌)일을 꺼리고, 보리는 자(子)일을 꺼린다."라고

실이 많아진다. 이것은 헛된 말이 아니다. 이는 자연의 섭리로서, 마치 기장짚[黍穰]을 태우니 밭의 표주박[瓠]이 손실을 입는 것과 같다."[208]라고 하였다. 『사기(史記)』에 이르기를[209] "음양가(陰陽家)들은 일에 구애되어서 금기하는 것이 많았다. 단지 그들이 어떠했는가를 대략적으로 알 뿐, 곡해하고 영합하면서 그것을 따라서는 안 된다."라고 하였다. 농언에 이르기를 "때에 따라 (땅을) 촉촉하게 하는 것이 상책이다."라고 하였다.

『예기禮記』「월령月令」에서 이르기를 "7월[孟秋月]에는 공사의 방옥[宮室; 房屋]을 수리하고 담장과 벽을 고치고,[210] 칠을 한다."라고 하였다.

避其忌, 則多傷敗. 此非虛語也. 其自然者, 燒黍穰則害瓠. 史記曰, 陰陽之家, 拘而多忌. 止可知其梗概, 不可委曲從之. 諺曰, 以時, 及澤, 爲上策也.

禮記月令曰, 孟秋之月, 修宮室, 坏垣牆.

한다.

208 『태평어람』 권979의 '호(瓠)'에는 후한 말 응소의 『풍속통(風俗通)』을 인용하여서, "짚을 태우니 표주박이 죽었다. 속설에 이르기를 집 안의 사람이 기장 짚을 태우니 밭에 있는 표주박이 말라죽었다."라고 한다. 『풍속통(風俗通)』은 즉 『풍속통의(風俗通義)』로서 원래의 책은 32권인데 지금은 10권만 남아 있으며 이 조항은 보이지 않는 것으로 보아 이것은 분명히 실전된 문장이다.

209 이는 『사기』 권130 「태사공자서(太史公自序)」에 보이며, 사마천(司馬遷)의 부친인 사마담(司馬談)의 말로서 『제민요술』에서도 인용하고 있는데, 원문은 "일찍이 음양의 술을 관찰하였는데, 크게 상서롭지만 뭇 사람들은 기피하고 있으니, 사람들이 구애되어 두려워하는 바가 많다. … 반드시 그러할 필요는 없다."이다. 뒷 문장은 가사협의 지적으로서, 뜻을 왜곡하여서 좇을 필요는 없고 마땅히 좋은 시기를 타서 알맞은 정보를 따르는 것이 상책임을 지적한 것이다.

210 '배(坏)': 묘치위 교석본에 따르면, 이는 금택초본과 호상본에는 글자가 같다. 『예기(禮記)』 「월령(月令)」과 같이 '배(培)'로 통하며, 흙을 써서 담장을 수리한다는 의미로, 명초본에는 '배(坯)'자로 되어 있는데 두 글자는 옛날에는 서로 상통하였다고 한다.

8월[仲秋月]에는 안팎으로 성벽을 쌓고 저장용 구멍을 파고 움집을 만들며, 식량 창고를 수리한다. 정현(鄭玄)의 주석에 의하면 "왜냐하면[211] 백성들은 모두 빨리 성안으로 돌아가야[212] 하기 때문에 수확한 물건은 응당 저장해 두어야 한다."라고 하였다. 타원형[213]의 구멍을 일러 '두(竇)'라고 하고, 방형의 움집을 일러 '교(窖)'라고 한다. 생각해 보건대 농언에 이르기를 "가난한 집에 비록 가진 것이 아무것도 없을지라도 가을에 만든 담장이 3-5개가 된다."[214]라고 하였다. 대개 이 말은 가을에 만든 담장은 비교적 견고한데, 사람들이 흙 작업하기에 좋은 시기를 틈타 잘 만든 담장은 한 번의 수고로 거의 영원히 가기 때문에 가난한 집의 재산으로 인식되었음을 의미한다. 책임 있는 관리에게 명하여 백성을 재촉하여 거두어들였다. 채소[菜] 저장에 힘쓰고[215] 비축을 많이 하게 하였다. 비로소 월동준비[冬之

仲秋之月，可以築城郭，穿竇窖，修囷倉．鄭玄曰，爲民當入，物當藏也．隋曰竇，方曰窖．按，諺曰，家貧無所有，　秋牆三五堵．蓋言秋牆堅實，土功之時，一勞永逸，亦貧家之寶也．乃命有司，趣民收斂．務畜菜，多積聚．始爲御冬之備．

---

211 '위(爲)': 스성한의 금석본에 따르면 『예기』 「월령」에서 정현 주 중의 '위(爲)'자는 '왜냐하면'으로 해석한다. 정현의 지적에 의하면, "백성들은 모두 빨리 성 안으로 돌아가야 하기 때문에 수확한 물건은 응당 저장해 두어야 한다."라는 것은 백성이 응당 마을로 들어가는데 농번기에는 '여거(廬居)'에 (즉, 농경지 속에 있는 임시거주지) 일체의 사용하는 물품을 저장해야 하기에 '성곽을 쌓아' 마을을 보호하고 "구덩이를 파고 곡식창고를 수리하여" 양식을 보전하는 것이라고 한다.

212 '입(入)'은 『시경(詩經)』 「빈풍(豳風)·칠월(七月)」편에서는 '입차실처(入此室處)'라고 한다. 수확이 끝나고 농민들이 읍성의 '전(廛)' 속으로 옮겨가는 것이다.

213 '타(隋)': 긴 원의 형태로 오늘날에는 '타(橢)'자라고 한다.

214 '삼오도(三五堵)': 15장(丈) 길이의 담장으로 해석할 수도 있다.

215 '무축채(務畜菜)': '축(畜)'자는 '축(蓄)'자와 음이 같으며, 저축의 '축(蓄)'자를 빌려 사용한 글자이다. 겨울에 필요한 채소를 미리 준비하여 말리거나 '절임채소[菹]'로 만들었다.

備]를 시작한 것이다.

9월[季秋月]에는 농작물의 수확이 완료된다. '비(備)'란 모두 완료한다는 의미이다.

10월[孟冬月]에는 삼가 저장작업을 하는데, 각처에서 백성들이 쌓아둔 상황을 시찰하여 모든 물건을 거두게 한다. 이것은 꼴, 곡물과 땔감류[216]를 말하는 것이다.

11월[仲冬月]에는 농민이 아직 거두어서 쌓아두지 않은 것이 있다면, 누군가가 그것을 가져가도 추궁하지 않는다. 더욱 긴박한 시기가 되어서 거둔다면 어떤 사람이 가져가도 죄가 되지 않는데, 그 주인에게 경고한다는 의미이기 때문이다.

『상서고령요尚書考靈曜』[217]에 이르기를 "봄 황혼 무렵에 조성鳥星이 운행하여 하늘 정중앙에 이르면[昏中][218] 기장을 파종한다. (정현의 주석에 이르

季秋之月, 農事備收. 備, 猶盡也.

孟冬之月, 謹蓋藏, 循行積聚, 無有不斂. 謂芻禾薪蒸之屬也.

仲冬之月, 農有不收藏積聚者, 取之不詰. 此收斂尤急之時, 有人取者不罪, 所以警其主也.

尚書考靈曜曰, 春, 鳥星昏中, 以種稷. 鳥,

---

216 '추화신증(芻禾薪蒸)': '추(芻)'는 사료용 건초이며, '화(禾)'는 겨울에 거두어들이는 곡물이고, '신(薪)'과 '증(蒸)'은 땔나무[柴草]를 가리키는데, 이른바 굵은 것은 '신'이라 하고, 가는 것은 '증'이라고 한다.

217 『상서고령요尚書考靈曜』: 위서(緯書)의 일종으로 오늘날에는 전해지지 않는다. 묘치위 교석본에 따르면, 한대에는 신학을 혼합하여 유가 경전의 뜻을 견강부회했는데, '육경(六經)'과 '효경(孝經)'은 모두 위서이며, '칠위(七緯)'라고 일컫는다. 수양제가 천하의 위서를 찾아서 불태웠기 때문에 원본은 전해지지 않는다고 한다.

218 '조성혼중(鳥星昏中)': 중국의 고대 천문학자들은 28수로써 별의 때의 순서를 관찰하는 표지로 삼았다. 또한 동방의 청룡, 서방의 백호, 남방의 주작, 북방의 현무의 4조로 나누고 각각 7개의 별자리를 배정하였다. 여기서 '조(鳥)'는 주작을

기를) 조성은 주조칠수(朱鳥七宿) 중의 순화(鶉火)이다. 가을 황혼 무렵에 허성이 운행하여 하늘 정중앙에 이르면 수확한다. [허성이란 [현무칠수(玄武七宿) 중의] 현효(玄枵)를 이른다.]"라고 하였다.

朱鳥鶉火也. 秋, 虛星昏中, 以收斂. 虛, 玄枵也.

『장자莊子』[219] 「칙양則陽」편에 장오봉인長梧封人이 말하기를 "이전에 내가 조를 파종했는데, 대충하여 얕게 갈고 드물게 파종을 하니 조의 결실 또한 좋지 않아, 보잘것없는 상태로 나에게 보답하였다. 제초를 대충 하니 맺는 결실 또한 엉성하여 나에게 하찮게 보답하였다. 곽상(郭象)은 주석하여 말하기를 "'노망멸렬(鹵莽滅裂)'[220]은 대충 하여 정경세작의 본분을 다하지 못하는 것을 이른다."라고 하였다. 이듬해

莊子長梧封人曰, 昔予爲禾, 耕而鹵莽之, 則其實亦鹵莽而報予. 芸而滅裂之, 其實亦滅裂而報予. 郭象曰, 鹵莽滅裂, 輕脫末略, 不盡

가리키며 또한 '유(柳)', '성(星)', '장(張)' 3개의 별자리는 '순화(鶉火)'라고 칭한다. 아래 문장의 '허성(虛星)'은 현무 7수 중의 4번째 별자리이며, 또한 '여(女)', '허(虛)', '위(危)' 3개의 별자리는 '현효(玄枵)'라고 합칭한다. '묘성(昴星)'은 백호 7수 중의 4번째 별자리이다. '혼중(昏中)'은 황혼에 정남방에 나타나는 별자리를 뜻한다.

219 『장자(莊子)』: 전국시대 철학가 장주(莊周: 기원전 369-기원전 268년)가 편찬한 것으로서 후학들의 작품이 섞여 있다. 『장자』를 주석한 곽상(郭象: ?-312년)은 서진의 철학자로서 노장 사상을 좋아하고 청담을 잘하였다. 그는 향수(向秀: 227?-272년)의 『장자주(莊子注)』에 대해 서술하고 확대시켜 별도로 『장자주(莊子注)』를 지었다. 향수의 주석은 전해지지 않으며, 서진의 사학가 사마표(司馬彪: ?-306년)의 주석본도 지금은 전해지지 않는다. 지금은 곽상의 주석본이 전해지고 있는데 향수와 곽상 두 사람의 공동의 저작인 것으로 추측되고 있다.

220 '노망(鹵莽)'은 경지의 조잡한 유를 가리키고, 또한 흙덩이를 깨고 써레질을 하지 않음을 의미한다. '멸렬(滅裂)'은 김매기를 대충 하여서 풀을 다 김매지 못하는 것인데, 이들 모두 대충하는 것을 뜻한다.

오랜 방법[221]을 바꾸어서 깊게 땅을 갈고 흙덩이를 부드럽게 부수어 주니[222] 조의 싹이 무성하게 자라나 내가 한 해 동안 먹기에도 넉넉할 정도가 되었다."[223]라고 한다.

其分. 予來年變齊, 深其耕而熟耰之, 其禾繁以滋, 予終年厭飧.

『맹자孟子』에 이르기를 "농가에서 경작의 시기를 어기지 않으면, 수확한 곡물을 다 먹을[224] 수 없다."[225]라고 한다. 조기(趙岐)가 주석하여 말하기를 "농민에게 농업을 힘쓰게 하고[226] 농시(農時)를 어기거나 빼앗지 않으면, 오곡이 풍성하여[227] 다 먹을 수 없다."라고 한다. "농언에 이르기를[228] '비록 아무리 지혜智惠[229]가

孟子曰, 不違農時, 穀不可勝食. 趙岐注曰, 使民得務農, 不違奪其農時, 則五穀饒穰, 不可勝食也. 諺曰,

221 '변제(變齊)': '도(度)' 즉, '순서' 혹은 '방법'을 의미하며, 묘치위 교석본에서는 '제(齊)'는 '제(劑)'로 통하는데, '변제(變劑)'는 과거의 방법을 바꾸는 것을 말한다고 한다.

222 '우(耰)'는 갈이 이후 흙덩어리를 부수고 땅을 평탄하게 하는 나무로 만든 농구이다. 사마표(司馬彪)는 『경전석문(經典釋文)』에서 이것을 '김매는 것'이라고 하였다.

223 '염손(厭飧)': '염(厭)'은 즉 '염(饜)'으로, 배부르거나 배불리 먹은 상황을 말한다. '저녁밥[飧]'은 곧 '반(飯)'이다.(『장자』「칙양」편 참고.)

224 『맹자』에는 '식(食)'자 다음에 '야(也)'자가 있다. 본서는 『안씨가훈(顔氏家訓)』「서증(書證)」을 반영한 것으로서, 당시의 경전은 '속학(俗學)'에서 마음대로 '야(也)'자를 붙인 것을 제외하고, 하북(河北)의 경전에서는 '야(也)'자를 생략하였다. 묘치위는 가사협이 인용한 『맹자』는 북방에서 통용되는 본이었다고 한다.

225 '승(勝)': '승임(勝任)' 즉, '감당하다'라고 해석할 수 있다.[『맹자』「양혜왕장구상(梁惠王章句上)」 참고.]

226 조기(趙岐)의 주에는 "使民得三時務農"이라고 되어 있다.

227 '양(穰)'은 풍성하게 수확함을 뜻한다.

228 '언왈(諺曰)': 금본(今本)의 『맹자』「공손축장구상(公孫丑章句上)」에는 "제인유언왈(齊人有言曰)"이라고 하며, 조기의 주석에서는 '제나라 농언'이라고 한다.

있고 총명할지라도 시세[勢]를 따라서 이루는 것만 못하다. 비록 경작할 기구가 있다고 할지라도[230] 적합한 시령을 기다리는 것만 못하다.'"라고 한다. 조기(趙岐)가 주석하여 이르기를 "승세(乘勢)는 부귀한 세력에 의지함을 말한다. 자기(鎡錤)는 농사를 짓는 도구, 즉 뇌사(耒耜)와 같은 유를 말한다. '때를 기다리는 것[待時]'은 농사철 세 계절의 시령을 기다리는 것을 뜻한다.[231](즉, 봄 · 여름 · 가을 중에 행하는 시령이다.)"라고 한다. (『맹자』에서) 또 이르기를 "오곡은 곡물 종자 중에서 가장 중요한 것이다. 그런데 실로 제대로 익지 못하면, 도리어 돌피[稊]나 피[稗][232]만도 못하게 된다. 무릇

雖有智惠，不如乘勢. 雖有鎡錤，上鎡下其，不如待時. 趙岐曰，乘勢，居富貴之勢. 鎡錤，田器，耒耜之屬. 待時，謂農之三時. 又曰，五穀，種之美者也. 苟爲不熟，不如稊稗. 夫仁，亦在熟而

229 '지혜(智惠)'는 오늘날 통용되는 『맹자』에서는 '혜(惠)'로 쓰고 있는데 이 책에서는 금택초본, 명초본과 동일하다. 『태평어람』과 비책휘함 계통의 모든 판본에서는 '혜(慧)'자로 쓰고 있다. '혜(慧)'가 바른 글자이며, '혜(惠)'는 음을 빌린 글자이다.

230 '자기(鎡錤)': 금본의 『맹자』와 『태평어람』에서 인용한 『맹자』 역시 '자기(鎡基)'로 쓰고 있다. 스셩한에 따르면, 금택초본에서는 그 소주(小注)에 '상자하기(上兹下其)'라고 쓰고 있으며, 비책휘함 계통의 판본에서는 '상자하기(上鎡下錤)'라고 하고 있다. 후자의 경우 주가 지닌 음의 원뜻을 잃고 있다고 한다. 묘치위는 조기의 해석에 비추어 볼 때 '자기(鎡錤)'는 삽 형태의 농기구[鍬臿類]를 뜻하는데, 『맹자』에는 여기에 주가 없으며 후대의 사람이 덧붙인 것이라고 한다. 이 소주에서 스셩한은 '자(鎡)'를 쓰고 있는 반면 묘치위는 '자(兹)'로 쓰고 있다.

231 '삼시(三時)'는 봄, 여름, 가을의 세 농사철을 가리킨다.[『좌전(左傳)』「환공육년(桓公六年)」'삼시불해(三時不害)'의 두예(杜預) 주와 공영달(孔穎達)의 소 참조.]

232 '제패(稊稗)': 이는 야생의 제(稊)와 재배하는 패(稗)의 종자로서, 『맹자』「고자장구상(告子章句上)」에 보인다. '제(稊)'는 『맹자』와 조기의 주에는 모두 '이(荑)'라고 되어 있는데, '이(荑)'는 '제(稊)'와 통한다.

인[233]을 행함에 있어서도 익어야만 이룰 수 있는 것과 같다.[234] 조기(趙岐)가 주석하여 말하기를 "숙(熟)이란 성숙이다. 오곡이 아무리 중요할지라도 파종하여 성숙되지 않으면 도리어 돌피, 피와 같은 풀만 못하다. 맺은 열매 또한 먹을 수 없게 된다. 만약 인을 행하고도 결실을 이루지 못한다면 역시 이와 같다."라고 하였다.

已矣. 趙岐曰, 熟, 成也. 五穀雖美, 種之不成, 不如稊稗之草. 其實可食. 爲仁不成, 亦猶是.

『회남자淮南子』[235] 「수무훈脩務訓」에 이르기를 "(서북이 높고 동남이 낮은 중국의) 지세[236]로 인

淮南子曰, 夫地勢, 水東流.

233 명초본과 호상본과 『맹자』에서 모두 '인(仁)'자를 쓰는데, 금택초본과 황교본, 장교본에서는 '인(人)'으로 쓰고 있다. 묘치위 교석본에 의하면 두 자는 비록 통용될지라도 '인(仁)'으로 쓰는 것이 합당하다고 한다.

234 '亦在熟而已矣': 금택초본, 명초본의 문장과 같고, 명 각본 등에서는 '亦在乎熟之而已矣'라고 되어 있으며, 이는 『맹자』와 같다. 묘치위에 의하면, 『제민요술』에서는 경전을 인용하였는데, 명청시대 각본에서는 적지 않은 부분이 금본(今本)의 경전과 서로 같은데, 이는 명 이후의 사람이 금본의 경전에 따라 고친 것이라고 한다.

235 『회남자(淮南子)』「수무훈(脩務訓)」에 보인다. 아래 문장의 "禹決江疏河", "食者民之本", "故先王之制" 이 세 단락은 모두 이 책의 「주술훈(主術訓)」에 보인다. "霜降而樹穀" 이 단락은 「인간훈(人間訓)」에 보인다. 인용문 안에 '수(樹)'자는 모두 종식의 의미로 해석된다.

236 중국의 황하와 장강, 양대 하류 사이의 지대 중에는 모든 크고 작은 물길의 흐름이 대부분 서쪽에서 동쪽으로 향한다. 스셩한은 이 때문에 "동류(東流)", "물이 동쪽으로 향한다." 등의 말과 문장 중에는 '자연 추세'라는 관용어가 쓰인 것이라고 한다. '자연 추세'라는 것은 중국의 전체 지형이 서북은 높고 동남이 낮기에 생긴 필연적인 결과이다. 『회남자』「천문훈(天文訓)」 중에는 이미 "땅이 동남쪽에는 차지 않아서 물과 먼지가 돌아와 채운다."라는 말이 있다. 「원도훈(原道訓)」에서는 다시 그 신화를 인용해서 말하기를 "옛날에 공공(共工)씨의 힘으로 부주산(不周山)을 만지자, 땅이 동남쪽으로 기울어졌다."라고 한다. 이곳의 지세는 곧 서북쪽이 높고 동남쪽이 낮은 지형의 추세를 가리킨다고 한다.

해 물이 동쪽으로 흐른다. (그러나) 사람이 반드시 조치를 취해야만 범람하는 물[237]조차 일정한 계곡의 물길을 통해서 흐르게 된다. 물의 추세가 비록 동쪽으로 흐를지라도, 사람이 반드시 조치를 취하여 소통시킨다면 비로소 일정한 계곡을 따라서 흐르게 할 수 있다.[238] 조는 봄에 싹을 틔우지만, 사람의 힘이 더해져야 오곡은 비로소 순조롭게 생장한다. 고유(高誘)가 이르기를, "가공(加功)은 이른바 표(藨)이며 곤(蓘)으로서, 김매고 땅을 가는 것이다.[239] '수(遂)'는 성장하는 것이다."라고 한다. 만약 물이 저절로 흘러가게 내버려두고 농작물이 스스로 자라기를 기다리면 우임금이 치수의

人必事焉, 然後水潦得谷行. 水勢雖東流, 人必事而通之, 使得循谷而行也. 禾稼春生, 人必加功焉, 故五穀遂長. 高誘曰, 加功, 謂是藨是蓘, 芸耕之也. 遂, 成也. 聽其自流, 待其自生, 大禹之功

237 '요(潦)': 세차게 불어나서 밀치고 밀려드는 물로서, 형세가 자못 커서 '요(潦)'라고 한다. 오늘날에는 모두 '노(澇)'라고 한다.

238 『회남자』에는 허신(許愼)의 주와 고유(高誘)의 주가 있는데, 『제민요술』 중에는 허신과 고유의 두 주가 모두 있으나 지금은 허신의 주는 전해지지 않고 고유의 주만 전하지만, 허신의 주도 섞여 있다. 묘치위는 교석본에 의하면, 사부총간(四部叢刊)본에는 비록 '허신기상(許愼記上)'이라고 제목을 붙였지만 실제는 이미 고유의 주와 구별되지 않는다. 현존하고 있는 수나라 두대경(杜臺卿)의 『옥촉보전(玉燭寶典)』에는 허신의 주와 고유의 주를 구분하여 인용하고 있다. 이 속의 '수세수동류(水勢雖東流)' 이하의 주석문은 지금 고유의 주에도 있으며, 문장은 완전히 동일하다. 그러나 『제민요술』의 '고유왈(高誘曰)'은 본 항목에는 없고 아래 조항에 있으며, 『제민요술』의 일반적인 이해와는 동떨어지므로 본조는 원래 허신의 주로서 오늘날 전해지는 고유의 주에 혼입되어 들어왔음을 알 수 있다고 한다.

239 "加功, 謂是藨是蓘"에서 '표(藨)'는 명초본에는 이 한 자가 비어 있으나 금택초본에 근거하여 '표(藨)'를 보충하였다. '표초(藨草)'는 줄기를 이용해 자리나 짚신을 삼는 풀이다. 예전에는 '표(穮)'와 통용되었으며, 제초의 의미이다. '곤(蓘)'은 공영달의 소주에 의하면 "흙으로 뿌리를 배토한다."라는 의미라고 한다.

공적을 세울 수 없었고, 후직의 지혜도 (갈고 파종하여 양식을 거두는 데) 쓰임이 없었을 것이다." 라고 한다.

不立, 而后稷之智不用.

(「주술훈(主術訓)」에는) "우임금이 장강을 흐르게 하고 황하를 소통시켜 천하의 백성들에게 유익한 일을 하였지만, 물을 서쪽으로 흐르게 할 수는 없었다. 후직은 토지를 개간하고 잡초를 제거하여 백성들이 농업에 힘쓰도록 했지만, 겨울에 조를 자라게 할 수는 없었다. 어찌 사람의 일로 할 수 없는 것인가? 사실상 그 추세는 어쩔 수 없는 것이다."라고 하였다. 봄에 싹이 나고, 여름에 성장하고, 가을에는 수확하고, 겨울에는 저장하는 사계절의 법칙은 바꿀 수 없다.[240]

禹決江疏河, 以爲天下興利, 不能使水西流. 后稷闢土墾草, 以爲百姓力農, 然而不能使禾冬生. 豈其人事不至哉. 其勢不可也. 春生夏長秋收冬藏, 四時不可易也.

(「주술훈」에 이르기를) "양식은 백성의 근본이고, 백성은 국가의 근본이며, 국가는 군주의 근본이다. 따라서 군주는 위로는 하늘의 때에 따르고, 아래로는 땅의 이익을 다하며, 그 가운데서는 인력을 이용해야 한다. 그렇게 하면 모든 생물은 생장하게 되고, 오곡은 모두 무성하게 번식할 수 있다. 백성들에게 각종 가축을 기르게 하고 계절에 따라 파종을 하도록 하며, 힘써 토지를 정비하고 뽕나무와 삼을 많이 심게 하였다.

食者民之本, 民者國之本, 國者君之本. 是故人君上因天時, 下盡地利, 中用人力. 是以羣生遂長, 五穀蕃殖. 教民養育六畜, 以時種樹, 務修

240 이 주는 『회남자』 각 본에는 없다. 묘치위는 허신의 주일 것으로 추측하고 있다.

기름진 땅과 척박한 땅, 높은 땅과 낮은 땅은 각각 재배작물의 적합함에 따라서 안배하였다. 크고 작은 구릉과 비탈, 절벽은 오곡이 자랄 수 없는 곳이기에 대나무와 수목을 심도록 하였다. 봄에는 마른 나무와 가지를 베어 내고, 여름에는 초목의 나무와 풀의 열매를 따며, 가을에는 채소와 양식을 비축하고, 채소류를 먹는 것을 '소(蔬)'라고 하며, 알곡을 먹는 것을 '식(食)'이라고 한다. 겨울에는 화목과 풀을 베는데, 화(火)는 '신(薪)'이라 하고, 수(水)를 '증(蒸)'이라고 한다.[241] 백성의 물자를 준비하게 한 것이다. 이 때문에 살아 있는 사람들은 먹는 물자가 부족하지 않았고, 죽은 사람의 시체도 버려지지 않았다."라고 하였다. '전(轉)'은 유기이다.

(「주술훈」의 또 다른 구절에 의하면) "옛 선왕의 제도에 의하면 사해의 운기가 일어나면[242] 밭두둑을 정비했으며, 사해의 운기가 솟아오르는 것은 (입춘이 지난 후) 2월이다.[243] 두꺼비가 울고 제비가 날아

田疇, 滋殖桑麻. 肥墝高下, 各因其宜. 丘陵阪險不生五穀者, 樹以竹木. 春伐枯槁, 夏取果蓏, 秋畜蔬食, 菜食曰蔬, 穀食曰食. 冬伐薪蒸, 火曰薪, 水曰蒸. 以爲民資. 是故生無乏用, 死無轉屍. 轉, 棄也.

故先王之制, 四海雲至, 而修封疆, 四海雲至, 二月也. 蝦蟇鳴, 燕

---

241 금본의 『회남자』에는 "大者曰薪, 小者曰蒸."으로 되어 있고, 비책휘함 계통의 각 판본에는 "大曰薪, 小曰蒸."이라고 적고 있다. 금택초본과 명초본에는 모두 "火曰薪, 水曰蒸."이라고 하였는데, 묘치위는 명초본에 따르고 있다.

242 '사해운지(四海雲至)'에 대해 고유는 '사해출운(四海出雲)'이라고 말하고 있다. 묘치위 교석본에서는 글자의 뜻에 따라 이날에 하늘 끝에서 모두 운기가 일어난 것으로 해석하고 있지만, 이해하기 매우 어렵다.

243 묘치위 교석본을 참고하면, 이 부분의 주석문은 고유 주가 아니며 또한 가사협 자신의 주도 아니다. 『옥촉보전』 권2에서 고유 주를 인용한 것은 "春分之後, 四

오면 사람의 통행로와 마차 길을 수리하게 하였다. 제비가 찾아오는 것은 3월이다.[244] 강물의 수위가 낮아지면[245] 다리를 수리한다. 강물의 수위가 낮아지는 것도 10월이다.[246] 황혼 때 장성[張]이 하늘의 남쪽 중앙에 위치하면 즉시 조를 파종한다. (원주에 이르기를) 3월의 황혼이 질 무렵에는 장성의 운행이 정남방에 이르는데, 장성은 남방주조의 일곱 별 중의 하나이다.[247] 만약 대화성[大火]이 하늘의 남쪽 중앙에 이르면, 곧 기장과

降, 而通路除道矣. 燕降, 三月. 陰降百泉, 則修橋梁. 陰降百泉, 十月. 昏, 張中, 則務樹[28]穀. 三月昏, 張星中於南方, 張, 南方朱鳥之宿. 大火

海出雲."인데, 허신의 주를 이용하여 "海雲至, 二月也."라고 하였으므로 『제민요술』에서 인용한 바는 허신의 주임이 증명된다. 『제민요술』의 주문의 첫머리에는 "高誘曰"이라고 되어 있는데, 각 주가 모두 고유(高誘) 주에 연관되어 있기 때문이라거나 고본의 고유 주는 금본과 같지 않다고 한다면 그것은 오해라고 하였다.

244 『옥촉보전』 권2에서 허신의 주를 인용하여, "鷰降, 二月也."라고 하였으므로, 이 조항 역시 허신의 주임이 증명된다. 다만 『예기(禮記)』 「월령(月令)」, 『여씨춘추(呂氏春秋)』 「중춘기(仲春紀)」 모두 제비[玄鳥]가 2월에 온다고 하였기에 『제민요술』에서 '삼월(三月)'이라고 한 것과는 다르다. 금본의 고유주에는 "三月之時"라고 하고 있다.

245 이 부분을 스셩한의 금석본에서는 '지하수위가 낮아지면'으로 해석하고 있지만, 지하수위가 낮아지는 것과 다리를 수리하는 것은 상관관계가 약하기 때문에, 여기서는 '강물의 수위가 낮아지면'으로 해석하였다.

246 『옥촉보전』 권10은 허신의 주를 인용하여 "陰降百川, 十月也."라고 하였는데, 이는 『제민요술』의 인용과 동일하다. 이것은 강물의 수위가 내려감을 뜻한다. 금본의 고유 주는 "十月之時"라고 하는데, 이 주 역시 허신의 주임을 말해 준다.

247 이 주는 각 본에는 원래 "三月昏, 張星中於南方朱鳥之宿."라고 쓰였는데 빠진 부분이 있다. 28수 중 남방의 7수는 모두 '주조(朱鳥)'라고 칭하는데, 중앙의 별을 '성수(星宿)'라고 하고, '장수(張宿)'는 5번째 별이며, '저녁나절[昏中]'에 운행하는 장수설(張宿說)에 대해서 "中於南方朱鳥之宿"라고 하는 것은 통하지 않는다. 금본의 고유 주에서 "三月昏, 張星中於南方. 張, 南方朱鳥之宿也."라고 하는데 『제민요술』이 확실히 중복되는 문장인 "張, 南方"의 세 글자를 없앴다.

콩을 파종한다. (원주에 이르기를) 대화성이 황혼 무렵에 운행하여 정남방에 이르는 것이 6월이다.[248] 허성[虛]이 남쪽의 중앙에 이르면 즉시 동맥[宿麥]을 파종한다. (원주에 이르기를) 허성이 황혼 무렵에 운행하여 정남방에 이르는 것은 9월이다.[249] 묘성昴星이 정남방에 이르면 (채소와 과일 등을) 거두어들여서 저장하고 동시에 월동할 땔나무를 준비한다. (원주에 이르기를) 묘성은 서방 백호의 별자리 중 하나이다.[250] 9월[季秋之月][251]이 되면 거두어 비축한다. 이들은 모두 시령에 따라서 갖추고 준비하여 국가를 풍족하게 하고 백성을 이롭게 하는 것이다."라고 하였다.

中, 卽種黍菽. 大火昏中, 六月. 虛中, 卽種宿麥. 虛昏中, 九月. 昴星中, 則收[29]斂蓄積, 伐薪木. 昴星, 西方白虎之宿. 季秋之月, 收斂蓄積. 所以應時修備, 富國利民.

(「인간훈(人間訓)」에 이르기를) "서리가 내릴 때 조를 파종해서 이듬해 해동될 때 수확하여 먹고자 하면 곤란하다."라고 하였다.

霜降而樹穀, 冰泮[30]而求穫, 欲得食則難矣.

248 이 주는 허신의 주로서 『옥촉보전(玉燭寶典)』 권4에는 "大火昏中四月也."라고 한다. 금본의 고유 주에는 "大火, 東方倉龍之宿. 四月建巳, 中在南方."이라고 한다. 따라서 『제민요술』의 '유월[六月]'은 잘못된 것으로 추측된다.

249 이 주도 또한 허신의 주로 그 주의 사례는 "海雲至, 二月也." 등과 완전히 같으며, 고유 주에는 "虛, 北方玄武之宿, 八月建酉, 中於南方."이라 되어 있다.

250 고유 주에는 "西方白虎也."라고 되어 있는데, 『제민요술』에는 "西方白虎之宿"라고 인용하고 있다. 묘치위 교석본에 의하면, 이상의 각 주에 의하면 허신의 주와 고유의 주는 확실히 예가 같지 않은 것이 있으며 『제민요술』에는 두 주가 뒤섞여 있는데, 『제민요술』에서 인용한 것은 원래 허주본(許注本)이고, 뒤섞인 고유의 주는 후인들이 첨가한 듯하다. 또, 『제민요술』의 허신 주는 대부분 '야(也)'자가 없다. 이러한 것은 안지추(顔之推)가 말한 바의 '실략차자(悉略此字)'의 북방본을 반영했기 때문이라고 한다.

251 '묘성혼중(昴星昏中)'의 시령은 '계추(季秋)' 즉, 한로와 삼강의 두 절기이다.

(「전언훈(詮言訓)」과 「수무훈」에서) 또 이르기를 "정치政治의 근본은 힘써 백성을 편안하게 하는 데 있고, 백성들을 편안하게 하는 근본은 백성이 쓸 용도를 풍족하게 하는 데 있으며, 쓸 용도를 풍족하게 하는 근본은 농시를 빼앗지 않는 데 있다. 이것은 바로 백성들이 농업 생산에 종사하는 중요한 시간을 빼앗지 말아야 함을 뜻한다. 농시를 빼앗지 않는 근본은 국가의 일을 줄이는 데 있으며, 일을 줄이는 근본은 욕심을 절제하는 데 있다. (원주에 이르기를) '절(節)'은 멈추는 것이다. 욕은 탐욕이다. 욕심을 절제하는 근본은 인간의 본성으로 돌아가는 데 있다.[252] 이것은 곧 하늘이 부여한 정당한 본성으로 돌아가는 것이다. 근본이 흔들리는데 끝이 안정을 유지하고, 원천이 탁한데 흐르는 물이 맑다는 말은 있을 수가 없다."[253]라고 하였다.

(「원도훈(原道訓)」에 이르기를) "태양이 순환하고 달이 공전하듯 시간은 사람을 기다려 주지 않는다. 이 때문에 성인은 일촌광음을 한 자[尺]의 옥벽보다 더욱 중히 여겼으니, 이것은 바로 시간은 잃기는 쉽지만 얻기는 어렵기 때문이다. 따라서 우임금은 시간을 좇아 짚신이 닳도록 뛰었

又曰, 爲治之本, 務在安民, 安民之本, 在於足用, 足用之本, 在於勿奪時. 言不奪民之農要時. 勿奪時之本, 在於省事, 省事之本, 在於節欲. 節, 止. 欲, 貪.[31] 節欲之本, 在於反性. 反其所受於天之正性也. 未有能搖其本而靖其末, 濁其源而清其流者也.

夫日迴而月周, 時不與人遊. 故聖人不貴尺璧而重寸陰, 時難得而易失也. 故禹之趨時也, 履

252 『회남자』 「태족훈(泰族訓)」; 「전언훈(詮言訓)」.

253 이 구절은 『회남자』 「태족훈」에 있으며 앞의 문장과 서로 연결되어 있다. 「전언훈」에는 이 두 구절이 보이지 않는다.

지만 그 위로는 미치지 못하였고, 관冠[254]은 걸어 두고 돌아볼 겨를도 없었다. 결코 그 앞으로 나아가기 위해 애쓴 것이 아니라, 다만 적당한 시간을 얻기 위해서 애쓴 것이다."[255]라고 하였다.

『여씨춘추呂氏春秋』(「변토(辨土)」편에)[256]의하면 "(농작물의 싹이)[257] 어릴 때에는 홀로 있고자 한다. '약(弱)'은 어리다는 의미로, 싹은 갓 자라나 아직 어린 시절에는 독립하고자 한다.[258] 단지 조밀하고 듬성듬성함이 적당하면[259] 비로소 무성하게 성장한다. 성장할 때에는 서로 의지하고자 하며 이것은 곧 피차간 의지하여야 넘어지지 않게 됨을 말한다. 여물 때는 서로 기대려고 한다. 피차간에 부축하고 당겨야만 꺾이거나 상하지 않는다.[260] 이 같은 이유로 세 그루를 한 포기[族]로 하여야 열매가 많아진다. '족(族)'은 모여서 한 그루가 되는 것이

遺而不納, 32 冠挂而不顧. 非爭其先也, 而爭其得時也.

呂氏春秋曰, 其弱也欲孤. 弱, 小也, 苗始生小時, 欲得孤時. 疏數適, 則茂好也. 其長也欲相與俱, 言相依植, 不偃仆. 其熟也欲相扶. 相扶持, 不傷折. 是故三以爲族, 乃多粟.

---

254 여기에서의 '관(冠)'은 '관직'을 의미한다.

255 『회남자』「원도훈」.

256 두 단락은 모두 『여씨춘추(呂氏春秋)』「변토(辨土)」편에 보인다. 금본 『여씨춘추』에서는 "吾苗有行"이 첫 단락의 앞부분에 위치하는데, 금본에는 "其長也"에 '기(其)'자가 빠져 있으며, '구(俱)'자는 '거(居)'자로 쓰여 있고, '오묘(吾苗)'는 '경생(莖生)'으로 쓰여 있다. 주문은 모두 고유 주이며, '적(適)'은 '적중(適中)'으로 쓰여 있다.

257 스성한의 금석본에는 '농작물의 싹[苗]'으로 쓰고 있다.

258 '욕득고시(欲得孤時)': 스성한의 금석본에는 '시(時)'가 '특(特)'으로 쓰여 있다.

259 '소촉적(疏數適)': '촉(數)'은 촘촘하다[密]의 뜻이다. '적(適)'은 곧 적당하고 적합한 것을 의미한다. '소촉적(疏數適)'은 조밀한 정도가 적당함을 가리킨다.

260 고유의 주에서는 "扶, 相扶持, 不可傷折也."라고 쓰여 있는데, 묘치위는 '불가(不可)'를 마땅히 '가불(可不)'로 도치하는 것이 합당하고 한다.

다. 농작물의 싹은 행렬이 가지런해야 잘 자라고, 어릴 때 서로 방해받지 않아야 잘 큰다. 횡행橫行은 반드시 좌우가 서로 마주 보아야 하고 종렬從列은 반드시 똑바로 정렬해야 한다.[261] 줄과 행마다 모두 가지런하게 정돈되어야 통풍에 더 좋다. '행(行)'은 행렬이다."라고 하였다.

『염철론鹽鐵論』[262]에 이르기를 "잡초를 애석하게 여기면 곧 농작물이 손실을 입고, 도적을 너그러운 마음으로 대하면 양민을 해친다."라고 하였다.

『범승지서氾勝之書』에 이르기를 "조를 파종하는 데는 고정된 날이 없으며,[263] 토지의 상태를 보고 적합한 시기를 결정한다."라고 한다. "3월에 느릅나무 꼬투리가 달릴 때 비가 내리면, 고지대의 '강토'에도 조를 파종할 수 있다."라고 하였다.

"척박한 땅에 거름조차 줄 수 없으면, 누에똥[264]을 조의 종자와 함께 섞어서 파종한다. 이

族, 聚也. 吾苗有行, 故速長, 弱不相害, 故速大. 橫行必得, 從行必術. 正其行, 通其風. 行, 行列也.

鹽鐵論曰, 惜草芳[33]者耗禾稼, 惠盜賊者傷良人.

氾勝之書曰,[34] 種禾無期,[35] 因地爲時. 三月榆莢時雨, 高地強土[36]可種禾.

薄田不能糞者, 以原蠶矢雜

---

261 '술(術)': '득(得)'은 '상득(相得)'의 의미로 좌우로 서로 마주 보아야 한다는 것이다. '종(從)'은 수직의 의미이다. '술(術)'은 직경으로서 전후가 똑바로 정렬하는 것이다. 이와 같이 그루 간의 간격이 가지런히 정리되면 통풍에 좋다.

262 금본의 『염철론』에는 이 두 구절이 보이지 않는다. 『한비자』 권37 「난이(難二)」편과 『관자(管子)』 권21 「명법해(明法解)」편에 유사한 문구가 있다.

263 '무기(無期)': 기계적으로 정한 날이 없이 반드시 토지의 상태를 보고 해야 될 시간을 결정하였는데, 매우 합리적인 원칙이다.

렇게 하면 조가 병충해를 면할 수 있다."라고 하였다.

또 (『범승지서』에서 이르기를) "빻은 말 뼈[265] 한 섬[石]을 3섬의 물에 타서 달인다. 세 차례 달인 후에 뼈 찌꺼기를 걸러 내고, 5개의 부자[266]를 달인 맑은 물에 띄운다. 3-4일 후에 부자를 꺼내고 그 달인 물에 같은 분량으로 누에똥과 양의 똥을 섞는다. 흔들어 섞어서 그 섞은 것이 마치 빽빽한[267] 죽처럼 되게 한다.

파종 20일 전에, 종자를 죽 속에 넣어서 섞으면[268] (매 종자마다 모두 죽을 입히면 변하여) 삶

禾種種之. 則禾不蟲.

又取馬骨剉一石, 以水三石. 煮之三沸, 漉去滓, 以汁漬附子五枚. 三四日, 去附子, 以汁和蠶矢羊矢各等分. 37 撓, 攪也, 令洞洞如稠粥. 先種二十日時, 以溲

264 '원잠시(原蠶矢)': '원잠(原蠶)'은 연간 여러 번 변태하는 누에로서 '시(矢)'는 오늘날 '시(屎)'로 쓰이며, 여기서는 '가잠(家蠶)'을 두루 가리킨다. 묘치위에 의하면, 한대 이전의 문헌에서는 대부분 누에 '분(糞)'을 '시(矢)'로 적었다. 『좌전』「문공십팔년(文公十八年)」에는 "죽여서 그것을 말똥[馬矢] 속에 묻었다."라고 하였는데 여기서 '마시(馬矢)'는 '마분(馬糞)'을 가리키므로, '잠시(蠶矢)' 역시 '잠분(蠶糞)'을 가리키는 것이다. 이것은 중국 최초의 '종비(種肥)'의 기록이다. 니시야마 역주본에서는 '잠시(蠶矢)'가 곧 '잠사(蠶渣)'라고 한다.

265 '좌(剉)': '두드려 빻는다'라는 의미이다.

266 '부자(附子)': 이는 모량과 식물 오두(烏頭; *Aconitum carmichaeli*)의 곁뿌리이다. 일종의 발열성의 약재로 아주 강한 독성이 있으며, 각종 신경 말초와 신경 중추를 모두 마비를 일으키는 작용을 하며, 그 외에도 균을 죽이는 작용도 있다. 거름물에 담근 약재는 땅강아지[螻蛄], 굼벵이[蠐螬] 등의 땅속 해충을 방지하는 작용을 하며, 또한 종자가 참새에 의해 쪼아 먹히는 것도 방지할 수 있다. 묘치위 교석본에 의하면, 위 문장의 '녹(漉)'은 찌꺼기를 버리고 그 즙을 취하는 것으로, '노(撈)' 및 '녹(摝)'과 뜻이 같다고 한다.

267 '동동(洞洞)': 이는 걸쭉하거나 멀건 풀과 같은 것으로서, 저을 때는 잘 배합되지만 젓지 않을 때는 곧 뭉쳐서 된죽처럼 변한다.

은 보리밥과 같이 된다. 항상 날씨가 가물고 공기가 건조할 때 섞으면 매우 빨리 마른다. (다시) 얇게 펴서 여러 번[269] 뒤섞어 건조시킨다.[270] 이튿날 다시 섞고 다시 말린다. 날씨가 흐리고 비가 내리면 섞어서는 안 된다. 6-7차례 뒤섞기를 반복한다.

種, 如麥飯狀. 常天旱燥時溲之, 立乾. 薄布, 數撓, 令則乾.38 明日復溲. 天陰雨則勿溲. 六七溲而止.

수시로 햇볕에 말려서 잘 보관하고, 습기가 차도록 해서는 안 된다. 파종할 때에 이르러 그 달인 물을 섞어서 파종하면 조가 누리와 해충[271]의 해를 입지 않는다."라고 한다.

輒曝, 謹藏, 勿令復濕. 至可種時, 以餘汁溲而種之, 則禾稼不蝗蟲.

"말 뼈가 없으면 눈 녹은 물[雪汁]로 대신할 수 있다. 눈 녹은 물은 오곡의 정수[272]로서 농작

無馬骨, 亦可用雪汁. 雪汁者,

---

268 '수(溲)': 소량의 물과 액체로서 고체 덩어리와 섞어 짓는 것을 '수(溲)'라고 한다.

269 '삭(數)': '빈번하게', '여러 번'의 의미이다.

270 '영즉건(令則乾)': 『태평어람』에서 인용한 것에는 이 구절이 없으며, 『농상집요』에서 인용한 것은 '영건(令乾)' 두 글자만 있다. 나머지 『제민요술』의 판본에는 모두 '영이건(令易乾)'이라고 한다.

271 '황충(蝗蟲)': 이 부분을 뒷문장과 대조해 보면, '황충'은 간단한 하나의 명사가 아니며, '누리[蝗]와 기타의 해충'을 뜻함을 알 수 있다.

272 '중수(重水: 중수소와 산소의 결합으로 만들어진 물)'는 생물의 성장을 억제한다. 소비에트연방의 연구에 의하면, 눈 녹은 물[雪水]은 중수의 함양이 보통 빗물보다 3/4이 적다. 이 때문에 눈 녹은 물은 생물의 생장 촉진작용을 한다. 실험에 의하면 눈 녹은 물을 먹은 쥐는 보통의 물을 먹인 쥐보다 더욱 자라며, 닭의 경우에도 수돗물을 먹은 닭보다 계란을 많이 낳고, 크기도 비교적 크다. 발아에 사용할 경우, 보통의 물과 눈 녹은 물의 발아율을 비교해 보면 100:140의 비율이다. 오이에 물을 주게 되면 21%가 증산되고, 사계절 동안 무에 물을 주면 23%가 증산된다고 한다. 그러나 눈 녹인 물은 발아와 생장에 유리하지만 종자를 담그는 데

물이 가뭄을 견디게 한다.

겨울에는 항상 눈 녹인 물을 모아서 용기에 담아 땅속에 묻어 둔다. 이와 같이 종자를 처리하면 항상 두 배로 수확할 수 있다."라고 하였다.

『범승지서氾勝之書』에 기록된 '구종법區種法'에는, "탕 임금 때 가뭄이 들었는데,[273] 재상 이윤伊尹이 '구전'[274]의 방법을 창안하여 백성들에게 분종법糞種法으로 종자를 파종한 후 물을 날라 농작물에 주는 것[275]을 가르쳤다."라고 한다.

五穀之精也, 使稼耐旱. 常以冬藏雪汁, 器盛, 埋於地中. 治種如此, 則收常39倍.

氾勝之書區種法曰, 湯有旱災, 伊尹作爲區田, 教民糞種, 負水澆稼.

사용하는 것이 극히 제한되어 있어서, 작물이 가뭄에 견딜 수 있게 하는지는 확실하지 않다고 한다.

273 '탕유한재(湯有旱災)': 『제민요술』 각본에서 『범승지서』를 인용한 것이 모두 같지는 않다. 스셩한의 금석본에 따르면, 『무본신서(務本新書)』에서 인용한 바에는 "탕유칠년지한(湯有七年之旱)"이라고 하는데, 근거가 무엇인지를 알 수 없다고 한다. 『문선』 등의 책은 모두 『범승지서』를 인용하였으며, 서광계의 『농정전서(農政全書)』에서는 가사협의 이야기를 인용하고 있으나, 서광계가 활동한 재료의 출처가 무엇인지는 정확히 알 수 없다.

274 '구전(區田)': 계복(桂馥)의 『찰박(札樸)』 권7에서는 『범승지서』와 이선의 『문선』 주를 인용하였으며, 또한 "계복이 이르기를, 『광아(廣雅)』에는 '구(剾)는 깎는 것이다[剾剜].'라고 한다. 계복은 '구(區)'는 마땅히 '구(剾)'로 써야 한다고 하였는데, 완지(剜地)에서는 방형의 구덩이를 파서 파종하고 거름을 냄으로써 가뭄에 잘 견디게 하였다. 이랑에 만종(縵種)하는 것과는 다르다."라고 한다.

275 '부수요가(負水澆稼)': 물을 운반해서 농작물에 준다는 의미이다. '부(負)'는 등이나 어깨에 물건을 짊어지고 등으로 지거나 어깨로 메는 것을 포함한다. 『태평어람』 권821에서 인용한 바에 따르면, 범승지가 상주하여 이르기를 "옛날에 탕 임금은 가뭄이 들자 재상 이윤(伊尹)에게 '구전(區田)'을 하여 백성들에게 분종(糞種)을 가르쳐서 무당 100섬[石]을 수확했습니다. 신(범승지)이 시험적으로 행하

"구전법[276]은 오로지 거름의 힘으로 비옥하게 만들기 때문에 반드시 좋은 땅을 고집할 필요는 없다. 이것은 바로 크고 작은 산이나 읍 근처의 높고 경사진 비탈과 성벽의 경사진 곳에[277] 모

區田以糞氣爲美, 非必須良田也. 諸山陵近邑高危傾阪及丘城

여 무당 40섬을 거두었습니다."라고 한다. 스셩한의 금석본에 의하면, 앞부분의 구전을 교육했다는 것은 이미 살핀 바이지만, 뒤의 "범승지가 그것을 시범적으로 실시하여 무당 40섬을 거두었다."라고 한 것은 매우 특별한 소재이다. "상주하여 말하다."와 범승지가 "시범적으로 그것을 행하여 무당 40섬을 거두었다."라는 문장의 의미는 서로 부합하지만, 상세하고 실제적인 근거가 명확하지 않으며 조사할 방법도 없다고 한다.

276 '구전법(區田法)': 이는 『범승지서』의 또 다른 경작 기술이다. 구덩이 속을 깊이 파서 구덩이 속에 집중적으로 시비하고 때에 맞추어 물을 주면, 거름과 물을 절약하고, 아울러 거름물의 유실을 감소한다는 특징이 있다. 또한 주위 땅을 경작하지 않더라도 구덩이 속의 토지만으로도 충분히 생산의 잠재력을 발휘하며, 정밀하게 관리를 하여 가뭄 때에도 생산량이 많다. 게다가 이미 구덩이 속에 거름과 물을 집중하기 때문에 높은 구릉이나 척박한 토양에서도 채용할 수 있다. 묘치위 교석본에 따르면, 『범승지서』에서 가장 빨리 구전법에 대해서 기록하고 있는데, 상대 이윤(탕 임금 때의 대신으로 탕이 하나라를 멸하는 것을 도왔다.)이 이 방법을 창조하여 "탕 임금 때 9년의 가뭄이 들었다."라는 전설에 가탁하여 유명해지기는 했지만, 아마 실제로 범승지가 여러 해에 걸쳐 실험을 한 결과를 널리 제창하였을 것이다. 구전법은 가뭄을 이기고 증산하는 효과가 있으나 구덩이를 파고 물을 져다 작물에 주어야 하며, 정밀하게 관리해야 하는 등 노동력이 매우 많이 소모되기 때문에, 반드시 적은 면적에 국한된다는 단점이 있다. 이 때문에 명청시대에도 시험적으로 실시하여 효과를 보았지만, 결국 지속적인 대전의 경작법으로서 확대 추진하지는 못하였다고 하였다.

277 이들은 모두 평평하지 않은 지면인데 '산(山)'은 쭉 연결된 높은 곳이며, '능(陵)'은 홀로 우뚝 솟은 흙더미로 이른바 '무(堥)'이다. '근읍(近邑)'이란 읍 가까이에 있다는 의미이며 '고위(高危)'란 한 면이 아주 가파르고 높은 언덕이다. '경판(傾阪)'은 비탈진 것이며, '구(丘)'는 작은 흙더미이고, '성상(城上)'은 성벽의 안쪽에 간혹 비탈지게 만든 것으로서 파종을 할 수 있다.

두 구전을 할 수 있다는 것이다."

"구전을 만들 경우 구전 밖의 땅에는 더 이상 경작하지 않는데, 지력을 앗아 가기 때문이다."

"구전에 파종할 때는 먼저 땅을 고를 필요가 없는데, 이는 곧[278] 황무지에 구덩이를 파서 재배하기 때문이다."

"1무畝의 땅을 표준으로 말해 보자. 1무의 땅은 길이 180자[18길], 폭은 48자[4길 8자][279]이다. 이 길이 180자인 1무의 땅을 가로로 15개의 정(町: 밭 구역)으로 구분한다. 15개의 정 사이에 14개의 길을 만들고, 농사짓는 사람이 걸어 다닐 수 있도록 한다.[280] 매 길의 폭은 1자 5치로 하고, 정의 폭은 10자 5치[1길 5치][281]이며, 길이는 48자

上, 皆可爲區田.

區田不耕旁地, 庶盡地力.

凡區種, 不先治地, 便荒地爲之.

以畝爲率. 令一畝之地, 長十八丈, 廣四丈八尺. 當橫分十八丈作十五町. 町間分爲十四道, 以通人行. 道廣

278 '편(便)'은 '취(就)', '수(隨)', '장취(將就)'의 뜻으로서 '곧'의 의미이다.

279 묘치위 교석본에 의하면, 한대의 '무법(畝法)'은 6자[尺]를 1보로 하고, 240평방보를 1무(畝)로 하였다. 모두 8,640평방척(平方尺)이 된다. 여기서 구전에 사용되는 무는 길이가 180자이고, 폭이 48자이기 때문에, 180×48자는 8,640평방척이 된다. 무의 면적은 변하지 않고, 무의 형태는 같지 않은데, 이는 이 같은 구전법을 편리하게 배치하기 위해 구획한 것이라고 한다.

280 "이통인행(以通人行)": 금택초본, 명초본 및 비책휘함 계통의 판본의 대부분은 모두 "以通人行"이라고 쓰고 있으나, 점서촌사(漸西村舍)의 각본에는 "以通行人"이라고 한다. 밭을 갈아 파종하는 사람은 반드시 항상 정(町) 사이의 고랑을 따라서 움직이기 때문에 '통인행(通人行)'이라고 한다. 이미 파종할 준비가 된 밭 사이에는 더 이상 길을 만들어서 누구든지 길을 다닐 수 있는 '행인(行人)'이 있을 수 없게 된다. 따라서 '인행(人行)'이라고 해야 한다.

281 "일장오촌(一丈五寸)": 『제민요술』의 각종 초기 판본, 즉 금택초본, 명초본, 명말

이다. (구획된 하나의 정에는) 가로로 곧고 평평한 고랑[溝]을 판다.[282] 고랑의 폭과 깊이는 모두 1자로 한다. 고랑과 고랑 사이[283]의 땅에는 파낸 부드러	一尺五寸, 町皆廣一丈五寸, 長四丈八尺. 尺直橫鑿町作溝. 溝

에 새긴 것에는 모두 "일척오촌(一尺五寸)"이라고 한다. 단지 숭문원각본(崇文院刻本; 이후 원각본으로 약칭)의 판본에서는 "일장오촌(一丈五寸)"이라고 하고 있다. 계산에 의거해 볼 때, 무의 가로 폭이 18길[丈] 즉, 180자[尺]이고, 이것을 15개의 정(町)으로 나누고, 정 사이에 14개의 1.5자 넓이의 통행로[人行道]를 만들었다. 즉, 1길 5치[寸]와 또한 조화를 이루며, 만약 1자 5치라면 어찌할지 방법이 없는데, 이 계산상 간단한 차이는 설명할 수 없고, 또한, 아래의 "(구획된 하나의 정에는) 가로로 곧고 평평한 고랑을 판다."라는 구절에 대해 설명할 수 없게 된다. 이 글자의 착오는 도대체 범승지의 원서가 이와 같은지, 아니면 가사협이 인용하며 착오를 일으킨 것인지 증명할 방법이 없다. 그러나 『제민요술』의 숫자는 자세히 계산할 수 없는 것이 매우 많아서, 가사협에 의한 착오였을 가능성이 매우 크다.

원문에서는 1장 5촌(一丈五寸)이라고 하였으나, 폭 1자 5치의 도로 14개와 15개의 정을 더하면, 180자가 되므로, 정의 폭은 1길 6치가 되는 것이 합당하다.

$$\frac{180-1.5\times 14}{15}=\frac{180-21}{15}=\frac{159}{15}=10.6(\text{尺})$$

282 "尺直橫鑿町作溝": 위 문장에 의거해 보면 매 정(町)은 길이가 48자[尺], 너비가 10.5자로, 가로가 긴 사각형이다. 스셩한의 금석본에 의하면 곧은 가로에 정을 파서 구덩이를 만들었는데, 48자가 되는 긴 현에 수직이 되게 하고, 정마다 정의 길이에 따라서 1자 간격으로 한 줄의 가로로 고랑을 판다는 것으로 보고 있다. 『제민요술』의 각종 판본에는 이 구절의 앞에 모두 '척(尺)'자가 있다. 아래쪽에는 이미 "溝一尺深亦一尺"에 대해서 설명하고 있는데 이 '척(尺)'자는 단순히 매 척을 말하는 것이 아니고, '착(鑿)'자를 수식하는 부사이다. 때문에, 이 '척(尺)'자는 본래 의미가 없고, 도리어 해석을 하는 데 방해가 된다. 확실히 옮겨 적을 때 대부분 위 문장 끝의 '척(尺)'자를 이어서 쓴 것이다. '착(鑿)'자는 모든 비책휘함 계통의 판본과 군서교보(羣書校補)에서 근거한 남송본 모두 '감(鑒)'자로 잘못 쓰고 있다.

283 '구간(溝間)': 원문의 '구간(溝間)'을 묘치위는 '고랑 안[溝內]'으로 해석하였고, 스

운 흙[284]을 쌓아 두고, 상호 간의 거리는 1자로 한다.

일찍이 경험한 바에 따르면 1자의 땅에 전부 흙을 쌓아 두면, 더 이상 쌓을 수가 없어서 2자로 넓혀서 흙을 쌓았다."라고 하였다.

"조와 찰기장은 고랑 사이[285]에 파종하되, 고

廣40一尺, 深亦一尺. 積壤於溝間, 相去亦一尺. 嘗悉以一尺地積壤, 不相受, 令弘作二尺地以積壤.

種禾黍於溝間,

성한은 '고랑과 고랑 사이 즉, 이랑'으로 해석하였는데, 뒤의 파종하는 방식으로 미루어 추측하면 스성한의 견해가 합당하다.

284 '적량(積穰)'은 설명은 쉽지 않다. 스성한의 금석본에 의하면, '양(穰)'은 '타작마당'의 폐기물로서 그 속에는 짚이나, 겨 등을 포함하고 있으면서, 농작물이 성장한 이후에 이것으로 지면을 덮거나 밑거름으로 삼았다고 한다. 하지만 묘치위는 교석본에서 '적량(積穰)'은 '적양(積壤)'을 잘못 쓴 것이라는 남경 농학원 주페이런[朱培仁]의 견해를 수용하여, '양(壤)'은 바로 '식토(息土)'이며, 이것은 바로 흙을 파서 부드럽게 한 토양이라고 풀이하였다. 그 근거로 『구장산술(九章算法)』의 "穿地四, 爲壤五, 爲堅三."에서 4자[尺] 깊이로 파낸 흙의 용적이 25%나 증가된 것을 들고 있다. 사료 속의 '구간(溝間)'은 고랑 안을 가리키는데, 지면에 정(町: 밭구역)을 폭 1자[尺], 깊이 1자의 고랑을 만든 후에 파낸 흙을 고랑 사이[이랑 위]에 쌓아 최소한 1자에 달하면, 미처 다 쌓을 수 없게 되므로 2자로 넓혀서 흙을 쌓아 둘 필요가 있다. 그러나 고랑 사이를 넓혀서 2자[弘作二尺]로 한 이후에는 고랑 수가 더욱 감소하게 된다. 묘치위는 이에 근거하여 '양(穰)'자를 '양(壤)'자의 잘못이라고 보았던 것이다. 최근 슝디빙[熊帝兵], 「關于氾勝之書'積穰溝間'的釋讀」 『中國農史』, 2017年 5期에서는, 이 견해를 절충하여 '穰'은 잘못된 글자가 아니며, 그 주된 기능은 토양개량이 아니라 보습과 보비(保肥)에 있다는 견해를 제시하였다.

285 '구간(區間)': 이는 두 가지로 해석될 수 있다. 하나는 '고랑과 고랑 사이', 곧 '이랑'이고, 하나는 '구중(區中)' 즉, '고랑'이다. 앞의 문장에서 흙을 파서 쌓아 둘 공간이 부족하다고 하여 구간을 2자로 넓혔다고 할 때의 '구간'은 '이랑'을 의미하고, 이 문장의 "기장과 조를 구간에 파종한다[種禾黍於溝間.]"라는 것에서 '구간'

랑의 양쪽 변을 끼고[286] 두 줄로 파종하였으며,[287] 파종구는 양변에서 각각 2치 반 떨어지게 하고, 행간의 거리는 5치 간격으로 한다. (그러면) 그루 사이의[288]의 간격 역시 5치가 된다.	夾溝爲兩行, 去溝兩邊各二寸半, 中央相去五寸. 旁行相去亦五寸. 一
한 고랑에는 (두 줄이 있으니), 모두 44그루가 되며 1무는 모두 15,750그루[289]가 된다.	溝容四十四株, 一畝合萬五千七百

의 의미는 구종법에 따라 '고랑'에 파종하는 것으로 보아야 할 것이다.

286 '협구(夾溝)': '협(夾)'자는 좌우 양변으로서 중앙을 끼고 있음을 말한다. 따라서 '협구'는 고랑 속을 가리키며, 결코 두 고랑을 끼고 있는 사이를 가리키지는 않는다.

287 구종법의 주요 원리는 작물의 포기의 뿌리 부분을 지면 아래[이 때문에 '구(區)'라고 칭한다.]에 두어 수분을 유지하고 거름기를 활용하게 하는 것이다. '구(區)'는 지면 아래에 있어서 위로 증발되거나 옆으로 새는 수분량이 적으며, 동시에 영양분의 손실도 대부분 막을 수 있다.

288 '방행(旁行)': 결코 가장자리의 또 다른 행을 가리키는 것은 아니다. 왜냐하면 중앙에 두 행이 이미 "서로 5치[寸] 떨어져" 있다고 했으므로, 거듭 지적할 필요가 없기 때문이다. 묘치위 교석본에 의하면, '방형'은 분명 행간이 "서로 5치 떨어져 있다."라는 뜻으로, 그루 간의 거리가 5치이고, 같은 거리에 점종하였다. 구종법은 두 가지 종류의 배치방식이 있는데, 조 · 기장 · 맥 · 콩 등은 폭이 넓은 점종의 구종법이고, 아래의 상농부의 구덩이 등은 작은 방형의 점종구종법이다. 조와 맥은 폭이 넓은 구종법을 사용한다.

289 '사십사주(四十四株)': 본문에서 1무(畝)는 15,750그루에 해당된다고 하였는데, 스성한의 금석본에 따르면, 이 두 숫자는 문제가 있다. 우선, 서로 대응하지 않는다는 것이다. 위에서 말한 "횡정착구(橫町鑿溝: 정을 만들어 가로로 고랑을 파는 것)"는 문장에 비추어 볼 때, 가령 구간의 '간(間)'이 폭 한 자[尺]이면 정(町)마다 23개의 고랑을 팔 수 있다. 15정에는 모두 345개의 고랑이 된다. 매 고랑에는 44그루를 심을 수 있으며, 345개의 고랑에는 모두 15,180그루를 심을 수 있으므로, 15,750그루는 합당하지 않다. 둘째로, 만약 그루 사이의 거리를 모두 5치[寸]로 계산하면 한 고랑의 길이는 106치가 되기 때문에, 양 끝에 각각 2.5치를 제외하면 101치가 되어 21그루를 심을 수 있다. (20개의 그루 사이가 100치가 되기 때

조와 기장을 파종할 때는 종자 위에 한 치 두께의 흙을 덮는데, 한 치가 넘어도 안 되고, 한 치에 모자라도 안 된다."

五十株. 種禾黍, 令上有一寸土, 不可令過一寸, 亦不可令減一寸.

"무릇 맥을 구종할 때는 행과 행 사이의 거리는 2치로 한다. 매 고랑[290]에는 52개의 그루를 파종하며, 1무에는 모두 93,550그루가 된다.[291] 맥을 파종하고 나서 2치 두께로 흙을 덮어

凡區種麥, 令相去二寸一行. 一行容五十二株, 一畝凡九萬三千五百

문이다.) 한 고랑에는 오직 42그루가 있으니, 345개의 고랑에서 14,490그루가 된다. 묘치위 교석본에 의하면, 만약 1정에 24개의 고랑, 한 고랑에 44그루를 심는다고 계산을 하게 되면, 1무에는 15정이기 때문에 24×44×15=15,840그루가 되어 그루의 총합은 15,750그루보다 90그루가 많아지는데, 만약 구와 정의 양 끝을 모두 비워 둔다면 그루의 총합은 더욱 작아진다고 한다.

290 '일행(一行)': 1행은 각 본에서는 원래 모두 '일구(一溝)'로 되어 있는데 잘못이다. 묘치위는 교석본에서, 숫자 계산에 의거해볼 때 마땅히 '한 행[一行]'으로 해야 된다고 보았다.

291 이 조의 구를 구획하는 방법이 앞에서 말한 정(町)을 나누어 고랑을 획정하는 것과 연결되어 있다. 본 절은 그루의 간격은 없고 다만 행의 간격만 있을 뿐이다. 스셩한의 금석본을 보면, 만약 매 고랑에 52그루를 심는다고 계산하면, 한 행은 26그루가 되는 셈이다. 길이가 106치[寸]이기 때문에 양 끝에 각각 2치가 떨어지고, 다시 나누어서 그루 간을 25개의 공간으로 나누면 그루 간의 거리가 4치가 된다. 즉, 행간의 거리의 2배가 되는 셈이다. 행간의 거리가 2치이고 한 고랑에는 2개의 행이 있다. 가령, 행의 거리가 고랑 끝에서 2치 떨어져 있게 되면, 고랑 폭은 최소한 6치가 된다. 고랑 사이의 폭은 가령 한 자라면, 48자 길이의 정은 모두 31개의 고랑과 30개의 칸이 들어간다. (6[고랑 폭]×31+10[이랑 폭]×30=486) 15정은 모두 465개(15×31)의 고랑이 되고 매 고랑에는 52그루를 파종하면, 모두 24,180그루가 된다. 45,550그루와 비교할 때 차이가 크다. 만약 그루 간의 거리를 고쳐서, 행간의 거리와 일치시킨다면, 매 고랑에 104(52×2: 그루 간의 거리를 반으로 줄였기 때문이다.)그루가 들어가며, 465고랑일 경우에는 48,360그루가 되

준다."

"콩을 구종할 때는, 그루 간의 거리를 1자 2치로 한다. 매 고랑에는 9그루를 파종하며, 1무에는 모두 6,480그루가 된다."[292] 조[禾] 한 말에는 51,000여 개의 낟알이 있으며, 찰기장은 이 수보다 약간 적다. 콩 한 말에는 15,000여 개의 낟알이 있다."[293]

五十株. 麥上土, 令厚二寸.

凡區種大豆, 令相去一尺二寸. 一行容九株, 一畝凡六千四百八十株. 禾一斗, 有五萬一千餘

어서 비로소 45,550그루의 숫자와 근접한다. 그러나 이와 같이 행간과 그루 간의 거리는 [2치는 한나라의 척(尺)으로서 근대의 표준 길이로 환산하면 0.046m이다.] 그루가 점차 한두 번의 분열이 진행된 이후에는 이미 간격이 없다고 말할 수 있는데 단지 조밀하게 조파하였기 때문이다. 묘치위 교석본에 따르면 각 본에서는 모두, 45,550그루라고 하고 있는데, 그루의 총합에 따라서 계산하게 되면, 45,000은 93,000의 잘못이라고 한다.

292 이 숫자는 다음과 같이 계산할 수 있다. 한 고랑에는 9그루가 들어가고 그루 간의 간격은 12치[寸]이다. 그러면 9그루와 8개의 공간[間]이 생기는데, 합하면 96치이다. 정의 폭이 106치이기에 아직도 10치가 남는다. 스셩한의 금석본에는 이 때문에 '구'자는 응당 '십(十)'으로 하는 것이 옳다고 한다. 이렇게 되면 10그루에 9개의 칸이 있는 셈으로서 108치가 되며, 2치가 부족하다. 현재의 고랑도 만약 한 자 넓이이고, 1행을 파종한다면, 매 정마다 24개의 고랑과 23개의 간격이 생긴다. 1무당 360개(15×24)의 고랑이 생긴다. 매 고랑에 10개의 그루를 심으면 도합 3,600그루가 된다. 만약 고랑이 2치의 넓이라면, 두 줄로 파종할 수 있어서 매 정에는 16개의 고랑과 15개의 간격이 생긴다. 1무에 240(15×16)개의 고랑이 생기고, 매 고랑에는 20개의 그루가 있어 총 4,800그루가 된다. 이 두 개의 숫자는 원래의 6,480그루와 서로 큰 차이가 난다. 만약 6,480그루를 360고랑으로 계산하면 매 고랑당 18그루가 된다. 이는 원래의 매 고랑에 9그루와 서로 비교할 때 응당 매 고랑의 바깥쪽에 9그루를 심어야 한다고 해석할 수 있다. 그러나 1이랑(고랑의 잘못인 듯하다.)은 단지 한 자 넓이이고 2줄의 콩을 파종하기 때문에, 조나 기장과 마찬가지로 두 행 사이의 거리는 단지 5치 떨어져 있는데, 이는 지금으로 환산하면 0.135m이므로 구종법의 원리원칙에 합당하지 않다고 한다.

粒, 黍亦少此少許. 大豆一斗, 一萬五千餘粒也.

"들깨[荏][294]를 구종할 때는 그루 간의 거리를 3자로 한다."

區種荏, 令相去三尺.

"참깨[胡麻]를 구종할 때는 그루 간 거리를 1자로 한다."

胡麻, 相去一尺.

"구종한 작물은 날씨가 가물 때 항상 물을 대 주어야 한다. 1무에서 항상 100섬[斛: 石]의 곡식을 거둘 수 있다."

區種, 天旱常溉之. 一畝常收百斛.

"농사를 잘 짓는 농부[上農夫][295]는 매 구덩이를 사방 6치로 하고, 깊이도 6치로 하며, 두 구덩

上農夫區, 方深各六寸, 間相

---

293 이 문장은 가사협의 주인데, '주세미엄(酒勢美釅)'조는 분명 가사협이 주를 단 것이다. 그러나 이 조가 마치 아래 문장의 '상농부구(上農夫區)'의 조[粟]를 구종하는 방법에 대한 내용인 것 같지만, 마땅히 그 아래에 위치시켜야 할 것이다. 또 『범승지서』가 기록한 계산에 의하면, 한 구덩이에 조 20알을 사용했기 때문에 3,700구에는 모두 조 74,000알을 사용한 것으로, 이는 겨우 2되에 해당한다. 가사협의 한 말은 단지 51,000여 개이고 전한의 '두곡비(斗斛比)'는 후위 때보다 작아서 둘의 차는 극히 현격하다.

294 '임(荏)': 기름을 짜는 용도의 '들깨[蘇子]'이다.

295 '상농부(上農夫)': 고대에서 역대 왕조는 토지를 농민에게 수전할 때 원칙상 토지의 등급에 따라 분배하였다. 생산량이 높은 좋은 땅은 정(丁)과 사람들에 따라 분배량이 적고, 이와 같은 땅을 분배받은 농민을 상농이라고 한다. 매 분전의 단위를 "부(夫)"라고 하며, 상농부는 대략 생산량이 높은 좋은 땅의 1부의 1조(組)를 가리키지만, 반드시 농업생산에 종사하는 개별 정남[丁男: 『후한서』 주에서는 『범승지서』를 인용하여 '上農區田法'이라고 일컫고 '부(夫)'자는 없다.]을 가리키는 것은 아니다. 토질이 비교적 나쁘고, 생산량이 비교적 적은 토지는 세역(즉, 윤번휴한)의 필요성이 있기 때문에 매 분여지의 양이 비교적 많다. 이 때문에 중농부의 땅은 상농부의 땅보다 많으며, 하농부의 땅은 중농부보다 더 많다.

이 간의 거리는 9치로 한다.[296] 1무에는 3,700개의 구덩이를 만들 수 있다.[297] 한 사람이 하루 노동으로 1,000개의 구덩이를 팔 수 있다."	去九寸. 一畝三千七百區. 一日作千區.
"매 구덩이마다 조의 종자 20알을 파종하고, 한 되의 좋은 거름을 써서 흙과 잘 섞어 밑거름으로 한다. 1무의 토지에는 2되의 종자가 쓰인다. 가을에 수확할 때,[298] 한 구덩이마다 3되의	區種粟二十粒, 美糞一升, 合土和之. 畝用種二升. 秋收, 區別三

296 '상거구촌(相去九寸)': 홍이훤(洪頤煊)의 『경전집림(經典集林)』에 편집된 『범승지서』에서는 이 구절의 아래에 "『후한서』 주에 의하면, 9치[寸]를 7치로 만든다. [案後漢書注, 九寸作七寸.]"라고 주석하고 있다. 『후한서』 권70 「유반전(劉般傳)」의 장회태자(章懷太子)의 주가 인용한 『범승지서』에는 "상농부의 구전법은 사방과 깊이가 각 6치이고, 각각 7치 떨어져 있다."라고 한다. 아래의 중농부, 하농부와 비교하면 응당 9치가 되어야 하며, 9치로 계산할 때 무당 구덩이 수는 다음 문장에서 말하는 3,700에 더욱 근접하게 된다고 한다.

297 '삼천칠백구(三千七百區)': 스성한의 금석본에 의하면, 계산해 볼 때 1무의 땅은 1,800치×480치이다. 예컨대, 매 구덩이가 사방 6치이고 구덩이 간의 거리를 9촌으로 계산하게 되면 1,800치 중에 120개의 구덩이가 생기고, 119개의 칸이 생겨 도합 6×120+9×119=1791치로 아직도 9치나 남는다. 480치 중에는 구덩이 32개와 31개의 칸이 들어가서, 6×32+9×31=471치가 되며, 또한 9치가 남는다. 구덩이 수의 총합은 32×120이 되어서 3,840개가 된다. 『후한서』에서 인용한 7치에 의거해 계산해 보면, 480치는 37구덩이와 36칸이 있어서 모두 474촌(6×37+7×36= 474)이 되며, 6치가 남는다. 1,800치는 겨우 구덩이 139개와 138개의 공간이 있어, 총수는 5,743개의 구덩이가 된다. 이로 인해 여전히 구덩이 사이가 9치 간격이라는 것을 유보해야 한다고 한다.

298 "秋收, 區別三升粟": 『제민요술』의 각 판본은 모두 이와 같이 적혀 있다. 스성한의 금석본에 따르면, 홍이훤(洪頤煊)의 『경전집림(經典集林)』에서 편집한 『범승지서』에는 여기에 주석하기를 "『후한서』와 『문선』에 주석하여 '정남과 정녀가 10무를 경작한다.'라고 하는 구절은 '가을에 한 구에서 3되를 수확한다.'라는 구절 위에 있다."라고 하였다. 『후한서』 권39 「유반전(劉般傳)」에는 별(別)자가 생략되

조를 거둘 수 있으며, 1무에는 100섬 이상을 거둘 수 있다. 성년 남녀[299]의 노동력으로 10무를 파종할 수 있는데, 10무의 총 수확량은 1,000섬이 된다. 일인당 한 해의 식량으로 36섬을 필요로 하기에,[300] (1,000섬이면) 26년을 지탱할 수 있다."

升粟, 畝收百斛. 丁男長女治十畝, 十畝收千石. 歲食三十六石, 支二十六年.

"보통의 농부[中農夫]는 (매 구덩이를) 사방 9치,[301] 깊이 6치로 파고, 구덩이 간의 거리는 2치로 한다. 1무의 땅에는 1,027구덩이가[302] 만들어

中農夫區, 方九寸, 深六寸, 相去二尺. 一畝千二十

어 있으며, "상농은 3,700구덩이를 파고 정남과 정녀가 10무를 파종하면, 가을에 수확할 때 구당 3되의 조를 수확하여 1무당 100섬을 거둘 수 있다."라고 한다.

299 '정남장녀(丁男長女)': 종전에는 남자가 20세가 되면 '정년(丁年)'이라고 하여 병역에 복역하는 연령이라고 할 수 있다. '정남(丁男)'은 곧 정년에 달한 남성이며, '장녀(長女)'는 나이가 이미 성년에 달한 여성을 일컫는다.

300 『구장산술』「속미(粟米)」장에 의거하여 계산을 해 보면, 한 말의 조를 방아 찧을 경우 아홉 되의 좁쌀이 되는데, 오늘날 계산하면 1.08시승으로, 정남의 하루 식량에 해당된다. "1년에 36섬을 먹기 때문에", 1000섬의 조로써 28년을 지탱할 수 있다.

301 "中農 … 方七寸": 홍이훤이 편집한 것은 『제민요술』 각본과 마찬가지로 '구촌(九寸)'으로 하고 있다. 스셩한의 금석본에 따르면, 마국한(馬國翰)은 편집하여 '칠촌(七寸)'으로 고쳤으며, "『제민요술』에는 '구촌(九寸)'으로 하였는데, 『후한서』의 주석에 근거하여 고쳤다."라고 주석하였는데, 이는 합당하다고 한다.

302 '천이십칠구(千二十七區)': 계산을 해보면, 480치 중에는 7치의 구덩이 18개가 있을 수 있고, 20치의 간격이 17개가 있는데, 합하여, 7×18+20×17=466치로 14치가 남는다. 간혹 19개의 구덩이와 18개의 공간을 만든다면, 7×19+20×18=493치로 13치가 모자란다. 1,800치 중에는 67개의 구덩이와 66개의 공간이 들어가며, 모두 7×67+20×66=1,789치로 11치가 남는다. 또 간혹 68개의 구덩이와 67개의 공간을 만든다면, 모두 7×68+20×67=1,816치로 16치가 부족하게 된다. 모두 18×67=1,206개의 구덩이가 되고, 혹은 19×67=1,273개의 구덩이가 되며, 혹은 18×68로 하면 1,224개의 구덩이가 되고, 혹은 19×68=1,292개의 구덩이가 된다.

진다. 종자 한 되를 사용하여 51섬[303]을 거둘 수 있다. (한 사람이) 하루 노동으로 300개의 구덩이를 팔 수 있다."

七區. 用種一升, 收粟五十一石. 一日作三百區.

"농사를 잘 짓지 못하는 농부[下農夫]는 매 구덩이를 사방 9치, 깊이 6치로 파고, 구덩이 간의 거리는 3자로 한다.[304] 1무의 땅에는 적어도 567구덩이를[305] 팔 수 있다. 6되의 종자를 써서[306] 28섬을 수확할 수 있다.

下農夫區, 方九寸, 深六寸, 相去三尺. 一畝五百六十七區. 用種半升. 收二十八石. 一日作二百區.

(한 사람이) 하루 노동으로 200구덩이를 팔 수 있다." 농언에 이르기를, "1경(頃)이 반드시 1무(畝)보

諺曰, 頃

따라서 구덩이 1,027개는 너무 적다.

303 '오십일(五十一)': '일(一)'자는 군더더기이다.

304 '상거삼척(相去三尺)': 『제민요술』의 대다수 판본에는 모두 "相去二尺"이라고 한다. 금택초본에는 '삼척(三尺)'이라고 하고 있으며, 『후한서』에서 '삼척(三尺)'이라고 주석을 한 상황과 마찬가지이다. 중농부가 판 구덩이의 간격이 '이척(二尺)'이기에, 하농부가 판 구덩이의 간격은 마땅히 '삼척(三尺)'이어야 한다.

305 '오백육십칠구(五百六十七區)': 스성한의 금석본에 의하면 480치[寸] 중에는 9치의 구덩이 13개가 들어가 있고, 30치의 공간이 12개가 들어갈 수 있어 도합 9×13+30×12=477치로, 3치가 남는다. 1,800치 중에는 46개의 구덩이와 45개의 공간이 들어가 있어 9×46+30×45=1,764치로, 36치가 남는다. 간혹 47개의 구덩이와 46개의 공간을 만든다면, 도합 9×47+36×46=1,803치로, 3치가 부족하다. 모두 46×13=598개의 구덩이와 혹은 47×13=611개의 구덩이가 들어갈 수 있다고 한다.

306 만일 위의 것에 따른다면 상농은 5,000개의 구덩이에 2되[升]의 종자를 사용하고, 중농은 한 되를 사용하여 점차적으로 비율이 증가되는데, 하농의 600개의 구덩이에는 단지 0.75되를 사용하며, 그 양을 채워서 여전히 한 되를 쓴다. 각본에서는 '반승(半升)'을 모두 '육승(六升)'이라고 하는데, '반승(半升)' 혹은 '6홉[六合]'이라고 해야 한다고 한다.[완궈딩[萬國鼎]의 『범승지서집석(氾勝之書輯釋)』 참고.]

다 좋지는 않다."라고 하는데, 이것은 넓어도 척박한 땅은 작지만 기름진 땅만 못함을 말한다. 서연주(西兗州)[307]의 자사(刺史) 유인지(劉仁之)[308]는 경험 많고 덕이 있는 사람인데, 우리에게 일러 말하기를, "과거에 내가 낙양에 있을 때 가택에 딸린 밭 70보의 땅에 구전을 만들어 (시험적으로 파종하여 그 결과) 36섬의 조를 거두었다."라고 한다. 이것은 1무 면적의 땅에서 100섬 이상을 거둔 것으로, 땅이 작은 농가는 마땅히 이와 같은 방법을 응용해야 한다.

不比畝善, 謂多惡不如少善也. 西兗州刺史劉仁之, 老成懿德, 謂余言曰, 昔在洛陽, 於宅田以七十步之地, 試爲區田, 收粟三十六石. 然則一畝之收, 有過百石矣, 少地之家, 所宜遵用之.

"구덩이 속에 풀이 자라면 반드시 뿌리째 뽑는다. 구덩이 사이에 자라는 풀은 끝이 예리한 가래[鏟]로 밀거나, 혹은 호미를 써서 김을 맨다. 조의 이삭이 크게 자라서 김매기가 쉽지 않을 때는 낫을 사용하여 지면에 붙여서[309] 그 풀을 베어

區中草生, 茇之. 區間草, 以剗剗之,[41] 若以鋤鋤. 苗長不能耘之者, 以鉤鎌

307 '서연주(西兗州)': 지금의 산동성 정도현(定陶縣)이다. 묘치위 교석본에서 이르길, 양송본에는 '서연주(西兗州)'라고 하는데, 명청의 각본에는 '석연주(昔兗州)'로 잘못 쓰고 있다. 점서본은 황록삼의 『방북송본제민요술고본(仿北宋本齊民要術稿本)』(이후 황록삼교기로 약칭)으로 교감을 하고 있지만, 송본의 '석(昔)'을 '서(西)'로 하는 것은 잘못이라고 인식하고 있다. 청대 학자는 『제민요술』을 교감하여, "오점교본(吾點校本)과 황록삼교기가 가장 뛰어나다."라고 하는데, 이곳의 황록삼이 점서본에서 제시한 소략한 주소에는, "내가 생각건대, 서연주는 효창(孝昌) 3년에 설치했으며, 『위서(魏書)』 「지형지(地形志)」에 보이는데 그것을 잘못이라고 말할 수 없다."라고 하였다.

308 유인지는 자는 산정(山靜)이고, 낙양 사람이다. 후위 출제(出帝: 510-534년) 초에 저작랑(著作郞) 중서령(重書令)에 임명되었고 후에 서연주 자사로 임명되었다. 동위 무정(武定) 2년(544)에 사망하였다. 『위서(魏書)』 권81 본전에 전해진다.

309 '이구겸비지(以鉤鎌比地)': '구겸(鉤鎌)'은 구부러진 갈고리 모양의 낫이다. '비지

준다."라고 하였다.

범승지氾勝之가 이르기를, "시험을 해 본 결과, 좋은 땅은 무당 19섬을 수확할 수 있으며, 일반적인 땅은 13섬을 수확하고, 척박한 땅은 10섬을 수확한다."라고 한다.

"습기를 유지하고[保濕] 농시를 좇는 것[310]은 모두 『신농서神農書』의 방식에 따랐다."

"뼈 달인 물과 거름물에 재차 종자를 담갔다. 말·소·양·돼지·순록·사슴의 뼈 한 말[斗]을[311] 빻아 가루를 내고 눈 녹은 물에 3말에 섞어 세 차례 달인다. 그 맑은 달인 물을 취하여 다시 재차 부자를 담근다. 비율은 (맑게 달인) 물 한 말에 부자 5개를 사용한다. 부자는 달인 물속에 5일간만 담가 두었다가 꺼낸다. 같은 양의 순록과 사슴과 양의 똥을 섞고 빻아 이 달인 물속에

比地刈其草矣.

氾勝之曰, 驗美田至十九石, 中田十三石, 薄田一十石.

尹擇取減法, 神農復加之.

骨汁糞汁溲種. 42 剉馬骨牛羊豬麋鹿骨一斗, 以雪汁三斗, 煮之三沸. 取汁以漬附子. 率汁一斗, 附子五枚. 漬之五日, 去附

(比地)'란 지면에 붙인다는 의미이다.

310 대부분의 『제민요술』의 판본에서 이 구절은 모두 "尹擇取感法神農"이라고 한다. 스셩한의 금석본에 의하면 『범승지서』를 현존하는 사료와 더불어 여러 번 비교하여 추측할 수 있는 것은 '윤(尹)'자는 '거(居)'자의 잘못이고, '취(取)'는 '취(趣)'자의 잘못이며, '감(減)'자는 '함(咸)'자의 잘못이라는 것이다. 추측건대 범승지 시대에 『한서』 권30 「예문지」에 실려 있는 농가서 『신농서(神農書)』가 마침 유행하였는데, 따라서 습기를 유지하고 농시를 좇는 것을 "모두 『신농서』에서 방법을 취하였다."라고 한다.

311 '한 말[一斗]': '한 말'이 도대체 섞어서 한 말인지, 각각 한 말인지, 아니면 말 뼈 한 말과 기타 각 뼈를 섞은 것인지, 혹은 말 뼈 한 말[斗]인지, 기타의 뼈들을 섞어서 임의의 또 다른 한 말인지 정확하게 알 수가 없다.

넣어 잘 휘젓는다.

오후가 되어 날씨가 따뜻해질 때[312] 또 고루 섞어 햇볕에 말리면 후직이 제시한 법[313]과 같이 된다. 달인 물이 모두 마르게 되면, 이내 멈춘다." "만약 이 같은 뼈가 없다면 누에고치를 달인 물에 적신다. 이처럼 처리한 종자는 구종법으로 파종한다. 너무 가물면 물을 댄다. 이같이 하면 무당 100섬 이상을 거둘 수 있으며, 후직법의 10배가 된다.

이는 말[馬]과 누에가 모두 벌레 중의 우두머리임을 말하며,[314] 부자를 첨가하는 것은 농작물에 누리와 기타 충해의 피해를 받지 않게 하기 위함이다.

子. 擣糜鹿羊矢等分, 43 置汁中熟撓和之. 候晏溫, 又溲曝, 狀如后稷法. 皆溲汁乾乃止. 若無骨, 煮繰蛹汁和溲. 如此則以區種之. 大旱澆之. 其收至畝百石以上, 十倍於后稷. 此言馬蠶, 皆蟲之先也, 及附子,

---

312 '안(晏)'은 청명하여 구름이 없는 것이며, '안온(晏溫)'은 맑고 따뜻한 날을 뜻한다.

313 '후직법(后稷法)': 스성한의 금석본에 의하면, 당시에 유행한 농업 생산 기술에 관해 전해 오는 말에는 마치 농가서 중에서 『신농서』, 『야노서(野老書)』와 같은 유를 가탁하여 후직이 나왔다고 할 수 있을 것이다. 『한서』 「예문지」 중에 수록된 목록에는 이같이 고대 명인을 가탁한 것이 여전히 많지만 『후직서(后稷書)』가 없다고는 할 수 없다. 이 문장의 끝 부분에 '후직의 열 배'라는 것도 역시 후직법을 일컫는다. 묘치위 교석본을 보면, 후직법은 당시에 후직의 이름을 딴 농업 생산 기술이 전해 내려온 것이다. 이는 왕충의 『논형(論衡)』 「상충편(商蟲篇)」에 "신농, 후직의 종자를 저장하는 방법으로 말똥을 삶아 즙을 내어 종자를 담그면 벌레가 들지 않는다."라고 한 것을 가리킨다. 한나라 때에도 이른바 후직법이 전해진 것 같다고 한다.

314 고대 참위가(讖緯家)는 누에를 해석하여 '용정(龍精)'이라고 한다. 묘치위 교석본에 따르면, '용(龍)'은 '천마(天馬)'라고 하므로, 누에와 말은 기가 동일하여 모두 '충(蟲: 동물의 범칭)'의 통솔자라고 한다.

뼈 달인 물과 누에고치 달인 물은 모두 기름져서 농작물이 가뭄을 견딜 수 있게 한다. (이 때문에) 연말의 수확에 손실을 입지 않게 된다."

令稼不蝗蟲. 骨汁及繰蛹汁皆肥, 使稼耐旱. 終歲不失於穫.

"수확은 반드시 신속하게 해야 하며, 항상 급하게 하지 않으면 안 된다. 조의 까끄라기가 서고 잎이 누레지면, 재빨리 베어 내기를 망설여서는 안 된다."

穫不可不速, 常以急疾爲務. 芒張葉黃,[44] 捷穫之無疑.

"조를 수확할 때는 반쯤 익게 되면 베어 낸다."

穫禾之法, 熟過半斷之.

『효경원신계孝經援神契』[315]에 이르기를 "황백색의 토지에는 조가 합당하다."라고 한다.

孝經援神契曰, 黃白土宜禾.

『설문說文』에서 이르길 "조는 좋은 곡식으로서, 2월에 싹이 트기 시작하여 8월이 되면 익게 되고, '중화'의 기운을 얻는 시기이기 때문에 '화禾'라고 칭한다. 조[禾]는 목류[木]로서 나무가 왕성한 계절에 자라나며, 금金이 왕성한 계절에 죽는다고[316] 한다."라고 하였다.

說文曰,[45] 禾, 嘉穀也, 以二月始生, 八月而熟, 得之中和, 故謂之禾. 禾, 木也, 木王而生, 金王而死.

315 『효경원신계孝經援神契』: 이는 한대 사람이 저술한 『효경위(孝經緯)』이다. 원서는 유실되어 전해지지 않는다. 『수서(隋書)』 권32 「경적지일(經籍志一)」에 재록되어 있고, 삼국시대 위나라 송균(宋均)이 주를 달았다.

316 '금왕(金王)'의 '왕(王)'자는 현재는 '왕(旺)'으로 쓰며, 홍성하다는 의미이다. 스셩한의 금석본을 보면, 한대 '오행(五行)'의 이론에 의거할 때 봄은 '목(木)'에 속한다. 2월은 '목(木)'이 가장 왕성한 시절이다. 가을은 '금(金)'에 속하며 8월이 '금(金)'이 왕성한 시절이다. '조[禾]'는 2월에 싹이 터서, 8월에 죽는다. 따라서 "나무

최식이 이르기를[317] "2월, 3월에는 올조를 파종하며, 비옥한 밭에는 모종을 조밀하게 하고, 척박한 밭에는 약간 듬성듬성 파종한다."[318]라고 한다.

崔寔曰, 二月三月, 可種稙[46]禾, 美田欲稠, 薄田欲稀.

『범승지서』에 이르기를 "올조는 '하지'가 지난 후 80일에서 90일[319] 사이의 새벽녘에 항상 주의하여 서리가 내리는 것이 백로白露와 같은지를 살핀다.[320] (만약 날씨가 서리와 백로가

氾勝之書曰, 稙禾,[47] 夏至後八十九十日, 常夜半候之, 天有

가 왕성한 계절에 자라나며, 금이 왕성한 계절에 죽는다."라고 말한다. '오행(五行)'의 생극에 따라 안배할 때 '금(金)'은 '목(木)'을 이긴다. '목(木)'에 속하는 물건은 반드시 '금(金)'에 의해서 제압된다. '조[禾]'는 '목(木)'이 왕성한 시절에 싹이 트고, 또 '금(金)'이 왕성한 시절에는 '금(金)'에 의해서 제압되어 죽는다. 그러한즉 '화(禾)'는 응당 '목(木)'과 같은 유의 물건인 것이다. 이것은 허신(許愼)이 '화(禾)'자 다음에 '목(木)'을 붙인 것에 대한 해석인 것이다. 사실상 '화(禾)'자의 아랫부분은 단지 잎, 줄기, 뿌리의 형상이 '목(木)'자와 더불어 같은 것이지, 결코 '목(木)'은 아니라고 한다.

317 『제민요술』에서 언급된 "최식왈(崔寔曰)"은 모두 최식의 『사민월령(四民月令)』에서 나온 것이다.

318 '조[粟]'는 중국의 단일 줄기의 곡물 품종으로는 가장 많으며, 중심 줄기에 이삭이 달린다. 따라서 비옥한 땅에는 약간 조밀하게 파종해서 그루의 수를 많게 하고 지력을 충분히 이용하여 생산량을 증가시킨다. 척박한 땅에는 약간 듬성듬성하게 파종하면, 영양이 부족하여 잘 성장하지 않아 생산량이 감소하게 된다. 『제민요술』의 문장도 최식과 마찬가지로 비옥한 땅에는 조밀하고 척박한 땅에는 드물게 파종하도록 한다. 논벼는 분열이 많고 콩은 가지가 많은데, 최식이 기록한 것은 이와 상반되어 모두 "기름진 땅에는 듬성듬성하게 하고 척박한 땅에는 조밀하게 해 준다."라고 하였다.(본서 권2 「콩[大豆]」, 「논벼[水稻]」 참조.)

319 절기로 계산할 때 '백로(양력 9월 8일 전후)', '추분(양력 9월 23일 전후)' 두 절기 이후, '한로(양력 10월 9일 전후)', '상강(양력 10월 24일 전후)' 이전이다.

320 '후(候)': '기다리다', '관찰하다', '추정하다' 등의 뜻이 있다.

내린다면,) 날이 밝을 즈음에 재빨리 두 사람이 하나의 긴 새끼를 잡고 서로 마주 보고 각각 한 끝을 잡고 조의 줄기 윗부분을 평평하게 훑으며[321] 이슬이나 서리를 털어 낸다. 해가 뜨면 멈춘다. 이와 같이 하면 농사지으면서 오곡이 서리나 백로의 피해를 받지 않게 된다."라고 한다.	霜若白露下. 以平明時, 令兩人持長索, 相對各持一端, 以槩禾中, 去霜露. 日出乃止. 如此, 禾稼五穀不傷矣.
『범승지서』에 이르기를 "피[稗]는 홍수와 가뭄에 잘 견디기 때문에 파종하면 영글지 않는 해가 없다. 또 특별히 무성하게 번식하며, 잡초가 많더라도 쉽게 잘 자란다.[322]	氾勝之書曰, 稗, 既堪水旱,48 種無不熟之時. 又特滋茂盛,49 易生50蕪穢.
좋은 땅에 피를 파종한다면 무당 20-30섬[斛]을 수확할 수 있다. 응당 이것을 파종하여 흉년을 대비한다."	良田畝得二三十斛. 宜種之, 備凶年.51

321 '개(槩)': '개(槩)'자는 '개(概)'자와 마찬가지이며, 여기서는 새끼를 이용하여 끝부분에 달린 서리와 이슬을 털어 내는 것을 가리킨다. 본문에서 말하는 서리는 서리 그 자체가 아니다. 서리가 얼면 물체 표면에 부착물이 생기게 되어서 작물이 서리로 인해 어는 피해를 입게 된다. 새벽에는 이미 서리가 얼게 되므로, 털어 내도 아무런 도움이 되지 않고 해가 되기 때문에, 대량의 기구만 손상을 입게 된다. 또한 하지 후 90일이 되면 추분에 이르는데, 올조는 곧 수확하고 이삭을 털어 내도 매우 큰 손실을 입게 된다. 서리의 피해를 피하려면 연기를 피우거나 물을 대는 등의 조치를 취해야 한다. 이슬은 본래 작물에 해를 끼치지 않는다. 『범승지서』의 이 같은 방법은 취할 필요가 없는 것이다.

322 '역생무예(易生蕪穢)': 이는 잡초가 무성한 가운데에서도 잘 자란다는 의미이다. 피는 깨끗하게 제거하기가 매우 어려운 잡초로, 제거하기 어려운 잡초는 모두 적응성과 생존 경쟁력이 매우 강하다.

"피의 열매 속에는 쌀이 있는데 익은 후에 도정을 하여 쪄서 밥을 지으면 좋은 좁쌀[323] 못지 않다. 또 술을 담글 수도 있다."라고 한다. 그것으로 담근 술은 맛있고 진하여 기장과 차조로 담근 술보다 좋다. 위 무제[324]는 전농관을 시켜 피를 파종하여[325] 1경의 토지에

稗中有米, 熟時擣取米, 炊食之, 不減粱米.[52] 又可釀作酒. 酒勢美釅,[53] 尤踰黍秫. 魏武使典農

323 '양(粱)'은 좋은 좁쌀로서, '고량(高粱)'은 아니다. 남조의 제와 양나라 시기의 도홍경(陶洪景: 456-536년)의 『명의별록(名醫別錄)』에는 '청량미(青粱米)'라는 말이 있다. "『범승지서』에서는 '양은 차조이다.'라고 한다. 무릇 양미라고 하는 것은 모두 조의 종류이다."라고 하였다. 『자치통감』 권206 「당기(唐紀)」 '신공(神功) 원년'에 '양미(粱米)'라는 말이 있는데, 원대의 호삼성(胡三省: 1230-1302년)의 주석에는 "범승지가 이르기를 '양은 차조이다.'"라고 하였다.

324 '위무(魏武)'는 각본 및 『농상집요(農桑輯要)』에서 똑같이 인용하고 있는데, 조조(曹操: 155-220년)를 뜻한다. 묘치위 교석본에 의하면, 『태평어람』 권823 '종식(種植)'과 남송대 나원(羅愿: 1136-1184년)의 『이아익(爾雅翼)』 권8에서는 모두 '한무(漢武)'라고 적고 있는데, 모두 『범승지서』의 문장을 인용한 것으로 잘못이다. 왜냐하면 범승지는 후한 성제 때의 사람이기 때문에 위 무제의 사정을 미리 알 수 없어서 한 성제 이전의 한 무제라고 고친 것이다.

325 '전농(典農)': 이는 둔전을 관장하는 관리로서 '전농중랑장(典農中郎將)'과 '전농교위(典農教尉)'가 있으며 조조가 둔전을 실시하는 지역에 설치하여 농업 생산, 민전과 전조(田租)를 관장하게 했으며, 직권은 모두 군 태수와 버금가는 것이었다. 한 무제 때는 단지 '대농(大農)'과 '수속도위(搜粟都尉)'라는 두 농업전담 관리는 있었지만, '전농(典農)'이라는 관리는 없었다. 이 때문에 한 무제가 "전농에게 피[稗]를 파종하도록 했다는 것"은 역사적 연대가 뒤바뀐 것이다. 범승지가 흉년 대비를 중시했다는 사실은 아직 많은 사료에서 찾을 수 없다. 그러나 가사협은 흉년을 대비하는 것에 내해서 배우 홍미를 가지고 있었다. 무릇 구황에 쓸모가 있는 물건이 있으면 언제나 두세 번 흉년 대비에 대한 중요성을 강조하였는데, 그는 토란[芋], 순무[蕪菁], 도토리[橡子], 살구씨[杏仁], 오디[桑椹]에 대해 상세하게 설명한 적이 있다. 스성한의 금석본에 따르면 『농상집요』를 편집할 때 단지 『제민요술』에 근거하여 『범승지서』의 기록을 '전제했을' 가능성이 있고 『범승지서』를 '직접 인용'할 수는 없다. '가사협의 주문'과 '전제'는 『범승지서』를 대신하여 주를

2,000섬을 거두게 했으며 한 섬에 3-4말의 쌀을 거둘 수 있었다. 흉년이 들면 갈아서 밥을 짓고[326] 만약 풍년이 들면 소·말·돼지[327]·양의 먹이로 사용했다."

種之, 頃收二千斛, 斛得米三四斗. 大儉可磨食之,54 若值豐年, 可以飯牛馬豬羊.55

"벌레가 복숭아를 먹어 상하게 한 해는 조가 귀해진다."[328]

蟲食桃者粟貴.

양천楊泉의 『물리론物理論』에 이르기를 "경작하는 것을 '가稼'라고 하는데, '가'는 곧 파종하는 것이다. 수확하고 저장하는 것을 일러 '색穡'이라 하는데, '색'은 곧 거두는 것이다. 고대와 현재의 언어는 이와 같이 구분된다. 파종[稼]은 농사의 출발점이고 수확[穡]은 농사의 귀결점이다. 시작

楊泉物理論曰, 種作曰稼, 稼猶種也. 收斂曰穡, 穡猶收也. 古今之言云爾. 稼, 農之本, 穡,

단 것일 뿐이다. 왜냐하면 원나라 초에 『범승지서』는 이미 전하지 않았기 때문이라고 한다.

326 금택초본에서는 '지(之)'로 쓰고 있는데, 『농상집요(農桑輯要)』에서도 똑같이 인용하고 있다. 명초본과 호상본에서는 '야(也)'자로 쓰고 있는데, 의미는 서로 비슷하다. 대검(大儉)은 재해[凶年]가 심하다는 의미이다.

327 『제민요술』에서 돼지에 대한 표현은 저(豬), 시(豕), 체(彘) 등이 있다. 류제의 논문에 따르면, 『방언(方言)』 권8에서는 지역별 명칭의 차이를 언급하고 있는데, 저(豬)는 북연(北燕)과 조선(朝鮮)에서는 '가(豭)'로 부르며, 관동(關東) 서쪽에서는 '체(彘)' 혹은 '시(豕)'로 부른다고 기록하였다. 『제민요술』 중에는 '시'와 '체'의 사용빈도가 적어 각각 한 차례가 등장하며, 나머지는 모두 '저(豬)'로 사용되며 26차례가 보인다고 한다.

328 이 구절은 위의 문장과 관계가 없다. 『범승지서』의 내용은 아닌 듯하며, 권2의 「보리·밀[大小麥]」에서 『잡음양서』를 인용하여 "벌레가 살구를 먹어 해를 끼친 해에는 맥이 귀해진다."라는 구절이 있는 것으로 미루어 보아 미신을 기록한 점후서인 『잡음양서(雜陰陽書)』에서 나왔을 가능성이 있다.

은 가볍게 하나, 끝은 무겁게 한다. 처음은 느슨하게 하나 마지막은 아주 급하게 한다. 갈고 파종하는 것은 고르고 부드럽게 해야 하며,[329] 수확은 재빠르게 해야 한다. 이것이 바로 농사를 잘 짓는 사람이 반드시 힘써야 할 것이다."라고 한다.

『한서漢書』 「식화지食貨志」에 이르기를 "곡물의 파종은 반드시 5종種의 곡물을 섞어서 파종해야 비로소 재해를 예방할 수 있다." 안사고(顔師古)가 주석하여 말하기를 "해마다 밭에는 적합한 곡물이 있어 수해나 가뭄에 잘 견디는 것이 있다. 오종은 오곡이며, 찰기장·조·삼[麻]·맥·콩이 있다."라고 한다.

밭 가운데에는 나무가 있어서는 안 되는데, 오곡이 나무의 방해를 받게 된다." 오곡의 밭 가운데 과일나무를 심어서는 안 된다. 농언에 이르기를 "복숭아나무와 자두나무는 결코 말하지 않아도 그 아래에 저절로 지름길이 생긴다."라고 하였는데, 이 말은 (나무를 심게 되면) 그 갈이와 파종을 방해하고 조의 싹을 손상시킬 뿐만 아니라, 게으른 사람이 휴식의 장소로도 사용하고, 어린이들의 놀이터가 되기도 한다는 뜻이다. 따라서 (『관자』에 따르면) 제 환공이 관자에게 묻기를 "백성들이 배고프고 추운데 집이 새도 수리하지 않고, 울타리가 무너졌어도 보수하지 않으면 어떻게 되겠는가?"라고 하였다. 관자가 대답하여 이르기를 "대로변의 나뭇가지를 깨끗이 자

農之末. 本輕而末重. 前緩而後急. 稼欲熟, 收欲速. 此良農之務也.

漢書食貨志曰, 種穀必雜五種, 以備災害. 師古曰, 歲田有宜, 及水旱之利也. 五種卽五穀, 謂黍稷麻麥豆也.

田中不得有樹, 用妨五穀. 五穀之田, 不宜樹果. 諺曰, 桃李不言, 下自成蹊, 非直妨耕種, 損禾苗, 抑亦墮夫[56]之所休息, 豎子之所嬉遊. 故齊桓公問於管子曰,[57] 飢寒, 室屋漏而不治, 垣牆壞而不築, 爲之奈何.

329 '가욕숙(稼欲熟)': 『태평어람』 권824에서는 이 구절을 "稼欲少苦, 耨欲熟"으로 인용하였다.

르십시오."[330]라고 하자, 환공은 좌우백에게 명하여, "대로변의 나뭇가지를 깨끗하게 자르라."라고 하니 1년이 지난 후에 백성들은 모두 베옷이나 비단옷을 걸치고, 집을 수리하고, 울타리를 고쳤다.

管子對曰, 沐涂樹之枝. 公令謂左右伯,[58] 沐涂樹之枝, 朞年, 民被布帛, 治屋, 築垣牆. 公問, 此何故,

환공이 물어 말하기를 "이것은 어찌한 이치인가?"라고 하니, 관자가 대답하여 이르기를 "제나라는 내이(萊夷)의 나라입니다. 하나의 큰 나무 그늘 아래 백여 대의 수레가 쉬고 있습니다. 나뭇가지를 자르지 않았기 때문에 각종 새들은 그 위에서 둥지를 틀고, 젊은 청년들은 돌을 끼워 쏘는 탄궁을 만들면서 하루 종일 나무 밑에 머무르며 돌아갈 줄을 모릅니다. 늙은이들은 나뭇가지를 어루만지며 한담하면서 하루 종일 움직이지도 않습니다. 지금 우리가 도로변의 나뭇가지를 깨끗이 잘랐기 때문에 해가 중천에 있을 때도 한 점의 그늘이 없어 길 가는 사람들도 빠르게 달려가고, 노인들은 돌아가서 집안일을 관리하며 젊은이들은 집에 가서 생산 활동을 합니다."라고 하였다.

管子對曰, 齊, 萊[59]夷之國也. 一樹而百乘息其下. 以其不捎[60]也, 眾鳥居其上, 丁壯者胡丸操彈居其下, 終日不歸. 父老柎[61]枝而論, 終日不去. 今吾沐涂樹之枝, 日方中, 無尺蔭, 行者疾走, 父老歸而治產, 丁壯歸而有業.

"힘써 땅 갈고 여러 차례 제초하며, 수확은 마치 도적이 이르듯이 한다." 안사고가 이르기를 "'힘쓴다[力]'라는 것은 삼가 노력하여 만든다는 것이며, '도적이 오는 것과 같이'라는 것은 신속하고 급하게 취함을 말하는데, 사실

力耕數耘, 收穫如寇盜之至. 師古曰, 力謂勤作之也, 如寇盜之至, 謂

330 '목(沐)', '소(捎)': 스셩한의 금석본에서는 '소(捎)'를 '초(梢)'로 표기하였다. 스셩한에 따르면 '목(沐)'과 '초(梢)'는 뜻이 서로 같으며, 나뭇가지 끝을 베어 낸다는 의미이다. '목(沐)'의 본래 뜻은 "머리를 씻어 두발을 정리하는 것"인데, 나무에 사용하면 동사로 쓰여 "나뭇가지를 정리하는 것"이며, '초(梢)'는 "가지 끝을 자르는 것"을 뜻한다.

은 바람과 비에 의해 피해를 입을까 두려워한다."라는 것을 말함이다.

"(농번기 때에 거주하는) 오두막집[廬][331] **주변에 뽕나무를 심는다.** 안사고가 이르기를 "'환(還)'은 두른다는 의미이다."라고 한다. **채소[菜茹]는 이랑에 파종한다.** 『이아(爾雅)』의 설명에 의하면, "채(菜)는 '푸성귀[蔌]'라고 한다." "채소 중에 성숙하지 않은 것을[332] '근[饉]'이라고 칭한다." 곽박(郭璞)은 주석하여 말하기를 "'소'는 채소의 총칭이다. 무릇 풀의 종류와 채소의 종류는 먹을 수 있어서 하나같이 '소(蔬)'라고 칭한다."라고 한다. 살피건대, 자랄 때는 '채(菜)'로 하고 성숙한 것은 '여(茹)'라 한다.[333] 마치 풀이 살아 있는 것을 '초(草)'라 하고, 죽은 것을 일러 '노(蘆)'라고 하는 것과 같다. **외, 표주박, 과일, 초본 식물의 열매[蓏]는** 응소(應劭)[334]가 말하기를 "'과(果)'는 나무에 달린 열매이고, '나(蓏)'는

促遽之甚, 恐爲風雨所損.

還廬樹桑. 師古曰, 還, 繞也. **菜茹有畦.** 爾雅曰, 菜謂之蔌.[62] 不熟曰饉. 蔬, 菜總名也. 凡草菜可食, 通名曰蔬. 案, 生曰菜, 熟曰茹. 猶生曰草, 死曰蘆. **瓜瓠果蓏,** 應劭曰, 木實曰果, 草實曰蓏, 張晏曰, 有核曰果, 無核曰蓏. 臣

331 '여(廬)': 이는 짚이나 풀로 이은 주거지로서, 오늘날 이른바 '임시 건물'과 비슷하다. 옛날에 농사철이 되면 사람들이 들판의 오두막집에서 거주하며, 겨울이 되면 읍내로 와서 살았다.

332 스셩한과 묘치위는 '불숙(不熟)'을 '수확되지 않는 것'으로 해석하고 있지만, 의미상 '푸성귀'의 의미와 합당하지 않으므로 '성숙하지 못한 것'으로 해석하였다.

333 '채(菜)'와 '여(茹)'는 모두 채소를 뜻한다.

334 '응소(應劭: ?-204년?)': 후한 여남(汝南) 남돈(南頓) 하남(項城) 사람이다. 자는 중원(仲遠) 또는 중원(仲援), 중원(仲瑗)이다. 영제(靈帝) 때 효렴(孝廉)으로 천거되어 영릉령(營陵令)과 태산태수(泰山太守) 등을 지냈다. 저서에 『한서집해(漢書集解)』와 『한조박의(漢朝駁議)』, 『율략론(律略論)』, 『한궁의(漢官儀)』, 『풍속통의(風俗通義)』 등이 있었지만 대부분 없어지고, 『풍속통의』 일부만이 한위총서(漢魏叢書)와 사고전서(四庫全書) 등에 전해질 뿐이다.([출처]: 『중국역대인명사전』)

초본 식물에 달린 열매이다."라고 하였고, 장안(張晏)은 "'과'에는 씨가 있고, '나'에는 씨가 없다."라고 하였다. 신찬(臣瓚)이 이르기를 "'과'는 나무 위에 달린 것이며, '나'는 땅 위에 달린 것을 말한다고 한다."라고 한다. 『설문(說文)』의 해석에 의하면, "나무 위에 있는 것을 '과'라고 하고, 풀에 달린 것이 '나'이다."라고 한다. 허신(許愼)이 『회남자』에 주석하여 이르기를 "나무 위에 달린 것이 '과'이고, 지면에 달린 것을 '나'라고 한다."라고 한다. 정현이 『주례』에 주석하여 이르기를 "'과'는 복숭아와 자두 같은 유를 말하고, '나'는 표주박과 같은 유를 말한다."라고 한다. 곽박이 『이아』를 주석하여 말하기를 "'과'는 나무 열매이다."라고 한다. 고유는 『여씨춘추』에 주석하여 말하기를 "씨가 있는 것은 '과'이고, 씨가 없는 것은 '나'이다."라고 한다. (남북조시대 강남 지역의) 송심약(宋沈約)이 『춘추원명포(春秋元命苞)』에 주석하여 말하기를 "나무에 달려 있는 열매가 '과'이며, '나'는 외와 표주박 유이다."라고 한다. 왕광(王廣)은 『역전(易傳)』에 주석하여 이르기를 "과일[果]과 열매[蓏]는 식물의 열매이다."라고 하였다. **경계[335] 상에 파종한다.** 장안(張晏)이 주석하여 말하기를 "여기를 기점으로 밭의 주인이 바뀌기 때문에 경계를 일러 '역(易)'이라고 한다."라고 한다. 안사고가 이르기를 "『시경』「소아(小雅)·신남산(信南山)」에는 '밭 가운데 오두막이 있고, 그 경계에 외가 심겨 있다.'라고 하였는데, 이 같은 상황을 말한 것이다."라고 하였다.

瓚案, 木上曰果, 地上曰蓏. 說文曰, 在木曰果, 在草曰蓏. 許愼注淮南子曰, 在樹曰果, 在地曰蓏. 鄭玄注周官曰, 果, 桃李屬, 蓏, 瓠屬. 郭璞注爾雅, 果, 木子也. 高誘注呂氏春秋曰, 有實曰果, 無實曰蓏. 宋沈約注春秋元命苞曰, 木實曰果, 蓏, 瓜瓠之屬. 王廣注易傳曰, 果蓏者, 物之實. **殖於疆易.** 張晏曰, 至此易主, 故曰易. 師古曰, 詩小雅信南山云, 中田有廬, 疆易有瓜, 卽謂此也.

335 '강역(疆易)': '역(易)'자는 후대에 모두 '역(埸)'으로 쓴다. '강역[疆易: 강장(疆場)은 아니다.]'은 토지 경계나 국토의 경계를 가리킨다.

"닭[雞]·새끼 돼지[豚]·개[狗]·암돼지[彘][336]는 모두 그 기르는 시기를 잃지 않고, 부녀자들이 누에를 치고 베를 짜면 50세가 된 사람이 비단옷을 입을 수 있으며 70세가 된 사람은 고기를 먹을 수 있다."

雞豚狗彘, 毋失其時, 女脩蠶織, 則五十可以衣帛, 七十可以食肉.

"들판에서 마을로 들어오는 사람들은 반드시 약간의 땔감을 가져와야 한다. 가볍고 무거운 짐을 적당하게 배분했는데,[337] 반백班白이 된 사람은 땔감을 지고 올 필요가 없었다." 안사고가 이르기를 "반백은 머리카락의 색깔이 희끗희끗해지는 것이다. 들거나 운반하지 않는 것은 노인을 배려했기 때문이다."라고 하였다.

入者必持薪樵. 輕重相分, 班白不提挈. 師古曰, 班白者, 謂髮雜色也. 不提挈者, 所以優老人也.

"겨울이 되어 백성들이 읍으로 들어와서 살게 되면, 한 마을의 부녀자들이 한곳에 모여 공동으로 밤에 실 잣고 베를 짜는 여러 종류의 일을 하는데 부녀자들의 노동[女工][338]은 한 달에 45일이다." 복건(服虔)[339]이 해석해 말하기를 "한 달 중에는

冬, 民既入, 婦人同巷, 相從夜績, 女工一月得四十五日. 服虔曰, 一月之中, 又

336 '계돈구체(雞豚狗彘)': '돈(豚)'은 새끼돼지이며, '체(彘)'는 암돼지를 말한다. 닭, 돼지, 개는 오직 식용에만 사용되며, '체(彘)'는 새끼돼지를 낳고 식용으로 사용되었다.

337 '경중상분(輕重相分)': '상(相)'은 "양을 감안하여"라는 의미이고, '상분(相分)'은 "적당히게 분배한다."라는 뜻이다.

338 '여공(女工)': 부녀들의 노동을 뜻한다.[간혹 직접 '여홍(女紅)'으로 쓰기도 한다.]

339 '복건(服虔)': 후한 하남(河南) 형양(滎陽) 사람이다. 초명은 중(重) 또는 기(祇)이며, 자는 자신(子愼)이다. 태학(太學)에 들어가 수업했다. 효렴(孝廉)으로 천거되어 구강태수(九江太守)를 지냈다. 고문 경학을 숭상하여 금문 경학자인 하휴(何休)의 설을 비판했다. 저서에 『춘추좌씨전해(春秋左氏傳解)』가 있는데, 동진(東

(원래 낮 시간 이외에) 밤 시간도 있는데, 낮 시간의 절반으로 계산하여 합하면 15일의 일이 되므로, 결국 45일의 일을 하게 되는 것이다."라고 하였다. 반드시 서로 한곳에 모이는 것은 화톳불과 군불의 비용을 절약하고, 또한 서로 일하는 중에 숙련된 사람과 그렇지 못한 사람의 기술을 나누고 풍습을 화합하기 위함이다. 안사고가 이르기를 "화톳불과 군불을 줄이는 것은 화톳불과 군불의 비용을 절약함이다. 화톳불은 조명을 밝히는 것이고, 군불은 난방을 하는 것이다."라고 하였다.

"동중서董仲舒가 이르기를 '『춘추春秋』에는 다른 곡물은 기록하지 않고, 오직 맥麥과 조[禾]가 익지 않을 경우에만 기록하였다. 이것은 바로 성인이 오곡 중에 맥과 조[禾]가 가장 중요한 두 가지 곡물이라고 본 것이다.'"라고 한다.

"조과趙過는 수속도위搜粟都尉가 되었다. 조과가 '대전代田'의 방법을 사용했는데, 이것은 곧 한 개의 큰 이랑에 세 개의 고랑을 지어, 안사고가 말하기를 "'견(甽)'은 곧 '이랑[壟] 사이'를 말하며, 또한 '견(畎)'이라고도 쓴다. 해마다 파종 장소를 바꾸기 때문에 '대전代田'이라고 칭하였다. 안사고는 이르기를 "'대(代)'는 즉 바꾼다는 의미이다."라고 한다. (대전은) 고대부터 전해 온 농경 방식이다.

得夜半, 爲十五日, 凡四十五日也. 必相從者, 所以省費燎火,[63] 同巧拙而合習俗. 師古曰, 省費燎火, 省燎火之費也. 燎, 所以爲明, 火, 所以爲溫也. 燎, 音力召反.

董仲舒曰. 春秋他穀不書, 至於麥禾不成則書之. 以此見聖人於五穀, 最重麥禾也.

趙過爲搜粟都尉. 過能爲代田, 一畮三[64]甽, 師古曰, 甽, 壟也, 字或作畎. 歲代處, 故曰代田. 師古曰, 代, 易也. 古法也.

晉) 때 그의 춘추좌씨학(春秋左氏學)이 학관(學官)에 세워졌으며, 남북조 시대에는 그의 주석(注釋)이 북방에 성행했다.([출처]: 『중국역대인명사전』)

"후직后稷이 처음으로 밭에 고랑을 만들었으며, 사(耜) 두 개를 한 조로 이루게 하여 사용하였다." 안사고는 "사(耜) 두 개를 나란히 하여 밭을 갈았다."라고 한다. 깊이 한 자, 폭 한 자의 고랑을 만들고 그 길이는 이랑[畮]이 끝나는 데까지로 한다. 1무의 이랑[340]에 모두 3개의 고랑을 만들면, 1부 즉, 100무에는 300개의 고랑이 만들어지며, 고랑 안에 파종하였다. 안사고가 주석하여 이르기를 "'파(播)'는 뿌린다는 의미이며, '종(種)'은 곡물의 종자를 뜻한다."라고 한다. 떡잎이 3장 정도[341] 나올 때 점차 이랑 위의 풀을 호미로 김매기한다. 안사고가 이르기를 "'누(耨)'는 곧 호미질[鉏]하는 것이다."라고 한다. 이랑 위의 흙을 허물어 모종의 뿌리에 덮어 준다[培土]. 안사고가 이르기를 "'퇴(隤)'란 허물어 무너뜨린다는 의미이며, 음은 '퇴(頹; Tuei)'다."라고 한다. 옛 『시경詩經』에 이르기를 "김매고 북돋우니 찰기장과 조가 무성하게 잘 자라도다."라는 말이 있는데, 안사고가 주석하여 이르기를 "이것은 『시경』 『소아(小雅)·포전(甫田)』의 구절로서 '의의(儗儗)'는 무성한 모양이고, '운(芸)'의 음은 '운(云; yn)'과 같으며, '자(芓)'는 음은 '자(子; zi)'와 같고, '의(儗)'의 음은 '의(擬; Ji)'와 같다."라고 한

后稷始甽田, 以二耜爲耦. 師古曰, 併兩耜而耕. 廣尺深尺曰甽, 長終畮. 一畮三甽, 一夫三百甽, 而播種於甽中. 師古曰. 播, 布也, 種, 謂穀子也. 苗生葉以上, 稍耨隴草. 師古曰, 耨, 鉏也. 因隤其土, 以附苗根. 師古曰, 隤, 謂下之也. 音頹. 故其詩曰, 或芸或芓, 黍稷儗儗, 師古曰, 小雅甫田之詩, 儗儗, 盛貌, 芸, 音云, 芓, 音子, 儗,

340 여기서의 1무(畮)는 100보×1보의 1무로 면적 단위도 되지만, 고랑을 만들 때 '한 이랑의 폭으로서'의 의미도 된다.

341 사료 상으로는 '苗生葉以上'이라고 하고 있어 떡잎의 수를 알 수 없다. 떡잎은 대개 기본적으로 2장이 나온다고 볼 때, '이상'의 의미는 3장 정도 나오는 시기가 아닌가 생각된다.

다. 운芸은 제초를 뜻하고, 자耔는 뿌리에 배토하는 것으로, 이것은 바로 모종이 점차 자라 튼실해지면 매번 김매어서 뿌리 위에 배토하는 것을 말한다. 날씨가 매우 더운 여름이 되면, 이랑 위의 흙은 깎여 없어지고 뿌리 또한 더욱 깊어진다. 안사고가 주석하여 말하기를 "'비(比)'의 음은 '필(必)'과 매(寐)의 반절음이다."라고 한다. 바람과 가뭄에 잘 견딘다. 안사고가 이르기를 "'능(能)'은 '견디다'라는 의미로 읽는다."라고 한다. 따라서 의의儗儗는 무성하다는 의미이다."라고 하였다.

音擬. 芸, 除草也, 耔, 附根也, 言苗稍壯, 每耨輒附根. 比盛暑, 隴盡而根深. 師古曰, 比, 音必寐反. 能風與旱. 師古曰, 能, 讀曰耐也. 故儗儗而盛也.

(조과가 사용한) 밭 갈고, 김매고, 씨 뿌리는 이런 도구[田器][342]는 모두 편리하고 정교함이 있다. 대개 12부夫는 밭 1정井: 9夫 1옥屋: 3夫에 해당하며, 이는 옛 무[故晦]로 환산하면 5경[343]이 된다. 등전(鄧展)[344]이 이르기를 "9부는 1정(井)이며, 3부는 1옥(屋)이

其耕耘下種田器, 皆有便巧. 率十二夫爲田一井一屋, 故晦五頃. 鄧展曰, 九夫爲井, 三

342 개발된 후에 더욱 편리해진 이 도구는 다음 문장의 '우리(耦犁)'로서, 파종 기구는 '삼리공일우(三犂共一牛)'의 '누거(耬車)'이며,[이것은 본권 「밭갈이[耕田]」에서 최식(崔寔)의 『정론(政論)』을 인용한 것이다.] '운기(耘器)'는 위 문장의 '초누농초(稍耨隴草)'의 '누(耨)', 즉 호미이다. 『여씨춘추』의 '누(耨)'는 보습 날의 폭이 6치이다. 손잡이 길이가 한 자에 가깝고, 앉아서 김을 매는데 효과는 비교적 늦다. 오늘날의 손잡이가 긴 호미는 서서 조작이 가능하여 비교적 편리하고 민첩하게 일을 처리할 수 있었다.

343 1정(井)은 900무(畝)이고, 1옥(屋)은 300무로서 모두 1,200무이다. 고대에는 100보가 1무이기에 1,200무는 120,000평방보이다. 한대에는 240평방보가 1무이므로, 120,000평방보÷240평방보=500무이기 때문에 한대 무로 환산하면 5경이 된다.

344 '등전(鄧展)': 삼국시대 위나라 사람이다. 건안(建安) 연간에 분위장군(奮威將軍)

다. 1부당 100무[畮]를 소유하기 때문에, 옛날의 (무 단위로 환산하면) 12경이 된다. 옛날에는 백보 1무(畮)제였는데, 한대에 240보를 1무로 하였기 때문에, 옛날의 1,200무는 지금의 무 단위로 환산하면 5경에 해당된다."라고 하였다.

'우리耦犂'[345]는 세 사람이 두 마리의 소를 사용하는 것으로서, 한 해의 수확은 만전縵田의 수확보다 무당 한 섬[斛] 이상이 많다. 안사고가 주석하기를 "만전(縵田)은 '고랑[甽]'을 만들지 않는 밭이다. '만의 음은 '만(晩)'이다."라고 한다. "고랑을 잘 지어서 농사짓는 사람은 두 배를 거두었다." 안사고가 주석하여 말하기를 "고랑을 잘 짓는 사람은 만전보다 무당 2섬 이상의 수확을 더 거두었다."라고 하였다.

조과趙過는 이처럼 밭 갈고 파종하는 방식을 태상太常[346]과 삼보三輔의 농민들에게 가르쳤다.

夫爲屋. 夫百畮, 65 於古爲十二頃. 古 66 百步爲畮, 漢時二百四十步爲畮, 古千二百畮, 則得今五頃. 用耦犂, 二牛三人, 一歲之收, 常過縵田畮一斛以上. 師古曰, 縵田, 謂不爲甽者也. 縵, 音莫幹反. 善者倍之. 師古曰, 善爲甽者, 又 67 過縵田二斛已上也.

過使教田太常三輔. 蘇林曰, 太

을 지냈고 낙향후(樂鄕侯)에 봉해졌다. 건안 18년(213)에 유훈(劉勛)・유약(劉若)・하후돈(夏侯惇)・왕충(王忠)・선우보(鮮于輔) 등과 함께 상소를 올려 조조에게 위공(魏公)에 봉해질 것을 주청하였다.([출처]: Baidu 백과)

345 '우리(耦犂)': 이는 해석이 여러 가지이다. 묘치위 교석본에 따르면, 두 사람이 각각 한 마리의 소를 끌고 한 사람은 쟁기를 끌거나, 또 어떤 사람은 소 두 마리가 각각 쟁기 하나씩을 끄는데, 두 사람이 쟁기를 잡고, 한 사람은 앞에서 소를 이끌어 나란히 앞으로 전진한다. '우경(耦耕)'과 마찬가지로 지금까지 여전히 난해한 문제로 남아 있다고 한다.

346 '태상(太常)': 태상은 관직명으로 구경(九卿) 중의 하나이고, 예악・교사・묘제・능침 등의 일을 주관하였다. 황가의 대규모 능묘지 안에는 농민이 있었다.([출처]: Baidu 백과)

소림(蘇林)이 해석하여 말하기를 "태상(太常)은 죽은 황제의 능묘(陵墓)를 관장하였는데, 그 땅에 농민이 있기 때문에 그들에게 밭 갈고 씨 뿌리는 방법을 배우도록 하였다."[347]라고 한다.

常, 主諸陵, 有民, 故亦課田種.

대농大農은 손재주가 좋은 노비와 그 일을 관리하는 사람을 두어서[348] 밭가는 새로운 기구를 제작케 하였다. 2,000섬의 관부는 현의 영令·장長·삼노三老·역전力田[349] 및 민간의 농사를 잘 짓는 '노농[父老]'을 파견하여, 모두 이 같은 새로운 농기구를 받아 밭 갈고 씨 뿌리고 농작물을 배양하는 새로운 기술을 배우게 하였다."[350] 소림

大農置工巧奴與從事, 爲作田器. 二千石遣令長三老力田, 及里父老善田者, 受田器, 學耕種養苗狀.

蘇林曰, 爲法意狀也.

---

347 '과(課)': 각본의 글자는 같은데 금택초본에서는 '위(謂)'로 쓰고 있으며, 『한서(漢書)』와 당초본(唐抄本)의 『한서』 「식화지(食貨志)」의 주석은 동일하다. 살피건대 '과(課)'자는 지도·감독한다는 의미이고, '위(謂)'는 그 자형이 비슷하나 잘못된 것이다.

348 '대농(大農)': 『사기(史記)』 권11 「경제본기(景帝本記)」와 『한서』 권19 「백관공경표상(百官公卿表上)」의 기록에 의거하면 기원전 144년에 치속내사(治粟內史)의 이름을 바꾸어 대농으로 하였고, 이듬해 대농령(大農令)으로 이름을 바꾸었으며, 기원전 104년에 한 무제가 또 대사농(大司農)으로 이름을 바꾸었다. 이는 전국의 재정과 농산 등을 주관하는 중앙 최고급 농관이다. '공교노(工巧奴)'란 아주 재주가 뛰어난 관청 수공업의 노예(특히 철공과 목공)를 가리키는데 일반 수공업 노예와 복역자를 지도하여 새로운 농구를 제작하게 하였다. '종사(從事)'란 일을 처리하는 사람으로, 사람을 파견하여 장인을 관리해서 새로운 농기구를 제작했으나, 여기서는 주군의 속관인 '종사(從事)'는 아니다.

349 '이천석(二千石)'은 태수를 가리킨다. '영(令)'은 만 호 이상의 현의 수장이고, '장(長)'은 만 호 이하의 현의 수장이다. '삼로(三老)', '역전(力田)'은 모두 향촌을 기반으로 하여 직책을 가지고 있는 사람으로서 '삼로'는 교화를 담당하고, '역전'은 경작을 관리·감독한다. 『한서』 권4 「문제기(文帝記)」에 의하면, 호구의 비율에 따라서 '삼로', '효제(孝悌)', '역전'의 인원을 두었다고 한다.

(蘇林)이 이를 해석하여 말하기를 "새로운 조작 기술의 방법과 의의를 배우게 하였다."라고 한다.

농민 중에서 어떤 이들은 소가 부족하여 촉촉할 때에 시간에 맞춰 경작할 수가 없었다.[351] 안사고가 말하기를 "'추(趨)'란 '취(趣)'로 읽어야 되며, '취(趣)'는 쫓는다는 의미이다. '택(澤)'은 비가 내려 촉촉하다는 의미이다."라고 한다. 일찍이 평도현령平都縣令이었던 광光[352]이 조과趙過에게 인력으로 쟁기를 끄는 방식[人輓[353]犂]을 가르쳤다. 안사고가 말하기를 "'만(輓)'은 곧 끈다는 의미이고, 음은 '만(晚)'이다."라고 한다. 조과는 위에 주청하여 광을 (자신의) 보좌관[丞]에 임명하도록 하였고,[354] 농민들에게 서로 힘을 빌려[355] 쟁기

民或苦少牛，亡以趨澤。師古曰，趨，讀曰趣，趣，及也。澤，雨之潤澤也。故平都令光，教過以人輓犂。師古曰，輓，引也。音晚。過奏光以爲丞，教民相與庸輓犂。師古曰，庸，

---

350 '상(狀)'은 신기술의 방식을 시범적으로 조작하는 것으로, 묘치위 교석본에 의하면, 모두 현의 영장(令長) 이하의 인원에게 전수하여 먼저 익히게 하였다고 한다.

351 '망(亡)': 옛날에는 '무(無)'자로 사용하였다.

352 '고평도령광(故平都令光)': '고(故)'는 과거, 지난 시기로서 즉, 과거에 이미 그 직을 수행하였고 지금은 그만두었음을 뜻한다. '평도(平都)'는 지명이다. '영(令)'은 장관이다. '광(光)'은 인명이다. 스셩한의 금석본에 따르면, 이 사람의 성은 알 수 없고, 다만 그가 과거(즉, 조과에게 인력으로 쟁기를 끄는 방법을 가르치기 이전)에는 평도 지방의 장관을 역임하였다는 것만 알 수 있다. 평도현은 『한서』 권10 「지리지」에 의거하면 병주(竝州)의 상군(上郡)에 속하며, 지금의 섬서성 북부 지역에 있다.

353 '만(輓)': 힘으로 물건을 끌어서 움직이게 하는 것이다.

354 '승(丞)'은 일종의 보좌관이다. 『한서(漢書)』 권19 「백관공경표상(百官公卿表上)」에 의하면 치속내사(治粟內史)에는 두 명의 승이 있는데 치속내사가 뒤에 대사농(大司農)으로 이름을 바꾸었다. 수속도위(搜粟都尉)의 품계는 점차 대사농보다 낮아진다. 대사농은 인원이 줄어들어 상홍양(桑弘羊)은 일찍이 수속도위와 대사

를 끌도록 하였다. 안사고가 이르기를, "'용(庸)'은 '공(功)'으로서, 품을 교환하여 공동으로 작업함을 말하며, 한편에서 돈을 내어서 노동력을 고용하는 관계와 같다."라고 한다. 일반적으로 사람이 많을 경우에는 하루 노동으로 30무畮를 경작할 수 있으나, 적을 경우에는 13무 정도 경작할 수 있다. 따라서 많은 토지가 모두 개간되었다.

功也, 言換功共作也, 義亦與庸賃同. 率多人者, 田日三十畮, 少者十三畮. 以故田多墾闢.

조과는 먼저 이궁離宮의 병사들에게 이궁의 성 안쪽의 빈 땅인 궁연지宮壖地에 밭을 갈고 파종하는 것을 시험케 하였다. 안사고가 이르기를 "이궁(離宮)이란 거처에서 떨어진 궁전으로, 황제가 평소에 거주하는 곳은 아니다. 연(壖)은 빈 땅이다. 궁연지(宮壖地)는 궁전의 바깥 담장과 안 담장 사이의 빈 땅이다. 이 외에도 강가의 빈 땅이나, 또는 묘장 안쪽의 빈 땅도 마찬가지로 의미상으로는 모두 같다. 이궁을 지키는 병사는 한가하고 일이 없기 때문에 그들에게 담 밖의 빈 땅에 경작하도록 하였다."라고 한다.

過試以離宮卒田其宮壖地. 師古曰, 離宮, 別處之宮, 非天子所常居也. 壖, 餘也. 宮壖地, 謂外垣之內, 內垣之外也. 諸緣河壖地, 廟垣壖地, 其義皆同. 守離宮卒, 閑而無事, 因令於壖地爲田也. 壖, 音而緣反.

살핀 결과[356] 수확한 곡물은 인근의 밭보다

농을 몇 년간 겸직하였다. 조과는 수속도위에 임용되어 상홍양 다음의 자리를 이어받았으며, 그는 '광(光)'을 추천하여 보좌하는 승관으로 임명하였는데, 대개 자기의 부관으로 임명한 것이다.

355 '용(庸)': 현재는 '용(傭)' 즉, '용청(傭請)'으로 사용한다. 안사고의 주석 중에 "품을 교환하다.[換功.]"라고 한 것은 반드시 물질이나 화폐를 대가로 지불하여서 사람의 '공(功)'을 바꾸어 취하는 것이기 때문에, '임노동[傭賃]'과 의미가 같다. 스셩한의 금석본에 의하면, 어떤 특정 시기에 농촌에서 시행된 '환공제도(換功制度)'는 '광(光)'이 가르친 '상여제도(相與制度)'와 완전히 일치된다고 한다.

무畮당 한 섬 이상이었다. 재차 관련 전문가에게 가르쳐 삼보의 공전에 파종하도록 명하였다. 이기(李奇)가 말하기를 "영(令)은 시킨다는 의미이며, 명(命)은 가르친다는 의미이다. 따라서 이궁을 지키는 병사들이 집안사람들에게 공전을 경작하는 것을 가르쳤다."라고 한다. 위소(韋昭)가 이르기를 "명(命)은 작명(爵命)이 있는 사람을 말하고, 명가(命家)는 일급 공사[357] 이상의 작명을 받은 가정을 가리키는데, 그들이 공전을 경작할 수 있도록 함으로써 우대를 표시하였다."라고 한다.

또 이 방법을 변경의 몇 개의 군과 거연성[358]에도 가르쳤다. 위소(韋昭)가 이르기를 "거연(居延)은 (감숙성) 장액군의 속현이며, 당시에는 둔전병[359]이 있었다."라고 한다.

課得穀, 皆多其旁田, 畮一斛以上. 令命家田三輔公田. 李奇曰, 令, 使也, 命者, 教也. 令離宮卒, 教其家, 田公田也. 韋昭曰, 命, 謂爵命者, 命家, 謂受爵命一爵爲公士以上, 令得田公田, 優之也. 師古曰, 令, 音力成反. 又教邊郡及居延城. 韋昭曰, 居延, 張掖縣也, 時有

356 '과(課)': '과(課)'는 방법을 정해서 실행한 후에 조사, 감독을 하는 것이다.

357 '공사(公士)'는 작급(爵級)의 이름이다. 한나라는 진나라의 제도를 이어받아 작을 20등급으로 나누었는데, 가장 아래의 급을 '공사(公士)'라고 한다. 『한서(漢書)』 권19 「백관공경표상(百官公卿表上)」의 안사고 주에는 '작명(爵命)'이 있으며, 사졸과는 다르기 때문에 '공사'라고 칭한다고 한다.

358 '거연(居延)'은 전한에서 설치한 현이며, 옛 성은 내몽고 자치주 어지나[額濟納]의 동남쪽에 위치한다. 전한때에는 장액(張掖) 도위치소(都尉治所)가 되었으며, 위진 시대에는 서해군치소(西海郡治所)가 되었다. 위소(韋昭)는 삼국시대 오나라 사람이며 그가 말한 장액현은 장액 도위치소의 현으로, 지금은 감숙성 하서주랑(河西走廊) 중부의 장액현을 가리키는 것은 아니다.

359 '전졸(田卒)': 각본 및 『한서』 주석에서는 모두 '전졸(田卒)'이라고 쓰고 있는데, 당초본의 『한서』 권24 「식화지(食貨志)」에는 '갑졸(甲卒)'이라고 쓰고 있다. 『한서』 권96 「서역전(西域傳)」에는 "윤대(輪臺), 거리(渠犁)에는 모두 전졸 수백 명이 있었다."라고 하는데, 여기서의 '전졸(田卒)'은 둔전의 병사를 가리킨다.

이 이후부터 변경의 요새[邊城]·하동河東·홍농弘農·삼보三輔 및 태상太常의 농민들[360]은 모두 대전법代田法이 매우 편리하여 적은 노력으로도 많이 거둘 수 있다고 생각하였다.

田卒也. 是後邊城河東弘農三輔太常民, 皆便代田, 用力少而得穀多.

그림 7
여사(廬舍): 『왕정농서』 참조.

그림 8
끌개를 타고 있는 모습: 『수시통고』 참조.

360 하동, 홍농은 모두 한대 군(郡)의 명칭이다. 하동군은 지금 산서성 서남쪽 모퉁이에 위치하고 있으며, 홍농군은 지금의 하남성 서부에서 섬서성 동남쪽에 위치하는 지역에 있다. 두 군은 모두 삼보 지역과 이웃하고 있는데, 신법은 모두 삼보에서 동쪽을 향하여 내지로 전파되었다. 주목할 만한 것은 조과가 대전신법을 추진함에 있어 합리적인 과정을 거쳤다는 사실이다. 조과는 먼저 천자가 항상 주둔하고 있지 않은 이궁의 빈터에서 시험적으로 실시하였다. 대전법이 채용되지 않는 근처의 땅보다 무당 한 섬 이상의 좋은 성과를 거두게 되면, 다시 경기 삼보(三輔) 지역의 공전(公田) 상에 작명(爵命)을 지닌 가정에게 중점적으로 시범 경작을 하게 한 연후에 변경과 거연성(居延城)으로 확대 시행하여, 둔전의 군사에게 경작하게 하였다. 모두 정부의 관병(官兵)으로 조용히 진행하였으며, 억지로 민간에 추진하지 않았다. 사람들이 대전법이 확실히 증산의 효과가 있다는 사실을 알게 한 이후에도 바로 추친하지 않고 자연스럽게 보급하였다. 이 때문에 오래지 않아 삼보, 태상 및 하동, 홍농군 등의 군 내지의 농민이 모두 편리하다고 인식하여 자연스럽게 확대되었다.

그림 9
궁글대[輾]로 땅을 다지는 모습: 『수시통고』 참조.

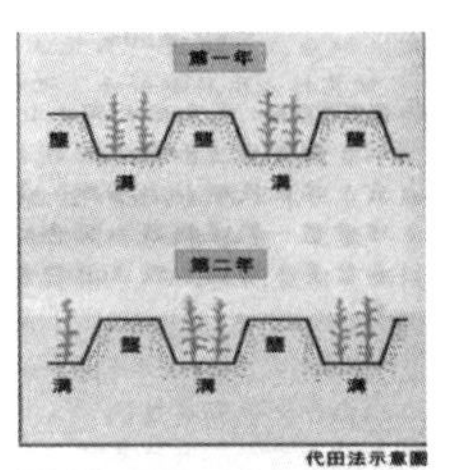

그림 10
대전법(代田法)

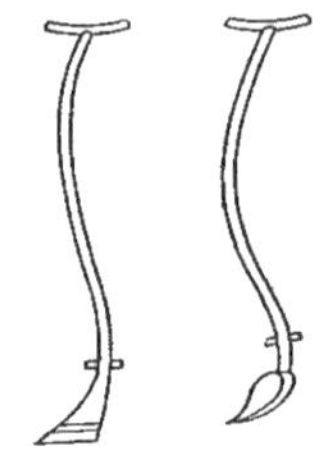

그림 11
봉(鋒): 『왕정농서』 참조.

교 기

17 양송본에는 '황(黃)'자가 빠져 있으나, 명청 각본에는 빠져 있지 않다. 아래 문장에서는 이 품종을 제시하고 있는데, 정확히 '황(黃)'자가 있다.

18 '단대곡(秬大穀)': 스셩한의 금석본에는 '조대곡(租火穀)'이라고 하였다. 금택초본에는 '秬火穀'이라고 하고 있으며, 점서본도 마찬가지이지만, 비책휘함본에는 '조대곡(租大穀)'이라고 쓰여 있다. '조(租)'자는 내력은 알 수 없으나, '조대곡(租大穀)' 또한 결코 '조화곡(租火穀)'보다 좋은 해석은 아니라고 한다. 앞 문장의 '미곡(米穀)'은 전혀 이해할 수 없는 명칭으로 '거미곡(秬米穀: 검은 좁쌀)', '입미곡(粒米穀)', '조미곡(粗米穀)', 혹은 '입대곡(粒大穀)' 같은 유를 잘못 쓴 듯하다.

19 '직(稙)': 명초본과 금택초본에는 '직(稙)'으로 되어 있으며, 기타의 각본에는 '식(植)'으로 되어 있다. 뒤의 주석으로 미루어 이 글자는 반드시 '직(稙)'임을 알 수 있다.

20 '내가야(乃佳也)': 금택초본에서는 '내(乃)'자가 빠져 있는데, 명초본의 '내(乃)'자 역시 채워 보충한 것이며, 명청시대 각본 모두 '내(乃)'자가 있다. '내(乃)'자는 반드시 있어야 한다.

21 '촉(鏃)': 『집운(集韻)』은 이 책의 이 두 농언을 인용하여서 '촉(鏃)'자를 "호미질한다."로 주석하고 있다. 생각건대 '촉(鏃)'은 본래 '화살촉' 즉

화살의 뾰족한 금속 부분으로, '촉서(鏃鋤)'는 대개 일종의 뾰족하고 예리한 화살촉 같은 호미를 뜻한다.

22 '배(倍)': 명초본에는 '배(陪)'로 잘못 표기되어 있는데, 금택초본과 명청시대의 각본에 따라서 바로잡았다.

23 호상본(湖湘本)에는 '염(厭)'이라고 쓰여 있고 금택초본과 명초본에는 '염(猒)'자로 쓰고 있지만, 묘치위는 일괄적으로 '염(猒)'자를 쓰고 있다.

24 '음(陰)': '음(蔭)'자를 가차한 것으로서, 지면을 가린다는 의미이다.

25 '강(耩)': 『집운(集韻)』「하평성(下平声)」'십구후(十九侯)'에는 '구(溝)'의 음으로 읽어서 주석하고 있다. 『왕정농서』에는 "볏이 없이 갈이하는 것을 '강(耩)'이라고 하며, 오늘날의 '강(耩)'은 대부분 끝이 갈라진 것을 사용한다."라고 하였다.

26 '살초(殺草)': 명초본과 비책휘함(秘冊彙函) 계통의 각본은 모두 곡초(穀草)라고 쓰고 있는데, 금택초본에 의거해서 '살(殺)'자로 고쳤다.

27 각본에는 모두 '불가(不可)'라고 되어 있으나, 오직 학진본(學津本)에서는 '가불(可不)'이라고 고쳐 말하고 있는데 묘치위는 이것이 옳다고 보았다.

28 '수(樹)'는 호상본에는 『회남자(淮南子)』와 같이 '종(種)'으로 되어 있는데, 금택초본과 명초본에는 '수(樹)'라고 되어 있다. 묘치위에 따르면 이것은 후인이 금본에 의거하여 고친 것이라고 한다.

29 '수(收)': 사부총간본 『회남자』에서는 '목(牧)'으로 잘못 표기하고 있다.

30 묘치위는 교석본에서 '반(泮)'은 해동을 뜻한다고 한다.

31 '절지욕탐(節止欲貪)': '지(止)'자는 명초본과 금택초본에는 모두 '상(上)'자로 되어 있으나, 비책휘함 계통의 각본은 금본의 『회남자』와 마찬가지로 '지(止)'자로 쓰고 있는데, 옳은 것이다.

32 '불납(不納)': 『회남자』에서는 '불취(弗取)'로 적고 있다.

33 '방(芳)': 각 본에서는 모두 '방(芳)'자로 되어 있는데, 형태가 다르다. 오직 묘치위의 교석본에서는 '모(茅)'자로 고쳐 쓰고 있으며, 점서본에도 이를 따르고 있다고 한다.

34 묘치위 교석본을 보면, 『태평어람』 권839, 권965에는 모두 『범승지서』의 이 조문을 인용하고 있는데, 첫머리의 '종(種)'자 아래에는 모두 '화

(禾)'자가 있지만, 『제민요술』에는 원래 빠져 있어서 이에 의거하여 보충하였다. 마지막 구절에는 "高地强土可種禾"라고 되어 있는데, 『예문유취』 권88, 『초학기(初學記)』 권3, 『사류부(事類賦)』 권4에는 동일하게 인용하고 있다. 『제민요술』에서는 원래 "膏地强可種禾"라고 하였는데, 이에 의거하여 보충하였다고 한다.

35 '종화무기(種禾無期)': 『예문유취』와 『초학기(初學記)』에 인용된 것에는 모두 '화(禾)'자가 있는데 마땅히 있어야 하기 때문에 보충해 넣었다.

36 '고지강토(高地強土)': 『제민요술』 각 판본에는 모두 '고지강(膏地強)'이라고 한다. 『태평어람』 권839와 권956에서 인용한 『범승지서』에는 '고지강토(高地強土)'라고 되어 있는데, 비로소 『제민요술』의 전후에서 인용한 『범승지서』의 말과 부합되므로, 『태평어람』에 따라서 개정하였다.

37 '蠶矢羊矢各等分': 『태평어람』 권823에서 인용한 것에는 '蠶矢' 뒷부분이 생략되어 있다. 생략된 부분은 결코 『범승지서』의 원문은 아닐 것이다.

38 '영즉건(令則乾)': 금택초본과 명초본에는 '영즉건(令則乾)'이라고 하고 있는데, 진체본(津逮本)에서는 '영이건(令易乾)'이라 적고 있으며, '즉(則)'은 '즉(卽)'자를 사용하고 고치지 않았다. 스성한의 금석본에는 '영이건(令易乾)'으로 쓰고 있다. 묘치위에 따르면 마르지 않아 간혹 습해져서 종자가 발아하는 것을 방지하기 위함이라고 한다.

39 '상(常)': 『태평어람』 권823에는 '만(萬)'자라고 잘못 표기하고 있다.

40 '광(廣)': 각본에서 모두 빠져 있으나, 스셩한의 금석본에서는 금택초본에 의거하여 보충하였다.

41 '이잔잔지(以剗剗之)': 호상본(湖湘本)은 본문과 문장과 같지만, 양송본(兩宋本)에는 '이리잔지(以利剗之)'라고 쓰고 있는데, 묘치위는 잘못된 것으로 보고 있다.

42 '수종(溲種)': 각 본에는 모두 '종종(種種)'으로 잘못 쓰여 있다.

43 '등분(等分)': 묘치위 교석본에서는 각 본은 모두 거꾸로 하여 '분등(分等)'으로 잘못 쓰고 있는데, 위 문장에 나오는 "蠶矢羊矢各等分"에 근거하여 고쳐 바로잡았다고 한다.

44 '망장엽황(芒張葉黃)': '엽(葉)'자는 비책휘함 계통의 각 판본에서는 '병(蓱)'자로 쓰고 있다. 금택초본, 명초본에 따라서 '엽(葉)'자로 고쳐 썼다.

45 '설문왈(說文曰)': 금본 『설문해자』에는 '이이월(以二月)'에 '이(以)'자가 없고, '得之中和'를 "得時之中"로 쓰고 있다.

46 '직(稙)': 명초본과 비책휘함 계동의 판본에서는 '식(植)'이라고 쓰고 있는데, 금택초본과 아랫부분에서 인용하는 『범승지서』의 "稙禾, 夏至"에 따라 고쳤다.

47 '직화(稙禾)': 비책휘함 계통의 각 판본에는 '식화(植禾)'라고 되어 있다. 금택초본과 명초본에 의거하여 '직화(稙禾)'로 고쳤다. '직화(稙禾)'는 올조이며 '치(穉: 늦조)'와 상대되는 개념이다.

48 '기감수한(既堪水旱)': 『태평어람』 권823에서 인용한 것은 '기감(既堪)'의 두 글자가 없다. 그러나 『태평어람』에서 책을 인용할 때는 항상 임의적으로 생략하고 어떠한 설명도 붙이지 않는데, 『제민요술』같이 신중하지가 못하다.

49 '무성(茂盛)': 『태평어람』 권823에는 '무(茂)'자가 없다.

50 '역생(易生)': 『태평어람』 권823에는 '역득(易得)'이라고 쓰고 있다.

51 '비흉년(備凶年)": 스셩한의 금석본에는 '비흉년' 앞에 '이(以)자'가 있는데, '이(以)'자는 『태평어람』 권823에 의거해 보충한 것이라고 한다.

52 '양미(粱米)': 『태평어람』 권823에는 '자미(粢米)'라고 쓰고 있다. 비책휘함 계통의 판본에는 '속미(粟米)'라고 하였는데, 모두 잘못되었다. 지금은 금택초본과 명초본에 따라서 고친다.

53 '주세미엄(酒勢美釅)': 비책휘함 계통의 각 판본에서는 '세(勢)'자를 '심(甚)'자로 쓰고 있으며, '엄(釅)'자는 '양(釀)'으로 잘못 쓰고 있다. 『태평어람』 권823에서 인용한 것에는 이 한 구절이 없다.

54 '가마식지(可磨食之)': 명초본 · 호상본과 『용계정사간본(龍溪精舍刊本)』[이후 용계정사본(龍谿精舍本)으로 약칭]에서는 '지(之)'자를 '야(也)'자로 쓰고 있다. 『농상집요』 · 금택초본 및 명청시대 각본에 따라 '지(之)'자로 바로잡았다.

55 '可以飯牛馬豬羊': '반(飯)'자는 금택초본에서는 원래 '음(飲)'자로 초서

했는데, 이후에 '반(飯)'자로 교석하여 고쳤다. 『태평어람』에서 인용한 바는 이 두 구절이 없다.

56 '타부(墮夫)': 명초본과 금택초본은 '타(墮)'로 적고 있으며, 학진본에서는 '타(惰)'로 쓰고 있다. '타(墮)'자는 가차하여 '타(惰)'자로 쓸 수 있다.

57 "故齊桓公問於管子曰": 명초본, 금택초본에서는 모두 "管子曰, 桓公問於"라고 하고 있는데, '어(於)'자는 확실히 잘못이다. '운(云)'이라고 하거나, "故桓公, 問於管子曰"이라고 해야 한다.

58 '백(伯)': 군서교보(羣書校補)에 의거하여 초서한 남송본과 비책휘함 계통의 판본에는 이 글자가 없다. 잠시 명초본, 금택초본에 의거하여 보충한다.

59 '내(萊)': 명초본과 군서교보에 의거한 남송본에서는 '화(華)'자로 되어 있고, 금택초본에서는 '엽(葉)'자로 되어 있다. 명청시대 각본과 금본의 『관자』에 의거하여 고쳤다.

60 '소(捎)': 명청시대 판각본에서는 '초(稍)'로 잘못 쓰고 있다.

61 '부(柎)': 스셩한의 금석본에서는 '부(拊)'로 쓰고 있는데 스셩한에 따르면 명초본과 금택초본에서는 '사(謝)'로 잘못 쓰고 있으며, 비책휘함 계통의 판본과 오늘날의 『관자』에서는 마찬가지로 '부(拊)'로 쓰고 있다고 한다.

62 '채위지속(菜謂之蔌)': 금택초본과 지금 전해지는 『이아』에서는 마찬가지로 '속(蔌)'으로 쓰고 있으며, 명초본에서는 '수(藪)'로 쓰고 있고, 비책휘함 계통의 판본에서는 '소(蔬)'로 쓰고 있다.

63 '요화(燎火)': 금택초본과 송본 『한서』에서는 똑같이 '요화(尞火)'로 쓰고 있는데, '요(燎)'의 옛 글자이며, '요(尞)'자에 '화(火)'변이 하나 더 추가된 것은 후대의 글자이다. '요화(燎火)'는 땅 위에 연료를 쌓아서 불을 밝히는 것이고, '모닥불[營火]'은 곧 '요화(燎火)'의 일종이다.

64 '삼(三)': 명초본에는 '이(二)'로 쓰고 있다. 금택초본과 명청시대 각본에서는 모두 '삼(三)'으로 쓰고 있다. 경우본의 『한서』와 각본의 주석본에는 또한 '삼(三)'으로 쓰고 있어서 이에 따라 고쳤다.

65 '부백무(夫百畮)': 명초본과 명청시대 각본에는 '무(畮)'자를 모두 '경(畊)'자로 쓰고 있다. 지금은 금택초본에 의거해서 "무(畮)"자로 바로잡

은 것이다. '견(畎)'과 '견(甽)'은 본서에서는 매우 쓰임이 적다. '무(畮)'자는 단지 이 구절에서만 사용되고 있고, 나머지 구절에서는 '무(畝)'자를 쓰고 있다.

66 '고(古)': 명초본과 명청시대 각본에서는 '고(故)'자로 쓰고 있는데, 금택초본에 의거하여 바로잡았다.

67 '우(又)': 명초본과 군서교보에 의거한 남송본에서는 '이(以)'자로 쓰고 있으며, 금택초본과 비책휘함 계통의 판본에서는 '우(又)'로 쓰고 있다. '우(又)'자가 합당하다.

제민요술 제2권

제4장

기장 黍穄[1]第四

『이아(爾雅)』[2]에 이르기를 "거(秬)는 검은 기장[黑黍]이다. 비(秠)는 하나의 곡물 껍질 속에 두 개의 알곡이 들어 있는 기장이다."라고 한다. 곽박(郭璞)이 주석하여 말하기를[3] "비록 비(秠)는 검은 기장이지만 그 속에 있는 두 개의 쌀은 다르다."라고 하였다.

爾雅曰, 秬, 黑黍. 秠, 一稃二米. 郭璞注曰, 秠亦黑黍, 但中米異耳.

공자(孔子)[4]가 말하기를 "찰기장[黍]으로 술[酒]을 빚을 수

孔子曰, 黍可以爲

---

1 '기장[黍]'이란 이름은 예나 지금이나 마찬가지이다. '서(黍)', '제(穄)'는 본래 같은 종의 식물이나 갈라져서 두 개의 변종이 되었는데, 차진 것은 서(黍: *Panicum miliaceum* L. var. *glutinosa* Bretsch.)라 하고, 찰기가 없는 것은 제(穄: *Panicum miliaceum* L. var. *effusum* Alef.)라 한다.[샤웨이잉[夏緯瑛], 『여씨춘추상농등사편교석(呂氏春秋上農等四篇校釋)』, 農業出版社, 1979 참조.]

2 『이아』「석초(釋草)」.

3 '일부이미(一稃二米)': 기장의 이삭에는 작은 꽃 두 떨기가 있는데 그중 한 떨기는 이삭이 배지 않았으나, 우연히 변이가 생겨 두 떨기 꽃이 동시에 이삭이 배게 되면서, 한 개의 껍질 속에서 두 개의 낟알이 나온 것이다. 곽박(郭璞)이 『이아(爾雅)』에 단 주를 예로 든다면, "후한 화제(和帝) 때 임성(任城: 지금의 산동성 제녕지역)에서 검은 기장이 자랐는데, 간혹 3-4개의 이삭이 달렸고, 이삭 속에서 2개의 쌀이 나와 기장을 3섬[斛] 8말[斗]을 얻었다."라고 한다.

4 "공자가 말하기를 '찰기장으로 술을 빚을 수 있다.'라고 하였다."라는 이 구절은

있다."라고 하였다.

『광지(廣志)』에 이르기를 "우서(牛黍)가 있고 도미서(稻尾黍)와 수성적서(秀成赤黍)가 있으며 또, 마혁[5]대흑서(馬革大黑黍)와 거서(秬黍)가 있고,[6] 온둔황서(溫屯黃黍)가 있으며 백서(白黍)도 있고, 우망(堰芒)[7]과 합(鴿)[8] 등의 이름을 가진 기장

酒.

廣志[1]云, 有牛黍, 有稻尾黍,[2] 秀成赤黍, 有馬革大黑黍, 有秬黍, 有溫屯黃黍, 有白黍,

위의 『이아(爾雅)』 곽박의 주와는 무관하다. 금본 『설문해자(說文解字)』의 '서(黍)'자 다음에 이 구절을 인용하고 있으며, 『제민요술』의 이 구절도 원래 『설문해자』에서 인용한 것이다. 본래는 "『설문』에서 기장[黍]은 조[禾] 종류 중에서 찰기가 있는 것이며, … 공자가 이르기를 … 라고 하였다."라는 것이며, 후에 초사하는 과정 중에 누락되었다.

5 '마혁(馬革)': '혁(革)'자는 명초본과 금택초본에서는 모두 '초(草)'로 쓰고 있다. 비책휘함(秘冊彙函) 계통의 각 판본에서도 마찬가지이다. 원각본, 점서본과 용계정사본에서는 '혁(革)'으로 쓰고 있다. 『태평어람(太平御覽)』 권842, 『초학기』 권27 두 곳에서도 인용하여 '혁(革)'으로 쓰고 있다. 『광군방보(廣羣芳譜)』와 『수시통고(授時通考)』는 『태평어람』을 근거로 하여 '혁(革)'으로 쓰고 있다. 스셩한 금석본에 의하면, '마혁(馬革)'은 흑갈색의 물건으로, '대흑(大黑)'과 서로 연관을 지으면 설명하기가 용이하다.

6 '유거서(有秬黍)': '유(有)'자는 『태평어람』에서는 '혹운(或云)'으로 쓰고 있는데, 본문 첫머리의 '거서(秬黍)'는 바로 '마혁대흑서(馬革大黑黍)'가 되어서, 이 또한 『이아(爾雅)』의 '거흑서(秬黑黍)'와 부합된다.

7 '우망(堰芒)': '우(堰)'자는 금택초본에서는 '구(嶇)'자로 쓰고 있다. '망(芒)'자는 비책휘함 계통의 각 판본에서는 '운(云)'자로 쓰고 있다. 점서본과 군서교보(群書校補)가 근거한 남송본은 명초본과도 마찬가지이다. 용계정사본에는 '구망(嫗亡)'이라고 쓰여 있다. 스셩한의 금석본을 보면, '우망(堰芒)'의 두 글자는 이해하기 어렵다. 이 같은 기장은 수확이나 파종이 매우 빠른 품종일 것이기에, 망신(甿神)[구망(句芒)에서 고대의 '구(句)'자는 음이 '우(堰)'와 극히 유사하다.]을 차용하여 이름 붙였다. 그 망은 구부러졌기 때문에 '구망(鉤芒)'이라고 일컬으며, 나중에 전이되어 '우망(堰芒)'으로 변하였다고 한다.

8 '합(鴿)': 스셩한의 금석본에서는, 이것을 '연합(燕鴿)'으로 쓰고 있다. 스셩한에 따르면, 명초본과 금택초본에서는 '연합(鷰鴿)'으로 쓰고 있는데, 비책휘함 계통

도 있다. 메기장[穄]에는 붉은색, 흰색, 검은색, 청색, 황색, 연합의 모두 다섯 종이 있다."라고 한다.

有䳄䳄鴿之名. 穄, 有赤白黑青黃鴿, 凡五種.

생각건대, 오늘날[남북조시대(南北朝時代)]의 민간에는 원앙서(鴛鴦黍), 백만서(白蠻黍), 반하서(半夏黍)가 있고, 여피제(驢皮穄)[9]도 있다.

按, 今俗有鴛鴦黍白蠻黍半夏黍, 有驢皮穄.

최식(崔寔)이 이르기를 "여(䵖)[10]는 기장 중에서 차진[秫] 성질이 있는 것으로 일명 '제(穄)'라고도 한다."[11]라고 한다.

崔寔曰, 䵖, 黍之秫熟者, 一名穄也.

찰기장[黍]과 메기장[穄]의 밭으로는 황무지를

凡黍穄田, 新

의 각 판본에서는 '앵합(鶯鴿)'으로 잘못 쓰고 있다. 『태평어람』 권842에는 '연합(鷰鴿)'이라고 쓰고, 『초학기』 권27에는 '연합(燕頜)'으로 인용하여 쓰고 있다. '연합(燕鴿)'은 대개 제비와 집비둘기같이 가슴 아래에는 선명하게 흰색이 있다. 제비와 집비둘기 중에서 특히 제비 가슴의 흰색을 가리킨다고 한다.

9 '여피제(驢皮穄)': '마혁(馬革)'과 유사하다.

10 '여(䵖)': 금택초본에서는 '미(糜)'자로 쓰고 있다. 비책휘함 계통의 판본에서는 어떤 곳은 비어 있고, 어떤 곳은 검은 점[墨釘]으로 되어 있다. 스셩한은 명초본의 '여(䵖)'자가 정확하다고 보았다.

11 '출(秫)'은 각본에서 동일하게 쓰고 있지만 잘못되었다. 『설문해자』는 "출(秫)은 조[稷]의 차진 것이다."라고 한다. 『광아(廣雅)』 「석초(釋草)」에서도 "출(秫)은 차진 것[糯]이다."라고 한다. 서진(西晉)의 최표(崔豹)가 『고금주(古今注)』에 이르기를 "벼의 차진 것을 출도(秫稻)라고 한다."라고 하였다. 조와 벼를 가리키는 것은 물론이고, 대개 점성이 있는 것을 출(秫)이라고 한다. 기장 종류 또한 예외는 아니다. 예컨대 『설문해자』에는 "제(穄)는 여(䵖)다."라고 하였는데, 당대의 승려 혜림(慧琳)의 『일체경음의(一切經音義)』 권16에는 『설문해자』의 "기장과 유사하나 차지지 않는 것을 관서지역에서는 여(䵖)라고 부른다."라는 구절을 자주 인용하고 있다. 묘치위 교석본에 따르면, 여(䵖)는 미(糜)와 마찬가지로 오늘날에도 불리고 있는데, 여전히 차진 것을 일러 '서(黍)'라고 하며, '미자(糜子)'는 오늘날에도 '제(穄)'의 속명(俗名)이다. "여(䵖)는 기장 중에서 차진 것이다.[黍之秫熟者.]"라는 문장 중의 '출(秫)'은 분명히 '갱(秔)'이 형태상 잘못 쓰인 것이라고 한다.

새로 개간한 곳이 가장 좋다. 그다음은 콩을 심었던 밭[12]이고, 바로 전에 조[穀]를 심었던 밭이 가장 좋지 않다.

開荒爲上. 大豆底爲次, 穀底爲下.

(찰기장과 메기장의) 밭은 반드시 골라서 부드럽게 해 주어야 한다. 두 번 뒤집어 갈아 주는 것이 좋다. 만약 봄과 여름에 갈이한 밭이라면 파종 이후에 재차 끌개[勞]로 평평하게 해 주는 것이 좋다. 1무畝의 땅에는 4되[升]의 종자를 파종한다.

地必欲熟. 再轉乃佳. 若春夏耕者, 下種后, 再勞爲良.

一畝, 用子四升.

3월 상순에 파종하는 것이 가장 좋으며, 4월 상순이 중간 정도의 시기이고, 5월 상순이 가장 늦은 시기이다. 여름에 찰기장과 메기장을 파종하는 것은 올조[13] 파종시기와 동일하다. 여름이

三月上旬種者爲上時, 四月上旬爲中時, 五月上旬爲下時. 夏種黍

12 '저(底)': 이는 현재 파종한 작물에 대해 말한 것으로, 앞에 심었던 작물을 일컬어 '저(底)'라고 한다. 따라서 콩[大豆]의 '저(底)'란 바로 직전에 심은 작물이 콩이라는 의미이며, '곡저(穀底)'는 전작이 조[粟]였음을 가리킨다.

13 '직곡(稙穀)': 명초본과 금택초본에서는 모두 '직(稙)'이라고 쓰고 있으며, 명청시대 각본에서는 모두 '식(植)'자로 쓰고 있다. 스셩한의 금석본에서 '직(稙)'은 올조를 뜻하니, '직(稙)'이라고 쓰는 것은 의미가 있다고 한다.(권1 「조의 파종[種穀]」 참고.) 이런 현상은 선진(先秦)시대에도 보인다. 즉 『시경(詩經)』 「노송(魯訟)·민궁(閟宮)」편의 "기장과 조의 조숙과 만숙, 콩과 맥의 조종과 만종[黍稷重穋[稑], 稙稺菽麥]"에 대해 『여씨춘추』의 한대 고유(高誘)의 주석에는 육(稑)은 늦게 파종하여 일찍 익는 것을 말함이고, 일찍 파종하여 늦게 익는 것을 중(重)이라고 하였으며, 전(傳)에는 선종(先種)을 직(稙), 후종(後種)을 치(稺)라고 하고 있는데, 이 견해에 대해 샤웨이잉[夏緯瑛] 역시 동의하고 있다. 묘치위 교석본에서도 역시 '직곡(稙穀)'을 올조라고 보았다. 본서 권1 「조의 파종[種穀]」에는 2월, 3월에 올조를 파종하고, 4, 5월에는 늦조를 파종한다고 하였지만 "여름에 찰기장과 메기장을 파종한다."라고 한 것을 보면, "올조와 같은 시기"는 아니므로 '치(稚)'자

아니라면 대개 뽕나무 오디가 빨갛게 되는 것을 징후[候][14]로 삼는다. 농언에 이르기를 "뽕나무 오디가 주렁주렁[15] 달리면 찰기장[黍]을 파종할 시기이다."라고 한다. 날씨가 건조하거나 습한 것과 무관하게 땅속에 물기[16]가 있을 때 파종하는 것이 가장 적합하다.

파종을 마치면 끄으레[撻][17]를 끌지 않아도

穄, 與稙穀同時. 非夏者, 大率以椹赤爲候. 諺曰, 椹釐釐, 種黍時. 燥濕候黃墒. 種訖不曳撻. 常記十月十一

가 잘못 쓰인 것으로 추측하였다.

14 '후(候)': 이는 '물후(物候)'를 뜻한다. 물후는 자연계 중의 동식물 혹은 비생물이 기후와 외계환경의 영향을 받아 나타나는 현상으로서 동식물의 생장, 발육과정과 활동규율이 기후에 대한 반응을 지칭한다. 동식물의 활동은 계절성을 지니고 있으며, 기후에 따른 징후현상과 밀접하게 관련된다.[최덕경(崔德卿), 「중국고대의 物候와 農時豫告」 『중국사연구(中國史硏究)』 제18집, 2002 참조.]

15 '이리(釐釐)': 이는 곧, '이리(離離)'로서, 푸른 뽕나무 오디가 붉게 변한 것을 형용하는 것이며, 열매가 풍성하게 많다는 뜻이다. 검은 오디 뽕나무는 오디가 붉은색에서 검붉은 색으로 변하면 익게 되는데, 그 시기는 뽕나무의 품종과 재배 조건의 차이에 따라 빠르고 늦다. 명대 송응성(宋應星: 1587-?년) 『천공개물(天工開物)』 「내복(乃服)」편의 "여름이 되면 뽕나무 오디가 검붉게 익는다."라는 것과 서로 부합되는데, 붉은색의 오디는 대개 3월에 해당한다.[『사민월령(四民月令)』 「삼월」 '상심적(桑椹赤)'.] 여기서 "붉은 오디를 징후로 삼는다."라는 것은 여름에 기장을 파종하는 물후가 아니고, 늦봄에 파종해야 함을 의미한다.

16 '장(墒)': 일정한 수분을 보유하며 일정한 구조를 지닌 토양이다. 스셩한의 금석본에서는 '장(墒)'자로 표기하였다. 원본에서는 '상(鴫)'으로 되어 있는데, 오늘날에는 '상(墒)'으로 쓴다. 지금의 산동성 치박(淄博)지구[가사협(賈思勰)의 고향과 인접]의 농서 즉, 포송령(蒲松齡: 1640-1715년)이 지은 『농잠경(農蠶經)』에는 전음(轉音)되어 '황상(黃塽)'이라고 쓰여 있다. 황상의 표준은 토양의 습윤도가 비벼서 둥근 환처럼 만들 때 부서지고, 손으로 만져 약간 물기가 있고 서늘한 느낌이 있는 상태로서, 반드시 갈이하고 써레질해야만 유지할 수 있다고 한다. 관이다의 금석본에서도 역시 '황장'은 토양의 수분 정도가 적합함을 가리키며, 결코 수분이 많은 외형을 가리키지 않는다고 한다.

17 끄으레[撻]와 끌개[勞]는 모두 같이 이후의 쇄토와 마평(磨平)용 끌개를 뜻하지만,

좋다. 항상 10월, 11월, 12월 중 '나무가 어는' 날짜를 기억해 두었다가 (이듬해) 이날에 파종을 하면 만에 하나도 손실이 없게 된다. 나무가 언다는 것은 서리가 내려서 가지 사이가 결빙된다는 의미이다. 가령 금년의 초삼일에 나무가 얼었다면, 이듬해 초삼일에 기장을 파종한다. 다른 것도 모두 이를 따른다. 10월에 나무가 언다면 이듬해 올기장[早黍]을 심는 것이 좋고, 11월에 나무가 언다면 중간 기장[中黍]을 파종하는 것이 좋으며, 12월에 나무가 언다면 늦기장[晩黍]을 파종하는 것이 좋다. 만약 10월에서 정월까지 달마다 나무가 언다면 올기장, 늦기장 모두 적합하다.

月十二月凍樹日種之, 萬不失一. 凍樹者, 凝霜封著木條也. 假令月三日凍樹, 還以月三日種黍. 他皆倣此. 十月凍樹宜早黍, 十一月凍樹宜中黍, 十二月凍樹宜晩黍. 若從十月至正月皆凍樹者, 早晩黍悉宜也.

싹이 자라나서 이랑[18]과 같은 높이가 되면 써레[杷][19]와 끌개[勞]질을 해 주어야 한다. 3번 김

苗生壟平, 即宜杷勞. 鋤三遍

『왕정농서(王禎農書)』「농기도보집지이(農器圖譜集之二)」을 보면 그 차이를 알 수 있다.(본서 권1의 각주 참조.) 대개 산파 후의 복종에는 '끌개[勞]'를 사용하고, 조파(條播) 후에는 대부분 '끄으레[撻]'로써 흙을 눌러 주었다.

18 '농(壟)': 스성한의 금석본에서는 '농(隴)'을 쓰고 있다.

19 본서 권2에 몇 차례 등장하는 파(杷)가 어떤 농구인지 궁금하다. 파(杷)가 축력공구인 끌개[勞]와 함께 등장하는 것으로 보아 파(耙)나 초(耖)와 같이 축력을 이용한 써레라고 해석하고 있다. 문제는 본문 속에서 이 농구를 사용하는 목적이 '흙의 평탄작업'이라는 것이다. 즉 싹이 이랑 높이로 자랐을 때 복토작업을 한다는 것으로, 만약 뾰족한 써레로 복토하면 써레 이빨에 의해 갓 자란 모종이나 뿌리가 손상되거나 뽑히기 쉽다. 본문에서도 끝이 뾰족한 수노동농구로 세심하게 김매되, 갈이해서는 안 된다고 하였다. 가능성 있는 방법은 누거(耧車)의 폭에 맞추어 써레질하는 것이다. 끌개[勞] 작업의 경우 단순 압착하기 때문에 지상의 모종에 큰 영향을 주지 않으면서 토양을 평탄하는 효과가 있다. 『왕정농서』에도 파(杷)를 갈퀴로 해석하고 있지만, 이 경우 평탄작업에 한계가 있다.

매 주면 이내 그만둔다. (끝이 뾰족한) 봉鋒으로 김을 매되, 갈이해서는 안 된다. 너무 늦게 갈면 모종이 부러지기 쉽다.

"메기장[穄]은 빨리 수확하고, 찰기장[黍]은 늦게 수확해야 한다.[20] 메기장의 수확이 늦어지면 낟알이 수확 전에 많이 떨어지고, 찰기장의 수확이 너무 이르면 쌀이 여물지 않는다. 농언에 이르기를 "메기장의 목이 푸를 때 베고, 찰기장은 고개를 숙일 때 벤다."[21]라고 한다. 모두 습기가 다소 있을 때를 틈타서, (궁글대를 이용해) 눌러 곡식을 탈곡한다.[22] 베어 낸 이후에 오래 (탈곡하지 않고)

乃止. 鋒而不耩. 苗晚耩, 即多折也.

刈穄欲早, 刈黍欲晚. 穄晚多零落, 黍早米不成. 諺曰, 穄青喉, 黍折頭. 皆即濕踐. 久積則浥鬱, 燥踐多兜牟. 穄, 踐訖即蒸而

---

20 '제(穄)'는 찰기장[黍]의 변종으로 생물학적 특성은 서로 같다. 예컨대, 분얼과 분지(分枝)의 발생이 매우 늦다. 이 때문에 분얼의 이삭과 분지에서 나온 이삭의 성숙이 중심 줄기의 이삭보다 늦다. 같은 이삭의 성숙시기 역시 다른데, 윗부분[頂部]의 성숙이 가장 빠르고 중간부분이 그다음이고 아래쪽이 가장 늦다. 또한 열매가 익은 후에 낟알이 쉽게 떨어지는 점 등도 서로 같다. 『농잠경(農蠶經)』에 이르기를 "일찍 베어야 하며, 찰기장[黍]과 메기장[穄]이 지나치게 익게 되어 바람이 불면 낟알이 바로 떨어지게 된다."라고 한다. 이런 사실에서 찰기장과 메기장은 모두 알곡이 쉽게 떨어지는 것을 알 수 있다. 실제 찰기장은 이삭의 가장 아랫부분의 가지가 점차 녹색을 잃게 되고, 중간부분의 열매가 익을 때[蠟熟] 재빨리 수확해야 한다. 가사협(賈思勰)이 말한 것처럼 기장이 익지 않았을 때 빨리 베는 것은 기장 낟알이 떨어지기 쉬움을 의미하며, 모두 익었을 때 수확을 하면 어떻게 될 것인가에 대해서는 상세하게 기록하지 않았다.

21 '메기장의 목이 푸를 때[穄青喉]'라는 말은 이삭의 아랫부분과 줄기가 접한 부분, 목 부분에 상당하는 부분이 여전히 푸른색을 띠고 있을 때 수확한다는 의미이다. 그리고 "찰기장은 고개를 숙일 때[黍折頭]"라는 말은 찰기장이 한쪽 아래로 기울어질 때 수확한다는 것이다. 아래로 기울어지는 과정에서 곡식의 상하 부분이 점차 익어 가는 과정이나 끝부분까지 곡식이 동시에 익는 것은 아니다.

22 '천(踐)'은 익은 곡물 알맹이를 눌러 탈곡하는 것을 말하며, '즉습천(即濕踐)'은 축

쌓아 두면 눅눅해지고, 말려서 다시 눌러 탈곡하면 (잘 탈곡되어) 겉겨[껍질]가 많아진다. 메기장[穄]을 눌러 탈곡한 이후에는 즉시 쪄서 열기가 있을 때 (일정기간) 밀폐한다.[23] 만약 찌지 않으면 찧기가 어렵고 기장쌀도 쉽게 부서지며, 이듬해 봄이 되면 (곰팡이가 피어) 흙냄새[土臭]가 난다. 찌면 찧기가 쉽고 알곡도 견실해져서 이듬해 여름이 되어서도 여전히 향기가 난다. 기장은 탈곡하면 반드시 햇볕에 말려야 한다. 축축할 때 저장하면 눅눅해서 뜨게 된다.

裛之. 不蒸者難舂, 米碎, 至春又土臭. 3 蒸則易舂, 米堅, 香氣經夏不歇也. 黍, 宜曬之令燥. 濕聚則鬱.

무릇 기장 중에 찰기가 있는 것은 모두 수확

凡黍, 黏者收

축할 때 즉각 탈곡하는 것이다. 아래의 소주(小注)에서 "오래 쌓아 두면 눅눅하게 된다."라는 것은 오래 쌓아 두면 눅눅해져 뜨게 된다는 말이다. 스셩한의 금석본에 따르면, "말려서 눌러 탈곡하면, 겉겨(껍질)가 많이 생긴다."에서 '겉겨[兜牟]'는 이전에는 대부분 '두무(兜鍪)'라고 했는데, 고어에서는 '주(胄)'라고 칭했다. 이는 곧, 화살을 빗겨 나가게 하는 모자로서 흔히 '회두(盔頭)'라고 칭한다. 바싹 마른 후에 탈곡하면, 겉껍질과 낟알이 분리되기 쉽고, 궁글대로 누를 때 알곡이 빠져나오면서 겉껍질이 많아지며 알맹이도 눌러 부스러지게 된다고 한다. 묘치위의 교석본에서는 눌러 탈곡하는 도구를 궁글대[磙壓]라고 한다. 궁글대는 보통 땅을 다질 때 사용되지만, 이 경우 땅에 깔아 둔 곡물의 껍질을 도정하는 데 사용되었던 것이다.

23 '읍(裛)': 이는 촉촉하다는 것으로서 특히, 촉촉해진 후에 바람도 통하지 않게 된 것이다. 원래는 '읍(浥)'자로 썼는데, '읍(裛)'과 음이 같아서 가차한 것이다. 촉촉해져서 바람이 통하지 않으면 따뜻한 열이 쉽게 분산되지 못해 눅눅해져 곰팡이가 생긴다. 때문에 맛과 색이 변하게 되고, 이러한 것을 일러 '읍괴(裛壞)' 또는 '읍울(裛鬱)'이라고 한다. 스셩한의 금석본을 보면, 본문에서 "쪄서 촉촉하게 한다.[蒸而裛之.]"라고 하는 것은 촉촉해진 이후에 바람을 쐬지 않아 온기를 유지한 상황으로서, '읍(裛)'자를 쓰는 것이 적합하지만 앞의 소주(小注) 중에 "오래 쌓아 두면 눅눅해진다.[久積則浥鬱.]"에서는 도리어 '읍(浥)'자를 사용하고 있다고 한다.

이 비교적 적다.[24] 메기장의 맛이 좋은 것은 수확 또한 적고, 찧기도 어렵다.

薄. 穄, 味美者亦收薄, 難舂.

『잡음양서雜陰陽書』에 이르기를, "기장[黍]은 느릅나무[楡] 잎이 날 때 싹이 트며, (싹이 튼 후) 60일이 되면 이삭이 밴다. 이삭이 밴 후에 40일이 되면 익는다. 기장은 사巳일에 싹이 나며, 유酉일에 건장해지고, 술戌일에 자라나며, 해亥일에 늙게 되고, 축丑일에 죽게 된다. 병丙일과 오午일을 싫어하고 축丑·인寅·묘卯일을 꺼린다. 메기장[穄]이 꺼리는 날은 미未일과 인寅일이다."[25]라고 한다.

雜陰陽書曰, 黍生於楡, 六十日秀. 秀後四十日成. 黍生於巳, 壯於酉, 長於戌, 老於亥, 死於丑. 惡於丙午, 忌於丑寅卯. 穄, 忌於未寅.

『효경원신계孝經援神契』에서 이르기를 "검은색의 분양토[黑墳][26]에는 기장과 맥을 파종하는 것

孝經援神契云, 黑墳宜黍麥.

24 벼·조·기장·고량 등은 통상적으로 찰기가 있고 맛이 좋으나, 생산량이 적다. 밥을 지었을 때 늘어나는 비율 또한 낮다. 그 반대의 경우는 생산량이 비교적 높고, 밥을 지었을 때 늘어나는 비율이 높다. 여기서 차진 성분의 강약과 생산량의 다소는 반비례하는 모순을 가지고 있는데, 현대 과학으로도 여전히 이해할 수 없다. 찰기장은 점성이 있지만 생산량이 적기 때문에 『제민요술』의 배경이 되는 산동지역에서도 적게 재배된다. 권7의 「분국과 술[笨麴并酒]」에는 "좁쌀로 술을 담그는 법" 조항에서 "기장쌀은 매우 비싸서 구하기 어려웠기 때문이다."라고 한 것과도 관련된다.

25 수호지진묘죽간(睡虎地秦墓竹簡) 『일서(日書)』와 천수방마탄(天水放馬灘) 『일서(日書)』를 통해 밝힌 바에 따르면 『범승지서』에 기록된 양식작물이 나고[生] 자라고[長] 건장해지고[壯] 쇠고[老] 죽고[死] 싫어하는[惡] 등은 각종 일진(日辰)을 꺼렸으며, 전국 진대(秦代)의 장강, 황하 유역의 농업생산 중에도 이미 상당히 유행한 것으로 판단된다.

26 '흑분(黑墳)': 이는 검은색의 분양토를 가리키며, 비를 맞아야 비로소 분해되어

이 적합하다."라고 한다.

『상서고령요尙書考靈曜』에는 "여름철 황혼녘에 대화성[火星][27]이 남중하면, 이때 기장[黍]과 콩[菽]을 파종할 수 있다."라고 한다. 대화성[火星]은 동방창룡(東方蒼龍)의 별로, 4월에 황혼 무렵에 정남(正南)에 위치한다. 숙(菽)은 콩[大豆]이다.[28]

『범승지서氾勝之書』에는 "'서黍'는 '서暑'의 함의를 띠고 있다. 따라서 기장을 파종할 때는 반드시 여름철을 기다려야 한다.[29] 하지夏至 전 20일[30]에 만약 비가 내리면, '강토彊土'에 찰기장을

尙書考靈曜云, 夏, 火星昏中, 可以種黍菽. 火, 東方蒼龍之宿, 四月昏, 中在南方. 菽, 大豆也.

氾勝之書4曰, 黍者, 暑也. 種者必待暑. 先夏至二十日, 此時

점성의 토양이 된다.

27 고대에서 지금까지 많은 농부들은 모두 별자리가 하늘을 운행하는 위치에 따라 계절이 늦고 빠른 것을 설명하였다. 스셩한의 금석본에 의하면 지금도 관중(關中)의 경험 많은 농부는 모두 '삼단[參端: 하늘 정중앙에 있는 삼성(參星)]' 때 동소맥을 파종하는 것이 가장 적합하다고 인식하고 있다.(권1 「조의 파종[種穀]」 중의 여러 주에서 그 예를 찾아볼 수 있다.)

28 이 부분은 정현(鄭玄)의 주이다.

29 '종자필대서(種者必待署)': 비책휘함 계통의 판본에서는 모두 '자(者)'자가 빠져 있다. 『설문해자』에서는 "찰기장[黍]은 대서(大暑) 때에 파종하기 때문에 그를 일러 '서(黍)'라고 한다.[黍, 以大暑而種, 故謂之黍.]"라고 했다. 단옥재(段玉裁)는 이 문장의 주석에서 "대(大)는 덧붙인 글자"라고 했다. 고서에서는 대부분 하지에 기장을 파종한다고 하는데, 대서가 되면 너무 늦기 때문에 쓸데없는 글자라고 한 것이다. 『제민요술』에서는 하지 무렵이면 늦기장[晩黍]을 파종한다고 하며, 올기장[早黍]의 봄 파종은 음력 3월이라고 한다. 묘치위 교석본에 의하면, 오늘날 산동 지역에서 봄 파종은 3월인데, 이는 『제민요술』과 같다. 서북의 건조한 지역에서는 여름에 파종하는데, 대개 하지 며칠 전에 해당한다. 범승지가 살았던 곳은 건조한 지역이었기 때문에 "여름을 기다려서 파종한다."라고 했지만, 『제민요술』 지역(산동)에서는 이 시기에 늦기장을 파종했다고 한다.

파종할 수 있다. 농언에 이르길, "10일 빠르면[31] 이삭이 왕성하고, 10일 늦으면 (수확에) 마음을 졸이게 되는데, 기장을 많이 수확하려면 최대한 나에게 가까이 있어야 한다."라고 한다. "나에게 가까이 있다."라는 의미는 하지(夏至)에 가깝다는 말로서, 이때 늦기장을 파종한다. 1무당 3되의 종자를 사용한다."라고 한다.

有雨，彊土可種黍. 諺曰，前十鴟張，後十羌襄，欲得黍，近我傍. 我傍，謂近夏至也，蓋可以種晩黍也. 一畝，三升.

"기장의 이삭이 아직 패기 전에 내린 비가 이삭 속으로 들어가면, 이삭[32]이 상해서 결실을 맺을 수 없게 된다."

黍心未生，雨灌其心，心傷無實.

"이삭이 처음 패려 할 때 이슬을 맞게 해서는 안 된다. 두 사람이 마주 보고 긴 새끼줄을 잡고서 기장 이삭 위의 이슬을 털어 내며,[33] 태양이

黍心初生，畏天露. 令兩人對持長索，搜去其

30 '이십일(二十日)': 『제민요술』 각본에서는 '이(二)'라고 적혀 있으나, 『초학기(初學記)』에는 '삼(三)'으로 쓰여 있다. 하지 전 30일이 소만임을 감안한다면, 이때 기장을 파종하는 것은 지나치게 빠르다.

31 '전십(前十)': '십(十)'자는 단지 금택초본에만 있다. '십(十)'자가 있는 이 두 구절에서 '전십(前十)'은 하지 전 10일이고, '후십(後十)'은 하지 후 10일이라고 겨우 해석할 수 있다.

32 '심상(心傷)': '심(心)'은 기장 이삭을 가리킨다. '미생(未生)'은 생식하고 생장하기 전 단계를 가리키는 것으로, 어린 이삭은 분화가 끝날 무렵에 이삭이 팽창하는 잉수기(孕穗期)가 시작되는데, 아직 나오지는 않은 것이다. '초생(初生)'이란 이삭이 이미 패어 나오는 초기 단계를 말하는 것이다. 이삭이 팰 때는 충분한 햇볕이 필요하며, 연이어 비를 맞는 것을 싫어하는데, 비를 맞게 되면 처음 팬 기장 이삭이 손실을 입게 된다. 『태평어람』 권823에 인용된 것은 '필상(必傷)'이라고 쓰여 있지만, 권842에서 인용한 것은 여전히 '심(心)'으로 인용하여 쓰고 있는데, 스셩한은 '심(心)'자가 옳다고 보았다.

33 '수(搜)': 『태평어람』 권823에서는 '알(戛)'자로 쓰고 있으며, 『농상집요(農桑輯

나오면 멈춘다."

"무릇 기장을 파종할 때 흙을 북돋아 주고 김매기하는 등의 작업은 모두 조[禾]에 하는 방법과 같다. 기장은 조보다는 듬성듬성 파종해야 한다."[34] 생각건대, 듬성듬성하게 파종한 기장은 비록 가지가 많을지라도[科][35] 기장쌀의 색깔이 누레지고, 또한 알곡이 충실하지 않으며[減], 쭉정이[空]가 많아진다. 현재[후위(後魏)]는 조밀하게 파종하여 비록 분열하여 뻗어 나간 가지가 적지만, 기장쌀

露, 日出乃止.

凡種黍, 覆土鋤治, 皆如禾法. 欲疏於禾. 按, 5 疏黍雖科, 而米黃, 又多減及空. 今概, 雖不科而米白, 且均熟不減, 更勝疏者.

要)』와 비책휘함 계통의 각본에서는 '개(槩)'자로 쓰고 있다. 스셩한은 금석본에서, '개(槩)'자가 『농상집요』를 편집하는 사람이 본서 권1 「조의 파종」편에서 조 가운데 새끼줄을 이용해서 서리와 이슬을 털어 낸다는 내용을 편집하여 고쳐 쓴 것이라고 지적하였다.

34 범승지 때의 기장은 조보다는 듬성듬성하게 심었으나 가사협 시대에는 재배법이 이미 진일보하였기에 『농상집요』에서는 『범승지서』의 "기장은 조보다 듬성듬성 심어야 한다."라는 말을 인용하지 않았다. 그 이유에 대해 묘치위 교석본을 참고하면 기장은 분얼이 아주 강하지만, 성숙은 늦다. 만약 듬성듬성하게 심는다면 분얼과 분지(分枝)가 많아져 고르게 성숙되지 않기 때문에 열매가 충실하지 않고 쭉정이가 많이 생긴다. 조밀하게 파종하면 분얼과 분지를 억제하여 양분과 수분이 비교적 집중되어, 성숙이 비교적 고르게 된다. 따라서 종자가 알차고 쭉정이도 적어진다고 한다. 다시 말하면, 기장에 이삭이 패고 결실을 맺는 단계가 되면 수분이 많이 필요하며, 조밀하게 심으면 비교적 지면이 막혀 지면의 수분의 증발을 억제하게 되어 토양 속에 비교적 많은 물기를 머금게 된다. 따라서 기장 알곡은 비교적 충분한 양분과 수분을 공급받을 수 있어서 종자는 알차고 전분의 함량도 충실하며, 쌀의 색깔도 하얗게 된다. 듬성듬성하게 파종하면 이와는 상반된 결과가 발생하여 쭉정이도 많고, 기장쌀도 누런색으로 변한다. 더욱 심한 것은 갑자기 가뭄을 만났을 때는 그루가 필요로 하는 만큼 양분과 수분을 섭취하지 못하여 잎은 종자와 함께 한정된 공급을 놓고 경쟁하게 된다는 것이다.

35 '과(科)'는 분얼이 많음을 가리킨다. 아래 문장의 '감(減)'자는 알곡이 쪼그라든다는 의미이며, '공(空)'자는 쭉정이를 가리킨다.

의 색깔이 희고 또한 알곡의 성숙이 고르고 내용도 충실하여 듬성듬성 파종한 것보다 좋다. 범승지가 "조보다 듬성듬성하게 파종하라."라고 한 이치는 들어 본 적이 없다고 하였다.[36]

氾氏云, 欲疏於禾, 其義未聞.

최식이 이르기를,[37] "4월에 누에가 섶에 오를 때에 비가 내리면 기장과 조를 파종하는데, 이때가 가장 좋은 시기이다.

崔氏曰, 四月蠶入簇, 時雨降, 可種黍禾, 謂之上時.

하지 전후 각 2일 동안은 기장을 파종할 수 있다."라고 한다.

夏至先後各二日, 可種黍.

"벌레가 자두[李][38]를 먹으면 그해는 기장 값이 오른다."라고 하였다.

蟲食李者黍貴也.

36 기장과 조의 파종문제에 대해 가사협은 자신의 경험을 바탕으로 기장과 조는 마땅히 같이 밀파를 해야 한다고 주장하며, 『범승지서』에서 "기장은 조보다 소밀하게 파종해야 한다."라고 한 것을 비판하였다. 재배법의 발전을 떠나 범승지는 서북 건조지역에 대해서 말한 것이고, 가사협은 단지 산동 서부의 상황을 두고 말한 것이다. 환경이 어떠한가에 따라서 제각기 처리하는 방법도 강구해야 할 것이다.

37 '최씨왈(崔氏曰)': 스셩한의 금석본에서는 이 절은 『사민월령』에서 나온 것이며, '씨(氏)'자는 응당 '식(寔)'로 쓰거나, 혹은 '식사민월령(寔四民月令)'의 다섯 자를 써야 한다고 지적하였다.

38 '충식리(蟲食李)': 이 구절은 『사민월령』과는 무관한데, 스셩한은 『잡음양서』에서 인용하였을 것으로 추측하였다.(본서 권1 「조의 파종[種穀]」편 주석과 권2 「보리·밀[大小麥]」편 참고.)

● 그림 1
끄으레[撻]:
『왕정농서(王禎農書)』
참조.

● 그림 2
궁글대: 박호석,
『한국의 농기구』
참조.

● 그림 3
메기장[穄]

● 그림 4
촉서(蜀黍):
『수시통고』 참조.

● 그림 5
찰기장[黍]:
『수시통고』 참조.

● 그림 6
조[粟]:
『수시통고』 참조.

교 기

1 『광지』: 『태평어람』 권842, 『초학기(初學記)』 권27에서 모두 『광지』의 이 조문을 인용하고 있지만, 글자에는 다소 차이가 있다고 한다.

2 '도미서(稻尾黍)': 『태평어람』에는 '서(黍)'자가 없고, 『초학기』에는 '남미(南尾)'로 쓰여 있다.

3 '지춘우토취(至春又土臭)': 금택초본과 호상본 및 『농상집요』에는 모

두 '우(又)'자가 들어 있으나 남송본에는 없는데, 빠진 듯하다.

4 '서(書)': 금택초본과 명초본에서는 '서(書)'자가 없으나, 호상본(湖湘本)에는 '서(書)'가 있다.

5 '안(按)': 명초본에는 한 칸이 비어 있으나, 비책휘함 계통의 판본에서는 빈 부분조차 없다. 스성한의 금석본에서는 금택초본(金澤鈔本)에 의거하여 '안(案)'으로 보충하고 있다.

제5장

차조 梁秫[39]第五

『이아(爾雅)』「석초(釋草)」편에 이르기를 "문(虋)은 붉은 싹의 조[赤苗]이다. 기(芑)는 흰 싹의 조[白苗]이다."라고 하였다. 곽박(郭璞)이 주석하여 이르기를 "'문(虋)'은 현재[진대(晉代)]에는 붉은 차조[赤粱粟]라고 부른다. '기(芑)'는 오늘날의 흰 차조[白粱粟]라고 하는데, 모두가 좋은 조이다."라고 하였다. 건위사인(犍爲舍人)은 주석하기를 "백이숙제(伯夷叔齊)가 먹은 수양초(首陽草)이다."[40]라고 한다.

爾雅曰,[6] 虋, 赤苗也. 芑, 白苗也. 郭璞注曰, 虋, 今之赤粱粟. 芑, 今之白粱粟, 皆好穀也. 犍爲舍人曰, 是伯夷叔齊所食首陽草也.

---

39 '양(粱)'은 『설문해자』「미부(米部)」에서는 "禾米也"라고 하여 조의 쌀을 의미하며, 오늘날의 '소미(小米)'를 가리킨다. 이는 『광아』「석초(釋草)」편에서도 동일하게 해석하고 있다. 이런 사실에서 볼 때 고농작물의 '곡(穀)'자의 특정한 쌀 이름이 곧 '양'인 셈이다. 류제의 논문에서는 '양'과 '출'을 구분하여, '양'은 '호곡자(好穀子)'라고 하고, '출'은 '점곡자(黏穀子)'라고 보고 있다.

40 '백이숙제(伯夷叔齊)': 『사기』 권61 「백이열전(伯夷列傳)」을 참고하면, 이들은 상나라 말기 고죽군(孤竹君)의 장자와 3남이다. 고죽군이 죽은 후에 두 사람은 각각 도망쳐서 주나라에 투항했다. 주나라 무왕이 상의 마지막 왕인 주(紂)를 물리치자 두 사람은 반대했다. 무왕이 상나라를 멸망시킨 뒤에, 두 사람은 주나라 곡식을 먹는 것을 부끄러이 여겨 수양산[오늘날 산서성 영제현(永濟縣) 남쪽]으로 도망쳐서 미(薇)를 먹으며 산에서 굶어 죽었다. '수양초(首陽草)'에 대해 묘치

『광지(廣志)』의 기록에는 "구량(具粱), 해량(解粱)이 있다. 요동(遼東)에는 적량(赤粱)이 있는데, 위(魏) 무제(武帝: 曹操)는 일찍이 그것으로 죽(粥)을 쑤었다."라고 한다.

廣志曰, 7 有具粱, 解粱. 有遼東赤粱, 魏武帝嘗以作粥.

『이아(爾雅)』에 이르기를[41] "조[粟]는 출(秫)이다."라고 한다. (이에 대해) 손염(孫炎)은 해석하기를 "출(秫)은 차조[黏粟]이다."라고 하였다.

爾雅曰, 粟, 秫也. 孫炎曰, 秫, 黏粟也.

『광지(廣志)』에는 "출(秫)은 차조[黏粟]이다. 붉은색도 있고, 흰색도 있다. 또한 호출(胡秫)도 있는데, 이는 성숙이 매우 빠르고 맥(麥)을 좇아 동시에 익는다."라고 하였다.

廣志曰, 秫, 黏粟, 有赤有白者. 有胡秫, 早熟及麥.

『설문(說文)』에 이르기를 "출(秫)은 점성이 있는 조[稷][42]이다."라고 하였다.

說文曰, 秫, 稷之黏者.

생각건대(按) 지금[후위(後魏)] 양(粱)에는 황량(黃粱)이 있다. 출(秫)에는 곡출(穀秫), 상근출(桑根秫), 환천배출(槵天

按, 今世有黃粱. 穀秫, 桑根秫, 槵天

위 교석본에서는 수양산에서 자라는 야생 조[粟]라고 보았다. 스성한의 금석본 역문에서는 이를 '문화기(虋和芑)'라고 풀이하고 있다.

41 금본(今本)의 『이아(爾雅)』 「석초(釋草)」편에는 "중(衆)은 출(秫)이다."라고 한다. 형병(邢昺)의 소(疏)에는 "'중'은 일명 '출'이라고 하며, 차조라고 일컫는다."라고 하였다.

42 직(稷)이 어떤 곡물인지에 대해서 아직까지 정해진 학설이 없다. 역사상으로 보면 대개 북위(北魏) 이전의 주석가들은 직이 속(粟)이라는 견해에 대해 거의 이설이 없었다. 하지만 남조 이후 당대에 이르면 직은 서(黍)라는 견해가 강하였는데, 명대 이시진과 이후 저명한 경학자, 훈고학자 및 약물학자 등도 이에 동의하여 정설이 되어 왔다. 물론 그 사이 송원시대 형병(邢昺), 명청시대 서광계(徐光啟), 최술(崔述) 등 사인(士人)들 사이에서 직은 속이며, 서가 아니라는 논점을 강하게 주장했지만 그 영향은 크지 않았다. 지금도 서직(黍稷)은 "동물이칭(同物異稱)"이라는 견해가 주를 이룬다.[허홍쫑[何紅中] 외, 『중국고대속작사(中國古代粟作史)』, 中國農業科學技術出版社, 2015 참조.]

椲秫)[43]이 있다.

梲秫也.

차조인 양粱과 출秫은 모두 척박한 땅에 듬성듬성 심어야 하며,[44] 1무에 3되[升] 반의 종자를

粱秫並欲薄地而稀, 一畝用子

43 '환천배출(槵天椲秫)': '환(槵)'은 무환자과(無患子科)의 무환자(*Sapindus mukurossi*)이다. 당대 단성식(段成式: ?-863년)의 『유양잡조속집(酉陽雜俎續集)』 권10에는 환목(槵木)을 태우면 향이 지극하여, 옛사람들은 이를 악귀를 쫓는 데 사용하기도 했다고 기록하고 있다. 스셩한의 금석본에서는 '환(槵)'자를 '헌(櫶)'으로 쓰고 있다. 금택초본에서도 '환(槵)'으로 표기하였으나, 명초본에서는 '헌(櫶)'으로, 호상본에서는 '헌(櫶)'으로 쓰고 있다. '출(秫)'은 병충해를 막는 강한 능력이 있기 때문에 이 이름을 지니게 되었다고 전해진다.

44 '양출(粱秫)'에 대해 이시진(李時珍: 1518-1593년)은 『본초강목(本草綱目)』 권23에서 "출은 곧 양미(粱米), 속미(粟米)의 차진 것이다."라고 하였다. 청나라의 저명한 식물학자 오기준(吳其濬; 1789-1847년)의 『식물명실도고(植物名實圖考)』 권1에서는 "'출(秫)'은 이시진의 설과 같다."라고 하였다. 이들은 가사협과 마찬가지로 모두 훈고학자는 아니며, 또한 양출(粱秫)이 조와 같은 종류이고, 고량은 아니라고 하였다. 마쭝선[馬宗申] 역시 『농상집요역주(農桑輯要譯注)』(上海古籍出版社, 2008)에서 고서 속의 '양(粱)'은 '속(粟)'의 우량품종에서 나온 좋은 조라고 하였다. 이상과 같은 견해에 대해 묘치위는 양(粱)과 출(秫)에 대해 '양(粱)'은 '맛있는 조'로, 즉, 조[粟]의 좋은 품종이라고 보았다. 조는 점성에 따라 구분되는데, 차조와 메조로 나누어진다. '출(秫)'은 바로 차조이며, 곧 손염(孫炎)이 『광지』에서 말한 '점속(黏粟)'이 이것이다. 차조[粱]와 차조[秫]는 구분하여도 좋고, 합쳐도 좋다. 모두 고량은 아니다. 무릇 점성이 있는 조, 기장, 벼 등은 옛날에 모두 '출(秫)'이라고 하였다. 한편 니시야마 역주본 76쪽에서 갑골문에 등장하는 화(禾)나 직(稷)은 맛은 없으나 내한성이 강하고, 『시경(詩經)』의 양(粱)은 맛은 좋지만 내한성은 약한 씨알이 큰 원종(原種)이라고 하였다. 『범승지서(氾勝之書)』의 '속(粟)', 『제민요술』의 '곡(穀)'과 오늘날의 '곡자(穀子)'는 이 양자의 품종을 교배하여 생겨난 것으로서 알이 크고, 맛이 좋으며 내한성도 강한 신품종이라고 한다. 이시진에 의하면 "주대에는 '양(粱)'이라 칭하고 '속(粟)'으로 부르지 않았는데, 한대(漢代) 이후 비로소 크고 털이 긴 것을 '양(粱)'이라 하고, 가늘고 털이 짧은 것은 '속(粟)'이라 했으며, 오늘날에는 통칭하여 '속(粟)'이라 하고, '양(粱)'의 이름은 모른다."라고 하였다.

사용한다. 땅이 너무 비옥하면 종자가 멧꿩의 꼬리[雉尾][45] 처럼 자라는데, 촘촘하게 심으면 자라도 이삭을 맺지 못한다. 올조[稙穀]와 같은 시기에 파종한다. 너무 늦으면 전부 수확할 수 없게 된다.

三升半. 地良多雉尾, 苗概穗不成. 種與稙穀同時. 晩者全不收也.

토양이 건조하고 습한 정도와 써레[杷]질과 끌개[勞]질의 작업은 모두 조와 마찬가지이다.

燥濕之宜, 杷勞之法, 一同穀苗.

수확은 늦게 해야 한다. 차조의 성질은 (알곡이) 떨어지지 않는데, 수확이 너무 빠르면 (자라도 곡식의 알이 차지 않고) 열매에 손실이 생긴다.[46]

收刈欲晩. 性不零落, 早刈損實.

---

45 '치미(雉尾)': 이는 일종의 세균성 질병(*Sclerospora graminicola*)으로, 곰팡이균 감염에 의해 발병된다. 묘치위 교석본에 따르면, 감염부위가 다르기 때문에 외형은 두 가지 종류가 있는데, 한 종류는 꽃차례에 감염되어 이삭은 팰 수 있지만, 결실을 맺지 못한다. 이삭에 병이 들면, 담비 꼬리 모양을 띠게 되는데, 민간에서는 일러 '곡로(穀老)', '간곡로(看穀老)'라고 칭하며, 또한 '노곡수(老穀穗)' 등으로 부르기도 한다. 『마수농언(馬首農言)』에는 '오곡의 병(病)'에 '노곡수(老穀穗)'가 있는데, 설명하여 이르기를, "열매는 없고, 털만 나서 마치 담비 꼬리와 같다."[『민간수의본초(民間獸醫本草)』 481쪽에서 인용]라고 하였다. 또 다른 한 종은 잎에 감염되는데, 발병하면 흰 머리카락 모양을 띠고, 이삭이 팰 수 없다. 민간에서는 이를 일러 '창곡(槍穀)', '창간(槍幹)'이라고 칭하며, 즉 흰머리 병인데, 윗부분은 흰색이고 익게 되면 잎이 갈라져서 위로 말려 올라가 형상이 꿩 꼬리털과 같아진다. 이런 종류가 바로 『제민요술』에서 치미라고 부르는 것이라고 한다.

46 『여씨춘추(呂氏春秋)』 「임지(任地)」편에서는 조가 알이 차고 쭉정이가 적은 상태를 "粟圜(圓)而薄糠"이라고 표현하고 있다. 이는 알곡이 크고 가득 차면 자연 그 바깥의 껍질이 얇아진다는 의미이다.

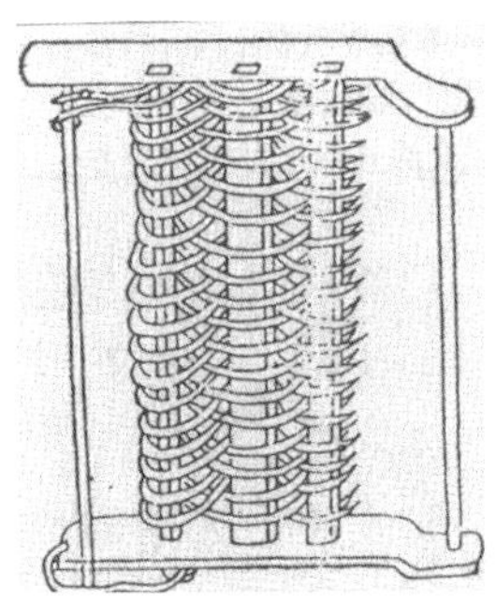

그림 7
끌개[勞]: 『왕정농서』 참조.

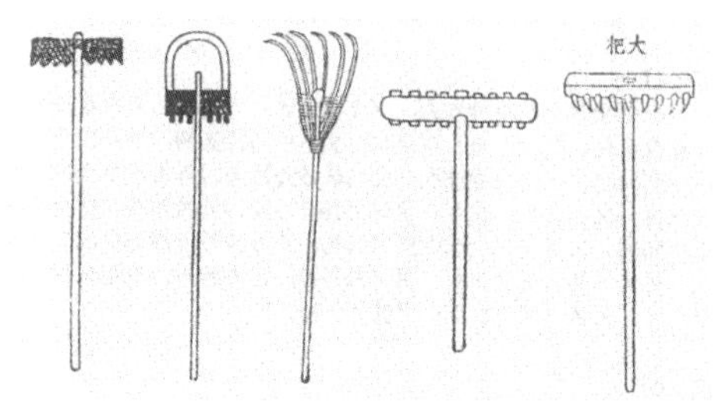

그림 8
갈퀴[杷]: 『왕정농서』 참조.

그림 9
차조[粱]:
『수시통고(授時通考)』 참조.

그림 10
차조[秫]:
『수시통고』 참조.

그림 11
노곡의 이삭[老穀穗]:
『제민요술교석』 참조.

교 기

6 '이아왈(爾雅曰)': 『이아(爾雅)』 「석초(釋草)」의 주에는 이 문장 속에 모두 '야(也)'자가 없다. '기(芑)'는 원래 '사(苣)'로 쓰여 있는데, 묘치위는 옛 서적에서 글자를 잘못 쓴 것으로 보았다.

7 '광지왈(廣志曰)': 『초학기(初學記)』 권27에서 『광지』를 인용한 곳에는 "魏武帝嘗以作粥"이 없는데, 『태평어람』 권842에서 기본적으로 『제민요술』과 동일하게 인용하고 있다.

제6장

콩 大豆第六

『이아(爾雅)』「석초(釋草)」편에 이르기를 "융숙(戎叔)[47]은 임숙(荏菽)이라고 칭한다." 손염(孫炎)이 주석하여 말하기를 "융숙은 콩[大菽]이다."라고 한다.

爾雅曰, 戎叔謂之荏菽. 孫炎注曰, 戎叔, 大菽也.

장읍(張揖)의 『광아(廣雅)』[48]에서 이르기를 "'콩[大豆]'은

張揖廣雅曰, 大

---

47 '융숙(戎叔)': 『이아(爾雅)』 형병(邢昺)의 주소에는 손염(孫炎)의 주를 인용하여 콩[大豆]이라고 적고 있다. 『이아』의 주석자인 건위사인(犍爲舍人)과 번광(樊光), 이순(李巡), 곽박(郭璞)은 모두 '호(胡)'를 '융(戎)'으로 해석하고 있는데, 묘치위 교석본에 따르면, '융숙(戎叔)'은 '호두(胡豆)'를 뜻하며, '융(戎)'은 '대(大)'의 의미가 있어서 '융숙(戎叔)'은 '대두(大豆)'라고 해석된다. '호(胡)' 또한 '크다'는 의미가 있어서, 호두는 대두(大豆)를 가리킨다고 한다. 금택초본과 명초본의 '숙(菽)'자는 모두 '초머리[艸]'가 빠진 '숙(叔)'으로 적혀 있으며, 양송본도 동일하다. 그러나 『태평어람』은 여전히 '숙(菽)'자로 되어 있다. 스셩한의 금석본에 의하면, '숙(叔)'자에는 '초머리[艸]'가 없는데, 뒤에는 대개 콩이 명칭으로 사용하지 않고 난지 농사로 쓰였다. 즉, 콩을 '수취', 또는 '취합'한다는 의미이다. 묘치위 교석본에 의하면, 『광아(廣雅)』「석초(釋草)」편에도 '숙(菽)'은 '숙(尗)'이라고 되어 있으며, 글자 의미는 동일하다고 한다. 콩의 기원을 밝히기 위해서는 융숙과 『시경(詩經)』에 등장하는 임숙(荏菽)과의 관계가 밝혀져야 하는데, 여기에 대해서는 최덕경(崔德卿), 「荏菽과 戎菽에 대한 再檢討: 中國 大豆의 起源과 관련하여」 『동양사학연구(東洋史學研究)』 제128집, 2014를 참조.

숙(菽)이다.[49] '소두(小豆)'는 답(荅)이다. 비두(豍豆)와 완두(豌豆)는 유두(留豆)이다. 호두(胡豆)는 강두(豇豆)이다."[50]라고 하

豆, 菽也. 小豆, 荅也. 豍豆豌豆, 留8豆也.

48 『광아(廣雅)』는 위나라 장읍(張揖)이 찬술한 것으로, 그는 한인(漢人)의 전주(箋注)를 채록하였다. 『이아』의 부족한 부분을 보충하여서 이름을 『광아』라고 하였으며, 현존하는 가장 중요한 훈고서이다. 장읍은 명제(明帝) 대화(太和: 227-232년) 중에 박사에 임명되었으며, 『비창(埤倉)』, 『고금자고(古今字詁)』와 『광아』를 저술하였으나, 지금은 겨우 『광아』만이 남아 있다.

49 『여씨춘추』 「심시(審時)」 "大菽則圓, 小菽則摶."에서 보듯이 전국시대 말에는 대숙과 소숙이라는 명칭이 사용된 반면, 6세기 『제민요술』에서는 본문과 같이 콩[大豆], 소두의 명칭으로 사용되고 있다. 이는 한대를 거치며 '숙'의 용도가 다양해지면서 그 명칭도 변화된 것으로 보인다. 다만 대숙이 콩[大豆]으로, 소숙이 소두로 변했는가에 대해 샤웨이잉[夏緯瑛]은 『여씨춘추상농등 사편 교석(呂氏春秋上農等四篇校釋)』에서 대숙과 소숙은 모두 대두(大豆)의 품종이고 소숙은 소두가 아니며 대숙의 형태는 알이 둥글고, 소숙은 불룩하며 향기가 있고 씹는 맛이 있다고 하였다. 그러나 천치요[陳奇猷]는 샤웨이잉의 지적은 근거가 없다고 일축하고 있다.[천치요[陳奇猷], 『여씨춘추교석(呂氏春秋校釋)』, 學林出版社, 1984; 최덕경(崔德卿), 「大豆의 기원과 醬豉 및 豆腐의 보급에 대한 재검토: 중국고대 文獻과 出土자료를 중심으로」 『역사민속학』 제30호, 2009 참조.]

50 '강두(豇豆)'는 금택초본과 명초본에서는 모두 '강두(江豆)'라고 하고 있으며, 비책휘함 계통의 각본에서는 '강두(豇豆)'라고 한다. 스성한은 '강(豇)'이 비교적 늦게 등장한 글자라고 한다. 묘치위 교석본에 따르면, 강두(江豆)는 곧 강두(豇豆)이며, 항쌍(跭𨆝)은 콩의 꼬투리가 쌍을 이루어서, 강두라고도 불린다. 옛날에는 '강(豇)'자가 없었는데, 후대 사람이 '수(水)'변을 '두(豆)'변으로 바꾸어서 '강(豇)'자를 만들었다. 비두(豍豆) 또한 '필두(蹕豆)'라고 하며, 이것은 완두이다. 『집운(集韻)』에서는 '편두(扁豆)'로 해석하고 있는데, 아마 뒤에 제시된 견해인 듯하다. 『광아(廣雅)』에는 완두와 아울러 '유두(留豆)'를 언급하였는데, '유(留)'로 칭하기 때문에 '누에콩[蠶豆]'에 해당한다. '유(留)'는 대개 월동을 한 2년생을 뜻하며, 마치 겨울맥을 '숙맥(宿麥)'으로 칭하는 것과 같다. 이 두 종의 콩은 모두 누에를 칠 때 성숙하여 수확한다. 현재 어떤 지역에서는 완두를 일러 잠두라고 하며, 잠두의 별칭으로 '북두(北豆)'라고도 부른다. 이들은 '비두(豍豆)'로 음이 바뀐 것으로, 『광아』와 서로 같다. 『제민요술』에는 비두를 콩의 종류라고 하였는데,

였다.

『광지(廣志)』에 이르기를 "들콩[重小豆; 豋豆]은 1년에 세 번 수확할 수 있으며, 맛이 좋다.[51] 백두(白豆)는 모양이 거칠고 크지만, 먹을 수 있다. 자두(刺豆)도 먹을 수 있다. 거두(秬豆)의 싹은 소두와 비슷하며 자주색[紫] 꽃이 피는데, 갈아서 분말을 만들 수 있다. 사천의 주제(朱提)와 건녕(建寧)[52]에서 자란

胡豆, 䟤䗖[9]也.

廣志曰, 重小豆, 一歲三熟, 槧甘. 白豆, 麤大可食. 刺豆, 亦可食. 秬豆, 苗似小豆, 紫花, 可爲麵. 生

지방에 따라 이름이 다르다고 한다.
호두(胡豆)의 견해는 매우 복잡한데, 『광아』에서는 또 강두라고 하였다. 노두(豋豆)는 서진의 최표(崔豹)의 『고금주(古今注)』下에서 설명하기를 '치두(治豆)'라고 하였으며, 명나라 주숙(朱橚)의 『구황본초(救荒本草)』에서는 "작은 꼬투리가 달리는 것이 마치 흑두와 같이 매우 작아, 여두(穭豆)라고 부른다."라고 하였다. 당나라 진장기(陳藏器)의 『본초습유(本草拾遺)』에서 이르기를, "여두(穭豆)는 들판에서 자라며, 작고 검다."라고 하였다. 일반인들은 이를 야생 흑소두 혹은 야생 녹두라고 한다. 소두(小豆)에 대해서는 연두색이라서 녹두라고 하고, 붉은 색은 적두와 적소두[반두(飯豆)라고도 한다.]라고 칭하며, 흰 것은 반두의 흰색을 가리킨다. 이른바, '대두류', '소두류'는 콩알의 크고 작은 것만을 가리키는 것이 아니라, 콩의 영양분과 용도와 관계되며, 대개 단백질과 지방의 함유량이 풍부하여 경제적 가치가 비교적 높은 것을 '대두류'라고 하고, 그에 반대되는 것을 '소두류'라고 한다.

51 '중소두(重小豆)'의 '중(重)'자는 학진본에서는 '종(種)'자로 쓰고 있으나, 『태평어람』에서 인용한 것에서는 '중(重)'자로 쓰고 있다. '중(重)'이 콩 이름으로 쓰인 전례가 없었던 점을 근거로 하여 스셩한은 잘못 쓰인 글자로 보았다. 의심이 가는 글자는 그 형태가 마치 '노(豋)'자와 같은데, '노두(豋豆: 들콩)' 또한, '여두(穭豆)', '녹두(鹿豆)'라고 칭하며, 야생 상태의 '소두(小豆)'에 가깝다. '미감(味甘)'이라는 것은 『제민요술』 각본에는 '참감(槧甘)'이라고 쓰고 있고, 『태평어람』과 『초학기』에서 인용한 것에는 '미감(味甘)'이라고 쓰고 있는데, '참(槧)'자는 의미가 없으며, '미(味)'자가 옳은 것이라고 한다.

52 주제(朱提)는 군(郡)의 이름이며, 후한 말에 설치되었고, 군의 치소는 지금의 사천성(四川省) 의빈현(宜賓縣)에 있다. 건녕(建寧) 역시 군의 이름으로, 묘치위 교석본에서는 삼국시대에 촉이 설치했으며, 지금의 운남성(雲南省) 곡정현(曲靖

다.

콩은 황락두(黃落豆)가 있고, 어두(御豆)가 있으며, 콩꼬투리는 길다. 잎을 먹을 수 있는 양두(楊豆)도 있다. 호두(胡豆)는 청색도 있고, 황색도 있다."라고 한다.

『본초경(本草經)』에 이르기를[53] "장건(張騫)[54]이 외국에 사신으로 가서 호두(胡豆)를 가지고 왔다."라고 한다.

(생각건대) 현재[후위(後魏)]의 콩은 흰색과 검은색 두 종류가 있으며, 또한 '장초(長梢)'와 '우천(牛踐)' 등의 명칭이 있다. 소두에는 녹두와 적소두, 백소두의 세 종류가 있다. 황고려두(黃高麗豆), 흑고려두(黑高麗豆),[55] 제비콩[鷰豆], 비두(豍豆)

朱提建寧. 大豆, 有黃落豆, 有御豆, 其豆角長. 有楊豆, 葉可食. 胡豆, 有靑有黃者.

本草經云, 張騫使外國, 得胡豆.

今世大豆, 有白黑二種, 及長梢牛踐之名. 小豆有菉赤白, 三種. 黃高麗豆

縣)에 치소가 있다고 하였으나, 니시야마의 역주본에서는 건녕을 호북성 마성현(麻城縣)으로 비정하고 있다.

53 『본초경』은 곧 『신농본초경(神農本草經)』으로서, 중국 최초의 중의학의 전문서적으로 대략 진한시대에 '신농(神農)'의 이름을 가탁하여 편찬되었다. 지금 전해지는 『본초경(本草經)』에는 이 기록이 없다. 『태평어람』 권841에서 『본초경(本草經)』의 이 조항을 인용하고 있는데, 즉 "대두를 재배한다. 장건이 외국의 사신으로 가서 깨[胡麻], 호두(胡豆: 혹자는 이를 융숙이라고 한다.)를 가져왔다."라고 한다. 책 중에 수록된 동물, 식물, 광물의 약품이 365종에 달하며, 그중에 적지 않은 약품의 약효는 현대 과학으로도 판명되었다. 원전은 전해지지 않지만, 그 내용은 역대 본초서에 의해 전재되어 보존되어 왔다.

54 '장건(張騫: ?-기원전 114년)'은 두 차례 한 무제(武帝)의 명을 받들어 서역으로 가서, 중원의 철기와 사직품(絲織品)을 서역으로 전파했으며, 서역의 음악, 포도, 거여목[苜蓿]을 중원으로 도입하여 서로 왕래할 수 있는 길을 열어 한나라와 중앙아시아의 경제와 문화의 교류와 발전을 촉진하였다. 그러나 그가 가지고 들어온 깨[胡麻], 호두(胡豆)는 사서에서 보이지 않는다.

55 '고려두(高麗豆)'는 고구려두(高句麗豆)를 가리킨다. 두(豆)의 명칭에 고구려라는 국가의 접두사가 붙은 것은 이 지역이 대두의 기원지이거나 주요 소비지이거나 고구려 특유의 대두가 생산된 지역이었음을 뜻한다. 최덕경(崔德卿), 「齊民要

는 콩 종류에 속하고, 완두(豌豆), 강두(江豆), 들콩[薆豆]은 소두 종류에 속한다.[56]

黑高麗豆鷰豆豍豆, 大豆類也, 豌豆江豆薆[10]豆, 小豆類也.

춘대두春大豆는 올조[穉穀]를 파종한 뒤에 심는다. 2월 중순이 가장 좋은 시기이고, 1무에 8되[升]를 파종한다. 그다음은 3월 상순이며, 1무에 10되[斗]를 파종한다. 4월 상순이 가장 좋지 않은 시기이다. 이때는 1무에 12되를 파종한다. 그해 파종하는 시기가 늦어지면, 5-6월에도 또한 파종할 수 있다. 하지만 늦으면 늦을수록 종자가 많이 든다.

春大豆, 次穉穀之後. 二月中旬爲上時, 一畝用子八升. 三月上旬爲中時, 用子一斗. 四月上旬爲下時. 用子一斗二升. 歲宜晩者, 五六月亦得. 然稍晩稍加種子.

토지를 부드럽게 다스릴 필요가 없다. 가을에 봉(鋒)으로 땅을 매어 주고, 바로 드물게 점파를 한다.[57] 땅이 지나치게 부드러운 것은 싹은 무성하지만 열매는 적다.

地不求熟. 秋鋒之地, 卽稙種. 地過熟者, 苗茂而實少.

수확은 늦게 해야 한다. 콩알이 땅에 떨어져서는 안 되며, 수확이 빠르면 열매가 손실된다.

收刈欲晩. 此不零落, 刈早損實.

반드시 누거를 사용하여 파종[耬下]해야 한

必須耬下. 種

術의 高麗豆 普及과 韓半島의 農作法에 대한 一考察」『동양사학연구(東洋史學硏究)』 제78집, 2002 참조.

56 묘치위 · 묘궤이룽[繆桂龍] 역주, 『제민요술역주(齊民要術譯註)』, 上海古籍出版社, 2006(이후에 '묘치위 역주본' 혹은 '묘치위 역문'으로 간칭)에서는 이 부분 전체를 가사협(賈思勰)의 안(按)으로 이해하고 있다.

57 '적(穡)': 본서의 권1 「밭갈이[耕田]」의 기록에 의하면, 추수 후에는 소의 힘이 약해지므로 단지 얕게 김매어 그루터기를 제거하고, 봄이 되면 점파하는 땅을 말한다.

다. 왜냐하면 종자를 깊게 파종해야 하기 때문이다. 콩의 성질은 강하여,[58] 뿌리가 깊게 내릴수록 땅속의 물기를 이용할 수 있다.[59] 끝이 뾰족한 봉鋒질과 갈이를 각각 한 차례씩 하며, 호미질은 두 번이면 족하다.[60]

欲深故. 豆性強, 苗深則及澤. 鋒耩各一, 鋤不過再.

잎이 떨어지면 수확한다. 잎이 다 떨어지지 않으면 다스리기가 어렵다. 수확을 마친 후에는 서둘러 갈아엎는다. 콩은 물을 좋아하여,[61] 가을에 갈아엎

葉落盡, 然後刈. 葉不盡, 則難治. 刈訖則速耕. 大豆

58 콩은 뿌리가 깊게 뻗는 특성이 있어 약간 깊게 파종해 주어야 한다. 뿌리가 깊게 뻗으면 땅속 깊은 곳의 수분을 흡수할 수가 있다.

59 '급택(及澤)': '급(及)'은 도달한다는 의미이고, '택(澤)'은 토양 중의 수분 공급을 의미한다.

60 청나라 왕균은 『마수농언(馬首農言)』 「종식(種植)」편에서 그의 고향인 지금의 산동성(山東省) 안구현(安丘縣)에 대해 말하기를, "콩은 네 차례나 심매서 이듬해 파종하는데 비록 땅이 굳어질지라도 큰비가 오면 이랑의 흙이 모두 무너져 평평해지므로, 힘써 흙을 져다가[負土] 북돋아 주어야 한다."라고 한다.

61 '초(炒)': 스성한의 금석본에는 '성초(性炒)'를 성우(性雨)라고 적고 있는데, '초(炒)'는 황교본과 명초본에서는 '우(雨)'로 쓰고 있으며, 『농상집요』에는 '온(溫)'으로 쓰고 있고, 금택초본에서는 '언(焉)'으로 쓰고 있지만 글자가 온전하지 않다. 묘치위는 교석본을 보면, 이것은 옛 초(炒)자인 초(煼)자가 훼손되어 잘못된 것이라고 한다. 『사시찬요(四時纂要)』 「이월(二月)」편 '종대두(種大豆)'조에는 『제민요술』에서 '초(炒)'라고 한 것을 따르고 있다. '초(炒)'는 '조(燥)'의 전음[현재 강소 북부 지역의 방언에는 여전히 '건조(乾燥)'를 '건초(乾炒)'라고 하고 있다: 태주(泰州)시 세아이궈[葉愛國] 선생의 지적]이고, '성초(性炒)'는 콩의 생리적 특성이 물을 비교적 많이 필요로 하여 뒤에 꽃이 피고, 꼬투리가 맺힐 때는 더욱 물을 많이 필요로 하여서 쉽게 토양이 건조하게 되며, 게다가 잎이 떨어진 뒤에 수확하면, 지면은 비교적 오랫동안 노출되어 수분 증발이 빨라진다는 것이다. 이 때문에 반드시 수확 후에 즉시 갈아엎고 써레질한다. 추수 후에 북방에서는 바로 우기를 맞기 때문에 가을비를 많이 비축하게 하여, 동맥과 이듬해 봄에 파종하는 작물에 좋은 수분을 제공하게 하여야 한다고 하였다.

지 않으면 땅속에 습기가 없어지게 된다.

사료용 꼴[茭][62]을 파종할 때는 맥의 그루터기에 파종한다. 1무의 땅에 3되[升][63]의 종자를 파종한다. 먼저 종자를 흩어 뿌린 연후에 쟁기를 써서 좁고 얕은 길을 만들고,[64] 끌개[勞]로 다시 부

性炒, 秋不耕則無澤也.

種茭者, 用麥底. 一畝用子三升. 先漫散訖, 犁細淺畤, 而勞

62 '교(茭)': 『설문해자』에서는 '교(茭)'를 해석하여, 마른 꼴[乾芻]이라고 한다. 즉, '말려서 저장한 사료'의 의미이다. 묘치위 교석본에 따르면, 콩을 파종하여 줄기와 잎이 달린 채로 푸를 때 베며, 저장하였다가 가축이 겨울을 나는 건초로 이용하는데, 이를 일러 '교두(茭豆)'라고 한다. 이것은 줄기와 잎을 거두기 위한 식물이기 때문에 밀파를 하여 그루가 높게 자라도록 한다. 만약 드물게 파종하면 가지는 많을지라도 높게 자라지 못하기 때문에, 밀파한 것에 미치지 않는다. 그리고 밀파함과 동시에 얕게 파종하는 것이 좋다. 왜냐하면 여름철에는 비가 많이 오기 때문에 표토층이 쉽게 굳어지는 현상[板結]이 생기는데, 흙을 두껍게 덮어주면 싹이 트는 데 영향을 미치기 때문이라고 하였다.

63 '삼승(三升)'은 각본이 모두 같지만, 너무 적어서 삼두(三斗)의 잘못이 아닌가 의심스럽다. 묘치위 교석본에서 이르길, 교두(茭豆)는 줄기와 잎을 거두는 것을 목적으로 하기 때문에 조밀하게 파종을 해야 하며, "드물게 하면 모종이 높게 자라지 않는다."라고 이미 명확하게 제시하고 있는데, 일반적으로 누리(耬犁; 耬車)로 파종할 경우에 무(畝)당, 많으면 한 말[斗] 2되에 이른다. 그래서 현재에는 산파를 하는데, 파종기가 또 늦어서 맥을 수확한 이후이면 절대 '삼승(三升)'만 파종하는 것은 불가능하다고 한다.

64 '열(畤)': 이 의미는 땅을 갈아 흙을 일으킨다는 것으로, 보습으로 갈아엎은 흙덩이가 줄 지은 것이 마치 땅 위에 갈비뼈가 나열된 형상과 같다. 스성한의 금석본에 따르면, '세천렬(細淺畤)'은 작은 보습으로 갈아 만든 얕고 작은 흙덩이라고 한다. 반면 묘치위는 교석본에서 이는 쟁기로 얕게 땅을 뚫어 일구는 것이라고 한다. 니시야마의 역주본에서는 대개 이경(犁耕)은 볏(鐴)을 부착하여 갈아엎는 데 반해, 이열(犁畤)은 볏을 부착하지 않고 경지를 작조(作條)하고 복토(覆土)하는 목적으로 사용한다는 점에서 누강(耬耩)과 유사하다고 지적하였다. 『한어대사전(漢語大詞典)』 漢語大事典出版社, 1994에는 '열(畤)'에 대해 위와 같이 흙을 기토(起土)하여 흙덩이가 열을 이룬다는 뜻도 있지만, 밭두둑 즉, '전계(田界)',

드럽게 평탄 작업을 한다. 날씨가 가물면 콩대가 딱딱해지고 잎이 잘 떨어지며,[65] 드물게 파종하면 콩대가 길게 자라지 않고, 너무 깊게 파종하면 흙이 두터워 싹이 잘 나오지 않는다. 만약 땅에 물기가 너무 많으면 먼저 깊게 갈아엎은 후에, 쟁기질한 방향과[66] 반대 방향으로 종자를 흩어 뿌리고 끌개[勞]로 다시 부드럽게 평탄 작업을 한다. 땅이 축축하지 않으면 이와 같이 할 필요가 없는데, (걱정되는 것은) 수분이 부족하면 답답하여 싹이 자라지 못한다. 9월에 지면에 가까운 잎[老葉]이 누렇게 변해서 떨어지면 재빨리 수확한다. 잎이 아직 누렇게 되지도 않았는데,[67] (습기가 많으

之. 旱則萁堅葉落, 稀則苗莖不高, 深則土厚不生. 若澤多者, 先深耕訖, 逆垡擲豆, 然後勞之. 澤少則否, 爲其浥鬱不生. 九月中, 候近地葉有黃落者, 速刈之. 葉少不黃必浥鬱. 刈不速, 逢風則葉落盡,

---

'전승(田塍)'의 의미도 있다고 한다.

65 "한칙기견(旱則萁堅)": '기(萁)'는 콩대이다. '견(堅)'은 콩대가 말라서 딱딱한 것이다. 묘치위는 '한(旱)'이 본문과 서로 부합되지 않기 때문에 '조(早)'의 잘못으로 보았다. '조(早)'는 파종을 지나치게 일찍 하고 얕게 하면 가뭄이 들 때 수분이 부족하게 되어 줄기가 마르고 잎이 떨어지는 폐단이 생김을 말함이다. 오늘날 5월이 되면 맥을 수확한 자리에 콩을 파종하는데, 우기에 접어들면 수분이 비교적 충분하여 줄기와 잎이 무성해지게 되어 시기에 부합된다고 한다.

66 '벌(垡)': 이는 또 '발(墢)'이라고도 쓴다. 뜻은 갈아서 흙을 일으킨다는 뜻으로 곧, 쟁기 보습으로 일으킨 흙덩이이다. 스셩한의 금석본을 보면, 쟁기가 일으킨 흙덩이는 쟁기의 볏에 닿은 부분은 윤기가 나고, 원래 지면은 거친 두 개의 면이 생겨난다. 쟁기가 만든 이랑은 이 때문에 또한 일정한 방향을 띠고 있다. 이 같은 배열이 곧 '벌(垡)'인 것이다. 사람이 걸어가는 보조와 같다고 하여 '벌(垡)'이라고 칭하였다. 명초본과 금택초본에서는 이 '벌(垡)'자를 모두 '대(垈)'로 잘못 표기하고 있다고 한다. 묘치위의 교석본에서는 이때 흙이 넘어진 방향으로 콩을 흩뿌린다면 흩어진 콩은 안정적이지 않다. 그 때문에 반드시 '역대(逆垡)' 즉, 상반된 방향으로 콩을 흩뿌려야만 콩이 이랑 사이[垡間]의 빈틈 속으로 들어가, 이후 끌개로 한 번 잘 덮어 주면 끝난다고 하였다.

면) 반드시 눅눅해져 손상된다. 재빨리 수확하지 못하여 바람을 만나면 잎이 전부 떨어지고, 비를 만나면 콩대가 전부 문드러져서 수확할 수 없게 된다.

遇雨則爛不成.

『잡음양서雜陰陽書』에 이르기를 "콩[大豆]은 홰나무[槐] 잎이 나올 때 싹이 튼다. 싹 트고 90일이 되면 꽃이 피고, 꽃이 핀 이후 70일이 되면 수확한다. 콩[豆]은 신申일에 싹트고 자子일에 건장해지며, 임壬일에 자라나고 축丑일에 늙으며 인寅일에 죽는다. 갑甲일, 을乙일을 싫어하고 묘卯일, 오午일, 병丙일, 정丁일을 꺼린다."라고 하였다.

雜陰陽書曰, 大豆生於槐. 九十日秀, 秀後七十日熟. 豆生於申, 壯於子, 長於壬, 老於丑, 死於寅. 惡於甲乙, 忌於卯午丙丁.

『효경원신계孝經援神契』에 이르기를 "적토赤土에는 콩[菽]을 파종하는 것이 적합하다."라고 한다.

孝經援神契曰, 赤土宜菽也.

『범승지서氾勝之書』에 이르기를 "콩은 당해연의 수확을 보증하고 파종이 쉬워,[68] 예로부터

氾勝之書曰, 大豆保歲易爲, 宜古

---

67 '소(少)': 스셩한의 금석본에 의하면, '소(少)'는 부사를 만들 때 사용되며, '누렇게 되지 않은' 정도를 표시한다. 묘치위는 교석본에서 '소(少)'는 예전에는 항상 '초(稍)'자로 사용하였다고 한다. 이것은 만약 뿌리 근처의 잎이 아직 누렇게 되어 떨어지지 않을 때 바로 수확하여 쌓아 두면 여전히 푸른빛을 띠어 습기가 남아 있는 줄기는 반드시 눅눅해져 뜨게 된다고 하였다.

68 "보세역위(保歲易爲)"의 '보(保)'는 '보증'을 의미이다. '세(歲)'는 한 해의 수확을 뜻한다. '역위(易爲)'란 '처리하기 쉽다'는 의미라고 한다. 과거에는 대부분의 학자들은 "大豆保歲, 易爲宜, 古之所以備凶年也."라고 띄어 읽었는데, 해석하기 어렵다. 본권의 「소두(小豆)」편과 서로 비교한 후에 이 내용을 "콩은 한 해의 수확을 보증하며, 처리[짓기도]하기도 쉽다.[大豆保歲易爲.]"라고 표점해야 비로소 해

흉년을 대비하는 작물로 이용되었다. 집안 식구의 수를 헤아려 그 숫자에 따라 콩을 파종했는데, 대개 1인당 5무를 파종하였다. 이것은 농가의 기본적인 경영이었다."라고 한다.

之所以備凶年也. 謹計家口數, 種大豆, 率人五畝. 此田之本也.

"3월에 느릅나무[楡]의 꼬투리가 달릴 때 비가 내리면, 고지에 콩[大豆]을 파종할 수 있다. 흙을 섞어 부드럽게 해서 덩어리가 없게 하여 무당 5되[升]를 파종한다. 땅이 부드럽게 섞이지 않았다면 파종량을 늘린다." "콩은 하지 후 20일이 되면 파종할 수 있다."[69] "떡잎이 나올 때 콩껍질을 덮어쓰고 싹이 나오며, 깊이 갈 필요는 없다."[70]

三月楡莢時, 有雨, 高田可種大豆. 土和無塊, 畝五升. 土不和, 則益之. 種大豆, 夏至後二十日尙可種. 戴甲而生,

---

석할 수 있다. 이에 따라 「소두(小豆)」는 "소두는 그해의 수확을 보승할 수 없으며, (파종하여) 짓기도 어렵다.[小豆不保歲, 難得.]"와 연계하면 쉽게 이해된다. 일본의 니시야마 역주본에서는 "세식(歲食)을 보증하고 (농사)짓기 쉽다."라고 해석하고 있다. 이런 해석은 「콩[大豆]」과 「소두(小豆)」편의 사료에 대해서도 모두 동일하게 적용하고 있다. 다만 원문의 '보세(保歲)'는 "세식을 보증하거나 주식(主食)으로 사용한다."의 의미이거나 "여름을 넘겨 보존할 수 있다."라는 뜻으로 쓰였다고 한다. 이 문장에 대해 혹자는 대두는 세역의 보증이 적합한 데 반해, 「소두(小豆)」편의 "小豆不保歲, 難得."의 해석은 "소두는 세역(歲易)을 보증하지 않고 (연작해서는) 얻기 어렵다."라고 하여 동일한 일을 두 가지 의미로 해석하는 견해도 있음을 제시하고 있다.

69 복생(伏生)의 『상서대전(尙書大傳)』, 『회남자(淮南子)』, 유향(劉向)의 『설원(說苑)』에는 모두 "대화(大火) 중에 기장과 콩[菽]을 파종한다.[大火中種黍菽.]"라고 되어 있으나 『여씨춘추(呂氏春秋)』에서는 곧 "하지에 삼과 콩[菽]을 심는다.[日至樹麻與菽.]"라고 한다. 콩[菽]의 파종시기가 『여씨춘추』와 『제민요술』이 약 20일간의 차이가 발생하는데, 그 원인은 분명하지 않다. 다만 남북조시대가 보다 한랭했던 점을 감안하면, 기후의 변화와 관련되었을 것으로 보인다.

70 묘치위의 역주본에서는 콩 파종의 깊이에 대해 종자 위쪽의 흙이 겨우 콩을 덮을

"콩은 그루 간의 거리가 일정하고 듬성듬성 해야 한다."

"콩이 꽃이 필 때는 태양을 보는 것을 싫어하는데, 태양을 보게 되면 콩꽃이 누렇게 바래고, 말라 시들게 된다."[71]

"콩[豆]을 수확하는 방법은 꼬투리가 검게 되고 줄기가 푸른색을 띨 때 재빨리 수확하고, 수확하는 것을 머뭇거려서는 안 된다. 왜냐하면 (만일 늦춰지면) 익은 종자가 저절로 떨어져 도리어 손실을 초래하기 때문이다. 따라서 민간에서 이르기를 '콩은 마당[場]에서 익는다.'라고 한다. 마당에서 콩을 수확한다는 것은 바로 윗부분의 꼬투리는 아직 푸른데, 아랫부분의 꼬투리는 이미 검은색을 띨 때 (거두어 마당에 가져와 익게 함)를 의미한다.[72]"라고 하였다.

不用深耕.

大豆須均而稀.

豆花憎見日, 見日則黃爛而根焦也.

穫豆之法, 莢黑而莖蒼, 輒收無疑. 其實將落, 反失之. 故曰, 豆熟於場. 於場穫豆, 即青莢在上, 黑莢在下.

정도면 족하다는 내용을 보충하고 있다.

71 '근초(根焦)': 『제민요술』 각본과 『태평어람』 권841에서 인용한 것에는 모두 '근초(根焦)'라고 하고 있다. 스셩한의 금석본에 의하면, '근초(根焦)'라고도 해석할 수는 있지만, 윗 문장의 '황란(黃爛)' 두 글자와 더불어 병렬하여 사용할 때는 '고초(枯焦)'로 써야 할 것이다. 그렇지 않으면, '황란(黃爛)'은 '엽란(葉爛)'으로 써야 하는데, 이 역시 '콩꽃'과 부합되지 않는 문제가 있다.

72 마당에서 콩을 수확하는 것에 대해 묘치위 교석본에서는 윗부분의 콩꼬투리는 여전히 푸른데 아랫부분의 꼬투리는 이미 검은색을 띨 때 콩대를 거두어 타작마당에서 익게 한다고 하고 있다. 『사시찬요 역주』(최덕경 역주, 세창출판사, 2017) 「이월」 154쪽 【33】에도 동일한 내용이 소개되어 있는데, 위 본문처럼 해

범승지氾勝之가 콩을 구종區種했던 방법으로는 "매 구덩이[73]를 사방 6치[寸], 깊이 6치로 파고 구덩이 간의 거리는 2자[尺]로 하면 1무당 1,680개의 구덩이[74]를 팔 수 있다.

구덩이를 판 후에 한 되의 좋은 거름을 파놓은 흙과 함께 섞어 구덩이 속에 채운다.

파종할 때 먼저 물을 주는데, 구덩이마다 3되의 물을 사용한다. (그리고) 한 구덩이 속에

氾勝之區種大豆法, 坎方深各六寸, 相去二尺, 一畝得千二百八十坎. 其坎成, 取美糞一升, 合坎中土攪和, 以內坎中. 臨種沃之,

---

석해야 할 것이다.

73 '감(坎)': 스셩한의 금석본을 보면 이는 옴폭 들어간 부분이며, 바로 '구종(區種)' 중의 구덩이[區]의 일반적인 형식이라고 한다.

74 "一畝得千二百八十坎": 묘치위는 완궈딩[萬國鼎]의 『범승지서집석(氾勝之書輯釋)』을 바탕으로 하여, 이 구절의 '이(二)'와 다음 문장의 "用糞十二石八斗"의 '이(二)'는 각본에서는 모두 '육(六)'으로 쓰여 있는데, 무(畝)의 면적과 구덩이[坎] 수의 계산에 의거하면 모두 '이(二)'의 잘못이라고 한다. 그런데 스셩한 금석본에는 묘치위의 견해와 달리 "一畝得千六百八十坎"으로 보고 다음과 같이 계산하고 있다. 즉 본서 권1 「조의 파종[種穀]」편에서 말한 표준 구종법에 의하면, 1무(畝)는 길이 18길[180尺], 너비 4길 8자[48尺]이고, 1무에는 1,680그루를 심을 수 있으며, 여기에는 80×21로 배열된다. 즉 1무의 길이 18길[丈]에는 80개의 구덩이와 79개의 공간을 두고, 매 구덩이는 사방 6치[寸]로 하고, 구덩이와 구덩이의 간격을 2자 2치 반[2.25자]으로 할 때 비로소 18길이 된다. 구덩이 가장자리 간의 거리는 1자 9치 5푼[分]으로 2자는 되지 않는다. 길이 18길의 무(畝)에서 너비는 4길 8자이니, 21개의 구덩이를 만들고, 그 사이 공간은 20개이다. 구덩이가 사방 6치이고, 구덩이 가장자리 간의 거리는 1자 7치이며, (구덩이 중심 간의 거리가 2자일 때) 비로소 48자가 된다. 스셩한은 이와 같이 해석해야만 비로소 뜻이 통하지만, 이 수치를 검토해 보면 정확하게 들어맞지 않고 다소 작위적인 느낌이 든다. 한편 천치요[陳奇猷]는 위와 동일한 1무 면적에 화서(禾黍)를 파종할 경우 그 작무법(作畝法)을 달리 계산했으며, 15,750개를 파종할 수 있다고 한다. [천치요[陳奇猷], 『여씨춘추교석(呂氏春秋校釋)』, 學林出版社, 1984 참조.]

는 콩 3알을 넣는다. 그 위에 흙을 덮되 두껍게 덮지 않고, 손으로 다져 주어 종자와 흙이 잘 밀착되도록 해 준다. 1무에는 2되[升]의 종자[75]와 12섬[石] 8말[斗][76]의 거름을 사용한다."라고 하였다.

"콩잎이 5-6장 나올 때 김매 준다. 날씨가 가물면 물을 주며, 구덩이마다 3되의 물을 준다."

"남자 한 사람이 5무를 파종할 수 있다. 가을 추수기가 되면, 1무당 16섬을 수확할 수 있다."

"종자의 윗부분의 흙은 단지 콩이 덮일 정도면 족하다."

최식崔寔이 이르기를 "정월에는 비두豍豆를 파종한다. 2월에는 콩[大豆]을 파종할 수 있다."

坎三升水. 坎內豆三粒. 覆上土, 勿厚, 以掌抑之, 令種與土相親. 一畝用種二升, 用糞十二石八斗.

豆生五六葉, 鋤之. 旱者溉之, 坎三升水.

丁夫一人, 可治五畝. 至秋收, 一畝中[11]十六石.

種之上, 土纔令蔽豆耳.

崔寔曰, 正月可種豍豆. 二月可種

75 『범승지서(氾勝之書)』의 기록에 따르면, 한 구덩이에 콩 3알을 사용하고, 1무에는 1,280개의 구덩이가 있어서 모두 콩 3,840개가 필요하며, 이것은 2되[升]에 해당되는데, 1말[斗]은 모두 19,200개이다. 묘치위 교석본에 따르면, 가사협은 1말은 단지 15,000개가 있으며 후위의 1말은 전한보다 배로 크기 때문에, 둘이 서로 현격한 차이가 나서 계산할 방법이 없다고 한다. 그런데 『사시찬요 역주』(최덕경 역주, 세창출판사, 2017)에서는 "구종법(區種法)"에 근거하여 무당 3승을 파종했다고 한다.

76 스성한의 금석본에서는 '十六石八斗'라고 되어 있다. 위 『사시찬요 역주』「이월」에는 "糞十三石五斗"라고 하여 차이를 보이고 있다.

라고 한다. 또 이르기를 "3월 황혼 무렵에 삼성參星이 서쪽으로 기울고,[77] 살구꽃이 활짝 피며 오디가 붉어졌을 때가 콩을 파종하기 가장 좋은 시기이다. 4월에 때에 맞추어 비가 내리면 콩과 소두를 파종할 수 있다. 기름진 땅에 드물게 파종하고, 척박한 땅에는 조밀하게 심는다."[78]라고 한다.

大豆. 又曰, 三月, 昏參夕, 杏花盛, 桑椹赤, 可種大豆, 謂之上時. 四月, 時雨降, 可種大小豆. 美田欲稀, 薄田欲稠.

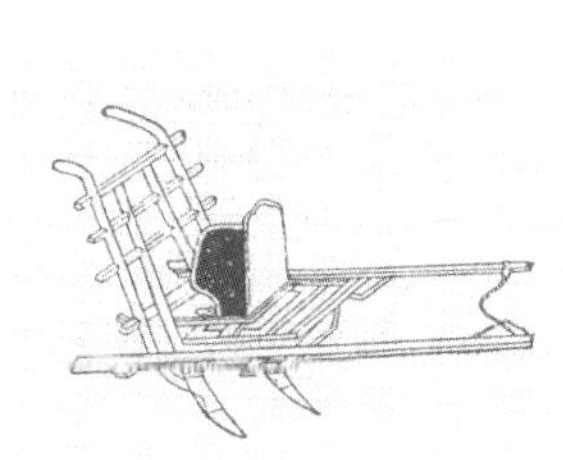

그림 12
누거(耬車): 『왕정농서』 참조.

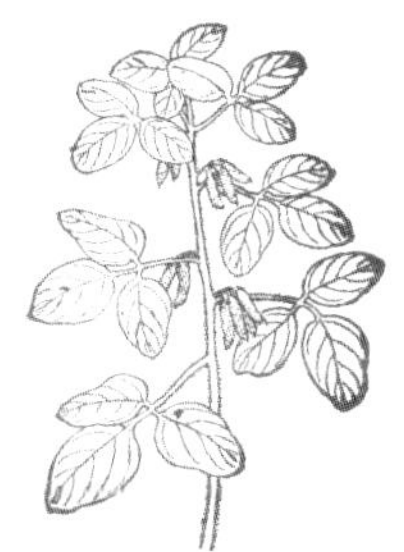

그림 13
황두(黃豆): 『수시통고』 참조.

그림 14
누에콩[蠶豆]: 『수시통고』 참조.

77 '혼삼석(昏參夕)': 스셩한의 금석본에 의하면 '석(夕)'자는 의미가 없으며, 상하 각 절의 사례와 비교할 때 '중(中)'자에 해당된다고 한다. 반면 묘치위는 교석본에서 '석(夕)'은 태양이 서쪽으로 기운다는 의미로 보고 있다. 『하소정(夏小正)』의 "三月, 參則伏."이라는 사료에 대해 청대 서세부(徐世溥)는 『하소정해(夏小正解)』에서 별[星宿]이 뜨고 지는 과정은 중(中)에서 석(夕), 석에서 복(伏)으로 변화된다고 보았다. 황혼 때의 삼성(參星)은 서쪽으로 기울어 사라지려는 시기이다. 이 황혼 때 "남쪽에서 남중[中在南方]"('昏中')하는 것은 주오칠수(朱烏七宿)의 정수(井宿)라고 한다.

78 콩은 가지가 많아서 비옥한 땅에는 드물게 파종한다. 조밀하게 파종하면, 웃자라 콩꼬투리를 맺지 못하여 수확에 매우 큰 영향을 준다. 척박한 땅에는 조밀하게 파종하여 그루 수를 늘리는데, 그루가 부족하여 듬성듬성 파종하면 지력을 다 쓰지 못하여 마찬가지로 생산에 영향을 준다.

그림 15
강두(豇豆; 江豆):
『수시통고』 참조.

그림 16
편두(扁豆):
『수시통고』 참조.

그림 17
자강두(紫豇豆):
『수시통고』 참조.

교 기

8 '유(留)': 금택초본과 명초본에는 모두 '유(留)'자로 되어 있고, 『태평어람』 권841과 『초학기』 권27에서 인용한 것 또한 '유(留)'자로 되어 있다. 점서본과 용계정사본(龍谿精舍本)에서는 모두 『태평어람』의 교석에 의거하여 모두 '유(留)'자로 되어 있다. 비책휘함 계통의 판본과 금본(今本)의 『광아』에는 모두 '유(蹓)'자로 되어 있다. 『광운』에는 '유(蹓)'자가 없다. 『집운(集韻)』 하(下) 「평성(平聲)」 '십팔우(十八尤)'에서 '유(蹓)'자에 대해서 주석하기를 "『박아(博雅)』의 유(蹓)는 두류(豆蹓)이다."라고 하는데, 이는 곧 『광아』에서 인용한 것이다.

9 '항쌍(跭䉶)': 명초본에서는 '항(跭)'자를 '봉(踭)'자로 쓰고 있다. 금택초본에서는 '항쌍(跭䉶)'이라고 한다. 비책휘함(祕冊彙函) 계통의 판본에서는 "항은 강두(江豆)이다."라고 쓰고 있다. '항(跭)'자는 '강(夅)'에서 나온 것이지, '봉(夆)'에서 나온 것이 아님은 의심의 여지가 없다.

10 '완(豌)', '노(豋)': '완(豌)'의 경우 명초본에서는 '원(豌)자로 잘못 쓰고 있으며, 금택초본과 호상본에는 틀리지 않다. '노(豋)'의 경우 명초본과 호상본에는 노(䔢)로 잘못 적혀 있으나, 금택초본에서는 바르게 적혀 있다.

11 '중(中)': '할 수 있다'는 의미이다.

제7장

소두 小豆第七

소두小豆[79]를 파종할 때는 대개 맥麥을 심었던 땅을 이용한다.[80] 그러나 다소 늦어지는 것을 염려하여 토지가 많은 농가는 항상 지난해 조[穀]를 심었던[81] 땅을 남겨 두고 소두의 파종을 준비한다.[82]

小豆, 大率用麥底. 然恐小晩, 有地者, 常須兼留去歲[12]穀下以擬之.

---

79 '소두(小豆)'에는 팥[紅小豆]이나 녹두(菉豆) 등과 같이 크기가 작은 여러 종류가 포함될 뿐만 아니라, 경제적 가치에 따라 대두, 소두로 구분하기 때문에 단순히 하나의 곡물로 번역하는 것은 바람직하지 않으므로 본서에서는 '소두'라고 그대로 번역하였다.

80 니시야마 역주본에 의하면, 이 같은 맥(麥)과 소두(小豆)의 1년 2모작 토지이용 방식이 당시에 이미 성립되어 일반화되었다지만, 그것은 보다 진보한 집약적 토지 이용법이었다기보다는 오히려 토지 면적이 부족한 농가의 고육책으로 나타났으며 이상적인 것은 조, 소두의 각 연1작 방식이었다. 맥숙(麥菽) 2모작이나 또 뒤에 등장하는 벼 이앙법을 촉진시킨 직접적인 원인은 토지의 부족에 있었다고 한다.

81 '곡하(穀下)': 이는 곧 '곡저(穀底)' 혹은 '소미치(小米茬)'로서, 전작물로 조[穀]를 재배한 땅을 뜻한다.

82 '의지(擬之)': 준비, 예정의 뜻이고, 간혹 구어로 '하려 한다'는 의미로 쓰인다.

하지 후 열흘이 되는 날이 소두를 심기에 가장 좋은 시기이며, 1무(畝)에 8되[升]의 종자를 뿌린다. 초복初伏이 끝나기 전의[83] 파종이 그 다음 시령이고, 1무에 종자 한 말[斗]을 사용한다.

중복中伏이 끝나기 전이 가장 좋지 않은 시령이고, 1무에 12되의 종자를 파종한다. 중복 이후에 파종하면 너무 늦다. 농언에 이르기를 "입추(立秋) 때에 잎이 마치 하전(荷錢)[84]만 하게 자랐을 때 소두를 수확한다."라고 하는데, 이것은 특별히 (파종이) 늦은 해를 두고 하는 말이며, 정상적이라고는 할 수 없다.

부드러운 갈이는 누거를 이용하여 파종[耬下]하는 것이 가장 좋다. (비가 내려) 습기가 많으면 빈 누거로 갈이하여 종자를 흩어 뿌리고,[85] 다시 끌개[勞]를 이용해서 평평하게 골라 주는데, 마치

夏至後十日種者爲上時, 一畝用子八升. 初伏斷手爲中時, 一畝用子一斗. 中伏斷手爲下時, 一畝用子一斗二升. 中伏以後則晩矣. 諺曰, 立秋葉如荷錢, 猶得豆者, 指謂宜晩之歲耳, 不可爲常矣.

熟耕耬下以爲良. 澤多者, 耬耩, 漫擲而勞之, 如種麻法. 未生,[13]

83 '단수(斷手)': '단(斷)'은 '정지(停止)한다'이며, 곧 '그만두다' 혹은 '손을 놓다'는 의미로, 초복이 끝나기 전에 파종을 마쳐야 함을 뜻한다.

84 '하전(荷錢)': 이는 연꽃 마디 위에 최초로 나오는 연꽃잎으로, 형태가 작아서 동전과 같으며 잎자루는 가늘고 연하고 부드럽다. 잎이 수중에 담겨 있거나 혹은 겨우 수면에 떠 있어 '하전(荷錢)'이라고 일컫는다. 북송 여빈노[呂濱老; 자는 성구(聖求)]의 『성구사(聖求詞)』「남향자(南鄕子)」에서 일컫기를 "부평초와 작은 하전이 연못에 가득하다."라고 하였다. 명초본과 금택초본에서는 모두 '의전(倚錢)'으로 잘못 표기되어 있으며, 명청시대 각본에는 '하전'으로 되어 있다.

85 '누(耬; 耬車)'라는 파종기를 이용하면 자동으로 조파(條播)하게 되는데, 누거로 갈이한 후 '흩어 뿌린 것[漫擲]'을 보면 누리의 상자 속에 종자를 넣지 않고, 단지 빈 누리로 발토(發土)했던 것 같다.

삼을 파종하는 것과 같다. 싹이 트기 전에 겉흙이 하얗게 변할 때 다시 끌개질해 주면 아주 좋다. 흩어 뿌린 후에 쟁기로 (얕게) 갈아엎는 것이 그다음이다. (갈지도 않고) 듬성듬성 점파하는 것은 가장 좋지 않다.[86]

白背勞之極佳. 漫擲, 犁畤, 次之. 穡種爲下.

끝이 뾰족한 봉鋒으로 김을 매되 갈이해서는 안 되며, 호미질은 두 차례를 넘겨서는 안 된다.

鋒而不耩, 鋤不過再.

잎이 다 떨어지면 수확한다. 잎이 다 떨어지지 않으면, 알갱이를 (꼬투리에서) 떨어내기가 어렵고[87] 쉽게 눅눅해진다. 소두 꼬투리가 절반 이상(5분의 3) 푸르고, 나머지 절반 이하(5분의 2)가 누렇게 될 때[88] 뽑아서 거꾸로 세워 모아 쌓아 두면,[89] 익지 않은 것도 모두 익게 된다. (이와 같이 하면) 서리도 두렵지 않고, 뿌리에서 가지 끝까지 빈 깍지나 알이 쪼그

葉落盡, 則刈之. 葉未盡者, 難治而易濕也. 豆角三青兩黃, 拔而倒竪籠叢之, 生者均熟. 不畏嚴霜, 從本至末, 全無

86 본문에서 제시한 세 가지의 서로 다른 파종법에 대해 묘치위는 우열을 비교하고 있다. 첫째는 땅을 정지하여 잘 고른 후에 파종기[耬車]를 이용해 파종하는 것이 가장 좋다. 만약 비가 내려 습기가 많을 때는 먼저 빈 누리를 이용하여 갈이한 이후에 손으로 흩어 뿌리고, 끌개로 땅을 골라 주어도 좋다. 두 번째는 먼저 산파를 하고, 그 연후에 쟁기를 이용해서 얕게 갈아 흙을 덮어 준다. 세 번째로는 쟁기로 갈아엎거나 얕게 갈지도 않는 것으로, 고랑을 내어 조파하거나 점파하는 것을 적종(穡種)이라고 하는데, 이것이 가장 좋지 않다고 한다.

87 '난치(難治)': 스성한의 금석본에서는 '수치(雖治)'라고 적고 있으나, '수(雖)'자는 '난(難)'의 잘못임을 지적하고 있다.

88 '삼청량황(三青兩黃)': 이 구절의 '절반 이상'은 콩 꼬투리가 6할 정도 푸르고 4할 정도는 누른빛을 띨 때를 의미한다.

89 '농총(籠叢)': '농(籠)'자는 '모아서 연결한다'는 의미이며, '총(叢)'은 '많은 가지와 줄기를 쌓아 둔다'는 의미이다.

라드는 것이 없어져 베는 것보다 낫다.

秕減, 乃勝刈者.

소의 힘이 부족하다면[90] 봄을 기다려 다시 갈아엎는다. 또한 (밭을 갈거나 고르지 않고) 점종할 수도 있다.

牛力弱少, 得待春耕. 亦得稿種.

무릇 콩과 소두가 이미 자라 떡잎이 펼쳐질 때면[91] 쇠발써레[鐵齒鎘榛][92]로 이리저리 써레질을 하고 다시 끌개[勞]로 평평하게 골라 준다.

凡大小豆, 生既布葉, 皆得用鐵齒鎘榛縱橫杷而勞之.

『잡음양서雜陰陽書』에 이르기를, "소두小豆는 자두나무[李]가 잎이 날 때 싹트고, 60일이 지나면 꽃이 피고, 꽃 피고 60일이 지나면 익는다. 익고 나서[93] 꺼리는 날은 콩과 같다."라고

雜陰陽書曰, 小豆生於李. 六十日秀, 秀後六十日成. 成後,

---

90 스셩한의 금석본에는 '牛力若少'라고 되어 있다.

91 '포엽(布葉)': '포(布)'는 '펼친다'는 의미이다. 스셩한의 금석본에 의하면, '진엽(眞葉)'과 '자엽(子葉)'은 다르다고 한다. '자엽(子葉)'은 일반적으로 '진엽(眞葉)'보다는 작을 뿐만 아니라, 형상도 비교적 단순하다. '진엽(眞葉)'이 뻗어나면 형상이 크고 복잡해지며, 무성하게 자라게 된다. 그러므로 '포엽(布葉)'은 '자엽(子葉)'에서 나온 '진엽(眞葉)'으로 해석해야 한다고 한다.

92 '철치누주(鐵齒鎘榛)'를 본서에서는 '쇠발써레'라고 번역했는데, 본문의 의미로 미루어 김매기와 평탄작업에 사용된 듯하다. 명대 서헌충(徐獻忠: 1469-1545년)의 견해에 의하면 지금 형태의 다목적용 쇠스랑은 당대(唐代)에 제주도를 통해 중국으로 유입되었다고 한다. 그렇다면 이 철치누주(鐵齒鎘榛)는 이미 전국시대부터 하북(河北)지역에 존재했던 다치(多齒)의 호미[杷, 耙, 钁 등으로 표기]와는 달랐을 것이며, 후대의 쇠스랑과도 구분해야 할 것이다. 최덕경(崔德卿), 「韓半島 쇠스랑[鐵搭]을 통해 본 明淸시대 江南의 水田농업」 『역사민속학』 제37호, 2011 참조.

93 '성후(成後)'는 각본에서 모두 같이 쓰였는데, '성(成)'은 성숙을 뜻하며, (그다음

한다.	忌與大豆同.
『범승지서氾勝之書』에 이르기를 "소두는 그 해의 수확을 보증할 수 없으며, 좋은 수확도 용이하지 않다."라고 하였다.	氾勝之書曰, 小豆不保歲, 難得.
"뽕나무 오디가 검붉어질 무렵에[94] 비가 내리면 파종한다. 1무에 5되를 파종한다."	椹黑時, 注雨種. 畝五升.
"소두[豆]의 싹이 자라 잎이 나오면 김을 맨다. 5-6장의 잎이 자라면 또 김매 준다."	豆生布葉, 鋤之. 生五六葉, 又鋤之.
"콩과 소두는 잎을 다 따서는 안 된다.[95] 예로부터 모든 잎을 따지 않았던 것은 콩잎이 나	大豆小豆, 不可盡治也. 古所

의) '기(忌)'는 파종일의 금기를 가리킨다. 그런데 익은 후에 또 무엇을 꺼리는 것인지, 설마 다음 해의 파종을 가리키는 것인지 따져 볼 수가 없다. 본권의 「보리 · 밀[大小麥]」편에서 『잡음양서』를 인용한 것에는 이 두 글자가 없다.

94 스셩한의 금석본에서는 "심흑시(椹黑時)"의 앞에 '의(宜)'자를 표기하였으나, 묘치위의 교석본에는 없다. 이것은 스셩한이 『제민요술』의 각 판본에 모두 '의(宜)'자가 없는 것을 보고, 『태평어람』 권823에서 인용한 바에 의거하여 글자를 보충한 것이다.

95 "不可盡治"의 '치(治)'에 대해 스셩한은 금석본에서 '치(治)'자가 동사로 쓰였으며, '정리한다'는 의미라고 한다. 그러나 '정리'라는 의미는 아주 광범위하다. '땅을 갈고', '김매고', '가지 치는 것'에서부터, '밀기울을 제거하는 것'까지 모두 '치(治)'를 사용한다. 『범승지서』 중에 '치(治)'자의 용법은 몇 가지가 있는데 ① 서치(鋤治), ② 양치(揚治), ③ 치종(治種), ④ 작성(作成), ⑤ 경치(耕治)가 그것이다. 이 속의 '치(治)'자는 '치지(治地)'와 같이 일체의 작업을 두루 이르는 것이라고 할 수 있다. 이 "不可盡治"에서 '치(治)'자의 가장 좋은 해석은 "잎을 따서 정리하여 채소로 쓴다."는 것이며, 지금 이와 같은 해석을 따른다. 묘치위 역시 이 문장을 콩잎을 따서 채소로 먹었다는 것을 의미한다고 보았다.

오면 그 속에 자양분[96]이 있기 때문인데, 만일 모든 잎을 따 버리면 자양분을 잃는다. 이렇게 자양분을 잃게 되면, 콩 역시 잘 자리지 못하게 된다. 그런데도 사람들이 모든 잎을 따 버리면 그 때문에 수확은 감소하게 된다. 이 때문에 '콩과 소두의 모든 잎을 따서는 안 된다.'"라고 한다.

以不盡治者, 豆生布葉, 豆有膏, 盡治之則傷膏. 傷則不成. 而民盡治, 故其收耗折也. 故曰, 豆不可盡治.

"(소두는) 좋은 땅에서 기르면[97] 1무당 10섬[石]을 거둘 수 있고, 척박한 땅을 이용하더라도 여전히 5섬은 거둘 수 있다.[98]"라고 한다. 농언에서 "다른 사람에게 콩 심을[作][99] 땅을 준다."라고 하는 것은 좋은 땅이 아깝다는 말이다.

養美田, 畝可十石, 以薄田, 尚可畝取五石. 諺曰, 與他作豆田, 斯言良美可惜也.

『용어하도(龍魚河圖)』에 이르기를 "선달그믐의 4경

龍魚河圖曰, 歲

96 '고(膏)': 고체 상태의 지방을 말하며, '자양분[肥]'의 근원이다.

97 '양미전(養美田)': 이 구절은 쉽게 이해할 수 없는데, 스성한은 본권 「암삼 재배[種麻子]」에 등장하는 '양마(養麻)'의 예에 의거하여 '두(豆)'자를 보충하여 "養豆美田"으로 해석하고 있다.

98 '무취오석(畝取五石)': 스성한 금석본에서는 '무수오석(畝收五石)'이라고 쓰고 있다. 홍이훤(洪頤煊)의 『경전집림(經典集林)』에 실려 있는 『범승지서』에는 '무수오석(畝收五石)'으로 되어 있으며 『제민요술』의 각 판본은 모두 '무취오석(畝取五石)'으로 되어 있으나 『태평어람』 권841에는 이러한 말이 없다. '취(取)'자는 결코 이해할 수 없는 것은 아니지만, 『범승지서』의 예를 볼 때 '수(收)'가 마땅하며 『제민요술』의 '취(取)'자도 원래 '수(收)'자였는데 글자의 모양이 비슷했기 때문에 이러한 착오가 생긴 것이라고 한다. 묘치위 역시 '취(取)'는 '수(收)'의 형태상의 오류라고 보고 있다.

99 '작(作)'자는 경작하는 것을 가리키며, 소두를 파종한 땅은 질소성분이 풍부하여 비교적 기름지다.

更 무렵에 소두 14알[粒]과 삼씨 14알을 취하여[100] 그 집안사람의 머리카락 약간을 삼씨와 소두와 같이 우물 속에 넣고 우물 신에게 빌면 그 집안 사람이 1년간 한기[傷寒][101]가 들지 않게 되고, 또한 오방五方의 역귀의 침입을 막을 수 있다."라고 한다.

暮夕, 四更中, 取二七豆子, 二七麻子, 家人頭髮少許, 合麻豆著井中, 咒勑井, 使其家竟年不遭傷寒, 辟五方疫鬼.

『잡오행서雜五行書』에 이르기를 "언제나 정월 초 원단, 또는 정월 보름에 삼씨 14알과 팥[赤小豆] 7알을 우물 속에 두면 역병을 피하는 데 아주 영험하다."라고 한다.

雜五行書曰, 常以正月旦, 亦用月半, 以麻子二七顆, 赤小豆七枚, 置井

100 "용어하도왈(龍魚河圖曰)": 묘치위는 이 다섯 글자를 작은 글자로 표기하였으나, 스셩한의 금석본에서는 큰 글자로 적고 있다. 『용어하도』의 원본은 전해지지 않는다. 『수서(隋書)』 권32 「경적지일(經籍志一)」의 참위류(讖緯類)에는 단지 『하도(河圖)』, 『하도용문(河圖龍文)』만 수록되어 있고, 『용어하도(龍魚河圖)』라는 책은 보이지 않는다. 『잡오행서』 역시 원본이 전해지지 않으며, 각 가(家)의 서목에도 기록이 보이지 않는다. 두 책은 『태평어람』에서 인용되어 있는데, 내용은 『제민요술』을 인용한 것과 같으며, 모두 길한 것을 좇고 흉한 것을 피하는 주술적인 것이다. 분명 한대 이후에 주술가들이 편찬한 책으로 추측된다. 묘치위 교석본에 따르면, 『용어하도(龍魚河圖)』와 아래 문장의 『잡오행서(雜五行書)』, 『태평어람』 권841의 '두(豆)'는 모두 인용되어 있으나, 다소 이문(異文)도 있고 잘못되고 빠진 부분도 있다. 고적에는 '이칠(二七)', '삼칠(三七)'의 유를 말할 때, 대개 두 개의 칠(14), 세 개의 칠(21)을 가리키고, 이십칠이나 삼십칠을 가리키는 것은 아니라고 한다.

101 '상한(傷寒)'은 중국 의학의 병명으로 풍(風), 한(寒), 습(濕), 열(熱) 등을 유발하는 발열성 질병을 두루 이르지만, 오늘날 상한 대장균의 감염으로 야기되는 급성 전염병 상한을 가리키는 것은 아니다.

또 이르기를 "정월 초이렛날과 7월 초이렛날에 남자는 팥 7알을 삼키고, 여자는 팥 14알을 삼키면 일 년 동안 병에 걸리지 않고, 역병에 전염되지 않는다."라고 한다.

中, 辟疫病, 甚神驗. 又曰, 正月七日, 七月七日, 男呑赤小豆七顆, 女呑十四枚, 竟年無病, 令疫病不相染.

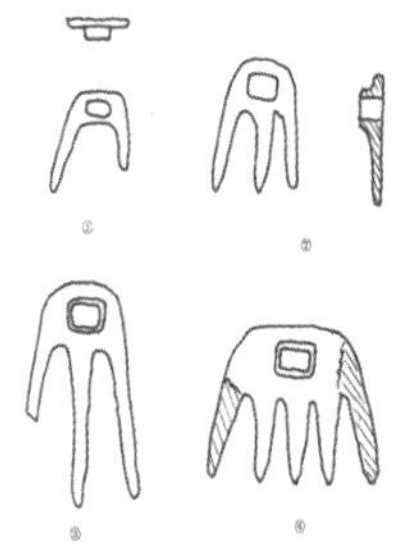

그림 18
전국시대 쇠발호미 [多齒钁; 하북 이현 연하도(易縣燕下都)]

그림 19
팥[赤小豆]: 『수시통고』 참조.

그림 20
녹두(綠豆): 『수시통고』 참조.

교 기

12 '거세(去歲)': 명초본에서는 '운세(云歲)'라고 되어 있다.

13 '미생(未生)': '미생(未生)'은 금택초본(金澤鈔本)과 명초본(明鈔本), 호상본(湖湘本)에서는 문장이 같지만, 황교본과 장교본에는 '화생(禾生)'으로 잘못 쓰고 있다.

제8장

삼 재배 種麻第八[102]

『이아(爾雅)』「석초」편에 이르기를,[103] "'분(蕡)'은 시(枲)의 씨앗이다. 시(枲)는 삼[麻]이다."라고 했으며 (두 개의 이름을 구분하였다.) "암삼인 자(莩)[104]는 삼의 모체[麻母]이다."라고 하였다. 손염(孫炎)이 주석하여 이르기를, "분(蕡)은 암삼의 씨[麻子]이고, 암삼인 저(莩)는 삼씨가 달리는 삼[苴麻]으로, 삼씨가 매우 많이 달린다."[105]라고 하였다.

爾雅曰, 蕡, 枲實. 枲, 麻, (別二名.) 莩, [14] 麻母. 孫炎注曰, 蕡, 麻子, 莩, 苴麻盛子者.

102 '마(麻)': 뽕나무과의 삼(*Cannabis sativa*)를 가리킨다. 본편은 삼의 수그루를 재배하는 것이며, 다음 장은 암그루 즉, '암삼[麻子]'을 재배하는 방법이다.

103 『이아』「석초(釋草)」편에 보이며, 내용은 동일하다. '별이명(別二名)'은 곽박(郭璞)의 주석인데, 주석 중에 주석하는 형식으로 그 가운데 끼워 넣은 것으로 미루어 뒷사람이 첨가한 것으로 보인다.

104 '자(莩)'는 『설문해자』에는 '자(芓)'로 되어 있는데, 묘치위에 의하면 이것은 대마 가운데 암그루, 즉 마모(麻母)를 가리키며, 저마(苧麻)를 지칭하는 것은 아니고, 또한 부각(莩穀)은 더욱 아니라고 한다.

105 삼[大麻]은 자웅이체다. 암그루는 이전부터 '자(莩)'라고 일컬었으며, '자(莩)'의 열매는 '분(蕡)'이라고 하였고, 수그루는 '시(枲)'라고 칭하였다. 구분되지 않을 때에는 통칭하여 '시(枲)' 또는 '시마(枲麻)'라고 칭한다. 암그루는 또 '저(苴)' 혹은 '저마(苴麻)'라고 일컫는데, 왜냐하면 그 씨를 '저(苴)' 혹은 '자(莩)'라고 하기 때문이다. 바

최식(崔寔)은 이르기를 "수삼[牡麻]은 삼씨가 없지만 속껍질[肥理; 皮肉]이 좋아[106] 섬유로 쓴다. 일명 수삼[枲]이라고도 한다."라고 하였다.

崔寔曰, 牡麻, 無實, 好肥理. 一名爲枲也.

수삼[麻]을 파종할 때는 흰색의 종자를 사용한다. 흰색의 삼씨는 수삼이다.[107] 색깔이 비록 희지라도 깨물었을 때 건조하여 기름기가 없고 껍질이 비어 있는 것은 또한 파종해서는 안 된다.

凡種麻, 用白麻子. 白麻子爲雄麻. 顏色雖[15]白, 齧破枯燥無膏潤者, 秕

꾸어 말하면, '분(蕡)'은 삼의 씨이기 때문에 또한 그 암그루를 '분(蕡)'이라고 한다. 이 외에도 삼씨를 또 '비(萉)'로 칭하거나, 혹은 '온(蕴)'이라고도 한다.

106 '비리(肥理)': 이는 삼의 섬유를 만드는 데 사용되는 질긴 속껍질 부분으로 또한 '기리(肌理)'에 해당되는 부분이다. 각본에서는 '비리(肥理)'라고 되어 있는데, 스셩한은 '비(肥)'자는 확실히 '기(肌)'자가 잘못 쓰인 것으로 이 책에는 늘상 이와 같은 예가 보인다고 지적하였다. 묘치위 교석본에 따르면, 『옥촉보전(玉燭寶典)』에서 『사민월령(四民月令)』을 인용한 것에는 이 항목이 없으며, 가사협이 표지하여 '최식왈(崔寔曰)'이라고 한 것은 분명 『사민월령』의 원래의 주석문으로 최식의 주석이라고 한다.

107 "白麻子爲雄麻"에 대해 옛 사람들은 검은 반점이 있는 삼씨를 암삼으로 추측하였다. 삼씨 껍질의 색깔은 회백색에서 검은색으로 변하는데, 그 색깔 농도에 따라 반점의 무늬가 나타난다. 이른바 흰 삼씨는 바로 회백색이 많은 것을 말하며, 검은 반점이 있는 삼씨는 바로 검은색이 많은 것을 지칭한다. 이는 모두 암그루에 달린 씨다. 묘치위는 껍질의 색깔의 농도와 그 암수의 성별 사이에는 상관관계가 없으므로, 이러한 감별법을 암수의 기준으로 삼는 것은 결코 정확하지는 않다고 한다. 다음 장의 「암삼 재배[種麻子]」에서 "꽃가루가 날리면 수삼을 뽑는다."라고 한 것은 검은 반점이 있는 삼씨 중에 여전히 수그루가 있음을 말한다. "검은 반점이 있는 것이 열매가 풍부하다."라고 하는 것은 검은 반점이 있는 삼씨가 결코 암마라는 것이 아니고 과실이 특별히 많음을 의미한다. 마찬가지로 『사시찬요』 「오월」편 '종저마(種苴麻)'의 항목에서 이르기를, "삼씨는 두 종류가 있다. 일반적으로 흰색 삼씨가 수그루이고 그 씨가 적다."라고 한다. 이것은 흰 삼씨 중에도 일부 씨가 열리는 암삼이 있음을 말한다.

시장에서 구입한 것은 입속에 잠시 머금어서 만약 색깔이 변하지 않으면 좋은 씨다. 만약 머금어서 검은 색으로 변하면[108] 이미 상한 것이다.[109]

최식이 이르기를,[110] "숫마의 씨[牡麻子]는 청백색이고, 씨가 없다면[111] 양 끝이 뾰족하고 가벼워서 물에 뜨게 된다."라

子也, 亦不中種. 市糴者, 口含少時, 顏色如舊者佳. 如變黑者, 裛. 崔寔曰, 牡麻子, 青白, 無實, 兩頭

108 묘치위 교석본에 의하면, '변흑(變黑)'은 입에 머금는 방법을 통해서 삼씨의 온도와 습도를 증가시켜, 그 속에 이미 변화된 색소를 껍질 속으로 드러나게 하여, 새것과 묵은 것, 또는 좋고 나쁜 것을 감별하는 방법이다. 만약 검은색을 띠게 되면, 이것은 삼씨가 이미 썩어서 더 이상 파종할 수 없다는 것을 알 수 있다.

109 '읍(裛)': 습기에 의해 떠서 상한 것이다. 남송본과 원대의 각본인 『농상집요(農桑輯要)』에서는 이 글자를 인용하고 있는데, 금택초본에서는 글자를 잘못 썼으며, 호상본과 점서본의 『농상집요』에서는 '쇠(衺)'로 잘못 쓰고 있다.

110 본문 중에 '자(子)'자는 각본에는 원래 없지만, 반드시 있어야 하는데, 왜냐하면 '청백(青白)'과 "兩頭銳而輕浮"는 모두 수삼을 가리키고, '무실(無實)'은 파종하여 성장한 수삼이 열매를 맺지 않은 것을 말하는 것이기 때문이다.

111 '모마자(牡麻子)': 삼은 암삼과 수삼이 있는데, 스성한의 금석본에 따르면, 서로 다른 명칭으로 '시(枲)'와 '자(莩: 苴)'가 사용되며, 소주에서 인용한 최식의 말은 명백하다. 그러나 이 속에 재차 등장하는 "牡麻青白無實"이라는 구절 다음에는 "兩頭尖銳輕浮"가 연이어 등장하는데, 또 뒤의 수삼을 파종할 때는 흰 삼씨를 사용해야 한다고 설명한 것은 이해하기가 어렵다. 적어도 '무실(無實)'이라는 말은 중복에 지나지 않는다. 아래의 「암삼 재배[種麻子]」에서 인용한 최식의 말에서 "莩麻子, 黑, 又實而重"구절과 서로 대비해 볼 때 이 속의 여섯 글자는 분명히 잘못된 듯하며, 마땅히 "牡麻子, 青白色"이라고 해야 한다. '모마자(牡麻子)'는 종자가 자라 수그루로 된 것이며, 자라서 암그루로 된 '저마자(莩麻子)'와 서로 상대적이다. 이 같은 삼씨는 색깔이 청백색인 것은 양끝이 뾰족하고 가벼워서 물에 뜨며 '검고, 또 충실하며 무거운 것'과 대응된다. 송대 소송(蘇頌)이 『도경본초(圖經本草)』에서 이와 같이 결론지어 말한 서술에 대해서 최식이 이르기를 "농가에서는 삼씨 중에서 반점이 있는 것을 택하여 '암삼'이라고 하는데, 이것을 파종하면 씨가 많이 달린다. 다른 종자는 그렇지 않다."라고 한다. 이 같은 설명은 중국 농민은 일찍이 이미 삼이 암수가 서로 다른 식물이라는 것을 알았을 뿐만 아

고 한다.

삼은 반드시 좋은 밭에 파종해야 하며, 이전에 재배했던 땅에 연이어 재배해선 안 된다.[112] 연작해도 좋지만 줄기에 반점[113]이 생기고, 잎이 빨리 시드는 병이 생겨 직물을 짤 수 없다. 척박한 땅에는 먼저 거름을 주어야 하며,[114] 거름은 잘 썩은 이후에 주어야 한다. 만약 거름이 썩지 않았다면 소두를 심었던 밭을 이용해도 좋다. 최식(崔寔)이 이르기를, "정월에 이랑[疇]에 거름을 준다."라고

銳而輕浮.

麻欲得良田, 不用故墟. 故墟亦良, 有點葉夭折之患, 不任作布也. 地薄者糞之, 糞宜熟. 無熟糞者, 用小豆底亦得. 崔寔曰, 正月

니라, 종자의 색깔, 형상, 비중 등을 알아서 장차 심을 그루의 성별을 단정하고 이를 통해 파종할 그루를 통제했으며, 암삼과 수삼의 그루의 비를 정하였음을 알려 준다.

112 '고허(故墟)': 스성한은 금석본에서, '고허(故墟)'는 파종한 적이 있지만 현재는 휴한하는 땅을 이른다고 한다. 만일 '고허'가 휴한지라고 한다면 본문의 해석은 삼의 파종은 휴한지를 사용해서는 안 된다는 의미가 되어 연작지에서만 파종하는 것으로 해석될 수 있다. 이 때문에 묘치위는 '고허'를 연작지로, 재배 이후의 다음 작물의 파종을 위해서 비워 둔 땅으로 해석하고 있다.

113 '점(點)': 이 글자는 명초본과 금택초본에서는 모두 '점(點)'으로 쓰고 있는데, '점(點)'자 아래에 또한 소주가 달려 있다. 『농상집요(農桑輯要)』에서 인용한 바에는 이 글자가 '과(夥)'로 쓰여 있는데, '과(夥)'는 "잎이 병들었다."라는 것이라고 주석하고 있다. 스성한의 금석본에 이르기를, '할(黠)'자의 형상은 '점(點)'과 유사하며, 또한 삼의 줄기를 가리키는데, 아래 문장의 '엽(葉)'자와 상대적이며, 이 글자를 통해 볼 때 '할(黠)'로 쓰는 것이 가장 적합하다고 하였다. 묘치위 교석본에 의하면, '할엽(黠葉)'은 줄기와 잎에 병충해가 발생하여 죽는 것을 말한다. 참깨[芝麻]는 연작을 하면 줄기와 잎에 병충해가 발생하여 결국 말라죽게 된다고 한다.

114 "地薄者糞之": 삼은 기름진 땅에서 잘 자라므로 반드시 많은 비료를 사용해야 하고, 비료가 모자라면 삼의 발육이 현저하게 왜소해지므로 옛 사람들은 시비를 매우 중요시하였다. 이 부분은 『제민요술』 중의 밭작물에 잘 썩은 거름[熟糞]을 밑거름으로 삼은 유일한 예이다.

하였다. 이랑은 곧 삼을 심을 곳[麻田]이다.

갈이는 부드러울수록 좋다. 종횡으로 일곱 차례 이상을 갈면 문드러지거나 잎이 누레지지 않는다.[115] 삼밭은 매년 장소를 바꾸어 주어야 한다. 삼을 파종할 때 허공으로 흩어 뿌리면 삼의 마디가 길어진다.[116]

좋은 땅에는 1무당 3되의 종자를 사용하고 척박한 땅에는 2되의 종자를 쓴다. 촘촘히 뿌리면 삼이 가늘고 약해져서 잘 자라지 못하며, 드물게 뿌리면 삼이 너무 굵어져서 속껍질이 좋지 않게 된다.[117]

하지 10일 전이 가장 좋고, 하지일은 그다음이며, 하지 후 10일이 (파종하기) 가장 좋지 않은

糞疇. 疇, 麻田也.

耕不厭熟. 縱橫七遍以上, 則麻無葉也. 田欲歲易. 抛子種則節高.

良田一畝, 用子三升, 薄田二升. 穊則細而不長, 稀則纛而皮惡.

夏至前十日爲上時, 至日爲中

115 '마무엽(麻無葉)': 수확한 삼은 잎이 달려 있어서는 안 되지만, 땅에서 자라고 있는 삼에 잎이 없으면 죽게 된다. 스셩한의 금석본에 따르면, 확실히 '엽(葉)' 앞에 '황(黃)'이나 '패(敗)'와 같은 종류의 글자가 빠진 것으로 보인다. 묘치위 교석본에 의하면, '무엽(無葉)'은 각본과 『농상집요』의 인용, 『사시찬요(四時纂要)』 「오월(五月)」편은 『제민요술』에서 채택하여 모두 같지만, 잎이 없으면 자랄 수 없으므로 부드럽게 땅을 골라낸 좋은 것을 강조한 것인데, '소엽(少葉)'으로도 해석할 수 있지만, 흉년을 '무년(無年)'이라고 일컫는 것과 같다고 한다.

116 '포자종(抛子種)'은 그루터기를 바꾸고 연작할 수 없음을 뜻한다. 본서 권1 「조의 파종[種穀]」에서는 그루터기에 거듭 파종하는 것을 '풍자(颿子)'라고 하였는데, 이와 상반된다. 수삼은 그루가 비교적 가늘고 길며 마디 사이 또한 비교적 길어 그루터기에 이어서 파종하면 '마디 사이의 간격이 긴' 좋은 상품을 유지하여 섬유용으로 적합하지 않게 된다. '포자(抛子)'는 자모(子母)가 서로 떨어지는 것을 가리키며, '풍자(颿子)'는 자모가 같은 땅에 있는 것을 의미한다.

117 드물게 파종하면 비록 굵은 것을 얻을 수는 있으나 높게 자라지는 않으며, 마디 사이가 짧고 껍질층은 두껍지만 거칠고, 질과 양은 좋지 않게 된다. 수삼은 적당히 빽빽하게 심어야 생산량을 높일 수 있다.

때이다.[118] "맥이 누레지면 삼을 파종하고, 삼이 누렇게 익으면 맥을 파종한다."라는 것이 가장 좋은 파종의 징후이다. 농언에 이르기를 "하지 이후에 파종한 삼은 자라더라도 (키가 작아서) 개도 숨길 수 없다."라고 한다. 어떤 이는 대답하여 말하기를, "다만 비가 많이 내리면 낙타도 가릴 수 있다."라고 하였다. 또 다른 농언에 이르기를, "5월 중에 비가 내려[119] 부자지간에도 품을 빌릴 수 없었다."라고 한다. 이것은 바로 비가 내릴 때는 일손이 바빠 서로 양보하지 않았음을 일컫는다. 하지 후에 파종한 삼은 (삼대에 반점이 생겨), 실로 자라지 못하며 껍질도 가볍고 얇아진다.[120] 반드시 시기를 맞추어 파종하여 때를 놓쳐서는 안 된다. 부자지간에도 품을 빌릴 수 없는데, 이웃사람들은 말할 필요가 있겠는가?

時, 至後十日爲下時. 麥黃種麻, 麻黃種麥, 亦良候也. 諺曰, 夏至後, 不沒狗. 或答曰, 但雨多, 沒橐駝. 又諺曰, 五月及澤, 父子不相借. 言及澤急, 說非辭也. 夏至後者, 非唯淺短, 皮亦輕薄. 此亦趨時不可失也. 父子之間, 尚不相假借, 而況他人者也.

밭에 습기가 많으면 우선 삼씨를 물에 담가 싹[121]이 트게 한다. 빗물을 이용해서 담그면 싹이 빨리 틀

澤多者, 先漬[16]麻子令芽生. 取雨

118 이 항목은 『사시찬요 역주』 「오월」편의 '종저마(種苴麻)'조에도 등장하는 것을 보면 파종시기를 말한 듯하다. 그런데 '구마(漚麻)'조에서는 "하지 후 20일에 삼을 물에 담근다."라고 하며, 『제민요술』의 본편에서도 『범승지서』를 인용하여 그 때 물에 담그는 것이 좋다고 한다. 이것은 삼의 파종시기와 수확시기가 거의 동일하여 어느 한쪽이 문제가 있음을 말해 준다. 그 삼이 지난해 수확한 것이거나 지역에 따라 삼의 종류가 달랐음을 의미한다. 참고로 오늘날 안동포의 경우 3월에 삼을 파종하여 3개월이 지나 6월 중·후반기에 수확한다.

119 '급택(及澤)': '급(及)'은 좇아서 도달한다는 의미이고, '택(澤)'은 토양 중에 공급되는 수분이며, 여기서는 빗물을 가리킨다.

120 수삼의 생장기는 암삼보다 짧으며, 삼의 양분은 대략 4분의 3이 생육기에 흡수된다. 때문에 파종이 지나치게 늦어지면 그루가 왜소해지고, 마디로 짧고 껍질층도 얇아지는 등의 병폐가 생겨서 삼의 속껍질의 생산율이 크게 낮아지게 된다.

121 '아(芽)': 묘치위 교석본에서는 이 '아(芽)'자로 쓰고 있으나, 스성한의 금석본에서

다. 우물물을 이용하면 늦다. 담그는 방법은 물에 담갔다가 쌀 두 섬을 밥 지을 시간 정도가 되면 걸러 낸다. 자리에 두고 3-4치 두께로 펴는데, 자주 뒤집어 주어, 고르게 땅 기운이 스며들도록 한다.[122] 하룻밤 지나면 싹이 난다. 만약 물이 고여 있다면 10일이 지나도 싹이 트지 않는다.[123]

水浸之, 生芽疾. 用井[17]水則生遲. 浸法, 著水中, 如炊兩石米[18]頃, 漉出. 著席上, 布令厚三四寸, 數攪之, 令均得地氣. 一宿則芽出. 水若滂沛, 十日亦不生.

지면의 흙이 하얗게 되면, 빈 누거[耬]로 고랑을 만들어 손으로 흩어 뿌린 후에 빈 끌개[勞]로 땅을 평평하게 골라 준다.[124] 빗발이 그치면 곧 파종하는데, 땅에 습기가 많으면 삼의 모종이 여위게 된다.[125] 지면의 흙이 하얗게 되어 파종하면 삼의 모종이 튼실

待地白背, 耬耩, 漫擲子, 空曳勞. 截雨脚即種者, 地濕,

는 '이(牙)'자를 쓰고 있는데, '아(芽)'와 동일하다. 이하에도 종종 동일한 현상이 보인다.

122 이것은 종자를 담가 싹 트는 것을 재촉하는 방법에 대한 가장 이른 시기의 기록이다. 묘치위 교석본을 보면, 황하 유역의 건조한 지역의 우물은 소금기가 많이 함유되어 있는데, 소금 용액은 종자의 물을 흡수하여 발아하는 과정을 지연시키지만, 빗물은 비교적 깨끗하여 빨리 발아하게 한다. 싹을 빨리 틔우게 하려면 물에 오래 담가 두어서는 안 되고, 얇게 펴서 자주 뒤집어 주는 것이 합리적이라고 한다. 『제민요술』에는 담가 둔 삼씨가 불어나면 땅 위의 멍석에 깔아 넓게 펴 주고, 공기가 접촉하도록 하여 열과 물과 공기가 적당한 조건을 갖추게 하며, 항상 뒤집어 주어서 온도가 골고루 미치도록 해야 한다고 하였다.

123 종자를 많은 양의 물속에 담그면 산소가 부족하여 호흡이 억제되고 온도가 낮아져서 발아에 영향을 준다.

124 '공예노(空曳勞)'란 빈 끌개[勞]를 끄는 것으로 끌개 위에 사람이 타지 않는다는 의미인데, 묘치위 교석본에 따르면, 땅에 비교적 습기가 많기 때문에 이미 싹트는 것을 지나치게 재촉하여 무거운 것을 올리는 것은 합당하지 않다고 한다.

125 '마생수(麻生瘦)'는 땅이 너무 습하기 때문에 토양에 통기성이 부족하고, 토양의 온도가 비교적 낮아 삼의 모종이 여윌 뿐 아니라, 모종이 고르게 나는 데도 영향을 미친다는 뜻이다.

해진다.

물기가 적은 것은 잠시 물에 담갔다가 바로 꺼내어 싹이 나지 않게 하여,[126] 누거 상자에 넣어서 파종[127]한다. (파종을 마친 후에는) 끄으레[撻]를 끌 필요가 없다.

삼은 싹이 난 후 며칠간은 수시로 참새를 쫓아 주어야 한다. 잎이 녹색으로 변하면 이내 그만둔다. 본잎이 펼쳐지면 김을 매어 준다. 이어서 두 번 김매면 충분하다. 자라고 나서 다시 김을 매면 삼이 손상을 입는다.

꽃가루가 날려 잿빛같이 될 때 수확해야 한다.[128] 베거나 뽑는 것은 각 지역마다 상이한 습관에 따른다. 꽃가루가 날리지 않을 때 수확하면 껍질이 덜 자랐으며, 꽃가루가 날려도 수확하지 않으면 껍질이 황흑색이 된다. 베어 들인 삼의 단은 작아야 하고, 펼 때에는 얇게 하는 것이 좋다.[129] 이와 같이 해야 쉽게 마른다. 하룻밤 사이

麻生瘦. 待白背者, 麻生肥. 澤少者, 暫浸[19]即出, 不得待芽生, 耬頭中下之. 不勞曳撻.

麻生數日中, 常驅雀. 葉青乃止. 布葉而鋤. 頻煩再遍止. 高而鋤者, 便傷麻.

勃如灰便收. 刈, 拔, 各隨鄉法. 未勃者收, 皮不成, 放勃不收, 而即驪.[20] 穊欲小, 縛欲薄, 爲其易乾. 一宿輒

126 토양의 수분이 부족한데 싹을 틔운 것을 파종하면 이미 싹이 튼 연한 종자의 뿌리가 아래로 뻗을 때 수분이 위로 공급되지 않는다. 묘치위는 이렇게 되면 호흡이 왕성할 때가 됐을 때 질식하게 되어 매우 빨리 말라죽게 된다고 한다.

127 누거(耬車)로 고랑[골]을 만들어 파종할 때에 습기가 많으면 손으로 직접 조파(條播)하지만, 건조한 땅에는 파종기 누거(耬車)를 이용하여 파종한다는 말이다.

128 '발여회편수(勃如灰便收)': '발(勃)'은 꽃가루가 성숙한 이후에 기온이 높을 때 꽃가루 주머니가 저절로 열려 한꺼번에 꽃가루가 터져 나와 마치 연기같이 되는 현상을 일컬어 '발(勃)'이라고 한다. 묘치위 교석본에 따르면 아직 꽃가루가 날리지 않은 것은 삼 껍질이 성숙하지 않은 것이다. 꽃가루가 날린 이후에 수확하지 않으면 삼의 섬유는 유색물질이 누적되어 점차 짙은 회색으로 바뀌어 품질도 크게 떨어진다고 한다.

에 자주 뒤집어 주어야 한다. 서리와 이슬이 내렸는데도 (뒤집지 않으면) 껍질이 누레진다.[130]

수확은 (잎이 달리지 않도록) 깔끔하게 해 준다. 잎이 있으면 쉽게 문드러진다. 삼을 담글 때는 맑은 물을 써야 하고 담근 삼이 삶긴 정도가 적합해야 한다.[131] 물이 탁하면 삼이 검게 변질되고, 물이 적으면 삼이 물러진다. 날것은 껍질 벗기기 어렵고, 너무 문드러지면 질기지 않다. 따뜻한 샘은 얼지 않아서 겨울에 담그면 가장 부드럽고 질기다.

『위시衛詩』[132]에서 이르기를, "어떻게 삼을

翻之. 得霜露則皮黃也.

穫欲淨. 有葉者喜[21]爛. 漚欲清水, 生熟合宜. 濁水則麻黑, 水少則麻脆.[22] 生則難剝, 大爛則不任.[23] 暖[24]泉不冰凍, 冬日漚者, 最爲柔肕[25]也.

衛詩曰, 蓺麻

129 '박(榑)'은 '포(鋪)'와 동의어로서, 쌓아 둔 것을 얇게 편다는 의미이다.

130 '피황'은 껍질을 누렇게 하거나 또는 그 껍질이 누렇게 되는 것을 두려워한다는 의미이다. 하룻밤이 지나서도 다 마르지 않을 경우 밤마다 뒤집어 주지 않으면 삼 껍질이 서리와 이슬을 맞아 누렇게 바래는데, 일반적으로 하얀 것을 요구하는 것과 상반된다. 그러나 묘치위 교석본에서는 관리가 삼 껍질이 '누런 것을 숭상한[尙黃]' 것인지 아니면 글자가 잘못되었는지 여부는 확실하지 않아 여전히 의문이라고 한다.

131 삼 줄기의 속껍질[韌皮部]과 목질부(木質部)에서 교질물(膠質物)을 분리하여 그 접착력을 감소시킨 후에, 삼 껍질을 쉽게 벗기는 방법이다. 삼 껍질이 발효, 분해하는 과정이 적합한 것을 일러 '생숙합의(生熟合宜)'라고 한다. 너무 오래 담가 두면 손실이 많고, 너무 짧게 담가 두면 접착성이 남아 벗기기 어려워, 모두 섬유 생산에 영향을 미친다.

132 『위시(衛詩)』: 이 두 구절은 금본 『시경(詩經)』「국풍(國風)·제풍(齊風)」'남산(南山)' 중에 있다. 묘치위 교석본에 의하면, 여기에는 결코 『위시』가 보이지 않고, 『제민요술』이 잘못 표기한 것이다. 『시경』의 구절과 『모전(毛傳)』의 내용은 모두 『제민요술』의 내용과 동일하다. '예(蓺)'는 '예(藝)'와 같으며, 명초본에서는 '집(埶)'으로 되어 있고, 나머지 한 자는 잘못되었다. 또 명청시대 각본에서는 모두 『모전』의 주석이 빠져 있다고 한다.

파종하는가? 종횡으로 땅을 정리한다."라고 한다. 『모시(毛詩)』에 주석하여 말하기를, "예(蓺)는 심는다는 의미이다. 횡으로 갈고 종으로 갈아[133] 다시 파종하고 나면 비로소 삼을 재배할 수 있다."라고 한다.

如之何. 衡從其畝. 毛詩注曰, 蓺, 樹也. 衡獵之, 從獵之, 種之然後得麻.

『범승지서氾勝之書』에 이르기를, "수삼[枲]을 너무 이르게 파종하면, 껍질이 질기며 두껍고 마디가 많아진다. 늦게 파종하면, 껍질이 질겨지지 않는다.[134] 그러므로 차라리 빠르게 해서 잃는 것이 좋지, 늦게 해서 잃으면 안 될 것이다."라고 한다. 수삼을 수확하는 방법은 이삭에 달린 꽃의 꽃가루가 분출되어서 재처럼 뿌옇게 되면[135] 뽑는 것이다. 하지 후 20일에 수삼[枲]을 물에 담그면[136] 수삼이 실처럼 부드러워진다.

氾勝之書曰, 種枲太早, [26] 則剛堅厚皮多節. 晩則皮不堅. 寧失於早, 不失於晩. 穫麻之法, 穗勃勃如灰, 拔之. 夏至後二十日漚枲, 枲和如絲.

133 '횡종(橫縱)'은 '종횡(縱橫)'을 뜻한다. 공영달(孔穎達)의 해석에 의하면, '엽(獵)'은 "갈이한 후에 발로 밟아 편평하게 한다."는 의미이다. "衡獵之, 從獵之"는 종횡으로 여러 차례 갈아엎고 써레질을 여러 차례 하여, 땅을 부드럽게 잘 골라 주고 다시 파종 전에 눌러 밟아 주는 것이다.

134 '피불견(皮不堅)'은 삼 섬유가 질기지 않아서 인장강도가 약한 것을 말한다. 묘치위 교석본에 의하면, 지나치게 빨리 파종하면 껍질층이 두꺼워 섬유가 다소 거칠어지지만 생산량은 비교적 높다. 지나치게 늦게 파종하면 섬유는 비교적 부드러우나 껍질층은 얇으며 질기지 않고, 인장강도도 낮으며 생산량도 좋지 못하기 때문에 차라리 빨리 파종할지언정 늦어서는 안 된다고 한다.

135 대마는 풍매화(風媒花)이다. 첫 번째 '발(勃)'자는 동사이고, 두 번째는 명사로 쓰였으며, 꽃가루가 흩날려 마치 재와 같이 되는 것을 형용하였다.

136 삼은 봄과 여름에 파종할 수 있다. 『범승지서』에는 하지 후 20일이 지나 섬유용 삼을 물에 담근다고 하는데, 이것은 춘파하여 여름에 수확하는 것이다. 『제민요술』에서 파종하고 오래지 않았다고 한 것은 여름에 파종하고 가을에 거둔 것이다.

최식崔寔이 이르기를, "하지 전후 5일 무렵에 수삼을 파종할 수 있다."라고 하였다. "수삼[牡麻]은 비록 꽃이 피더라도 씨는 달리지 않는다."[137]라고 하였다.

崔寔曰, 夏至先後各五日, 可種牡麻. 牡麻, 有花無實.

그림 21
삼[麻]

그림 22
암삼 씨[𪎊]

교 기

14 '자(苧)': 남송본에서는 '저(苧)'자이고[점서본에는 '저(苎)'로 되어 있다.], 호상본(湖湘本), 진체본(津逮本), 학진본(學津本)에서는 '부(莩)'로 되어 있는데, 스셩한에 따르면 모두 잘못된 것이다. 오직 금택초본

137 '모마유화무실(牡麻有花無實)': 이 여섯 글자는 본편 앞부분의 "牡麻, 青白, 無實" 여섯 글자와는 세 번째, 네 번째 글자만 다르다. '청(青)'자와 '유(有)'자의 글자가 유사하고, '백(白)'자와 '화(花)'자 또한 헷갈릴 때가 있다. 이 소주는 증명하기 어렵다. 또한 이 소주가 최식의 것이라면, '모마무실(牡麻無實)'을 3번 반복하면서 왜 매번 달라지는지도 의문이므로, 확실히 최식의 주라고 말할 수 없다.

에서만 '자(孶)'로 되어 있으며, 『이아』와 같고, 이것만이 정확한 글자라고 하였다.

15 '수(雖)': 명초본에는 '웅(雄)'자로 쓰여 있는데, 비책휘함 계통의 판본도 마찬가지이다. 금택초본과 『농상집요(農桑輯要)』에 의거해서 '수(雖)' 자로 수정하였다.

16 '지(漬)': 명초본에서는 '궤(潰)'자로 잘못 쓰여 있다. 금택초본과 명청시대 각본에 의거하여 바로잡았다.

17 '정(井)': 각본에는 모두 '정(井)'자로 쓰고 있지만, 황교본(黃校本)과 명초본에서는 '승(升)'으로 잘못 쓰고 있다.

18 '양석미(兩石米)': 명초본에는 '양백보(兩百步)'라고 쓰여 있는데, 금택초본과 『농상집요』에 의거해서 '양석미(兩石米)'라고 고쳐 바로잡았다고 한다. 묘치위 교석본에 의하면, '양석미경(兩石米頃)'은 호상본(湖湘本)과 진체본(津逮本) 및 『농상집요』에서는 모두 동일하게 인용하고 있으나 『사시찬요(四時纂要)』 「오월(五月)」편에서는 『제민요술』을 인용하여 '이석미구(二石米久)'라고 쓰고 있다. 금택초본에서는 '우석미전(雨石米塡)'이라고 잘못 표기하고 있으며, 남송본에서는 '양백보경(兩百步頃)'으로 잘못 쓰고 있다고 한다.

19 '침(浸)'은 금택초본에서는 '만(漫)'으로 잘못 표기하고 있지만, 기타 나머지 본에는 제대로 쓰고 있다.

20 '이즉려(而即驪)': 비책휘함 계통의 판본에는 '즉구(即驅)'라고 쓰여 있는데, 『농상집요』와 학진본에는 '즉쇄(即曬)'라고 적혀 있다. 스셩한은 '이(而)'자가 쓸데없는 글자이므로 삭제해야 된다고 하였다. 뒤의 두 글자는 응당 '즉려(即驪)'라고 해야 한다. '여(驪)'는 황색이면서 흑색을 띠고 있는 것을 가리키는 것으로서, 삼이 다 자란 이후에 인피부(靭皮部)에 유색물질이 쌓여서 색깔이 진해져 빨아도 흰색으로 바뀌지 않는다고 한다. 묘치위는 교석본에서 '여(驪)'는 원래 검은 말을 가리키며, 여기서는 삼의 섬유가 회색반점이 생겨 깨끗하지 않은 것을 차용하여 쓴 말이라고 한다.

21 '희(喜)': 명초본에는 '희(憙)'자로 쓰고 있으며, 금택초본에서는 '희(喜)'로 쓰고 있다. 그러나 『농상집요』와 학진본과 점서본에서는 '이(易)'자

로 쓴다.

22 '취(脆)': 호상본 등에서는 '취(脆)'로 쓰고 있으며, 금택초본에서는 '비(肥)'자로 쓰고 있고, 황교본, 명초본에서는 '연(肥)'자로 쓰고 있다. 이들은 모두 '취(脃)'의 잘못된 형태이다. 묘치위 교석본을 보면 『제민요술』 중의 '취(脆)'와 '취(脃)'는 상호 통용되고 있으므로 본서에서는 '취(脆)'자로 통일하여 표기하였다고 한다.

23 '불임(不任)': 각 본에는 '불임(不任)'이라고 쓰여 있으며, 원각본 『농상집요』에서는 마찬가지로 인용하고 있으며, 『무영전취진판(武英殿聚珍版)』계통본 『농상집요』(이후 전본 『농상집요』로 약칭)에서는 '불임만(不任挽)'으로 쓰고 있다. 『사시찬요』 「오월」편에서는 『제민요술』을 인용하여서 '불임지(不任持)'로 쓰고 있다. 묘치위에 따르면 '불임'은 '불감(不堪)'과 같은 것으로 다방면의 잘못된 요소를 포함하여 여전히 구습을 따르고 있다고 한다.

24 '난(暖)': 황교본과 명초본에서는 '난(暖)'으로 쓰고 있으며, 금택초본에서는 '효(曉)'로 잘못 쓰고 있고, 호상본에서는 '만(挽)'으로 잘못 표기하고 있다.

25 '인(肕)': 이 글자는 명초본과 금택초본에서는 모두 '명(明)'자로 쓰고 있다. 군서교보(群書校補)에 의거한 초본과 이후의 명청 각본에서는 또한 모두 '명(明)'으로 쓰고 있다. 다만 『농상집요』 계열의 판본에서는 '인(靭)'자로 쓰고 있다. 본서의 '인(靭)'자는 모두 '인(肕)'으로 쓰고 있으며, 여기서는 응당 '인(肕)'자로 쓴다.

26 '조(早)': 명초본에서는 '한(旱)'으로 잘못 쓰여 있는데, 금택초본과 명청 각본에 의거해서 교정하였다.

제9장

암삼 재배 種麻子第九

최식(崔寔)이 이르기를[138] "저마(苴麻)는 씨가 달린[139] 삼[麻]이며, 자마(茡麻)이다. '분(䵝)'[140]이라고도 한다."라고 하였다.

崔寔曰, 苴麻, 麻之有蘊者, 茡[27]麻是也. 一名䵝.

---

138 '최식왈(崔寔曰)': 이 주는 『옥촉보전』에는 없다. 『제민요술』에서는 '최식왈(崔寔曰)'이라고 일컫고 있는데, 응당 『사민월령(四民月令)』 「이월(二月)」편의 '저마(苴麻) 파종하기' 아래의 최식 스스로가 단 주이다.

139 '온(蘊)': 왕인지(王引之)는 『광아소증(廣雅疏證)』에서 최식이 '온(蘊)'이라고 한 것은 분명 '마실(麻實: 즉 과일의 종자)'이라고 인식하였기 때문인 것으로 추측하였다. 스셩한의 금석본에 의하면, 일반적으로 '온(蘊)'이라고 하는 것은 삼씨를 부수는 것을 말하지만, 최식은 여기서 분명 '마실'을 가리켰으므로 이는 증명할 필요가 있다. 또한 최식의 원문이 '온(蘊)'자인지 아닌지의 여부 역시 보증할 필요가 있다고 한다. 반면 묘치위는 청나라 계복(桂馥)의 『설문해자의증(說文解字義證)』에서는 "삼에는 부갑(稃甲)이 있어서 이를 감싸 그 씨를 충실하게 한다."라는 구절을 근거로 '온(蘊)'을 감싼다는 의미로 보았다.

140 '분(䵝)': 본권 「삼 재배[種麻]」의 주석 중에 인용된 『이아』에서는 "'분'은 삼의 씨앗이다."라고 하여 '분(䵝)'은 삼의 씨앗임을 설명하고 있다. 실제로 최식(崔寔)은 이를 삼씨를 가리킨다고 했으며, 청나라 주준성(朱駿聲: 1788-1858년)의 『설문통훈정성(說文通訓定聲)』에서 "삼씨를 '비(萉)'라고 하는 것은 곧 삼씨[䵝]이며, 또한 온(蘊)이며, 저(茡)이다."라고 하였다.

삼의 종자를 취할 때는 검은 반점이 있는 삼씨를 파종해야 한다. 검은 반점이 있는 것이 열매가 풍성하다.[141] 최식이 이르기를 "저마의 삼씨는 색깔이 검고 또 열매가 견실하며 묵직한데, 이는 단지 찧어서 횃불을 만드는 데 사용하며,[142] 섬유용 삼으로 사용하지는 않는다."라고 하였다.

止取實者, 種斑黑麻子. 斑黑者饒實. 崔寔曰, 苴麻, 子黑, 又實而重, 擣治作燭, 不作麻.

갈이는 반드시 두 차례 한다. 1무당 3되[升]의 종자를 사용한다. 파종하는 방법은 수삼[麻]과 같다.

耕須再遍. 一畝用子三升. 28 種法與麻同.

3월에 파종하는 것이 가장 좋고, 그다음은 4월이며, 5월이 가장 늦은 시기이다.

三月種者爲上時, 四月爲中時, 五月初爲下時.

그루 간의 간격은 대략 2자로 한다. 너무 빽빽하면 가지를 칠 수 없다.[143] 항상 호미질하여 잡초를

大率二尺留一根. 穊則不科. 鋤

---

141 "검은 반점이 있는 것이 열매가 풍성하다."라는 것은 북송의 소송(蘇頌; 1020-1101년) 『본초도경(本草圖經)』에서도 보이는데, "농가에서 삼을 심는 방법은 그 종자 중에 검은 반점이 있는 것을 택하여 이를 암삼으로 삼는데, 이것을 사용한즉 결실이 풍부해지고, 다른 삼씨는 그렇지 못하다."라고 하였다.

142 '촉(燭)': 스성한의 금석본에 따르면 고대의 '촉'은 타기 쉬운 한 묶음의 가지(마른 갈대, 쑥 혹은 삼을 담그고 남은 삼대) 등의 재료 중에서 불에 잘 견디고 발광하는 유류(기름기를 많이 함유하고 있는 물질)를 넣어서 점화한 후에 조명으로 사용했다고 한다. 이것은 바로 오늘날의 불쏘시개 혹은 횃불['거(炬)'는 '촉(燭)'의 별자]이다. 묘치위 교석본에 따르면, 실제 삼씨의 종자와 발아율은 성숙도와 아주 큰 관계가 있다. 암삼 종자는 충분히 성숙할 때를 기다려 수확해야 발아율이 높다. 그러나 섬유는 거칠고 딱딱하고, 색과 품질도 좋지 않다. 때문에 태수 최식이 삼을 삼는 데 사용하지 않았다. 그러나 가난한 농가에서는 또한 갈옷을 만들 때 그 안에 보온재를 채우는 데 썼다고 한다.

143 '과(科)'는 각 본에는 모두 '경(耕)'으로 잘못 쓰고 있고, 『농상집요』에서는 '성

깨끗하게 제거한다.[144] 잡초가 많으면 삼씨가 적어진다. 꽃가루가 날리면 수삼을 뽑는다. 만일에 수삼이 아직 꽃가루를 날리지[145] 않았는데 뽑으면 암삼이 열매를 맺지 않는다.

常令淨. 荒則少實. 既放勃, 拔去雄. 若未放勃去雄者, 則不成子實.

무릇 오곡의 밭이 도로에 가까이 있으면, 가축[六畜]이 침범할 우려가 있다. 이 같은 밭에는 항상 깨나 암삼을 파종하여 가축의 침입을 막아야 한다. 깨는 가축[六畜]이 먹지 않는다. 암삼은 끝 부분을 뜯어 먹히면 (더 많은 곁가지가 자라나) 커다란 그루가 된다.[146] 이 두 열매를 수확하면 등불을 밝힐 비용으로 충분하다.[147] 절대로 콩밭에 암삼을 섞어 파종해서는 안 된다. 피차 햇볕을 가

凡五穀地畔近道者, 多爲六畜所犯. 宜種胡麻麻子以遮之. 胡麻, 六畜不食. 麻子齧頭, 則科大. 收此二實, 足供美燭之費也. 愼勿於大

(成)'이라고 쓰고 있는데, 학진본(學津本)에서는 이를 따르고 있다. 묘치위 교석본에 의하면, 암삼을 파종하여 종자를 거두려면 가지가 많아야 하는데, 『사시찬요(四時纂要)』 「삼월」편의 '종마자(種麻子)'에는 바로 『제민요술』의 "너무 조밀하면 가지를 칠 수 없다."라는 사실을 채용하여 그에 따라서 고쳤다고 한다.

144 '서상령정(鋤常令淨)': 이것은 가지가 땅을 가리기 전에 열심히 김매기하는 것이다. 대마는 잎이 많고 무성하여 그루가 한두 자[尺] 높이로 자라게 되면, 머지않아 그루 사이 공간을 덮어 버려서 잡초가 쉽게 생장하지 못하게 된다. 그러나 모종이 어린 시기에는 생장이 매우 느려서 쉽게 잡초의 해를 입게 되므로, 반드시 부지런하게 김을 매 주어야 한다.

145 '방발(放勃)': 수그루의 꽃가루가 날리는 형상이다.

146 '과대(科大)': 묘치위 교석본에 의하면, 암삼이 뜯겨 끝 부분이 잘려 나간 이후에는 상처 부위에서 많은 곁가지(식물은 지상부와 지하부가 반드시 평형을 유지하는 특성이 있다.)가 자라면서 가지가 촘촘하게 자란다고 한다.

147 이것은 횃불과 같은 촉을 파종하는 것으로서 기름을 함유하고 있는 종자를 사용한다. 『사민월령(四民月令)』에는 '창이자(蒼耳子)', '호로자(葫蘆子)'가 있고, 『제민요술』에서는 깨와 암삼씨를 파종하여 사용한다.

려[148] 서로 손상을 입히기 때문에 둘 다 수확이 감소한다. 6월 중에는 암삼을 심은 이랑 사이에 순무[蕪菁] 씨를 흩어 뿌리고 김을 매면, 순무의 뿌리를 수확할 수 있다.[149]

豆地中雜種麻子. 扇地兩損, 而收並薄. 六月間, 可於麻子地間撒蕪菁子而鋤之, 擬收其根.

『잡음양서雜陰陽書』에 이르기를, "삼[麻]은 사시나무[楊]나 가시나무[荊]의 잎이 나올 때 싹이 튼다. 70일이 지나면 꽃이 피고, 꽃 피고 60일이 되면 수확한다. 파종할 때는 사계일 즉, 진辰, 미未, 술戌, 축丑일을 꺼리며, 또한 무戊, 기己일을 꺼린다."[150]라고 한다.

雜陰陽書曰, 麻生於楊或荊. 七十日花, 後六十日熟. 種忌四季辰未戌丑, 戊己.

『범승지서氾勝之書』에 이르기를 "삼[麻]을 파종할 때는 먼저 토지를 갈이하여 부드럽게 한

氾勝之書曰, 種麻, 豫調和[29]田.

148 '선지(扇地)': 그늘로 인하여 방해를 받는 것이다.

149 이것은 사이짓기의 배치와 관련된 것으로 삼씨와 콩은 서로 합당하지 않은데, 모두 잎이 무성한 작물로 서로를 가려 둘 다 손상을 입게 된다. 하지만 순무를 파종하는 것은 무관한데, 이 경우 삼씨를 거둔 후에 다시 순무 뿌리를 수확한다.

150 '사계(四季)'가 진(辰), 미(未) 등의 네 개의 계절이라고 쉽게 오해를 일으키는데, 삼씨를 사계절에 모두 파종할 수는 없다. 묘치위 교석본에 의하면, 이것은 바로 곧 본권 「논벼[水稻]」편에서 인용한 『잡음양서(雜陰陽書)』의 '사계일(四季日)'이다. 『회남자(淮南子)』 「천문훈(天文訓)」에는 "갑을인묘일(甲乙寅卯日)은 목일(木日)이고, 병정사오일(丙丁巳午日)은 화일(火日)이며, 무기사계일(戊己四季日)은 토일(土日)이다."라고 한다. 이것은 곧 토일에 속하는 진(辰), 미(未), 술(戌), 축(丑)의 사계일인 것이다. 이것은 네 개의 달의 월건(月建)에서 추출한 것으로 즉, 계춘(季春) 삼월의 건진(建辰)이고, 계하(季夏) 유월의 건미(建未), 계추(季秋) 구월의 건술(建戌), 계동(季冬) 십이월의 건축(建丑)으로 순환하기 때문에 네 개의 간지일을 '사계일(四季日)'이라고 하는 것이다.

다.”라고 한다. 2월 하순과 3월 상순에 비가 내리는 틈을 타서 파종한다.

二月下旬, 三月上旬, 傍雨種之.

삼의 모종이 땅에서 나와 본 잎을 편 후에 김매기한다. 그루 간의 거리는 대략 9자로 한다.[151] 줄기가 한 자 높이로 자랄 때 누에똥을 써서 시비하는데, 그루당 5되를 준다.[152] 만약 누에똥이 없으면, 측간[溷][153]에서 잘 썩은 거름[熟糞]을 써도 좋으며, 그루당 한 되를 준다. 날이 가물면 흐르는 물을 뿌려 주는데, 그루당 5되를 준다.

麻生布葉, 鋤之. 率九尺一樹. 樹高一尺, 以蠶矢糞之, 樹五升. 無蠶矢, 以溷中熟糞糞之, 亦善, 樹一升. 天旱, 以流水澆之, 樹五升.

흐르는 물이 없으면, 우물물을 햇볕에 쬐어 따뜻하게 하여 찬 기운을 가시게[154] 한 후에 뿌려 준다.[155] 비가 적당히 내린다면 (습기가 충분하여) 뿌려 줄 필요가 없다. 뿌리는 횟수가 지나치게 많아서는 안 된다. 이와 같이 재배한 삼은 토지가 좋으면 무당 50섬[石]에서 100섬(6,000-12,000

無流水, 曝井水, 殺其寒氣以澆之. 雨澤時適,[30] 勿澆. 澆不欲數. 養麻如此, 美田則畝五十石, 及

151 원문과 『제민요술』 각본에서는 모두 ‘九尺一樹’라고 하지만, 너무 듬성듬성하다. 앞에 나온 문장인 “大率二尺留一樹”에 의거해 볼 때 ‘이척(二尺)’으로 고쳐 쓰는 것이 좋을 듯하다.

152 스셩한의 금석본에서는 ‘삼승(三升)’으로 적고 있다.

153 ‘혼(溷)’은 중국고대에는 주로 돼지우리와 결합된 측간의 의미로 사용되었기 때문에 ‘숙분(熟糞)’은 인분과 돼지 똥이 잘 섞여 썩은 거름을 뜻한다. 최덕경, 『동아시아 농업사상의 똥 생태학』, 세창출판사, 2016 참조.

154 ‘살(殺)’: 감소하거나 낮춘다는 의미이다.

155 우물물의 온도는 일반적으로 흐르는 물보다 낮다. 우물물을 관개로 사용할 때에는 햇볕을 쬐어 온도를 높여 주어야 한다.

근)의 삼씨를 거둘 수 있으며, 척박한 땅이라도 30섬(3,600근)을 거둘 수 있다.

“삼씨를 수확하는 방법은 서리가 내린 후에 열매가 익으면 재빨리 베어 낸다. 줄기가 너무 굵으면 톱으로 벤다.”라고 하였다.

최식崔寔이 이르기를, “2-3월에 저마苴麻를 파종할 수 있다.”라고 한다. “삼에 씨가 달린 것을 ‘저(苴)’라고 한다.”라고 하였다.

百石, 薄田尚三十石.

穫麻之法, 霜下實成, 速斫之. 其樹大者, 以鋸鋸之.

崔寔曰, 二三月, 可種苴麻. 麻之有實者爲苴.

교 기

27 ‘자(茡)’: 명초본과 모든 명청 각본과 용계정사본에는 모두 ‘저(芧)’로 쓰여 있다. 금택초본에는 ‘자(茡)’로 되어 있다.

28 ‘삼승(三升)’: 금택초본에는 ‘삼승(三升)’으로 되어 있고, 원각본 『농상집요』와 『왕정농서(王禎農書)』도 이와 동일하게 인용하고 있다. 다른 본과 전본(殿本) 『농상집요』에는 ‘이승(二升)’으로 인용하고 있는데, 묘치위는 분명히 잘못된 것으로 보았다.

29 ‘조화(調和)’: 『제민요술』 각 판본에는 모두 ‘조화(調和)’라고 쓰고 있는데, 『태평어람』 권823에는 ‘연화(軟和)’라고 잘못 쓰고 있다.

30 ‘시적(時適)’: 비책휘함(祕冊彙函) 계통의 각 판본에서는 ‘적시(適時)’라고 적고 있다. 금택초본과 명초본에서는 ‘시적(時適)’이라고 적고 있는데, ‘시(時)’는 비에 대해서 말한 “때를 맞춘다.”라는 것이며, ‘적(適)’은 습기에 대해서 말한 ‘적합하다’는 의미이다. 두 글자의 의미는 서로 다르고 또한 각각 가리키는 바가 있다고 하더라도, 흔히 ‘적시(適時)’라고 하는 것보다 낫다.

제10장

보리 · 밀 大小麥第十

● 大小麥第十: 瞿麥附. 귀리[156]를 덧붙임.

『광아(廣雅)』에는 "보리[大麥]는 모(麰)라 칭하고, 밀[小麥]은 내(麳)라고 일컫는다."라고 한다.

『광지(廣志)』에 이르기를,[157] "노소맥(虜小麥)이 있는데,

廣雅[31]曰, 大麥, 麰也, 小麥, 麳也.

廣志曰, 虜小麥,[32]

156 '구맥(瞿麥)'은 화본과(禾本科)의 귀리[燕麥; *Avena sativa*]인 듯하지만, 안팎의 껍질이 알맹이와 붙어 쉽게 떨어지지 않는다. '피연맥(皮燕麥)'이라고도 칭하며, 알갱이와 껍질을 분리한 '조맥'[莜麥; *Avena nuda,* 별도로 나연맥(裸燕麥)이라고 한다.]과 구별된다. 『제민요술』에서는 잡초가 되기 쉬워 수년 동안 제거하지 않으면 마치 반 재배 야생 작물처럼 된다고 지적하였다. 『이아』「석초」편에는 "大菊, 蘧麥"이 있는데, 곽박의 주에는 "일명, 맥구강(麥句薑) 즉, 구맥이라고 한다."라고 한다. 이것은 석죽과의 구맥(瞿麥; *Dianthus superbus*: 패랭이꽃)으로 여기서 가리키는 바는 아니다. Baidu 백과에 따르면, 연맥은 작맥(雀麥), 야맥(野麥)이라고도 하며, 연맥(燕麥)은 대개 껍질이 있는 것과 껍질이 없는 두 부류로 구분된다. 세계 각국에서 재배하는 연맥은 껍질이 있는 형태가 중심이 되며, 일반적으로 피연맥(皮燕麥)이라고 칭한다. 중국에서 재배하는 연맥은 껍질이 없는 형태가 중심이 되며, 일반적으로 나연맥(裸燕麥)이라고 한다. 나연맥의 명칭은 다양한데, 중국의 화북지역에서는 조맥(莜麥)이라고 하고, 서북지역에서는 옥맥(玉麥)이라고 한다. 서남지역에서는 연맥(燕麥)이라고 하며, 간혹 조맥(莜麥)이라고도 칭한다. 동북지역에서는 영당맥(鈴鐺麥)이라고 일컫는다.

157 『초학기(初學記)』 권27, 『태평어람』 권838과 『영락대전(永樂大全)』 권22181에는 '맥(麥)'자 아래에 모두 『광지』의 기록이 인용되어 있다. 수맥(水麥)은 『태평

그 열매는 보리의 형상을 띠며 갈라진 틈이 있다. 원맥(豌麥)은 또한 보리와 같으며 양주(涼州)[158]에서 생산된다. 선맥(旋麥)[159]은 3월에 파종하여 8월에 수확하며 서쪽 변방에서 생산된다. 적소맥(赤小麥)은 열매가 붉고 통통하며, 정현(鄭縣)[160]에서 생산된다. 흔히들 이르기를 '호현(湖縣)의 돼지고기와 정현에서 듬성듬성하게[161] 심은 밀이 익는다.'라고 한다. 산제(山提)

其實大麥形, 有縫. 豌麥, 似大麥, 出涼州. 旋麥, 三月種, 八月熟, 出西方. 赤小麥, 赤而肥, 出鄭縣. 語曰, 湖豬肉, 鄭稀熟. 山提小

어람』, 『영락대전』에는 모두 '소맥(小麥)'이라고 쓰여 있다. 묘치위 교석본에 따르면, 소주에 보이는 '봉(縫)'은 곡물 알맹이의 배 부분에 세로로 있는 한 줄의 홈인데, 『태평어람』, 『영락대전』은 모두 '유이봉(有二縫)'이라고 인용하고 있다. '산제(山提)'는 각 판본이 동일하나 상세하지는 않으며, 점서본에서는 오점교본에 따라 '주제(朱提)'라고 고쳐 쓰고 있다. '희숙(稀熟)'은 『영락대전』에서는 '내숙(秫熟)'이라고 쓰고 있는데, 정현(鄭縣)의 소맥과 부합하며, '희(稀)'는 '내(秫)'의 잘못인 듯하다. '와(豌)'는 양송본(兩宋本) 및 앞의 세 책에서 인용한 것이 모두 같은데, 시서에는 이 글자가 없으며, 명초본과 학진본(學津本)에서는 '세(稅)'로 적고 있다. '세(稅)'는 '탈(脫)'과 통하며, '탈맥(脫麥)'이란 껍질이 벗겨진 '나대맥(裸大麥)'을 가리키는 듯하다고 한다.

158 '양주(涼州)'는 위진 시대의 주의 치소로서 지금의 감숙성 무위(武威)이다.

159 '선맥(旋麥)': '선(旋)'은 '곧, 즉시'라는 의미이다. '선맥(旋麥)'은 금년에 파종하여 금년에 즉시 수확하기 때문에 '선맥(旋麥)' 즉 춘맥(春麥)이라고 일컫는다. '동맥(冬麥)'은 월동을 해야 하기 때문에 별도로, '숙맥(宿麥)'이라고 칭한다.

160 '정현(鄭縣)': 이는 응당 진한시대의 정현인데, 스셩한은 금석본에서 오늘날 섬서성 화현(華縣) 서북지역으로서, 정국(鄭國)의 소재지인 오늘날의 하남성 정주(鄭州)는 아니라고 하였다. 다음 문장의 '호저육(湖豬肉)'의 호는 한대(漢代) 경조(京兆)의 호현(湖縣)이며, 현재의 하남성의 문향현(閿鄉縣)이다. 이전에는 이 두 현이 이웃하였기 때문에 농언 중에서 이 두 현의 특산품을 연상한 것이라고 한다. 그런데 묘치위는 '화현(華縣)'의 치소를 하남성의 영보(靈寶)현 서쪽이라고 하여 스셩한과 차이가 있다.

161 '희(稀)'는 드물게 심은 농작물이며, 정희(鄭稀)는 정현(鄭縣)에 드물게 파종한 밀이다. 스셩한의 금석본에서는 '정희숙(鄭稀熟)'을 정현의 홍맥(弘麥)이라고 번역하고 있다.

의 밀은 매우 찰기가 많고 연하여 황제에게 진상한다. 반하소맥(半夏小麥)이 있다. 까끄라기가 없는 보리가 있다. 검은 광맥도 있다."라고 한다.

麥, 至黏弱, 以貢御. 有半夏小麥. 有禿芒大麥. 有黑穬麥.

『도은거본초(陶隱居本草)』에 이르기를,[162] "보리는 오곡의 으뜸으로서 이는 곧 현재[남조의 송(宋)]의 '나맥(倮麥; 裸麥)'이며 또 보리[麰麥]라고 부르는데, 겉보리[穬麥]와 매우 유사하나, 다만 그 껍질이 없다."라고 한다. (또 이르기를) "광맥은 오늘날 말이 먹는 것이다."[163]라고 한다. 이같이 대맥과 광맥의 두 개의 맥은 종류도 다르고 명칭도 서로 다르지만, 오늘날 사람들은 한 종류의 것으로 인식하는데, 이는 잘못[164]이다.

陶隱居本草云, 大麥爲五穀長, 即今倮麥也, 一名麰麥, 似穬麥, 唯無皮耳. 穬麥, 此是今馬食者. 然則大穬二麥, 種別名異, 而世人以爲一物, 謬矣.

---

162 『도은거본초(陶隱居本草)』: 남조 제(齊)와 양대(梁代)에 도홍경(456-536년)이 찬술하였다. 도홍경은 양나라 구곡산[句曲山: 지금의 소남(蘇南) 모산(茅山)]에 은거하였고 스스로 화양은거(華陽隱居)라고 불렀으며, 세상 사람들은 '도은거(陶隱居)'라고 칭하였다. 도홍경은 역산, 지리, 의학 등에 대하여 연구했으며, 일찍이 『신농본초경(神農本草經)』을 정리하고 주석하여 『본초경집주(本草經集注)』 7권을 저술했는데, 그중에서 약물 365종류를 새로이 첨가하고 책 뒤편에 달아 『명의별록』이라고 별칭하였다. 당시에 『본초경집주(本草經集注)』 7권과 『명의별록』 3권은 동시에 세상에 유행하였다. 『수서(隋書)』 권34 「경적지삼(經籍志三)」 '의방류(醫方類)'에는 "양나라에는 『도은거본초』 10권이 있었는데 유실되었다."라고 기록되어 있으며, "『명의별록』 3권은 도홍경이 찬술하였다."라고 기록되어 있다. 『도은거본초』 10여 권은 『본초경집주』와 『명의별록』을 합간한 것인 듯하나, 실제는 『본초경집주』의 다른 명칭이다. 원본은 이미 유실되었다. 그 내용은 『증류본초』 중에 수록되어 있으며, 최근 돈황에서 『본초경집주』의 일부 잔본이 발견되었으나, 다만 서록 1권만 남아 있다.

163 '마식자(馬食者)': '식마자(食馬者)'로 보아야 한다. 식(食)은 '먹이다[飼]'이다.

164 '대광이맥(大穬二麥)': 대맥과 광맥은 과거와 현재에 가리키는 바가 서로 다르다. 묘치위 교석본에 의하면, 도홍경이 말한 것은 이것과 거의 상반되는데, 그가 가리키는 대맥은 현재의 나대맥으로, 이른바 '광맥(穬麥)'은 도리어 오늘날의 보리이

생각건대 오늘날[후위(後魏)] 낙맥(落麥)이라 부르는 것이 있는데, 이는 곧 까끄라기가 없는 맥이다.[165] 또한 봄에 파종하는 광맥도 있다.	按, 世有落麥者, 禿芒是也. 又有春種穬麥也.
보리와 밀은, 모두 반드시 5월-6월에 땅을 햇볕에 쬐어 말린다.[166] 땅을 햇볕에 쬐지 않고 파종하면	**大小麥, 皆須五月六月暵地.**

다. 『태평어람』 권838에는 『오씨본초(吳氏本草)』를 인용하여, "대맥은 일명 광맥이다."라고 한다. 당대의 『신수본초(新修本草)』에서도 "대맥은 관중에서 생산된즉, 청과맥이다."라고 하였다. 이는 곧 원맥(元麥)을 대맥으로 한 것으로 그 지역은 관중 지역이며, 도홍경이 지적한 강동에 머무르지 않고, 시대도 한대(漢代)에서 당대(唐代)까지 걸쳐 있다. 그러나 『옥촉보전(玉燭寶典)』「사월」편에는 『사민월령(四民月令)』을 인용하여, "광맥을 구입하다."라고 하며, 그 소주에는 "대맥은 껍질과 까끄라기가 없는 것으로 광맥이라고 한다."라고 하였다. 이 주는 최식 자신이 주로 후한 중원 지역의 경우를 가리키는 바로, 나대맥을 광맥이라고 하는 것은 오늘날과 동일하다. 묘치위는 맥을 파종하는 데 오랜 경험을 통해 동일한 비료양을 보리와 밀에 시비하여 밀은 비료를 많이 주는 것을 꺼려 푸를 때 넘어지지만, 보리는 그렇지 않다고 한다. 『제민요술』에 이르기를, "광맥은 만일 좋은 땅이 아니라면 반드시 파종하면 안 된다."라고 하고 있는데, 이것은 바로 대맥은 거름 소모량이 많다는 것과 부합된다. 이것에 의거하여 볼 때 본편의 대소맥의 대맥은 광맥이며 결코 오늘날의 보리[피대맥(皮大麥)]를 가리키는 것은 아니라고 한다.

165 '망(芒)'자는 금택초본에서는 '운(芸)'으로 잘못 쓰고 있다. 묘치위 교석본에 의하면, '낙맥(落麥)'의 '낙(落)'은 알갱이가 쉽게 벗겨지는 것을 의미하며, 또한 '나(裸)'의 바뀐 음이기에 나대맥(裸大麥)을 가리키는 듯하다고 한다.

166 '한지(暵地)': 곧 여름에 대지를 갈아 말리는 것으로, 땅을 말린 후에 다시 갈고 써레질하여 습기를 보존하며, 가을이 되면 파종한다. 『진서(晉書)』 권26 「식화지(食貨志)」에 이르기를, "대흥(大興) 원년에 조칙을 내려 이르되, '서주(徐州), 양주(揚州)의 두 주는 토양이 삼맥(三麥)에 적당하여, 감독에게 하여금 땅을 햇볕에 말리도록 감독하며, 가을이 되어 종자를 파종하도록 한다.'"라고 한다. 여기서 말한 삼맥은 곧, 소맥, 대맥, 원맥을 가리키며, 진나라 때 이미 이런 명칭이 있었음을 알 수 있다.

수확은 반으로 줄어든다. 최식(崔寔)이 이르기를, "5월과 6월에 맥전은 그루터기를 없애야 한다."라고 한다.

不暵地而種者，其收倍薄．崔寔曰，五月六月[33]菑[34]麥田也．

보리와 밀을 파종할 때는 먼저 갈아서 고랑[畤]을 만들고, 쟁기(고랑)를 따라 조파하며 흙으로 종자를 덮는 것이 가장 좋다.[167] (이렇게 하면) 종자가 두 배로 절약되며, 그루도 아주 무성해진다. 쟁기질 후에 흩어 뿌려도 좋지만, 종자를 덮어서 가뭄에 잘 견디게 하는 것만 못하다. 산지와 단단한 토지는 누거를 이용하여 파종[耬下]한다. 사용하는 종자는 낮은 땅에 비해서 절반 정도[168] 절약할 수 있다. 무릇 누거로 파종한 것은 덮은

種大小麥，先畤，逐犁稀種者佳．再倍省種子而科大．逐犁擲之亦得，然不如作稀耐旱．其山田及剛強之地，則耬下之．其種子宜加五省於下

167 묘치위는 다음과 같이 세 종류의 파종법을 소개하였다. 첫째, 먼저 쟁기질하여 길을 내고, 쟁기의 길을 따라 파종하며, 다시 흙을 덮고 종자를 덮는 것이 가장 좋다. 종자를 두 배로 절약할 수 있는 방법은 확실히 쟁기질한 고랑 속에 구멍을 내어 점파를 하는 것으로서, 그 때문에 그루가 매우 무성하고 커진다. 가을보리[冬麥]는 겨울을 넘겨야 하기에 깊게 파종을 해야 하고 복토도 아주 실하고 두툼하게 해야 한다. 이것은 조파의 형식으로 혈파(穴播)하는 것인데 이 두 가지가 서로 결합한 파종법으로, 『제민요술』에 특별히 제시되어 있다. 두 번째는, 쟁기의 길을 따라서 씨를 뿌려 조파하는 것도 좋지만, 구멍을 파서 파종하는 것은 아니다. 따라서 구멍을 파서 종자를 덮는 것만큼 가뭄을 잘 견디지는 못하기에 비교적 부차적인 방법이다. 세 번째는, 산지와 단단한 땅에 파종할 경우에는 누거를 써서 파종한다. 누거의 파종은 산파보다는 약간 깊지만,(맥의 파종은 산파를 행하지 않는다.) 구멍을 파서 종자를 덮는 것보다는 얕아서 싹이 잘 나오고 또한 봉으로 봉질을 하여 맥을 중경제초하는 데에도 편리하다. 이에 따라, 누거로 파종하는 행간의 거리는 쟁기로 고랑을 내어 파종하는 것보다 약간 넓어야 한다.

168 '가오생(加五省)': 스성한의 금석본에 따르면 이는 곧 2/3를 절약할 수 있다는 것이다.(금택초본에서는 '가(加)'를 '여(如)'로 잘못 쓰고 있다.) 묘치위 교석본에는 '가오생(加五省)'은 절반을 줄인다는 의미로 해석하고 있다. 본 역주에서는 묘치

흙이 두텁지 않을 뿐만 아니라 싹이 트기에 용이하며, 끝이 뾰족한 봉鋒이나 호미로 김매기도 편리하다.

겉보리[穬麥]는 만일 좋은 땅이 아니라면 파종해서는 안 된다. 척박한 땅에 겉보리를 파종하면, 헛되이 기력만 낭비하고, 파종하여도 수확이 없다. 무릇 겉보리의 파종은 높고 낮은 땅이 모두 좋지만, 반드시 부드럽게 잘 정지된 땅이어야 한다. 가령[169] 높은 땅에 조나 콩을 심으려고 한다면, 겉보리는 오로지 낮은 땅에 심어야 한다.[170]

8월 중순의 무戊일에서 추사[社] 이전을 틈타 파종하는 것이 가장 좋은 시기[171]이다. 흩어 뿌릴 때

田. 凡耬種者, 非直土淺易生, 然於鋒鋤亦便.

穬麥, 非良地則不須種. 薄地徒勞, 種而必不收. 凡種穬麥, 高下田皆得用, 但必須良熟耳. 高田借擬禾豆, 自 35可專用下田也.

八月中戊社前種者爲上時. 擲者, 畝

위의 해석을 따른다.

169 '차의(借擬)': '가령', '이미', '준비하여 무엇을 하려고 한다'의 의미이다. 금택초본에서는 '석종(惜樅)'으로 표기하고 있는데, 형태로 인한 잘못이다.

170 류제[劉洁]의 논문에 의하면, '하전(下田)'은 고전(高田), 고원(高原)의 상대되는 말로 지세가 비교적 낮은 전지(田地)이다. 그 밖에도 『여씨춘추』에서 '하전'을 "낮은 등급의 전지[下等的田地]"라고 하였다. 「상농(上農)」편에 등장하는 '상전(上田)'과 '하전(下田)'은 토지 등급을 나타내는 것으로서, 『주례(周禮)』의 '하지(下地)'와 같은 의미라고 한다.

171 '사(社)'는 추사(秋社)이다. 묘치위 교석본에 의하면, 입추 후의 다섯 번째 무일이나, 반드시 팔월 중순의 무일은 아니다. 예컨대 1990년 사일은 팔월 초이틀인 무자일로 상순에 있으며, 1989년에는 8월 26일 무자일은 하순에 있었다. 이른바, '중무사전(中戊社前)' 또는 다음 문장의 '상무사전(上戊社前)'이라는 것은 모두 매년 반드시 다가오는 것은 아니라서 준비하기 어렵다. 가사협이 특별히 '사전(社前)'이라고 못 박은 것은 '사전(社前)'을 틈타서 파종할 것을 강조한 것으로, 만일 사일이 뒤로 미루어지게 되면 '중무(中戊)' 또는 '상무(上戊)'에 준비해야 한다. 남송과 북송 사이의 『진부농서(陳旉農書)』「육종지의편(六種之宜篇)」에는 "맥은 양사[춘사(春社)와 추사(秋社)]가 지나면, 수확이 배가 되고 열매도 아주 견실해

무당 2되 반의 종자를 사용한다.

(8월) 하순의 무戊일까지는 중간 정도의 시기이며, 무당 3되의 종자를 사용한다. 8월 말에서 9월 초가 가장 늦은 시기이다. (무당) 3되 반부터 4되의 종자를 사용한다.

밀[小麥]은 낮은 땅에 파종해야 한다. 어떤 노래에는 "높은 밭[高田]에 위치한 땅에 밀을 파종하면, 기력이 없어[穮穇] 이삭이 달리지 않는다. 사내가 타향에 있는데 어찌 초췌하지 않겠는가?"라고 하였다. 8월 상순의 무戊일에서 추사 이전이 가장 좋고, 흩어 뿌릴 때 무당 한 되 반의 종자를 사용한다. (8월) 중순의 무일까지가 중간 정도의 적기이다. (무당) 2되의 종자를 사용한다. 8월 하순의 무일까지가 가장 늦은 시기이다. (무당) 2되 반의 종자를 사용한다.

정월과 2월에는 끌개[勞]로 덮어 평탄 작업을 하고, 호미질을 한다. 3월과 4월에는 (끝이 뾰족한 발토용 농구인) 봉鋒으로 땅을 일으키고 다시 호미질을 한다. 김을 매면 밀의 수확이 배로 증가하며, 껍질도 얇고 가루도 많아진다. 봉(鋒)과 호미로 김매고, 끌개로 덮고 평탄 작업하는 것을 각각 두 차례씩 하면 좋다.

그해 입추立秋 전에 반드시 정지를 끝내야

用子二升半. 下戊前爲中時, 用子三升. 八月末九月初爲下時. 用子三升半或四升.

小麥宜下田. 歌曰, 高田種小麥, 穮穇不成穗. 男兒在他鄉, 那得不憔悴. 八月上戊社前爲上時, 擲者, 用子一升半也. 中戊前爲中時. 用子二升. 下戊前爲下時. 用子二升半.

正月二月, 36 勞而鋤之. 三月四月, 鋒而更鋤. 鋤麥倍收, 皮薄麵多. 而鋒勞鋤各得再遍爲良也.

令 37 立秋前治

진다."라고 한다. 『제민요술』 또한 양사를 거칠 것을 요구하고 있는데, 춘사(입춘 후 5번째 무일)를 거치는 것은 당연한 것으로 관건은 추사를 거치는 데 의미가 있으며, 즉 반드시 일찍 파종해야 하는 것이다.

한다. 입추가 지나면 벌레가 생긴다. 쑥[蒿]과 황해쑥[艾]의 줄기로 짠 광주리[172]에 담아 두면 좋다. 움집[窖]에 저장한 후 쑥[蒿]과 황해쑥[艾]으로 그 입구를 막는 것 또한 좋다. 맥을 움에 저장하는 방식은 반드시 먼저 햇볕에 잘 말려서 열기가 있을 때 움집에 넣어 묻는다.[173] 종자가 많아서 오랫동안 저장하고,[174] 식량으로 삼으려는 것은 반드시 초맥齇麥[175]으로 만들어야 한다.

訖. 立秋後則蟲生. 蒿艾簞盛之, 良. 以蒿艾蔽窖埋之, 亦佳. 窖麥法, 必須日曝令乾, 及熱埋之. 多種久居供食者, 宜作齇麥.

---

172 '호애단(蒿艾簞)': 종자를 담는 띠풀로 짠 용기이다. '단'은 개사철쑥[菁蒿] 혹은 황해쑥[艾] 줄기로 짠 것으로 표면에 진흙을 바른다. 묘치위 교석본에 의하면, 쑥[蒿]과 황해쑥[艾]은 국화과의 같은 속의 식물로 모두 농업에서 해충을 방지하고, 모기를 줄이는 작용을 한다. 개사철쑥[菁蒿]은 고대부터 송대까지 음식으로 만들어 먹었으며, 황해쑥[艾]의 연한 잎도 식용으로 사용하였다고 한다.

173 '급열(及熱)': '열기가 있을 때'라는 의미이다. 밀[小麥]은 열기가 있을 때 창고에 넣어서 밀봉하여 보관해야 한다. 밀폐된 상태에는 고온이 오랫동안 지속되기 때문에, 햇볕에 말릴 때 죽지 않은 벌레가 또 다시 제거될 수 있다. 열기가 있을 때 창고에 넣는 것이 가장 좋다고 하는 내용을 수록한 가장 빠른 기록은 『제민요술』이다. 이후 『사시찬요(四時纂要)』에서는 작열하는 태양 아래 가장 열기가 있을 때를 틈타 아울러 재빨리 말리고 거두어야만 맥이 더욱 온도가 높고 더욱 효과가 좋다고 한다. 두 책은 모두 입추 전에 이와 같은 것을 할 것을 강조하고 있는데, 복날에 온도가 높은 날을 제외하고 또한, 밀이 휴면기가 끝나기 전에 마쳐야만 종자가 빨리 발아하는 것을 막을 수 있다.

174 '구거(久居)': '거(居)'는 넣어서 저장하는 것이고, '구거(久居)'는 오랫동안 저장한다는 의미로, 결코 사람이 한 곳에 오랫동안 거주한다는 의미는 아니다.

175 '초(齇)': 『광아(廣雅)』 「석고일(釋詁一)」에서는 "자르다.[斷也.]"라고 했으며, 『옥편(玉篇)』에서는 "수확하다."라고 하였다. 본서 권1 「종자 거두기[收種]」, 본권 「외 재배[種瓜]」에서는 이삭을 베는 것을 일러 '초예(齇刈)'라고 하고 있다. 묘치위 교석본을 보면, 여기서 모든 그루에서 이삭만 잘라 내어 불에 그을리는 것을 '초맥(齇麥)'이라고 하는데, 오래 저장할 곡물에도 이 방법을 사용한다. 그러나 방법이 아주 서툴고 만드는 방식도 좋지 않으며, 화력도 충분하지 않아서 불을 질러도

베낸 맥을 얇게 펴서 바람 방향으로 불을 놓는다. 불이 붙으면 빗자루로 불을 끄고, 그 이후에 탈곡한다. 이같이 하면 여름이 지나도 벌레가 생기지 않는다. 그러나 이 같은 초맥은 다만 밥을 짓거나[176] 가루를 만드는 데 사용한다.

倒刈,[38] 薄布, 順風放火. 火既著, 即以掃帚撲滅, 仍[39]打之. 如此者, 經夏[40]蟲不生. 然唯中作麥飯及麵用耳.

『예기禮記』「월령月令」[177]에 이르기를, "9월[仲秋]에는 사람들에게 맥을 파종하도록 권하며, 조금도 농시를 어기지 않도록 한다. 만약 시기를 놓치게 되면 과감하게 처벌하였다."[178]라고 한다. 정현(鄭玄)이 주석하여 말하기를, "맥은 단절을 이어 주고 부족함을 메꾸어 주는 곡물로, 마땅히 중시되어야 한다."라고 하였다.

禮記月令曰, 仲秋之月, 乃勸人種麥, 無或失時. 其有失時, 行罪無疑. 鄭玄注曰, 麥者, 接絕續乏之穀, 尤宜重之.

『맹자孟子』[「고자장구상(告子章句上)」]에 이르기를, "보리[麰麥]와 같은 종류는 파종을 하고 흙덩이를 부수어 잘 덮어 주어야 한다. 그 토

孟子曰, 今夫麰麥, 播種而耰之. 其地同, 樹之

해충을 다 제거할 수 없다. 불을 지르게 되면 곡식이 많이 떨어지고 변질될 수도 있으며, 손실도 크고 폐단도 많아 얻는 바가 적어서 후대에는 사람들이 채용하지 않았다고 한다.

176 '맥반(麥飯)': 정제한 알곡을 삶아서 밥을 지은 것으로, 이른바 '입식(粒食)'이라고 하는데, 옛 사람들이 늘 먹었다. 또한 점차 도정하여 껍질을 깎아 내고 삶아서 맥죽을 만들기도 하였는데, 오늘날에도 이와 같은 방식으로 먹는다. 안사고는 전한(前漢) 사유(史游)의 『급취편(急就篇)』에서 맥반을 주석하여 말하기를, "보리를 갈아서 껍질과 함께 밥을 짓는다."라고 하였다.

177 금본의 「월령」에는 '인(人)'자가 없고, 정현은 '의(宜)'자가 없다고 주석했으며, 나머지는 동일하다.

178 "중추지월(仲秋之月)"부터 여기까지 스성한의 금석본에서는 큰 글자로 적고 있다.

양이 같으면 심는 시기도 같다. (마찬가지로) 무성하게[179] 생장하여 하지[180]가 되면 모두 익는다.

時又同. 浡然而生, 至於日至之時, 皆熟矣.

비록 다소 차이는 있지만 땅에는 기름지고 척박한 것이 있고, 비와 이슬에 의해 영향을 받으며, 사람의 보살핌도 같지 않다."라고 한다.

雖有不同, 則地有肥磽, 雨露之所養, 人事之不齊.

『잡음양서雜陰陽書』에서는 "보리는 살구나무 잎이 필 때 싹이 트며, 200일이 지나면 이삭을 배고, 이삭 밴 이후에 50일이 지나면 익는다. 맥은 해亥일에 태어나고, 묘卯일에 건장해지고, 진辰일에 자라며, 사巳일에 노쇠해지고, 오午일에 죽는다. 무戊일은 싫어하고, 자子일과 축丑일은 꺼린다. 밀은 복숭아가 잎이 나올 때 싹이 튼다. 210일이 되면 이삭이 배고, 이삭이 밴 후 60일이 되면 익으며, 꺼리는 날은 보리와 마찬가지이다. 벌레가 살구를 먹어 해를 끼친 해에는 맥이 귀해진다."라고 하였다.

雜陰陽書曰, 大麥生於杏, 二百日秀, 秀後五十日成. 麥生於亥, 壯於卯, 長於辰, 老於巳, 死於午. 惡[41]於戊, 忌於子丑. 小麥生於桃. 二百一十日秀, 秀後六十日成, 忌與大麥同. 蟲食杏者麥貴.

귀리[瞿麥][181]를 파종하는 방법은 복날을 파종

種瞿麥法, 以

179 '발연(浡然)': 금본의 『맹자(孟子)』에는 '발연(敎然)'으로 쓰여 있다. 스셩한의 금석본에서는, '발연(敎然)'과 '발연(浡然)'은 모두 차용한 형용사로 보고 있다. 이것은 곧 작고 가는 것이 크게 모여 있는 모습으로 동시에 터져 나와 지표상에 드러나는 것이다. 이로 인해 동시에 가루가 터져 나오는 것을 '발(敎)'이라고 하며, 한꺼번에 물속에서 거품이 쏟아져 나오는 것을 일러 '발(浡)'이라고 한다.[이것은 오늘날의 '포(泡)'자이다.]

180 '일지(日至)': 이는 곧 '하지(夏至)' 또는 '장지(長至)'이다.

하는 시기로 삼는다. '지면(地麵)'이라고 부른다. 땅이 좋으면 무당 5되[升]를 파종하며, 척박한 땅에는 3-4되를 파종한다. 무당 10섬을 수확할 수 있다. 곡물째[182] 쪄서 햇볕에 말려 찧어 껍질을 벗겨 내면, 쌀이 온전해지며 부스러지지 않는다. 물과 섞어 밥[183]을 지으면 매우 부드러워진다. 고운 가루를 내어 비단체로 치면 떡을 만들 수 있으며, 매우 부드럽고 맛있다.

그러나 귀리를 재배하는 땅은 잡초가 잘 자라 한번 이 작물을 파종하게 되면 몇 년간 잡초가 끊이지 않아 김매는 데 소요되는 노력이 더욱 많아진다.

『상서대전尙書大傳』에 이르기를,[184] "가을에

伏爲時. 一名地麵. 良地一畝, 用子五升, 薄田三四升. 畝收十石. 渾蒸, 曝乾, 舂去皮, 米全不碎. 炊作飧, 甚滑. 細磨, 下絹簁,[42] 作餠, 亦滑美. 然爲性多穢, 一種此物, 數年不絶. 耘鋤之功, 更益劬勞.

尙書大傳曰,

181 '구맥(瞿麥)': 석죽과의 귀리로, 종자는 비록 맥처럼 보이지만 식용으로는 사용할 수 없다. 스셩한의 금석본에 따르면 의심스러운 것은 '연맥(燕麥)'으로서, 연맥은 간혹 '작맥(雀麥)'으로 오인되는데, '작(雀)'자와 '구(瞿)'자는 쉽게 혼용되기 때문이다.

182 '혼증(渾蒸)': 딱딱한 껍질째로 낟알을 찌는 것을 의미한다. 찐[蒸] 후에 햇볕에 바싹 말려 '절구질하여 껍질을 제거하면' 쉽게 겉껍질이 제거된다. 그러므로 안팎의 겉껍질이 낟알에 붙어 있는 피연맥(皮燕麥)일 것으로 추정된다.

183 '손(飧)': 『석명(釋名)』「석음식(釋飮食)」에 "손(飧)은 푸는 것[散]이다. (곡물을) 물에 넣어 풀어놓은 것이다."라고 한다. 즉 이른바 물을 넣어 지은 밥이다. 또한 끓인 밥이기도 하다.

184 『상서대전(尙書大傳)』은 『상서(尙書)』를 해석한 책이다. 옛 제목은 전한 초기의 복생(伏生)이 찬술한 것으로, 그 제자 등이 그가 남긴 말을 옮겨 적으며 만들었음을 알 수 있다. 그중에서 『홍범오행전(洪範五行傳)』을 제외하고 나머지 각 권은 모두 일부분이 파손되었다. 『수서(隋書)』「경적지(經籍志)」 등에는 정현이 주석

황혼이 들 무렵이 되면, 허성虛星이 남방의 중심에 있을 때 맥을 파종할 수 있다."라고 한다. 허성은 북방 현무칠수의 별자리로, 8월의 황혼이 들 무렵에 정남방에서 볼 수 있다.[185]

秋, 昏, 虛星中, 可以種麥. 虛, 北方玄武之宿, 八月昏中, 見於南方.

『설문說文』에 이르기를, "맥은 까끄라기가 있는 곡물이다. 가을에 파종하고 두껍게 덮기 때문에 '맥'이라고 칭한다.[186] 맥은 금金이 왕성한[王][187] 계절에 싹 트고 화火가 왕성한 계절에는 죽게 된다."[188]라고 한다.

說文曰, 麥, 芒43穀. 秋種厚埋, 故謂之麥. 麥, 金王而生, 火王而死.

『범승지서氾勝之書』에 이르기를, "땅에는 연

氾勝之書曰,

한 세 권을 담아 두었는데, 모두 전해지지 않는다. 청나라 진수기(陳壽祺: 1771-1834년)는 『상서대전』의 집교본을 가지고 있으면서 『제민요술』의 이 주문을 이 책 속에 삽입하여 정현의 주라고 바로잡아 정리하였다.

185 『예기(禮記)』「월령(月令)」에서는 허성(虛星)은 9월에 '혼중(昏中)'에 있다고 하는데, 이 주는 8월에 있다고 하여 서로 다르다.

186 『설문해자(說文解字)』에서는 '매(埋)'를 매(薶)라고 쓰고 있는데, 글자는 동일하다. 서개(徐鍇)의 『설문해자계전(說文解字繫傳)』에는 "맥(麥)은 막(幕)이라 말하며, 덮는다[埋]의 의미이다."라고 한다. 청대(淸代) 왕후(王煦)의 『설문오익(說文五翼)』에는 "(『설문해자』의 편찬자인) 허신(許慎)은 매(薶)를 맥(麥)으로 훈독하고 있는데, 그 의미는 (두 글자의) 음(音)으로 풀이한 것이다. 예전의 맥(麥)은 매(薶)라고 불렸다. … 『회남자(淮南子)』에서 맥(麥)을 일러 '매(昧)'라고 했기 때문에, 사서에는 음에 의거하여 뜻으로 삼은 것이다."라고 되어 있다. 동맥(冬麥)은 땅속에 묻은 것이기 때문에 '매(埋)'[맥(麥)의 음(音)]를 사용한 것이다. 그러므로 (『제민요술』 본문에) "가을에 파종하고 두껍게 덮기 때문에 '맥'이라고 칭한다."라고 하였다.

187 '왕(王)'은 곧 '왕(旺)'의 의미이다.

188 니시야마 역주본, 98쪽의 각주16에 의하면, 오행설에서는 목(木)을 봄, 화(火)를 여름, 금(金)을 가을, 수(水)를 겨울, 그리고 토(土)를 중앙에 대응시키고 있다.

달아 여섯 번 작물을 파종할 수 있는데,[189] 맥을 먼저 파종한다. 맥을 파종하기 적당한 시기에 파종하면, 수확이 좋을 수밖에 없다. 하지 후 70일[190]이 되면 동맥[宿麥; 冬麥][191]을 파종할 수 있다. 파종이 너무 이르면 충해를 입게 되고, 또한 마디가 일찍이 생겨난다.[192] 파종시기가 너무 늦으	凡田有六道, 麥爲首種. 種麥得時, 無不善. 夏至後七十日, 可種宿麥. 早種則蟲而有節. 晩種則

189 '육도(六道)': 정확하게 무엇을 의미하는지에 대해 학자들의 견해가 일치하지 않는다. 묘치위는 '도(道)'를 수량사(數量詞) 즉 차수(次數)로 보았다. 요우슈링[游修齡]은 육도(六道)를 봄[春], 여름[夏], 가을[秋]의 3차(次)에 걸쳐 파종하고, 여름, 가을, 겨울 3차에 걸쳐 수확하는 것을 일러 육도(六道)라 했다. '수종(首種)'의 종(種)은 파종의 종(種)이 아니라 종류의 종(種)이며, 1년 중에 가장 빨리 수확하는 맥(麥)의 종류이다. 파종과 수확이 제때 이어지지 않을 때에는 시기가 부족하게 되므로 수종(首種)이라 칭한다. 이에 관해서는 요우슈링[游修齡], 「試釋『范勝之書』"田有六道, 麥爲首種"」『중국농사(中國農史)』, 1994-4 참조.

190 칠십일(七十日)은 잘못된 것이 있는 듯하다. 하지(夏至) 후 70일은 백로(白露) 전으로 그 시기가 너무 빨라, 맥(麥)의 싹에 마디가 빨리 생길 수도 있다. 비록 『사민월령(四民月令)』에는 백로(白露)에 맥(麥)을 파종한다고 되어 있더라도 이는 척박한 토지[薄田]에 해당되며, 중전(中田)과 미전(美田)에는 여전히 추분(秋分) 후에 파종한다. 지금 관중(關中)의 농언(農諺)에는 "백로(白露)는 빠르고, 한로(寒露)는 늦네. 추분(秋分)은 맥(麥)을 파종하기에 가장 좋은 시기라네."라고 한다. 추분(秋分)은 보통 하지(夏至) 후 90일에 해당하므로, 본문의 '칠십(七十)'은 '구십(九十)'을 잘못 표기한 것으로 추측된다.

191 '숙맥(宿麥)': 숙맥은 곧 가을보리[冬麥]로, 파종하고 1년이 지나야 비로소 수확할 수 있기 때문에 '숙(宿)'이라고 칭한다.[앞 주석의 '선맥(旋麥)' 즉, 춘맥을 참고.]

192 '충이유절(蟲而有節)': '유절(有節)'은 마디가 너무 빨리 생겨나는 것을 의미한다. 묘치위 교석본에 의하면 너무 빨리 파종할 경우, 겨울에 추위가 오기 전이나 봄에 잎이 파릇하게 돌아온 후를 막론하고 마디가 너무 빨리 생기므로, 맥(麥)의 성장에 모두 지극히 불리하며, 정상적인 성숙과 수확에 영향을 주게 된다. 하지만 만약 파종이 너무 늦으면 싹이 어린 시기에 추운 겨울을 만나, 봄이 되어 파릇파릇하게 싹이 튼 후에도 성장의 억제를 받고, 성장하면 자연히 이삭이 작고 낟알

면 이삭이 작고 난알도 작다."

"맥을 파종하는 시기가 되었는데 날이 가물고 비가 내리지 않으면, 초를 탄 물[酢漿][193]에 누에똥을 담가 멀겋게 하여 맥의 종자를 담근다.[194] 한밤중에 담그고 해 뜨기 전에 재빨리 꺼내 파종하며 백로白露일에 맞추어 한다. 초를 탄 물은 맥이 가뭄에 잘 견디게 하고 누에똥은 맥이 추위를 잘 견디게끔 한다."[195]

"맥의 싹이 누런색을 띠면, (이는) 빽빽해서 생긴 폐해이다. 빽빽하면 호미로 김매서 약간 듬성듬성하게 해 준다."

"가을에 호미질한 후에 가시 달린 멧대추나무 가지[棘柴]를 끌어[196] 맥의 뿌리를 흙으로 덮어

穗小而少實.44

當種麥, 若天旱無雨澤, 則薄漬麥種以酢漿并蠶矢. 夜半漬, 向晨速投之, 令與白露俱下. 酢漿令麥耐旱, 蠶矢令麥忍寒.

麥生黃色, 傷於太稠. 稠則鋤而稀之.

秋鋤以棘柴耬之, 以壅麥根.

도 적어진다고 한다. 일본의 아마노 모토노스케[天野元之助]는 『태평어람』에서 인용한 『범승지서』의 "이삭이 강하고, 마디가 있다.[穗強而有節.]"라는 구절에 대해 '충(蟲)'자는 '강(強)'자가 뭉개진 것으로 보았다.

193 '초장(酢漿)': '장'은 끓여서 걸러 낸 멀거면서 탁한 액이다. '초(酢)'는 산이다. '초장(酢漿)'은 끓여서 걸러 낸 멀건 액을 적당하게 발효시킨 것으로 약간의 유산이 생겨나며, 신맛도 있고, 향도 있다. 고대에는 이것으로 청량 음료를 만들었다.

194 '박(薄)'은 '짧다'와 '잠시[短暫]'라는 의미이며, 박지(薄漬)는 단시간에 담그는 것이다. 초(酢)는 초(醋)자이다.

195 초장수[酸漿水]와 누에똥[蠶矢]을 섞어 맥의 종자[麥種]에 담근 것은 상당한 수분을 흡수하는데, 서리가 크게 내릴 때를 틈타 한꺼번에 땅속에 파종하면 종자가 비교적 빨리 발아한다. 아울러 누에똥이 제공한 영양분을 받아 어린 싹이 신속하게 생장하며, 뿌리는 널리 퍼져 나가 맥의 싹이 튼튼해진다. 묘치위 교석본에서는 이렇게 하면 가뭄에도 비교적 잘 견디고 추위에도 잘 견딘다고 한다.

준다. 농언에 이르기를, '그대가 부자가 되려 한다면, 황금을 덮어라.'라고 하였다. '황금을 덮는다.'는 것은 가을에 맥을 호미질하여 김매고 멧대추의 가지로 맥의 뿌리에 끌어 흙을 북돋아 준다는 의미이다."

故諺曰, 子欲富, 黃金覆. 黃金覆者, 謂秋鋤麥曳柴壅麥根也.

"봄이 되어 해동되면 가시멧대추 가지를 끌어당겨 마른 잎을 떼어 낸다.[197] 맥의 싹이 푸른색을 띨 때,[198] 다시 호미질을 한다. 느릅나무 꼬투리가 달릴 무렵에 연일 쏟아지는 비가[注][199] 그쳐 땅이 말라서 하얗게 변할 때,[200] 다시 호미질을 한다. 이와 같이 하면 두 배로 수확할 수 있다."

至春凍解, 棘柴曳之, 突絶其乾葉. 須麥生, 復鋤之. 到榆莢時, 注雨止, 候土白背復鋤. 如此則收必倍.

"겨울에 눈이 내리고[201] 그친 후에 기구[궁글

冬雨雪止, 以

196 '극(棘)': 원래 멧대추나무[酸棘]를 지칭한다. 극시(棘柴)는 멧대추 가지와 가시가 많은 나뭇가지를 엮어 만든 땅을 덮고 고르는 공구이다. 누(耬)는 '누(摟)'와 같은 의미이며, 흙을 한쪽으로 끌어 모아 맥의 뿌리에 복토하는 것이다. 권1 「밭갈이[耕田]」에서 『범승지서(氾勝之書)』를 인용한 '평마기괴(平摩其塊)'는 흙을 부수고 평탄작업을 하는 농기구로서 즉 '마전기(摩田器)'인데, 대개 '끌개[勞]'와 유사한 기구이거나 그 원형이지만, 아직 '노(勞)'의 명칭은 없었으며 또한 고정된 형태도 없었다.

197 '돌(突)'은 '부딪힌다' 또는 '깨뜨리다', '끊어 내다'는 의미로서, 많은 가시의 멧대추나무를 마른 잎에 부딪히게 해서 맥의 모종 위에서 떨어 내게 하는 것이다.

198 '수맥생(須麥生)': '수(須)'는 '기다린다'는 의미이다. '생(生)'은 '싹이 난다'로 해석할 수 없고, '모가 자라'서 '푸른빛이 돌아오는 것'이다.

199 '주(注)': 비스듬히 쏟아진다는 의미이다.

200 '백배(白背)': 토양이 습기가 있을 때는 지면이 검게 되는데 표면이 흰색을 띠게 되면 표면이 이미 말랐음을 의미하지만, 그 안쪽은 여전히 습기가 있다.

대]를 사용해서 재빨리 맥麥을 눌러 주고[藺],[202] 눈을 잘 덮어 바람에 날리지 않도록 한다.

이후 눈이 내리면 다시 이와 같이 한다. 그러면 맥은 가뭄에 잘 견디고 수확 또한 많아진다."

"봄에 얼었던 것이 풀리면 갈아 흙을 뒤섞어, 춘맥[旋麥]을 파종한다. 맥이 싹튼 후 뿌리가 무성할 때 동맥[宿麥]과 마찬가지로 재빠르게 김을 맨다."[203]라고 하였다.

범승지氾勝之에 이르기를 "맥을 구덩이에 파종하는 방식은 '구덩이[區]' 바닥의 크기는 '상농부上農夫의 구덩이와 같다.[204] 조[禾]를 거두어들인

物輒藺麥上，掩其雪，勿令從風飛去. 後雪，復如此. 則麥耐旱，多實.

春凍解，耕和土,[45] 種旋麥. 麥生根茂盛，莽鋤[46]如宿麥.

氾勝之區種麥，區大小如上農夫區. 禾收，

---

201 '우(雨)': 동사로 '내리다'는 의미이며 눈이 내린다는 것이지, 비가 내리는 것은 아니다.

202 '인(藺)'은 '인(躪)'자의 가차이며, '밟아 누르다[踐壓]'라는 의미이다. 여기서 물(物)을 사용한다고 명확하게 지적하는데, 이 물(物)이 어떠한 기구인지 명확하게 제시되지 않았지만, 눈을 눌러 바닥을 단단하게 하는 것으로 볼 때, 일종의 진압하는 농구가 분명하다. 묘치위 교석본을 보면 '끄으레[撻]'를 사용한 것이라고 할 수도 있으며, '끌개[勞]'를 사용한 것이라고 할 수도 있지만, 모두 이와 같은 명칭은 없다. 『제민요술』 권3 「아욱 재배[種葵]」에서 눈을 눌러 준다는 것은 '끌개[勞]'를 이용하여 눌러 준 것이며, 그 보습효과는 이듬해 4월 이전까지 가뭄을 걱정하지 않게 해 주는데, 이는 "설세(雪勢)가 여전히 남아 있기 때문이었다."라고 한다. 『범승지서』에서 이르는 "가뭄에 견디다.", "수확이 많다."는 효과와 동일하다.

203 '망서(莽鋤)'는 빠르게 김매는 것을 지칭한다. 시일이 촉박할 때는 보다 신속하게 김매기를 끝내야 하는데, 만약 김매는 시기를 늦추면 춘맥(春麥)이 이미 밭두둑을 덮어[封壟] 김맬 수가 없게 된다.

204 '상농부구(上農夫區)'는 각본(各本)에는 모두 중농부구(中農夫區)로 되어 있는데,

후 (맥을) 구덩이에 파종한다.

무릇 1무를 파종하는 데 2되의 종자를 쓰며, 2치 두께로 흙을 덮어 준다. 발로 잘 밟아서 종자와 흙이 잘 붙도록 해 준다. 맥의 싹이 나오고 뿌리가 잘 내리면,[205] 구덩이 사이에 난 가을 풀을 김매 준다. 또[206] 가시 달린 멧대추나무 가지를 땅 위로 끌어[律][207] 맥의 뿌리에 북돋아 준다. 가을에 날이 가물어 뽕나무 잎이 떨어지면 물을 준다. 가을에 비가 많이 와서 땅에 습기가 있으면 물을 댈 필요가 없다."

"봄에 해동한 이후에[208] 멧대추나무 가지를

區種. 凡種一畝, 用子二升, 覆土厚二寸. 以足踐之, 令種土相親. 麥生根成, 鋤區間秋草. 緣以棘柴律土壅麥根. 秋旱, 則以桑落時[47]澆之. 秋雨澤適, 勿澆之.

麥凍解, 棘柴

중농부구(中農夫區)의 생산량으로 추정해 볼 때, 중(中)은 상(上)의 오기(誤記)인 것으로 생각된다. 완궈딩[萬國鼎], 『범승지서집석(范勝之書輯釋)』, 中華書局, 1957 참조.

205 '성(成)': 『제민요술』 각본에는 모두 '성(成)'이라고 되어 있으나, 쉽게 해석이 되지 않는다. 앞에서 나온 봄보리[旋麥]의 "맥이 싹이 튼 후에 뿌리가 무성할 때 동맥과 마찬가지로 대충대충 김을 맨다."에서의 '무성(茂盛)'은 마땅히 '무(茂)' 또는 '성(盛)'으로 고쳐야 한다. '성(盛)' 혹은 '무(茂)'의 두 글자는 글자 형태가 '성(成)'자와 유사해서 틀리기 쉽다.

206 '연(緣)': 각본에서는 모두 '연(緣)'으로 쓰고 있는데 해석이 되지 않는다. 스성한은 그 글자 형태가 유사한 '환(還)'으로 고쳐 쓰는 것이 좋을 듯 하다고 보았다.

207 '율(律)': 『순자(荀子)』 「예론(禮論)」에는 "머리를 감지 않고, 빗을 물에 적셔 3번 빗질하면 괜찮다."라고 되어 있다. 당대 양경(楊倞)의 주에 "율(律)은 빗질하다, 머리카락을 다듬다."라고 되어 있다. 의미를 확대하면, 흙을 써레질하여 뿌리를 북돋우거나 시든 잎을 쓸어 제거하는 의미이다. 이 부분 및 다음 단락 두 곳에 "멧대추나무 가지를 끈다.[棘柴律之.]"는 표현이 있다. '율(律)'자의 해석은 마땅히 앞의 '棘柴耬之'의 '누(耬)'자에 합당하며 앞부분의 '棘柴曳之'의 '예(曳)'자와 같은 의미이다.

끌어당기면서 마른 잎을 쓸어 낸다. 구덩이 사이에 풀이 자라면 김매 줘야 한다. 성인 남녀가 사람당 10무의 토지를 경종할 수 있으며, 5월이 되면 수확하는데, 1무의 땅에 구종하면 100섬 이상을 거둘 수 있으며, 10무에는 1000섬 이상을 거두게 된다."

律之, 突絶去其枯葉. 區間草生, 鋤之. 大男大女治十畝, 至五月收, 區一畝, 得百石以上, 十畝得千石以上.

"밀[小麥]은 술戌일을 꺼리며, 보리[大麥]는 자子일을 꺼리는데, 제除의 날[209]은 모두 파종할 수

小麥忌戌, 大麥忌子, 除日不

---

208 '맥동해(麥凍解)': 『제민요술』의 각 판본에는 모두 '맥동해(麥凍解)'라고 한다. 스성한의 금석본에 의하면, '맥(麥)'자는 억지로 해석할 수는 있으나, 앞의 내용과 대조해 볼 때 '춘(春)'자로 고쳐 쓰는 것이 합당할 듯하다. '맥(麥)'자의 행서는 '맥(麦)'으로, 이것은 '춘(春)'자와 매우 혼동될 수 있다고 한다.

209 '제일(除日)': '제일(除日)'은 '일건(日建)'이 '제(除)'를 만나는 것을 의미하며, '대연야(大年夜: 음력 매년 최후의 날)'의 '세제일(歲除日)'을 가리키는 것은 아니다. 중국의 역법이 처음에는 매우 정확하였다. 태양[日]과 태음[月]의 두 주기에 따라서 안배했으며, 이에 의거해서 기후, 물후, 일월의 움직임들에 대해서 모두 정확하게 예고할 수 있었다. 스성한의 금석본에 따르면, 이미 갑골문자 중에도 존재하는 간지는 줄곧 쓰여, 기년(紀年), 기월(紀月), 기일(紀日), 기시(紀時)의 순서가 되었다. 간지를 배합하며 만들어진 것이 60갑자이며, 기(紀)는 연, 월, 일의 수난을 기록하는 데 매우 편리하다. 그러나 순차적으로 진행하게 되면서 여러 잡다한 주관적인 요소가 혼합되어 세점, 월점, 일점 등의 미신에 부합되는 부가물이 가미되었다. 이른바 '건제(建除)'는 바로 그러한 것 중의 하나라고 한다. '건제'는 대개 전국시대에서 진에 이르기까지 점차 발전하였다. 『회남자(淮南子)』「천문훈(天文訓)」에서 "인일(寅日)은 건일(建日)이고, 묘일(卯日)은 제일(除日)이며, 진일(辰日)은 만일(滿日)이다."라고 한 것 등은 '건(建)·제(除), 만(滿)·평(平)·정(定)·집(執)·파(破)·위(危)·성(成)·수(收)·개(開)·폐(閉)'의 12개 글자로, 지지(地支)를 배합한 12진(十二辰)이다. 처음에 이 12개의 '건제(建除)'는 기월

없다."[210]라고 하였다.

최식崔寔이 이르기를, "무릇, 보리[大麥]와 밀[小麥]을 파종하려면 백로白露가 되었을 때 척박한 땅에 파종할 수 있다. 추분이 되면 일반적인 땅에 파종하며, 추분 후 10일이 지나면 좋은 땅에 파종할 수 있다."

"오직 광맥[穬]만이 파종시기가 이르고 늦은 것에 상관이 없다." "정월에는 춘맥과 비두[211]를 파종할 수 있으며, 2월 말이 되면 그만둔다."라고 한다.

청과맥青稞麥[212]은 특히 타작하여 알곡을 취하기가 비

中種.

崔寔曰, 凡種大小麥, 得白露節, 可種薄田. 秋分, 種中田, 後十日, 種美田.

唯穬, 早晚無常. 正月, 可種春麥豍豆, 盡[48]二月止.

青稞麥,[49] 特[50]

(紀月), 기일(紀日) 두 방면에서 모두 응용하였으며, 그 작용과 지지(地支)는 매우 유사했다. 그러나 기일은 점차 발전하여 새로이 '부가'되었다. 즉, 일건(日建)을 만들 때 12개의 작은 순환을 제외하고 매 작은 순환 중에 순서에 따라 되풀이해서 큰 순환이 덧붙여지는데, 예컨대, 첫 번째 순환은, '건(建)·건(建)·제(除)·만(滿)·평(平)'이며, 두 번째 순환은 '건(建)·제(除)·제(除)·만(滿)·평(平)'의 유와 같다. 이에 12개로 12개의 순환이 생기고, 12개로서 13의 순환으로 바뀌며, 결과적으로 십이진이 다시 거듭 합쳐질 수 없게 됨으로써 원래의 정확한 의미를 상실하게 되어 오로지 미신의 주관적인 '점후(占候)'의 수단만이 남게 되었다.

210 '중(中)': '할 수 있다[可以]'의 의미이다.

211 '비두(豍豆)': 본권 「콩[大豆]」편의 끝에서도 최식의 말을 인용하여 살핀 바 있으며, 또한 최식의 말을 빌려 "정월에는 비두를 파종하고 …"라고 했지만 '춘맥(春麥)' 두 글자는 없다. 하지만 스셩한은 지금의 이 구절을 최식의 『사민월령(四民月令)』 원문으로 보았다.

212 '청과맥(青稞麥)'은 광맥(穬麥)을 지칭하며, 또한 연맥(燕麥)을 지칭하기도 한다. 묘치위 교석본에 의하면, 청과맥에 관한 기록에는 2가지 특징이 있다. 첫째, 낟알을 탈곡하기가 비교적 어렵다. 둘째, 가루[麵]를 내는 비율이 상당히 높다. 그

교적 어려우며, 오직 맑은 날에 (햇볕에 말려) 궁글대[碌碡][213]를 사용하여 껍질을 벗겨 낸다. 10무의 토지마다[214] 8말의 종자를 사용한다. 보리와 같은 시기에 익는다. 수확이 매우 좋으면 (10무의 토지에는) 40섬을 수확할 수 있다. 매 섬당 8-9말의 가루[麵]가 난다. 또, 끓여서 밥으로 먹거나 면식麵食으로도 만들 수 있는데[215] 맛이 좋다. 완전히 갈면 밀기

打時稍難, 唯快[51]日用碌碡碾. 右每十畝, 用種八斗. 與大麥同時熟. 好收四十石. 石[52]八九斗[53]麵. 堪作飯及餅飥,[54]

러나 광맥(穬麥)은 나립(裸粒)이어서 탈곡하기가 용이하므로 사실과는 다르다. 연맥(燕麥)에는 피연맥(皮燕麥)과 나연맥(裸燕麥)이 있는데, 나연맥은 낟알을 탈곡하기가 용이하므로 본문의 낟알을 탈곡하기가 비교적 어렵다는 것과 부합되지 않는다. 피연맥은 상대적으로 낟알을 탈곡하기가 약간 어려우며, 품질도 비교적 좋지 않아 한 섬[石]을 갈아 8-9말[斗]의 가루[麵]를 얻기가 어려우므로 역시 부합되지 않는다. 만약 가루[麵]를 내는 비율에서 지나치게 많은 수분을 제거할 수 있다면, 이는 당연히 피연맥(皮燕麥)이다. 하지만 윗 문장의 구맥(瞿麥)이 피연맥일 것으로 생각되므로, 이렇게 되면 품종을 거듭 설명하는 것이 된다. 따라서 청과맥과 관련된 내용은 후대의 사람이 의미를 부여한 것이고, 가사협이 이렇게 혼란스럽게 한 것은 아닌 것으로 추정된다고 한다.

213 '녹독(碌碡)'은 또한 '육독(磟碡)'으로 쓰기도 한다. 『제민요술』에는 '육축(陸軸)'이라고 되어 있는데, 밭이나 타작마당에서 축력(畜力)을 이용하여 곡물을 탈곡하는 농기구이다.

214 '우(右)': 이 '우(右)'자는 어떠한 뜻도 없다. 스성한의 금석본에 의하면 명초본에서 이 '우'자의 좌측 1행은 바로 아래 부분의 【교기】에서 설명한 바 있는 "四十石, 石八九斗" 중의 '십(十)'자이다. 이 때문에, 이 글자가 바로 원래 송 각본 중의 '사십석'의 '석'자로 의심된다. 그것을 새기기 전에 초사할 때 윗 1행을 잘못 새기고 또 다소 많게 새겨서 잘못이 생긴 것으로, 뜻을 이해할 수 없게 되었다고 한다.

215 '반급병탁(飯及餅飥)': '반(飯)'자는 송판본, 점서본(漸西本)과 동일하며, 다른 판본 및 『농상집요(農桑輯要)』에 인용된 문장에는 '초(麨)'라 적혀 있다. 병탁(餅飥)은 전본(殿本) 『농상집요(農桑輯要)』에서 인용한 학진본(學津本), 점서본(漸西本)에는 '박탁(餺飥)'이라고 되어 있지만, 『제민요술』의 다른 판본 및 원각(元

울도 생기지 않는다. 한 번 김매면 매우 좋으나 김매지 않아도 또한 괜찮다.

甚美. 磨, 總盡無麩.[55] 鋤一遍佳, 不鋤亦得.

그림 23
보리[大麥]

그림 24
밀[小麥]

그림 25
귀리[瞿麥]

그림 26
겉보리(穬麥; 裸大麥)

刻) 『농상집요(農桑輯要)』에서 인용한 것과는 동일하다. 『방언(方言)』 권13에 "병(餠)은 탁(飥)을 지칭한다."라고 되어 있다. 스성한은 '초(麨)'를 볶음면으로 해석하고, 박탁(餺飥)을 지진 떡으로 풀이하였다. 묘치위는 병탁(餠飥)은 밀가루로 만든 음식[麵食]을 범칭하지만, '박탁(餺飥)'은 단지 '탕병(湯餠)'을 지칭하는데 즉 끓이거나 삶은 밀가루 음식이라고 한다.

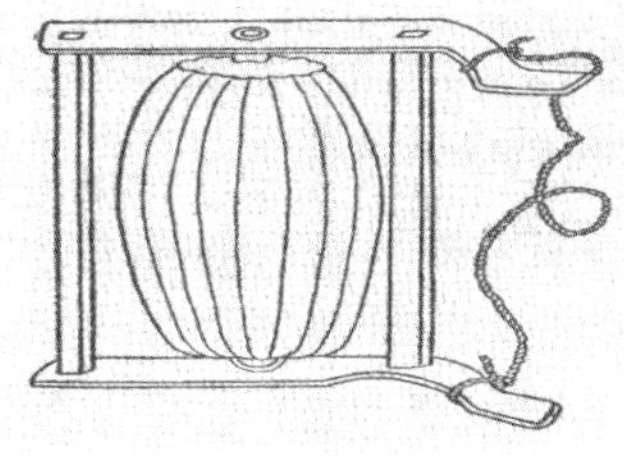

그림 27
녹독(磟碡; 陸軸):
『왕정농서』 참조.

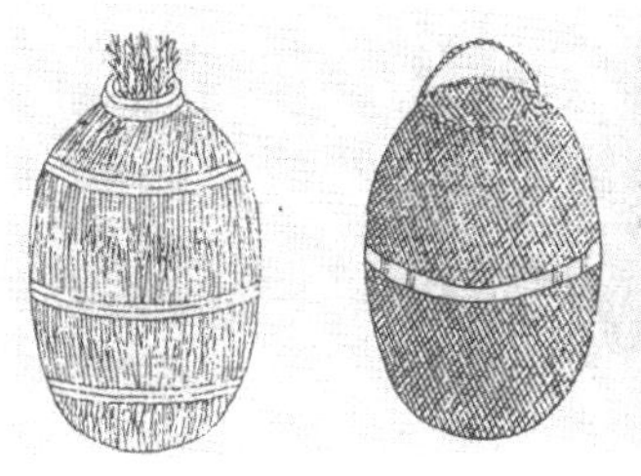

그림 28
종단(種箪; 箪): 『왕정농서』 참조.

교 기

31 '광아(廣雅)': 명초본과 비책휘함 계통의 판본에서는 『이아』로 잘못 표기하고 있으며, 금택초본과 점서본에 의거하여 바로잡았다.

32 '노소매(虜小麥)': '소(小)'자는 각본에 모두 '수(水)'자로 쓰고 있다. 다만 용계정사본(龍谿精舍本)에서는 『태평어람』에 의거하여 '소(小)'자로 교정하였다. 다음 문장의 "其實大麥形, 有縫."은 『태평어람』에는 '봉(縫)'자 위에 '이(二)'자가 하나 더 있다.

33 '오월유월[五月六月]': 금택초본, 명초본과 호상본에는 '오월일일(五月一日)'로 잘못 쓰여 있다. 묘치위 교석본에 따르면, '유월(六月)'은 권1의 「밭갈이[耕田]」에서 인용한 바와 같으며, 『농상집요(農桑輯要)』에서도 마찬가지로 인용하고 있다고 한다. 지금은 『농상집요』에 인용한 바에 의거하여 바로잡았다.

34 '치(菑)': 명초본과 금택초본에서는 모두 '번(蕃)'자로 잘못 쓰고 있다. 남북조와 수당시대에서는 수기로 쓴 '치(菑)'자를 '귀(葘)'자로 쓰고 있는데, '번(蕃)'자와 쉽게 혼동되므로 뒤섞인 것이라고 볼 수 있다. 학진본과 점서본에 의거하여 '치(菑)'자로 쓴다. '치(菑)'자는 '그루터기[茬]'를 없앤다는 의미이다.

35 '자(自)': 명초본에서는 '목(目)'으로 잘못 쓰고 있는데, 금택초본과 명청

각본에 의거하여 바로잡았다.

36 '이월(二月)': 명초본에서는 '삼월(三月)'로 잘못 쓰고 있어 금택초본과 명청시대 각본에 의거하여 바로잡았다. 묘치위 교석본에 의하면, 금택초본과 호상본에서는 '이월(二月)'로 되어 있으며, 남송본에는 '삼월(三月)'로 되어 있다.

37 '영(令)': 명초본에서는 '영(令)'으로 쓰고 있으나, 다른 곳에서는 '금(今)'으로 잘못 표기하고 있다고 한다.

38 '도예(倒刈)': 베어서 눕히는 것으로, '예도(刈倒)'의 잘못은 아니다.

39 '잉(仍)': '따라서', '이에'라는 의미로, '내(乃)'자를 쓰기도 하며, 고문헌에는 늘 보인다.

40 '경하(經夏)': 명초본에서는 '무하(無夏)'로 잘못 쓰고 있는데, 비책휘함(祕冊彙函) 계통의 판본에는 '하(夏)'자 위에 한 자가 빠져 있어, 금택초본에 근거하여 보충하였다. '경하(經夏)'는 곧 '여름을 보낸다'는 의미이다.

41 '오(惡)'는 모두 일간(日干)에 근거한 것이며, 명초본과 호상본 등에서는 '수(戍)'로 적혀 있는데, 이는 잘못이다. '무(戊)'는 금택초본과 『사시찬요(四時纂要)』「정월」편에서 『범승지서』를 인용한 것은 동일하다.

42 '사(簁)': 오늘날의 '사(篩)'자로 『집운(集韻)』에 보인다. 『설문해자』와 『옥편(玉篇)』에 의거해볼 때 마땅히 '사(籭)'자로 써야 한다.

43 '망(芒)': 명초본과 비책휘함 계통의 판본에서는 '운(芸)'자로 잘못 쓰고 있다. 금택초본은 원래 '기(其)'로 썼지만, 금본의 『설문해자』에 의거하여, '망(芒)'자로 바로잡는다.

44 '소실(少實)': 『제민요술』의 각 판본에는 모두 '소실(少實)'이라고 하지만, 『태평어람』 권838에서 인용한 것에는 '실(實)'자가 없다.

45 '경화토(耕和土)': '화(和)'자는 비책휘함 계통의 간본에는 모두 '여(如)'자로 잘못 쓰고 있어, 금택초본과 명초본에 의거하여 바로잡았다.

46 '망서(莽鋤)': 『제민요술』의 각 판본에서 인용한 것은 모두 '망서(莽鋤)'라고 하는데, 금택초본에는 '분서(苯鋤)'라고 쓰여 있으며, 명초본에는 '망서(莾鋤)'라고 쓰여 있다. 『강희자전(康熙字典)』이 『간록자서(干祿字書)』를 인용한 것에 의거하면 '망(莾)'은 또 '망(莽)'의 속자이다.

47 '상락시(桑落時)': '시(時)'자는 비책휘함(祕冊彙函) 계통에서는 '효(曉)'로 쓰고 있다. 금택초본과 명초본에서는 '시(時)'자로 쓰고 있으며, '상락시(桑落時)'는 뽕나무 잎이 떨어지는 시기로 아주 분명한 사물의 징후로 '효(曉)'자보다 좋다.

48 '진(盡)': 금석본에는 대부분 '진(儘)'자로 쓰여 있다.

49 '청과맥(青稞麥)': 본문의 청과맥(青稞麥)에 관한 기록은 후인이 덧붙여 기록한 것일지도 모른다. 종자량은 10무를 단위로 하고, 수확 또한 10무를 단위로 하여 계산했으며, 주(注)도 본문과 부합되고 있지 않다는 점, 용어의 사용도 독특하다는 점[예컨대, 청과맥 기록에서 나오는 '쾌일(快日)'은 『제민요술』에서 일반적으로 '호일(好日)'로 사용하고 있으며, '총진(總盡)'은 권두의 「잡설(雜說)」에는 보이나, 『제민요술』 본문에는 없다.], 농기구의 명칭을 달리하고 있다는 점[예컨대, '녹독(磟碡)'은 『제민요술』에서는 '육축(陸軸)'이라는 용어를 사용했다.] 등등은 모두 『제민요술』의 관례와 부합되지 않는다.

50 '특(特)': 스셩한의 금석본에서는 '치(治)'로 적고 있다. 스셩한에 따르면 명초본과 금택초본에서는 '지(持)'로 쓰여 있으며, 『농상집요』에 따라 바로잡았다. '치(治)'는 '다스리다', '타작하다'는 것으로 이는 곧 방아를 찧는다는 의미이다. 비책휘함 계통의 판본은 『농상집요』와 서로 동일하다. 묘치위 교석본에 의하면, '특(特)'은 황교본(黃校本), 명초본(明抄本)과 동일하다. 금택초본과 장교본(張校本)에는 '지(持)'로 잘못 표기되어 있으며, 다른 판본에는 '치(治)'로 되어 있다고 한다.

51 '쾌(快)': 금택초본, 황교본(黃校本), 장교본(張校本), 원각본(元刻本)의 『농상집요(農桑輯要)』에 인용한 글자 및 『영락대전(永樂大典)』 권22181의 '맥(麥)'자 아래에 기록되어 있는 『왕정농서(王禎農書)』 「곡보(穀譜)」의 글자와 동일하다. 하지만 전본(殿本)의 『농상집요(農桑輯要)』에는 '영(映)'으로 되어 있으며, 학진본(學津本)도 이에 따르고 있다. 사고전서본의 『왕정농서』에는 '복(伏)'으로 고쳐 쓰고 있으며, 명초본과 호상본(湖湘本) 등에도 '복(伏)'으로 되어 있다.

52 '석팔구두(石八九斗)': 명초본과 금택초본에서는 모두 단지 위 구절의 끝에 하나같이 '석'자가 있다. 군서교보(群書校補)는 초본과 같고, 비책

휘함(祕冊彙函) 계통의 판본에서는 '석(石)'자가 중첩되어 있다. '八九斗麪' 위에 이 '석(石)'자가 있으면(의미는 '매 석마다' 밀가루의 양을 설명하는 것이 된다.), 그 상황을 더 잘 설명할 수 있으므로, 명청시대 각본에 따라서 '석(石)'자를 보충한다. 그러나 밀가루는 말[斗]을 계량단위로 삼는 것이 다소 이상하다.

53 '두(斗)': 양송본에는 모두 누락되어 있으나, 명청 각본(明淸刻本)에는 모두 사용되어 있다.

54 '반급병탁(飯及餠飥)': 스성한의 금석본에서는 '麨及餺飥'이라고 적고 있다. 하지만 묘치위 교석본에서는 '초'를 '반(飯)'으로, '박(餺)'을 '병(餠)'으로 쓰고 있다.

55 "磨, 總盡無麩": 스성한의 금석본에서는 "磨盡無麩"로 적고 있다. 스성한에 따르면 명초본과 금택초본과 비책휘함 계통의 각 판본은 '마(磨)'자 다음에 '총(總)'자 한 글자가 더 달려 있다. 여기서의 '총(總)'자는 의미가 없다. 상무인서관 『총서집성초편(叢書集成初編)』 중의 『농상집요』는 '취진본(聚珍本)'[『무영전총서(武英殿叢書)』]을 근거하여 조판 및 인쇄하였는데, 그중에 이 부분을 인용하였지만, '총(總)'자는 없다. 점서본에도 '총(總)'자는 없다. 점서본의 『제민요술』은 여러 곳에서 『농상집요』에 근거하여 바로잡고 있다. 그리고 『무영전총서』에 의거하여 교감한 학진본에 의거해 보면, 이 '총(總)'자는 여전히 남아 있는데, 아마 교감하면서 빠뜨린 듯하다. 묘치위 역시 '총(總)'자는 결코 쓸데없는 글자가 아니라고 보았다.

제11장

논벼 水稻第十一

『이아(爾雅)』에 이르기를,[216] "도(稌)는 벼[稻]이다."라고 하였다. 곽박(郭璞)의 주석에는 "패국(沛國)[217]에서는 지금도 도(稻)를 '도(稌)'로 칭한다."라고 하였다.

爾雅曰, 稌, 稻也. 郭璞注曰, 沛國今呼稻爲稌.

『광지(廣志)』에 이르기를,[218] "(벼의 종류에는) 호장도

廣志云, 有虎掌稻,

216 『이아(爾雅)』「석초(釋草)」.

217 후한 시대에 패군(沛郡)을 패국(沛國)으로 고쳤고, 진(晉)나라에서 그것을 따랐다. 통치 지역은 지금의 안휘성 숙현(宿縣)이다.

218 『예문유취(禮文類聚)』 권85 '도(稻)', 『초학기』 권27 「오곡(五穀)」과 『태평어람』 권839의 '도(稻)'는 모두 『광지』를 인용하였는데 다소 이문이 있고 탈자와 오자도 있다. 묘치위 교석본에 의하면, '백미도(白米稻)'는 『제민요술』의 각 판본 중에서 단지 금택초본에만 '도(稻)'자가 있고 다른 본에는 없으며, 『예문유취』, 『초학기』에는 『광지』를 인용하였으므로 '도(稻)'가 있다. '도(稻)'자가 있고 없고를 불문하고 모두 벼 품종 하나의 명칭인데, 예컨대 청대의 관찬 농서인 『수시통고(授時通考)』 권21 「곡종(穀種)」편에는 태평부[太平府: 지금의 안휘성 무호(蕪湖) 등지]에는 '백미(白米)'의 만종 품종이 있고, 절동 지역 또한 이전부터 '백미(白米)'라는 품종이 있었다. 그런데 몇몇 책과 글에서는 '백미(白米)'는 적망도의 쌀의 색이 흰 것을 가리킨다. 아울러 '도(稻)'자는 군더더기라고 하고 있는데, 타당하지 않다. '미반촌(米半寸)'은 각본이 서로 동일하나, 『초학기』에서는 『광지』를 인용하여 "이 세 가지 품종은 쌀알이 크고 길며, 세 개의 길이가 한 치 반이다."라

(虎掌稻), 자망도(紫芒稻), 적망도(赤芒稻), 백미도(白米稻)[219]가 있다. 또 남쪽에는 선명도(蟬鳴稻)[220]가 있으며 7월에 익는다. (또한) 개하백도(蓋下白稻)가 있으며 정월에 파종하여 5월에 수확한다. 수확을 하고 나면 뿌리[莖根] 위에서 다시 싹이 트며, 9월에 익는다. 청우도(青芋稻)는 6월에 수확하고 누자도(累子稻), 백한도(白漢稻)는 7월에 익는다. 이 세 가지 벼는 쌀알이 크고 길다. 한 낟알의 길이가 반 치[寸][221]에 달하고 익주(益州)[222]에서 생산된다. 메벼[稉]에는 오갱(烏稉), 흑광(黑穬), 청함(青函), 백하(白夏) 등의 이름이 있다."라고 한다.

紫芒稻, 赤芒稻, 白米稻. 南方有蟬鳴稻, 七月熟. 有蓋下白稻, 正月種, 五月穫. 穫訖, 其莖根復生, 九月熟. 青芋稻, 六月熟, 累子稻, 白漢稻, 七月熟. 此三稻, 大而且長. 米半寸. 出益州. 稉, 有烏稉黑穬青函, 白夏之名.

『설문(說文)』에는, "비(䆎)는 줄기가 자색인 벼로 찰기가

說文曰, 䆎, 56 稻

고 하고 있다. 비록 지적한 길이는 서로 같지만, 전자는 쌀[米]을 가리키고, 후자는 도(稻: 穀)를 가리킨다.

219 '적망도(赤芒稻), 백미도(白米稻)': 묘치위 교석본에서는 이 두 가지를 서로 다른 품종으로 보았으나, 스셩한은 이 구절을 "적망도의 쌀은 흰색이다.[赤芒稻, 白米.]"라고 해석하였다. 스셩한에 따르면 금택초본에서는 '백미(白米)' 아래에 '도(稻)'자가 있다. 비책휘함 계통의 판본과 용계정사본도 또한 있으며 『초학기』에서 인용한 것에도 있다. 『태평어람』 권839에서는 인용하여 '적망(赤芒)'을 '적광(赤穬)'으로 쓰고 있으며, 그다음에는 '백미(白米)'라는 두 글자가 없다. 명초본과 점서본과 학진본에서는 '백미' 뒤에 '도'자가 없다. 위의 문장으로 볼 때, 자망과 적망은 곡식 알갱이 밖에 붙어 있는 자색과 적색의 색소가 있는 것이다.

220 '선명도(蟬鳴稻)'는 벼의 조숙 품종으로, 『광동신어(廣東新語)』 권14에는 "벼[穀] 중에 가장 빠른 것이 60일이다. 파종한 뒤 60일이 되어 익기에 선명도라고 한다."라고 한다.

221 3세기 서진의 『광지(廣地)』에 등장하는 한 자[尺]는 치우꽝밍[丘光明] 편저의 『중국역대도량형고(中國歷代度量衡考)』, 68쪽에 의하면, 약 24.4㎝이기 때문에, 반 치의 길이는 약 1.22㎝이다.

222 익주의 관할 지역 대부분은 지금의 사천 지방의 경내에 있다.

없는 것이다.", "갱(粳)은 벼의 종류이다."라고 한다.

『풍토기(風土記)』[223]에 이르기를, "[비(穲)는] 자색의 줄기를 가진 벼이며,[224] 염(穛)은 푸른색 이삭이 있는 벼이고, 쌀은 모두 청백색이다."라고 하였다.

『자림(字林)』[225]에 이르기를, "니(秜)는 벼이며, 금년에 죽더라도 이듬해 자연스럽게 또 싹이 나와, '니(秜)'라고 일컫는다."라고 하였다.

생각건대 오늘날[後魏]에는 황옹도(黃瓮稻), 황륙도(黃陸稻),[226] 청패도(青稗稻), 예장청도(豫章青稻), 미자도(尾紫稻),

紫莖不黏者. 粳稻屬.

風土記曰, 稻之紫莖, 穛, 稻之青穗, 米皆青白也.

字林曰, 秜, 稻今年死, 來年自生曰秜.

按, 今世有黃瓮稻, 黃陸稻, 青稗稻,

223 『풍토기(風土記)』: 저자는 주처(周處: 240-299년)이며, 진대(晉代) 사람으로, 태수와 어사중승 등을 역임하였다. 이 책은 그 고향 의흥(宜興)과 그 부근의 풍토, 습속을 기록한 것으로, 책은 이미 전해지지 않는다.

224 '도지자경(稻之紫莖)': 스셩한의 금석본에서는 아래 구절과 대비해 볼 때 분명히 이 구절의 윗부분에 문장의 주격이 되는 한 글자가 빠져 있는 것 같다고 하였다. 『태평어람』 권839에서는 『풍토기(風土記)』를 인용하여 이 글자를 '양(穰)'이라고 하지만 잘못된 것이다. 『설문해자』에 의거해 볼 때, '비(穲)'라고 해야 할 것이다. 묘치위 교석본에 의하면, 일본의 니시야마 역주본에는 빠진 자를 보충하여 '기(穊)'자로 하였는데, 이는 오로지 『설문해자』를 참고한 것이다.

225 『자림(字林)』은 여침(呂忱)이 저술한 사전으로 지금은 전해지지 않는다. 묘치위 교석본에 의하면, 『설문해자』에서는 이미 『자림』에 앞서 '이(秜)'자를 수록하여 해석하기를, "벼가 그해에 떨어져서 이듬해에 자생하는 것을 일러 '이(秜)'라고 한다."라고 하였는데, 이것은 『자림』과는 차이가 있다. 즉 '죽어서[死]' 이듬해 자생하여 묵은 뿌리에서 자라나는 것으로, 종자가 떨어져서 자생하는 것은 매우 일반적이다. 『제민요술』의 호상본에는 비로소 '이(秜)'자가 '족(稅)'자로 잘못 표기되었다고 하며, 명대 양신(楊愼: 1488-1559년)의 『단연속록(丹鉛續錄)』 권4에는 "벼를 베면 이듬해 다시 자라는 것을 일러 '족'이라고 한다."라는 설이 있는데, 호상본이 잘못된 것이다. 청대 오임신(吳任臣)은 『자휘보(字彙補)』에서 또한 '족(稅)'을 빠뜨렸고, 이를 집어넣어서 "금년에 벼가 죽으면 내년에 자생한다."라고 해석하였는데, 이러한 잘못은 서로 동일하다.

청장도(青杖稻), 비청도(飛蜻稻), 적갑도(赤甲稻), 오능도(烏陵稻), 대향도(大香稻), 소향도(小香稻), 백지도(白地稻)가 있으며, 고회도(菰灰稻)는 한 해에 두 번 수확한다.

豫章青稻, 尾紫稻, 青杖稻, 飛蜻稻, 赤甲稻, 烏陵稻, 大香稻, 小香稻, 白地稻, 菰灰57稻, 一年再熟.

출도(秫稻)도 있다. 출도미는 찹쌀[糯米]이라고도 하며, 민간에서는 난미(亂米)라고 부르는데, 이는 잘못이다.

이 찰벼에는 구학출(九格秫), 치목출(雉目秫), 대황출(大黃秫), 당출(棠秫), 마아출(馬牙秫), 장강출(長江秫), 혜성출(惠成秫), 황반출(黃般秫), 방만출(方滿秫), 호피출(虎皮秫), 회내출(薈柰秫)이 있으며, 모두 찹쌀이다.

有秫稻. 秫稻米, 一名糯米, 俗云, 亂米, 非也. 有九格58秫雉目秫大黃秫棠秫馬牙秫長江秫惠成秫黃般秫方滿秫虎皮秫薈柰秫, 皆米也.59

벼[稻]에는 어떤 특수한 조건이 필요 없으나,[227] 다만 매년 논을 바꾸는 것[歲易]이 좋다. 토지를 선택할 때는 강의 상류에 가까워야 한다.[228]

稻, 無所緣, 唯歲易爲良. 選地欲近上流. 地無良

226 『제민요술』에 보이는 황륙도(黃陸稻)가 이후의 황륙도(黃穋稻), 황옹도(黃瓮稻)와 동일한지는 알 수 없다. 쩡슝셩[曾雄生]의 연구에 의하면 황륙도(黃穋稻)의 '육(穋)'의 의미는 후종(後種), 조숙(早熟)이라고 한다. 대개 보통의 벼는 음력 3월 중순-4월 초순 이전에 파종하는데, 황륙도의 경우 망종(芒種: 6월 6일 전후) 혹은 대서(大暑: 7월 23일 전후)가 지나서 파종하여 일반 벼보다 3-5개월이나 늦다. 즉 후종(後種)이다. 문제는 비록 늦게 심을지라도 황륙도는 생육기가 짧아서 수확은 늦지 않다고 한다. 곧 조숙(早熟) 품종임을 의미한다. 쩡슝셩[曾雄生], 「중국역사상의 황륙도(中國歷史上的黃穋稻)」 『農業考古』 1998年 1期, 293쪽.

227 '연(緣)'은 '조건'을 뜻하며 '무소연(無所緣)'은 어떠한 특수 조건을 요구하지 않는다는 것이다.

228 '근상류(近上流)'는 대개 물을 관개하고 배수하기에 편리하도록 하기 위함이고,

땅이 좋고 나쁘고를 막론하고, 모두 물이 맑으면 잘 자란다.

3월에 파종하는 것이 가장 좋은 시기이며, 4월 상순이 보통 시기이고, 4월 중순은 가장 늦은 시기이다.

먼저 논에 물을 넣어 10일이 지난 후에 궁글대[陸軸][229]를 10차례 정도 끈다. 횟수는 많을수록 좋다. 땅을 부드럽게 정지한 후에 볍씨를 깨끗한 물에 일고,[230] 물에 뜬 것을 제거하지 않으면[231] 가을에 수확할 때 피씨[稗]가 섞이게 된다. 물에 담가, 세 밤이 지난 후에 건져 내서 광주리[草篅][232]에 담아 거적으로 (적당한 온도와 습도 유지를 위해) 감싸 둔다.[233]

薄, 水清則稻美也.

三月種者爲上時, 四月上旬爲中時, 中旬爲下時.

先放水, 十日後, 曳陸軸十遍. 遍數唯多爲良. 地既熟, 淨淘種子, 浮者不去, 秋則生稗. 漬, 經三宿,[60] 漉出, 內[61]草篅中

물이 다소 묽다.

229 '육축(陸軸)': 논에 사용하는 돌태로, 평지에서도 마찬가지로 잡초를 눌러 죽이는 일종의 농구이다. 나무틀에 돌태를 갖추고 있으며, 돌태 위에는 석재나 목재로 된 무거운 바퀴를 장착하고 있다.

230 "정도종자(淨淘種子)": 이것은 물로써 볍씨를 선종하는 가장 이른 시기의 방법이다. 물로써 선종하는 원리는 종자의 비중이 같지 않은 점을 이용하여, 비중이 작아 물 위에 뜨는 쭉정이, 벌레 먹은 쌀, 싸라기, 잡초 종자 등을 일러 걸러 내고, 비중이 커서 가라앉은 좋은 종자를 선택하는 것이다. 피는 벼에 극심한 피해를 입히는 풀로, 줄기와 잎이 모두 벼와 같아 이삭이 패기 전에는 골라내기가 쉽지 않다. 때문에 『제민요술』에서는 논에서 이삭이 팰 때 확실하게 눈에 띄면 제거한 듯하다.

231 '부자불거(浮者不去)': 명초본과 금택초본에는 '부자거지(浮者去之)'라고 잘못 쓰여 있다.

232 『광운(廣韻)』 '오지(五支)'를 근거로 하여 스셩한은 '천(篅)'이 곡식을 담는 원형의 용기로서 풀로 짜서 만든다고 풀이한 반면, 묘치위는 『회남자』 「정신훈(精神訓)」과 청대 주준성(朱駿聲)의 『설문통훈정성(說文通訓定聲)』에 근거하여 작은 형태의 '천'은 광주리[蘿筐]와 같고, 큰 형태는 곳집[囤]과 같다고 하였다.

다시 3일이 지나면 싹이 나오는데 2푼[分] 정도 길이로 자라게 되면, 1무에 3되[234]의 종자를 흩어 뿌린다. (파종 후) 3일간은 사람이 참새를 쫓도록 한다.

裛之. 復經三宿, 芽生, 長二分, 一畝三升擲. 三日之中, 令人驅雀.

벼 모종[稻苗]이 7-8치 정도 자라면 묵은 잡초가 다시 자라나는데, 낫으로 수면 아래에서 베어 내서 풀을 전부 짓무르게 하여 죽인다. 벼의 모종이 점차 자라나면 다시 김매기를 한다.[235] 풀을 뽑는 것을 김매기[薅]라고 한다.

稻苗長七八寸, 陳草復起, 以鎌侵水芟之, 草悉膿死. 稻苗漸長, 復須薅. 拔草曰薅.

김매기가 끝나면 물을 빼고, 뿌리를 햇볕에 쬐여 실하게 한다.[236] 날씨가 가물면 적당하게 물

薅訖, 決去水, 曝根令堅. 量

233 '읍(裛)': '읍지(裛之)'는 '덮어 싸다'는 의미이다. 이것은 물에 담궈 늘어난 볍씨를 둥그미 속에 덮어 두면 발아하는 것이다. 『제민요술』에서 벼의 파종은 수전 직파법을 채용하고 있으며, 시기는 음력 3월인데, 북방의 기온이 아직 낮아서 싹이 나오는 것이 비교적 늦어 싹을 틔워 파종하는 방법을 취하고 있다. 둥그미 속에 넣어 덮어 두면 공기와 습도와 온도가 충분히 갖추어져 싹이 신속하고 고르게 나게 된다.

234 '승(升)'은 각본이 동일하나, 금택초본에서는 '두(斗)'로 쓰고 있다. 묘치위 교석본에 의하면, 『제민요술』에서 논벼의 파종은 직파법(直播法)을 채용하여 미리 모심을 논을 만들지 않았기 때문에, 마땅히 '승(升)'으로 쓰는 것이 옳다고 한다.

235 '호(薅)'는 『설문해자』에서는 "논의 풀을 뽑아낸다."라고 하고 있다. 『제민요술』에서는 대개 풀을 뽑아내는 것을 일러 '호(薅)'라고 한다. 앞 문장의 '삼(芟)'은 풀을 베는 것으로, 낫을 물속에 넣어 땅에 붙여 풀을 베는데, 잡초가 물속에서 문드러져 죽도록 하는 것을 말한다.

236 '폭근(曝根)': 이것은 고전(烤田)·배수한 후 논을 볕에 말리는 가장 이른 기록이다. 말려서 어느 정도로 하느냐에 대한 설명은 없지만, "뿌리를 햇볕에 쬐여 실하게 한다."라는 것에서 논을 말리는 기본적인 요건에 도달했음을 알 수 있다. 묘치위에 의하면, 토양을 햇볕에 말리면 땅의 온도를 높이고 양분의 분해율을 높이

을 대어 준다. 벼가 무르익을 적에 또 물을 뺀다.	時水旱而溉之. 將熟, 又去水.
서리가 내릴 즈음에 수확한다. 수확이 너무 빠르면 쌀이 푸르스름하여 견실하지 못하고, 너무 늦으면 알맹이가 떨어져서 수확이 줄어든다.	霜降穫之. 早刈米青而不堅, 晚刈零落而損收.
북방의 고원은 본래 보와 못이 없다. (관개가 용이한) 하천의 굽이진 곳을 따라 논을 만드는데,[237] 2월에 얼음이 풀려서 땅이 마르면 불을 지르고, 갈아엎고,[238] 즉시 물을 댄다.	北土高原, 本無陂澤. 隨逐隈曲而田者, 二月, 冰解地乾, 燒而耕之, 仍即下水.
10일 이후에 흙덩이가 모두 풀려 흘러내리면, 메[木斫][239]를 이용하여 흙덩이를 깨어 평평하	十日, 塊既

며, 뿌리가 땅속 깊게 내려 싹에 새로운 뿌리가 나도록 촉진한다고 한다. 또한 줄기와 잎의 생장과 의미 없는 분얼의 발생을 조절하며, 다시 물을 댄 이후에 벼의 그루가 건강하게 생장하도록 하여 쉽게 넘어지지 않도록 한다. 『제민요술』은 이러한 촉진과 통제의 과정을 매우 중요하다고 판단하여 '폭근령견(曝根令堅)'이라고 했다.

237 '외곡(隈曲)'은 개천의 물이 구부러져서, 물을 차단하고 비축하여 관개하기에 용이한 곳이다. 이곳은 지세가 높은 지역에서는 논으로 개간하며, 앞 문장의 강이 평지에 흐르는 곳과는 같지 않다.

238 '소이경지(燒而耕之)': 땅에 불을 놓으면 우선 토양의 온도를 높이고, 약간의 원생동물과 고등식물의 이롭지 않은 세균을 소멸시키고, 토양의 질소화를 촉진하며, 유기질이 부패할 때 나오는 산물을 날려 버리는 데 유리한 작용을 한다. 이 문장은 '화경수누(火耕水耨)'의 흔적을 지니고 있음을 보여 주는데, 청대 심흠한(沈欽韓: 1775-1832년)의 『전한서소증(前漢書疏證)』 권2 '화경수누'는 『제민요술』의 이 문장을 인용하여 해석하고 있다.

239 '목작(木斫)': 이는 '우(櫌)'로, 일종의 큰 메이다. 밭작물에 사용하는 '우(櫌)'는 논을 평탄하고 정리하는 데 사용된다.

게 골라 둔다. 파종하는 방법은 앞의 방식과 같다. 모가 7-8치[寸] 정도 자란 후에 뽑아서 옮겨 심는다.[240] 매년 논을 바꾸지 않기 때문에 풀과 피가 함께 자라는데 베고 또 베어도 죽지 않으므로, 마땅히 옮겨심으면서 김을 매어 준다. 물을 대고 수확하는 것도 모두 위에서 말한 것과 같이 한다.

散液, 持木斫平之. 納62種如前法. 既生七八寸, 拔而栽之. 既非歲易, 草稗俱生, 芟亦不死, 故須栽而薅之. 溉灌, 收刈, 一如前法.

논 두둑의 크기[241]는 일정한 기준이 없으며,

畦畤大小無

240 '발이재지(拔而栽之)': 잡초가 많기 때문에 뽑아서 본전(本田)에 옮겨 심는 것인데, 묘치위 교석본에 따르면, 이것이 훗날 모를 이앙하는 것과는 다르게 옮겨 심고 호미질하며, 옮겨 심으면서 잡초를 제거한 것이라고 하였다. 해마다 벼를 재배하는 논은 대개 구릉의 개울가 근처에 개간할 수 있는 곳에 만들어 토지가 제한되어 해마다 경작할 수 없다. 직파한 땅은 본래 잡초가 매우 많고, 게다가 논밭으로 윤작할 수도 없다. 다만 벼를 수확한 이후에 휴한하여 이듬해 이어서 논벼를 파종하면 한작(旱作)을 하여 잡초를 죽이는 기회가 없어지게 되어, 논벼를 파종한 곳과 본전에 무성한 잡초와 피가 더욱 많아지게 된다고 한다. 니시야마의 역주본에서는 "세역하지 않았기 때문에 잡초와 피가 벼와 함께 자라서 베는 것만으로는 뿌리가 근절되지 않아 옮겨 심는 방법으로써 뿌리를 제거했다."라고 하였다. 니시야마는 이것을 이앙법으로 보고 이 이식법은 한대『사민월령』의 문장에 처음 등장하여 제민요술 단계에서 확립된 것으로 도작지가 부족한 북방지역에서 고육지책으로 시행된 방식이었다고 한다. 특히 북방지역의 이식법(移植法) 내지 회수지역 직조파법(直條播法)의 성립은 수전지의 부족에 기인한 것이 아니고, 이 수도품종의 특징 즉 강남의 조도(早稻)-선도(秈稻)에 대해 잡초와 침수에 약한 만도(晚稻)-갱도(粳稻)의 재배라고 하는 사정에서 나온 것이라고 한다.

241 '열(畤)'은 '날(埒)'과 동일하다.『광아』「석궁(釋宮)」편에는 "날(埒)은 … 제방이다."라고 한다. 서진의 곽상(郭象)은『장자(莊子)』「천지(天地)」편의 '날중왈휴(埒中曰畦)' 구절을 인용하여 '휴(畦)'는 토지의 지면을 가리키고, '날(埒)'은 논의 두둑이라고 하였다. 묘치위 교석본을 보면, '휴렬대소(畦畤大小)'는 수전 둑의 크기를 가리킨다.

모름지기 토지의 형세에 따라 물의 깊이를 일정하게 하여 크기를 결정한다.[242]

定, 須量地宜, 取水均而已.

벼의 종자를 저장할 때는 반드시 광주리를 사용한다. 이것은 본래 물에서 자란 곡물은 구덩이 속에 저장하면 땅기운을 받아 쉽게 썩어 문드러진다. 만약 오랫동안 저장하려면, "맥의 이삭을 베어 내는 방법[劁麥法]"과 같이 한다.

藏稻必須用簞. 此既水穀, 窖埋得地氣則爛敗也. 若欲久居者, 亦如劁麥法.

벼를 찧을 때는 반드시 겨울에 며칠 햇볕에 말린 후에 서리나 이슬에 하룻밤 재워 즉시 도정한다.[243] 만약 겨울에 찧으면서 말리지 않으면 쌀에 청홍색의

舂稻, 必須冬時積日燥曝, 一夜置霜露中, 即

---

242 '수균(水均)'은 물의 깊이가 깊고 얕음이 일치되어야 함을 가리키며, 이것은 직파하는 토지에서는 매우 중요하다. 그렇지 않으면, 낮은 곳의 종자는 물이 깊어 산소가 부족하여 종자가 썩어 문드러지며, 높은 곳의 종자는 흙이 드러나서 새의 피해나 냉해를 입기 쉽다. 아울러 수분이 오랫동안 부족하면 좋지 않다. 그러나 물 높이가 고르려면 지면이 매우 평평해야 한다. 그런데 『제민요술』에서는 목작으로 평평하게 땅을 고르는 것은 일정한 한계가 있다. 앞의 문장에서는 단지 궁글대를 사용하여 여러 차례 이리저리 끌면서 흙덩이를 부수었으며, 어떤 공구로써 평탄하게 하였는지는 언급하지 않았다. 당시에는 써레와 같은 농구가 없었던 듯하다. 본장 끝부분에서 인용한 『범승지서』 또한 "구덩이는 크면 안 되는데, 크면 물의 깊이가 적당하지 않게 된다."라고 경고하고 있는 것 역시 써레와 같은 농구가 없어서 평탄 작업에 제한을 받기 때문이다.

243 '必須冬時積日燥曝': 이것은 훗날의 '겨울에 쌀을 찧는 방식[冬舂米]'과 유사하다. 명나라 육용(陸容)의 『숙원잡기(菽園雜記)』에 의하면, "오나라 지역의 민가에서는 한 해에 쌀 약 한 섬을 소비하는 것을 헤아려, 겨울이 되면 쌀을 찧어 백미를 저장하는데, 이를 '동용미'라고 부른다. 일찍이 봄이 되면 농가에서는 농사일이 바쁘기 때문에 겨울에 미리 도정하는 것이라고 한다. 이를 듣고 노농이 말하기를, '그렇지 않다. 봄기운이 일기 시작하면 쌀의 싹이 트기에 쌀이 견실하지 않게 되는데, 이때 쌀을 찧으면 대부분 부스러져서 싸라기가 되어 손실도 많아진다.

줄무늬가 생긴다.[244] 서리를 맞지 않고 햇볕에 말리지 않으면 쌀알이 쉬이 부스러진다.[245]

春. 若冬春不乾, 即米青赤脈起. 不經霜, 不燥曝, 則米碎矣.

찰벼[秫稻]의 재배 방식은 모두 (메벼와) 마찬가지이다.

秫稻法, 一切同.

『잡음양서雜陰陽書』에 이르기를, "벼[稻]는 수양버들[柳]이나 사시나무[楊]의 잎이 나올 때 싹이 튼다. 싹튼 후에 80일에 이삭이 배며, 이삭 밴 후 70일에 영근다. 무戊일과 기己일, 사계일[246]은 좋다. 인寅일, 묘卯일, 진辰일은 꺼린다. 갑甲일과 을乙일은 꺼린다."라고 하였다.

雜陰陽書曰, 稻生於柳或楊. 八十日秀, 秀後七十日成. 戊己四季日爲良. 忌寅卯辰. 惡甲乙.

겨울에 쌀이 견실해야만 소모량이 적어 겨울에 쌀을 찧는다.'"라고 하였다. 묘치위 교석본에 따르면, 봄철의 벼의 휴면기가 지나면 생명활동이 다시 소생하기 시작하는데, 이때 쌀을 찧으면 쉽게 부스러지게 되며 겨와 싸라기가 많아져 손실도 크다. 겨울에 쌀을 찧으면 쌀알이 견실해져서 쉽게 부스러지지 않으며 손실도 적기 때문에, 쌀을 찧어서 수개월 동안 비축하여 식용으로 삼는다고 한다. 『제민요술』에서는 햇볕에 말린 후에 하룻밤 서리와 이슬을 맞히고 나서 벼 껍질이 촉촉할 때 쌀을 찧으면 쉽게 껍질이 벗겨져서 흰쌀을 얻을 수 있으며 쌀도 부스러지지 않고 힘도 줄일 수 있다고 한다.

244 '청적맥기(青赤脈起)': 겨울에 찧은 벼를 햇볕에 말리지 않으면 수분 함량이 비교적 높아서, 쌀을 찧은 후에 저장 과정 중에 쉽게 열과 곰팡이를 불러들여 청홍색 곰팡이의 피해를 입게 된다.

245 스셩한의 금석본을 참고하면, 이 구절의 소주는 순서가 뒤바뀐 듯하다. '불조폭(不燥曝)'의 세 글자도 '불건(不乾)'의 앞이나 다음에 있어야 한다. '불경상(不經霜)'의 다음에 '노(露)' 한 자가 빠진 듯하다.

246 계춘(季春) 3월의 건진(建辰), 계하(季夏) 6월의 건미(建未), 계추(季秋) 9월의 건술(建戌), 계동(季冬) 12월의 건축(建丑)의 네 개의 간지일을 '사계일(四季日)'이라고 한다.(본권의 「암삼 재배[種麻子]」의 각주 참조.)

『주관周官』에 이르기를[247] "'도인稻人'은 저지대에 농작물을 심는 것[稼]을 관장한다."[248]라고 한다. "이것은 곧 물이 "있는 늪지에 곡물을 파종하는 것이다. '가[稼]'라고 칭하는 것은 여자가 시집을 가는 것과 서로 유사하기 때문이다. (같은 유의 후예를 얻을 수 있기 때문이다.)" "물은 웅덩이[豬][249]에 저장하고 제방[防][250]을 쌓아 가두고, 도랑[溝]을 만들어 흐르게 하고[251] 논 사이에 작은 도랑[遂]을 만들어서 물을 (논에 끌어) 분배하고,[252] 두둑 가운데 물을 가둔다.[253] 이후에

周官曰, 稻人, 掌稼下地. 以水澤之地種穀也. 謂之稼者, 有似嫁女相生. 以豬畜水, 以防止水, 以溝蕩水, 以遂均水, 以列舍水. 以澮寫水, 以涉揚其芟, 63

247 『주례』「지관(地官)·도인(稻人)」.

248 '가(稼)'는 심는다는 의미이다. '하지(下地)'는 낮은 웅덩이, 저습지의 땅으로, 낮은 택지에 벼[水稻]를 심는 것이다.

249 '저(豬)': 오늘날에는 대부분 '저(瀦)'로 쓰고 있다. 이는 물이 저장된 것을 의미하며, '축(畜)'은 '축(蓄)'으로 통한다.

250 '방(防)': 흙으로 쌓은 두꺼운 방죽으로서, 재해를 차단하거나 막는 작용을 하였다.

251 두자춘(杜子春)은 '탕(蕩)'에 대해 '화탕(和蕩)' 즉, 물이 완만하게 흐르는 의미로 해석하고 있으며, 이는 곧 물이 '구(溝)'에서 완만하게 '수(遂)'로 흘러들어가는 것이라고 한다.

252 '수(遂)'는 논머리에 낸 가장 작은 고랑으로, 도랑의 지류에서 흘러들어온 물이 '수(遂)'를 통과하여서 비로소 물이 논에 들어온다. 묘치위 교석본에 따르면, '이수균수(以遂均水)'는 작은 도량을 이용하여 논에 물을 대어 일정한 관개용수의 제도를 말하는 것이다. 이것은 분쟁을 방지하기 위해서일 뿐 아니라 합리적인 용수에 유리하며, 관개전을 확대하여 물의 낭비와 소출의 감소를 피할 수 있다고 한다.

253 '열(列)'은 논 두둑 즉, '열(畇)'을 의미한다. '사(舍)'는 '머물다', '가두다'는 의미이다. '이열사수(以列舍水)'는 수(遂)를 통과한 관개수가 논에 도달하여 논 두둑에 논의 물을 저장하는 것이다. 정중[鄭衆: 정사농(鄭司農)]은 대부분 '물을 빼는' 도랑으로 해석을 했지만, 묘치위는 아래의 정현이 해석한 바가 옳다고 보았다.

보다 큰 도랑인 회澮로 배수하면서 물을 흘려보냈는데,[254] (그에 따라) 물을 저장한 땅에서 흘려보내, 베어 낸 잡초를 걷어 냄으로써[255] 논을 만든다. (정현의 주석에 의하면,) 정사농(鄭司農)[256]은 『춘추좌씨전(春秋左氏傳)』에서 이르기를, "'정원방, 규언저(町原防, 規偃豬)'라고 한 구절에서[257] '저(豬)'와 '방(防)'에 대한 해석을 하고 있다. 또, '이열사수(以列舍水)'의 열(列)은 한 길로만 물을

作田. 鄭司農說豬防, 以春秋傳曰, 町原防, 規偃豬. 以列舍水, 列者, 非一道以去水也. 以涉揚其芟, 以其水寫, 故得行其田中, 擧其芟鉤

254 '사(寫)'는 '사(瀉)'의 본래 글자로, 남아 있는 물을 빼는 것을 의미한다. '회(澮)'는 배수하는 큰 도랑으로 천(川)보다는 작다. 묘치위 교석본을 보면, 이것은 배수 계통의 마지막 부분을 들어 말하는 것으로 이상의 도랑의 배치로 볼 때, 상당히 정비되고 합리적인 배수 체계를 반영하고 있음을 알 수 있다. 못에 물을 채워서 관개 수원으로 삼았고, 제방을 쌓아 물을 모으거나 흐름을 이끌어서 물을 끌어들였으며, 도랑의 물을 나누어 지류로 흘려보내 완만하게 흐르게 하였고, 물을 고루 분배함으로써 순서에 따라 평지에 물을 분배하여 논머리의 작은 고랑으로 보냈다.[以遂均水.] 그런 연후에 작은 고랑의 관개수를 논에 대고, 두둑을 일으켜 물을 가두었다.[以列舍水.] 나머지 물이나 큰물이 날 때는 크고 작은 배수구를 통해서 물을 빼 회(澮)로 보내고 천(川)으로 배수하였다.

255 금택초본과 명초본에는 '이(以)'자가 없다.

256 '정사농(鄭司農)': 정중(鄭衆)으로 그는 정현의 앞 시대의 사람이기 때문에 '선정(先鄭)' 혹은 '정사농(鄭司農)'이라고 칭한다. '후정(後鄭)'과 구별['정사농운(鄭司農云)'은 일반적으로 정현이 인용한 바의 말이다.]하기에 편리하다.

257 『춘추전』은 『춘추좌씨전』, 즉 『좌전』이다. 『좌전』 「양공25년」 에는 "위엄(蔿掩)이 토지를 구획했으며, 논을 만들고, … 제방을 지어서 물을 저장하고, 두둑을 쌓아 논을 만들었다." 서진(西晉)의 두예(杜預)가 주석하여 말하기를, "언저(偃豬)는 저습지의 땅으로 그 구획의 정도에 따라 물을 받아들이는 양이 결정되었다."라고 하였으며, "방(防)은 제방으로, 제방 사이의 땅은 정전과 같이 정방형의 토지를 얻지는 못하지만, 특별하게 1경여의 토지를 만들 수 있다."라고 한다. 당대의 공영달(孔穎達)도, '원(原)'을 제방 사이의 조그만 땅으로 인식하였다. '언(偃)' 또한 '언(堰)'과 통하며, '언저'도 물을 가두는 못으로 해석할 수 있다.

배수하는 것이 아니라는 의미로 해석하고 있다. '이섭양기삼(以涉揚其芟)'은 물을 빼서 논 가운데의 낫으로 베어 낸 풀을 걸어 낸다는 의미이다.[258] 두자춘(杜子春)은 '탕'을 물로 씻어 낸다[和蕩]는 의미의 '탕'으로 해석하고 있다."라고 하였다. 따라서 '이구행수야(以溝行水也)'는 도랑에 물을 대서 씻어 내는 것으로 해석할 수 있다. 정현이 이르기를 "'언저(偃豬)'는 큰 저습지로서 흐르는 물을 저장할 수 있다. '방(防)'은 저습지를 둘러싼 주변의 제방이다. '수(遂)'는 논머리에서 도랑물을 직접 받아들이는 작은 도랑이다.[259] '열(列)'은 논 가운데의 두둑이다. '회(澮)'는 고랑에서 멀리 떨어진 밭 끄트머리의 물길로, 물을 밖으로 배수하는 큰 도랑이다. '작(作)'은 곧, 정리하여 만든다는 의미이다. 수(遂)를 열어 물이 고랑 가운데 머무르게 하고 그에 따라 물이 흘러가며, 지난해 베어 놓은 풀을 걸어 냄으로써 논을 만들고 벼를 파종한다."라고 하였다.

也. 杜子春讀蕩爲和蕩, 謂以溝行水也. 玄謂偃豬者, 畜流水之陂也. 防, 豬旁隄也. 遂, 田首受水小溝也. 列, 田之畦畤也. 澮,[64] 田尾去水大溝. 作, 猶治也. 開遂舍水於列中, 因[65]涉之, 揚去前年所芟之草, 而治田種稻.

"무릇 저지대[澤]에 벼를 심을 때는 여름에

凡稼澤, 夏以

258 '구(鉤)'는 『방언』 권5에 의거하면 '겸(鎌)'이다. '삼구(芟鉤)'는 풀을 베는 낫이며, 또한 이는 권1 「조의 파종[種穀]」에서 『범승지서』를 인용한 '구겸(劬鎌)'이다. 묘치위 교석본을 참고하면, 사람이 논에서 물을 따라 걸어 다니면서 그 당시 베어 낸 잡초를 걸어 내는 것은 아래 문장의 정현 주 해석과 같지만, 정현이 말한 것은 지난해에 베어 낸 묵은 잡초라고 한다.

259 '소(小)'는 금택초본에는 '복(卜)'이라고 되어 있으며, 일부가 누락되어 있다. 명초본에서는 '대(大)'로 쓰고 있는데, 이는 잘못이다. 다른 본에는 '소(小)'로 쓰고 있으며, 『주례』 원주에도 동일하다. 『주례』 「지관(地官)·수인(遂人)」 편에는 "수는 폭과 깊이가 각 2치이다."라고 했으며, 수는 수(遂)·구(溝)·혁(洫)·회(澮)· 천(川)의 관개 중에서 직접 물을 끌어 논으로 들이는 가장 작은 도랑으로, 글자는 마땅히 '소(小)'로 해야 한다.

물이 있을 때 물을 이용하여 잡초를 물에 담가 질식시켜 죽이거나 베어 낸다." (정현의 주에 이르기를,) "진(殄)은 해를 입히는[病] 것, 또는 단절시키는[絶] 것이다. 정중(鄭衆: 鄭司農)은 『춘추좌씨전』의 '삼이(芟夷)'에 대해서 말하기를 '삼이로 제거해서 모아서 쌓아 두다.[芟夷蘊崇之.]'로 해석하고 있다.[260] 오늘날[두 정(鄭)씨의 시대]에는 '화하맥(禾下麥)'을 '이하맥(夷下麥)'[261]이라고 일컬으며, 이것은 곧 조를 베어 내고 조의 그루터기에 맥을 심었음을 말한다."라고 했다. 정현은 택지(澤地)에 벼를 심고자 한다면, 반드시 여름 6월 사이에 큰비가 내릴 때 심어야 하며, 물을 이용해서 뒤에서 자라나는 잡초를 질식시켜 죽이는데, 가을에 물이 마른 이후에 이미 질식되어 죽은 풀을 베어 내고, 그 이듬해에 비로소 (벼를) 심을 수 있다."라고 하였다. 저지대에 풀이 자라면 (각종 까끄라기가 있는 종자인) '망종芒種'[262]을 파종한다."

水殄草而芟夷[66]之. 殄, 病也,[67] 絶也. 鄭司農說芟夷, 以春秋傳曰, 芟夷, 蘊崇之. 今時謂禾下麥爲夷下麥, 言芟刈其禾, 於下種麥也. 玄謂將以澤地爲稼者, 必於夏六月之時, 大雨時行, 以水病絶草之後生者, 至秋水涸, 芟之, 明年乃稼. 澤草所生, 種之芒種. 鄭司農云,[68]

260 『좌전(左傳)』「은공육년(隱公六年)」에는 "국가를 경영하는 자가 마치 농부가 힘써 잡초를 베어 내고 모아서 쌓아 두어 그 근본을 잘라 내듯, 악을 보고 자라지 못하도록 한다면 순리에 따르게 될 것이다."라고 하였다.

261 '이하맥(夷下麥)'은 '화(禾)'를 심은 자리에 '맥(麥)'을 파종하는 것으로서 2년 3숙의 윤작복종 관계를 반영하며, 본권 「보리 · 밀[大小麥]」편에서 『범승지서』에서 인용한 "조를 거두어들인 후 구덩이에" 맥을 파종하는 것과 같다. 그러나 묘치위 교석본에 의하면, 이것은 다만 극히 일부 지역에서 있었던 것이고, 결국 일반화되지는 않았다고 한다. 정중(鄭衆)이 말하는 것은 다만 밭작물을 들어서 예로 든 것이며, 본문과는 결코 부합되지 않는다. 따라서 저습지의 수전에서는 만약 높은 단계의 배수 조건이 없다면, 화맥(禾麥) 윤작을 생각하는 것이 의미가 없다. 다음의 본권 「밭벼[旱稻]」편에는 이와 같은 상황을 잘 반영하고 있다.

262 '망종(芒種)'은 까끄라기가 있는 종자를 가리키는데, 풀이 자라는 저습지는 결코 맥류에 적합하지 않다.

"정중은 주석하기를 '택지에 수초가 자라는 곳은 그 땅에 '망종(芒種)'을 파종할 수 있다.'"라고 하였다. 망종(芒種)은 벼와 맥과 같은 곡물을 가리킨다.

澤草之所生, 其地可種芒種. 芒種, 稻麥也.

『예기禮記』「월령月令」에는 "6월[季夏]에 큰 비가 내릴 때, 곧 불을 지르고, 풀을 베어 내고, 물을 대서 잡초를 죽이는 것은 마치 열탕의 물을 사용하는 것과 같다.[263] 정현(鄭玄)이 주석하여 말하기를, "풀을 벨 때는 땅에 바짝 붙여 베어 낸다. 이는 곧 긴 풀이 자라는 땅[萊地][264]에 곡물을 파종할 때는 먼저 풀을 베어 내서 말렸다가 그것을 불태우는 것을 말하는데, 6월이 되어 큰 비가 내릴 때 논에 물을 대면 풀이 더 이상 자라지 못하고, 땅 또한 비옥해져 심을 수 있게 된다. [『주관(周官)』의] '치(薙)씨는 오직 풀을 죽이는 것을 관장하는데, 봄에 풀이 자라나면 이미 자란 싹을 제거하고[265] 여름의 하지날에 낫으로 지면에 바

禮記月令云, 季夏, 大雨時行, 乃燒薙行水, 利以殺草, 如以熱湯. 鄭玄注曰, 薙, 謂迫地殺[69]草. 此謂欲稼萊地, 先薙其草, 草乾, 燒之, 至此月, 大雨流潦, 畜於其[70]中, 則草不復生, 地美可稼也. 薙氏, 掌殺草, 春

---

263 이것은 앞부분의 '화경수누(火耕水耨)'의 구체적인 기록으로서 토지를 개량하는 작용을 한다. 앞에서 언급한 「도인(稻人)」편의 "여름에 물이 있을 때 물을 이용하여 잡초를 물에 담가 질식시켜 죽이거나 베어 낸다."도 역시 물에 담가 잡초를 문드러지게 해서 죽이는 수누법이다.

264 '내지(萊地)': 『시경』「소아(小雅) · 초자서(楚茨序)」의 공영달 주소에서 이르기를, "토지가 황폐화되어 풀이 자라는 것을 일러 '내(萊)'라고 한다. 여기서는 윤작하지 않고, 휴한하여 잡초가 무수하게 자란 도전(稻田)을 가리킨다."라고 한다.

265 '맹지(萌之)': 금택초본과 호상본에서는 '시(始)'로 쓰고 있고, 『예기(禮記)』「월령(月令)」의 정현의 주와 『주례』「추관(秋官) · 치씨(薙氏)」의 원문과 동일하다. 남송본에서는 '초(草)'로 쓰고 있다. 니시야마 역주본 107쪽에 의하면, 두자춘(杜子春)의 주에는 자라난 싹을 갈아엎는 것이라고 하였으며, 정강성(鄭康成)은 주석하기를, "호미질해서 제거하는 것[鎡錤]"이라고 하였다.

짝 붙여 베어내고, 가을에 열매가 열릴 때 수확하며, 겨울이 되면 보습[耜]을 이용하여 그것을 갈아엎는다. 만약 토지를 변화시키려고 한다면, 물을 대거나 불을 지르면 바뀐다.'"[266]라고 하였다.

始生而萌之, 夏日至而夷71之, 秋繩72而芟之, 冬日至而耜之. 若欲其化也, 則以水火變之.

논에 거름을 주면, 강토도 좋게 변한다. 정현이 주석하며 말하기를, "땅에 물기가 있고, 날씨가 후덥지근하고 눅눅하면,[267] 토양이 비옥해져서 파종할 수 있다. 거름기가 많고 비옥한 것은 한 가지이다. 강토[土彊]는 굳은 땅이라는 의미이다."라고 한다.

可以糞田疇, 可以美土彊. 注曰, 土潤, 溽暑, 膏澤易行也. 糞美, 互文. 土彊, 彊檗之地.

『효경원신계孝經援神契』에 이르기를, "저습지와 지하수가 솟는 땅은 벼를 재배하기에 적합하다."라고 한다.

孝經援神契曰, 汙73泉宜稻.

『회남자淮南子』[「태족훈(泰族訓)」]에 이르기를, "논의 피[蘺]는 벼[稻]보다 먼저 자라지만, 농부

淮南子曰, 蘺, 先稻熟, 而農夫

---

266 이 구절은 『주례』「추관(秋官)·치씨(薙氏)」의 원문이다. 그러나 묘치위 교석본에 의하면, 금본의 『예기』「월령」의 정현 주는 다만 본문 중의 "여름의 하지에 낫으로 지면에 바짝 붙여 베어 내고"와 그다음 문장인, "만약 토지를 변화시키려고 한다면, 물을 대거나 불을 지르면 바뀐다."라는 이 두 문장을 인용한 것에 대해 주를 달고 있는데, 이 속에 「치씨」의 전문을 수록하고 있는 것은 아마 문제가 있는 듯하다고 한다. 청대 혜동(惠棟: 1697-1758년)의 『구경고의(九經古義)』 권8 「주례고의(周禮古義)」 편에서는 '승(繩)'을 '승(雕)'[잉(孕)자의 옛 글자]의 잘못이라고 한다. 사지(耜之)는 "보습으로써 땅이 어는 것을 살펴 깎아 낸다."라고 인식하였다. 이는 곧 가래로 잡초를 제거하는 것이다. '수화변지(水火變之)'는 『월령』에서 말하는 불을 지르고 물을 대서 김매면서 토지를 개량하는 방법을 가리킨다고 한다.

267 『예기』「월령」의 정현 주석에는 '토윤욕(土潤溽)'이라고 쓰며, '서(暑)'자가 없다.

가 그것을 김을 매는 것은 작은 이익을 위하여 큰 수확을 놓치지 않도록 하기 위함이다."[268]라고 한다. 고유(高誘)는 주석하여 말하기를, "이(蘺)는 논의 피[水稗]다."라고 하였다.

『범승지서氾勝之書』에 이르기를, "벼의 파종은 봄에 얼음이 풀린 이후에 논의 흙을 갈아엎는다.

벼를 파종할 면적은 크면 안 되는데, 크면 논의 물이 깊고 얕은 것이 고르지 않게 된다."

"동지 후 110일에 벼를 심을 수 있다. 벼는 좋은 토지에는 1무당 4되를 파종한다."

"벼의 모종이 나왔을 때는 벼를 약간 따뜻하게 해 주어야 하는데, 따뜻하게 하려면 맞은편의 논 두둑[塍][269]을 뚫어 물을 직선으로 흘려보낸

薅之者，不以小利害大穫．高誘曰，蘺，水稗．

氾勝之書曰，種稻，春凍解，[74] 耕反其土．種稻，區不欲大，大則水深淺不適．

冬至後一百一十日[75]可種稻．稻，地美，用種畝四升．[76]

始種，稻欲溫，[77] 溫者缺其塍，令水道相直．夏至

268 『회남자』「태족훈(泰族訓)」에서는 '이(蘺)'를 '이(离)'로 쓰고 있다. 주석에는 '누지(耨之)' 아래에 "벼에 수반되어 자라는 것을 '이(離)'라고 하며, 벼와 서로 유사하다. 김을 매면 그 손실을 줄인다."라고 하고 있다. 이 주석은 사부총간(四部叢刊)본 『회남자(淮南子)』에 '허신기상(許愼記上)'으로 제목을 붙인 것인데, 고유주가 제목을 붙인 것도 또한 그러하며, 『태평어람(太平御覽)』 권839에서는 『회남자』를 인용하여 또한 이와 같이 말하고 있다. 모두 『제민요술』에서 인용한 고유의 주와 큰 차이가 있다. 묘치위 교석본에 따르면, 『제민요술』의 이와 같은 주는 마땅히 허신(許愼)에게서 나온 것이며, 뒤의 사람이 혼동하고 있는 것이라고 한다.

269 '승(塍)': 스셩한의 금석본에서는 '승(塍)'자로 쓰고 있다. 스셩한에 따르면 양쪽

다.[270] 하지 이후에 너무 무더우면 물이 흐르는 방향이 대각선이 되게 한다."라고 한다.

최식崔寔은 이르기를, "3월에는 메벼[稉稻]를 파종한다. 볍씨는 좋은 땅에는 드물게 파종하고, 척박한 땅에는 조밀하게 파종해야 한다."

"5월에는 벼[稻]와 쪽[藍]을 나누어 옮겨 심을 수 있으며,[271] 하지 이후 20일이 되면 멈춘다."라고 한다.

後大熱, 令水道錯.

崔寔曰, 三月, 可種稉稻. 稻, 美田欲稀, 薄田欲稠. 五月, 可別稻[78]及藍, 盡夏至後二十日止.

교 기

[56] '비(穛)': 금본의 『설문해자』에서는 "비(穛)는 줄기가 자색인 벼로, 찰기가 없는 것이다. 왕염손(王念孫)이 이르기를, 미(穈)는 마땅히 분(穧)으로 써야 하며, 글자가 잘못되었다."라고 한다. 또 이르기를 "갱

두 개의 논 사이에 서로 이웃하고 있는 '두둑[埂]'으로서, 오늘날 호남과 강남의 말 중에는 여전히 이런 글자가 남아 있다고 한다.

270 '수도상직(水道相直)': '직(直)'자는 마땅히 '치(値)'자로 고쳐 써야 한다. '상치(相値)'는 곧 일직선상의 맞은편이라는 의미로, 물의 흐름이 단지 한 부분에 치우치기 때문에 한 뙈기논의 물은 온도 변화가 비교적 적어서 대낮에 햇볕이 내리쬔 이후에는 밤에도 따뜻한 기운을 보존할 수가 있다. 예컨대, "물이 흐르는 방향을 대각선이 되게 한다.[水道錯.]"면 두 두둑 사이의 물의 흐름이 커져(왜냐하면 순환이 많아지기 때문에) 수온이 지나치게 높아지지 않는다.

271 '별(別)'은 옮겨 심는 것이다. 옮겨 심는 방법으로는 일반적으로 분재하거나 모종을 키워서 옮겨 심는 것이 있는데, 여기서는 분명하지 않다. 남방 일부지역에서 출토된 수전 모형은 모두 후한 시대의 것으로, 이미 모를 키우는 논이 보이지만 북방 지역에도 있었는지의 여부는 아직 증거가 나오지 않고 있다.

(秔)은 벼의 종류이다. … 갱(稉)은 갱(秔)의 속어이다."라고 하였다.

57 '고회(菰灰)': 각본에는 모두 '고회(孤灰)'라고 쓰고 있으며, 금택초본에서는 '고회(菰灰)'라고 쓴다. '고회(菰灰)'가 성숙할 때, '고수[菰首; 교울(茭鬱)]' 중의 포자도 익어서 회색을 띠는 것을 이른다.

58 '학(貉)'은 양송본, 점서본에는 이 글자와 같이 쓰고 있지만, 호상본 등에서는 '격(格)'자로 쓰고 있는데, 묘치위는 호상본이 잘못 쓰인 것이라고 보고 있다.

59 '개미야(皆米也)'는 각본에서 동일하고, 기록된 것은 모두 찰벼와 관계있기에, '미(米)' 앞에는 '나(糯)'자가 빠져 있는 듯하다.

60 『사시찬요』「삼월」편에서는 모두 '삼숙(三宿)'이라고 쓰고 있으나, 명초본에서는 '오숙(五宿)'이라고 쓰여 있는데 이는 잘못이다.

61 '내(內)'는 '납(納)'과 동일하다. 『제민요술』 중에는 개별적으로 '납'을 사용한 것 이외에 대개 '내'자를 사용하고 있는데, 이는 모두 구습에 따른 것이다.

62 '납(納)': 이 책에서 '납(納)'자를 사용하는 것은 드문 예 중의 하나이다.

63 '이섭양기삼(以涉揚其芟)': 명초본, 금택초본에는 '이(以)'자가 빠져 있다. 주석에서는 정중의 견해를 인용하여 이미 '이'자는 의미 없는 글자가 아님을 말하고 있다. 지금은 금본의 『주관(周官)』에 의거하여 보충해 넣은 것이다.

64 '회(澮)'는 명초본에서는 '합(合)'으로 잘못 쓰고 있다.

65 '인(因)'은 명초본에서는 '전(田)'으로 잘못되어 있다.

66 '삼이(芟夷)': 명초본에서는 '삼이(芟荑)'라고 하고 있으며, 이하 각 처의 '이(荑)'자는 '이하맥(夷下麥)' 한 곳을 제외하고는 모두 초머리[艸]의 '이(荑)'자이다. 금택초본에는 이 글에 초머리[艸]가 있지만, 소주 중에는 모두 '이(荑)'자로 되어 있다. 금본의 『춘추전(春秋傳)』은 초머리가 있는 글자이나, 금본의 『주관』 중의 '이(荑)'는 도리어 초머리가 없다. 약간 불필요한 번잡을 피하기 위해서 일괄적으로 모두 이(荑)의 초머리를 없앴다.

67 "殄, 病也": 이 구절의 소주 앞면의 것은 비책휘함 판본에서는 모두 금본의 『주관』과 마찬가지이나 또한 '정주(鄭注)'라는 두 글자가 붙어 있

다. 명초본과 금택초본에는 없다.

68 '정사농운(鄭司農云)': 이 구절의 소주 앞의 비책휘함 계통의 판본은 금본의 『주관』과 마찬가지로 '정현주왈(鄭玄注曰)'의 네 글자가 있으며, 명초본과 금택초본에는 없다.

69 '살(殺)': 비책휘함 계통의 각본에는 금본 『예기』와 마찬가지로 '삼(芟)'으로 쓰고 있다. 금택초본과 명초본에서는 똑같이 '살(殺)'을 쓰고 있다.

70 '기(其)': 비책휘함 계통의 각본은 금본의 『예기』와 마찬가지로 '삼(芟)'으로 쓰고 있다. 금택초본과 명초본에서는 '기(其)'로 쓰고 있다. '기(其)'자를 다시 덧붙인 것이다.

71 '이(夷)': 『제민요술』 각본은 『주례』 「추관(秋官) · 치씨(薙氏)」의 원문과 동일하게 '이(夷)'로 적고 있으나, 「월령」의 정현의 주에서는 '치(薙)'로 쓰고 있다.

72 '승(繩)': 금본의 『주관』에서는 '승(繩)'자로 쓰고 있으며, 명초본에서는 '용(緬)'자로 쓰고, 금택초본에서는 '종(終)'자로 쓰고 있다. '용(緬)'자는 사전에는 보이지 않는다. 잠시 주관에 의거하여 '승(繩)'자로 바꾸어 쓴다.['승(繩)'은 대부분의 전문가들은 '배다[孕]'로 해석하고 있다.]

73 '오(汙)': 명초본에서는 '한(汗)'으로 쓰고 있으며, 금택초본에는 이 글자가 누락되어 있다. 『농상집요』와 『태평어람』 및 본서의 명청시대 각 판본에 의거하여 바로잡았다.

74 이 구절은 『태평어람』에서 두 차례 인용하고 있는데, 권839에서 인용한 것은 『제민요술』의 각본과 서로 동일하다. 그러나 『태평어람』 권823에서 인용한 것은 "벼를 파종함에 있어, 봄에 얼음이 풀리고 땅기운이 부드러울 때 갈이한다."라고 한다. 여기서 '땅기운이 부드러울 때[地氣和時]'의 네 글자는 주의할 만한 가치가 있다.

75 '일백일십일(一百一十日)': 『태평어람』 권823에서 인용한 것은 '일백삼십일(一百三十日)'이며, 권839에서 인용한 것은 『제민요술』과 마찬가지로 '일백일십일(一百一十日)'이다. 살피건대, 동지 후 '일백이십일'은 '곡우(穀雨)'절이며, 벼의 파종은 곡우보다 늦을 수 없기 때문에 당연히 '일백일십일'의 '일(一)'자는 남겨 두어야 한다.

76 '사승(四升)': 『태평어람』 권839에 인용된 것에는 '사두(四斗)'로 쓰고 있다.

77 '온(溫)': 이 구절의 끝과 다음 구절의 시작되는 부분의 '온(溫)'자는 비책휘함 계통의 판본에서는 '습(濕)'과 '습(溼)'으로 쓰고 있다. 분명한 것은 '습(溼)'자는 '습(濕)'자가 전사되어 훗날 바뀐 것이며, '습(濕)'자는 글자 형태가 '온(溫)'자와 비슷하여 잘못 쓰인 듯하다. 금택초본과 명초본에 의거하여 바로잡았다.

78 '가별도(可別稻)': 스성한의 금석본에는 '가별종(可別種)'으로 적혀 있다. 스성한에 따르면 고일총서(古逸叢書)본 『옥촉보전(玉燭寶典)』에서 인용한 최식의 『사민월령』에는 이 구절을 '五月可別稻'라고 하고 있는데, 응당 『옥촉보전』에 의거하여 '도(稻)'자로 고쳐 써야 한다.

제12장

밭벼 旱稻第十二

밭벼는 하전下田에 심는데, 흰 토양이 검은 토양보다 낫다.[272] (하전에) 심는 것은 결코 저지대가 고원(高原)지대보다 좋다고 말한 것은 아니다. 다만 여름철 물이 많이 고인 곳에는 조와 콩, 또는 맥을 심을 수 없으나, 논에 벼를 파종하면 물에 잠기더라도 수확할 수 있다.[273] 이른바 두 가지의 땅에서 모두 수확하여 지리(地利)를 잃지 않게 되기 때문이다. 하전에 파종하는 것은 일손이 많이 든다. 고원에 파종하는 것은 일손이 조[禾]의 파종과 마찬가지이다. 무릇 하전에 물이 고인 낮은 땅은 마르면 단단한 판결[堅垎; 板結][274] 구조가 형성되는데, 축축해지면 뻘처럼 되

旱稻用下田, 白土勝黑土. 非言下田勝高原. 但夏停水者, 不得禾豆麥, 稻田種, 雖澇亦收. 所謂彼此俱穫, 不失地利故也. 下田種者, 用功多. 高原種者, 與禾同等也. 凡下田停水處, 燥則

272 '백토(白土)', '흑토(黑土)': 토양은 서로 다른 형태의 특징이 있는데, 색, 조밀도, 구조, 부드러운 정도 등이 다르다. '백토(白土)'는 비교적 성긴 흰모래 땅과 같다. '흑토(黑土)'는 비교적 단단하고 흑로토(黑壚土)류의 흙이다.

273 '수노역수(雖澇亦收)': 여름철에 물이 고이는 하전은 여전히 맥을 파종하는 데는 적당하지 않은데, 이는 맥은 대개 여름에 물이 차는 것을 두려워하기 때문이다. 벼는 논벼와 밭벼를 막론하고 모두 물이 차는 것을 잘 견디기 때문에 '雖澇亦收'라고 하였다.

어 관리하기가 어려워서 황폐해지기가 쉬우며, 땅이 척박하면 종자의 소모량이 많아진다.[275] 봄철에 갈이하면 종자 소모량이 더욱 커진다. 따라서 5, 6월에 땅을 갈아 햇볕에 말려서 미리 파종할 겉보리[穬麥]를 준비한다. 맥을 파종하는 데 수해가 들어서 파종하지 못한 것은, 9월 중에 다시 한 번 갈아엎는다. 이듬해 봄이 되어 파종하면, 만에 하나도 잘못이 없다.[276] 봄에 갈이하면, 열에 다섯도 거둘 수 없고, 대개 사람을 그르치게 한다.

堅垎, 濕則汚泥, 難治而易荒, 墝埆[79]而殺種. 其春耕者, 殺種尤甚. 故宜五六月暵之, 以擬穬麥. 麥時水潦, 不得納種者, 九月中復一轉. 至春種稻, 萬不失一. 春耕者十不

---

274 '견격(堅垎)'은 토양이 마르게 되면 굳고 단단해져 쉽게 부서지지 않는 것을 말한다. 항상 물에 잠겨 있는 하전은 토질이 점성이지만, 마를 때는 굳고 단단하여 판결 구조가 형성되며, 습기가 있을 때에는 펄처럼 질퍽해서 풀이 쉽게 자라기 때문에, "난치이역황(難治而易荒)"이라고 하였다.

275 '요각(墝埆)'은 토지가 척박하여, 경작하기 어려운 토양을 내포하고 있다는 의미로 이것이 바로 위 주석의 상황을 반영하고 있는 것이다. '살종(殺種)'은 곧 종자의 소모를 뜻하는데, 싹이 나지 않고 혹시 싹이 나더라도 잘 자라지 않는 것이다. 묘치위 교석본을 참고하면, 점성의 토양은 봄에 갈이하여 아직 얼음이 자연스럽게 녹아내리지 않은데다, 북방에는 봄에 건조한 바람이 많이 불어 흙덩이가 단단하여 쉽게 부서지지 않으며, 비를 맞으면 흙이 들러붙어 풀리지 않아 파종하여도 싹이 나기가 어렵기에 이를 일러 "살종우심(殺種尤甚)"이라고 하였다. 만약 어떤 논이 물에 잠겨 있지 않으면 5, 6월에 여름갈이를 하여 햇볕을 쬐어 주고, '가을에 파종할 겉보리[穬麥]'를 준비한다. 왜냐하면, 성숙기간이 밀보다 빠르기 때문에, 이듬해 여름비가 내리기 전에 재빨리 먼저 수확해야 한다. 그러나 만약 가을 파종 때 여전히 물에 잠겨 있으면, 9월에 다시 갈이하여 이듬해 봄에 밭벼를 파종한다.

276 '겉보리[穬麥]'를 파종할 때는 여전히 물에 잠기면 파종할 수가 없으며, 다만 이듬해 봄에 밭벼[陸稻]를 파종하는 것은 바로 후일에 봄에 가물고 여름과 가을에 물에 잠기기 쉬운 정황을 반영하는 것이다.

收五, 蓋誤人耳.

무릇 하전에 파종할 때에는, 가을이나 여름을 불문하고 물기가 마르기를 기다렸다가, 지면의 흙이 하얗게 변할 때 재빨리 갈고 써레질[杷]하고, 끌개[勞]로 끌어 땅을 고르며, 여러 차례[277] 정지하여 부드럽게 한다[熟]. 너무 마르면 딱딱해지고, 비가 내리면 질퍽거리기 때문에 재빨리 갈아엎어야 한다.

凡種下田, 不問秋夏, 候水盡, 地白背時, 速耕, 杷勞頻煩令熟. 過燥則堅, 過雨則泥, 所以宜速耕也.

2월 중순에 벼를 파종하는 것이 가장 좋고,[278] 3월이 중간 정도 시기이며, 4월 초에서 중순은 가장 좋지 않은 시기이다.

二月半種稻爲上時, 三月爲中時, 四月初及半爲下時.

종자를 물에 담그는[漬種] 방식은 (전편에서 말한) 방법과 같이 하여, 습기와 온도를 유지하여 종자로 싹눈을 틔운다.[279]

파종구인 누거[耬]로 갈면서 조파條播하고 흙으로 종자를 덮고,[280] 종자를 덮으면 종자를 절약할 수 있

漬種如法, 裛令開口. 耬耩稖種之, 稖種者省種而生科, 又勝擲者. 即再遍勞. 若歲寒

277 '빈번(頻煩)': 이는 여러 차례를 뜻한다.

278 밭벼[陸稻]는 싹이 틀 때 요구되는 온도와 습도의 정도가 논벼보다 낮아서 저온의 환경에서는 발아가 논벼보다 빠르기 때문에, 논벼보다 약간 일찍 파종할 수 있다. 『제민요술』에서는 밭벼를 논벼보다 보름 정도 빠르게 파종한다.

279 '읍령개구(裛令開口)': 종자를 물에 담가서 온도와 습도를 유지하여 점차 싹을 트게 한 후 백로일 때 파종한다.

280 '엄종(稖種)': 이는 갈이할 때 뒤엎인 흙덩이로 종자를 덮는 것을 뜻한다. 스성한의 금석본에서는 '엄종(掩種)'으로 쓰고 있으나, 본서 권1 「밭갈이[耕田]」의 용법에 근거하여, '엄(掩)'자는 마땅히 '화(禾)'변의 '엄(稖)'자를 써야 한다고 지적하였다. 묘치위 교석본에 의하면, '누강엄종(耬耩稖種)'은 갈이하여 고랑을 짓고, 파

고, 포기가 자라는 것이 또한 흩어 뿌리는 것보다 낫다. 즉시 두 차례 끌개질을 하여 평평하게 한다. 만약 어떤 해의 봄이 너무 추우면 약간 일찍 파종해야 하는데, 시령에 늦을 것이 걱정되면[281] 종자를 담그지 않아도 된다. 물에 담근 종자가 싹트면 (냉해를 입어) 말라죽을 수 있다.[282]

早種, 慮時晚, 即不漬種. 恐芽焦也.

흙이 검고 단단한 땅에 파종한 종자가 아직 싹이 트기도 전에 가뭄이 들면 소와 양과 사람들이 그 땅을 밟도록 한다. 축축할 때는 한 발짝도 땅에 들여서는 안 된다. 벼가 이미 싹이 튼 이후에는 사람이 이랑 위를 따라서 밟아야 한다.[283] 밟으면 싹이 무성하게 자라고 결실도 많아진다.

其土黑堅強之地, 種未生前遇旱者, 欲得令牛羊及人履踐之. 濕則不用一迹入地. 80 稻既生, 猶欲令人踐壟背. 踐者茂而多實也.

종하고, 복토하는 것으로서, 조파도 할 수 있고, 점파도 할 수 있다.

281 '여시만(慮時晚)': 봄 가뭄이 비교적 긴 해에 파종기가 임박했을 때도, 약간 빨리 파종할 수 없다. 왜냐하면 만약 날이 따뜻할 때 다시 파종하려고 한다면, 시간이 너무 늦어질까 걱정되는데, 이런 상황에는 종자를 물에 담가 발아를 재촉해서는 안 된다. 싹이 얼어서 마를 수 있기 때문이다.

282 '아초(芽焦)': 스셩한의 금석본에서는 '아(牙)'로 쓰고 있다. '아(牙)'는 곧 '아(芽)' 자이다. 스셩한의 금석본에 이르길, "이미 발아한 벼의 종자가 흩어 뿌린 후에 날씨가 추우면 마르게 되어, 오히려 담그지 않고 싹을 틔우지 않아 내한성이 강한 것만 못하게 된다."라고 하였다.

283 '흙이 검고 단단한 땅[黑壚土]'이 만약 갈이하기에 시기가 적당하지 못하고, 정지하여 토지를 삶아 부드럽게 하지 못하였는데 가뭄이 들면, 흙덩이가 굳은 상태에서 공극이 생겨 바람이 일어, 날로 습기가 날아간다. 따라서 밟아서 다져 주어 견실하게 하여 종자가 흙과 서로 접촉토록 하면, 습기를 보존하여 싹이 나는 데 유리하다.

싹이 3치[寸] 정도 자라면 써레질하고 끌개로 평평하게 한 후[284] 김을 맨다. 호미질은 반드시 재빨리 해야 한다. 벼의 싹은 유약하여 잡초 그늘 아래[285]에서는 자랄 수 없기 때문에, 마땅히 자주 김을 매서 잡초를 제거해야 한다. 매번 비가 내릴 때마다 번번이 써레질과 끌개질을 하여 평평하게 골라 준다.[286] 모가 한 자 전후로 자라게 되면 끝이 뾰족한 봉鋒으로 일구어 준다. 비가 내려서 다른 활동을 할 수 없게 되면, 마땅히 비를 무릅쓰고라도 호미질을 해야 한다. 벼의 그루가 크면서 촘촘할 것 같으면 5-6월 사이에 장맛비가 내릴 때 뽑아서 다른 곳으로 옮겨 심는다. 옮겨 심는 방식은 얕게 심어야 하는데,

苗長三寸，杷勞而鋤之。鋤唯欲速。稻苗性弱，不能扇草，故宜數鋤之。每經一雨，輒欲杷勞。苗高尺許則鋒。天雨無所作，宜冒雨薅之。科大，如概者，五六月中霖雨時，拔而栽之。栽法欲淺，令其根鬚四

284 '파로(杷勞)': 류제의 논문에 따르면, 모두 토지를 평평하게 하고[平土], 흙을 깨는 행위[碎土]를 가리킨다. '우(耰)'는 상고시대에 쇄토, 평토, 개토(蓋土)를 가리키는 말로서 적용범위가 비교적 넓다. 『제민요술』에서 이것에 해당하는 작업으로는 '파(杷)·노(勞)·달(撻)·누주(鏅榛)'가 있다. '파·노'는 땅을 평평하게 하는 작업으로, 적용범위가 비교적 넓다. '밭을 간 이후', '싹이 난 이후'에 사용한다. '누주'는 밭을 평평하게 한 다음에 하며, 밭 간 이후 파종 전에 한다. 그 밖에도 밭을 평평하게 하고 흙을 정지하는 복종(覆種), 개토(蓋土)의 전문용어로 산파 후의 복종에는 항상 '노(勞)'를 사용하고, 조파 후에는 대부분 '끄으레(撻)'로 흙을 눌러 준다고 한다.

285 '선초(扇草)': '잡초 그늘에 가린다'는 의미이다. 밭벼의 어린 싹은 생장이 늦어서 풀을 덮을 수 없고, 도리어 풀에 덮이게 되기 때문에 부지런히 김매 주어야 한다.

286 이 문장과 바로 앞에 보이는, 모가 3치[寸] 또는 한 자[尺]로 자랐을 때 사용하는 써레[杷]와 끌개[勞]는 축력 농구였을 것이다. 아마 써레는 이빨이 있는 고무래나 쇠스랑과 같은 농구였을 것이며, 끌개는 손으로 작업하는 고무래로 평탄작업을 했을 것으로 보인다. 이때 어린 싹을 어떻게 보호하며 작업했는지는 의문이다.

수염뿌리[根鬚]가 사방으로 뻗도록 배치해야만 무성하게 자란다. 만약 깊게 옮겨 심으면, 뿌리가 줄곧 밑으로 뻗게 되어 퍼지지 못하고 모이면서 그루가 자라지 못하게 된다. 모가 크게 자라나면, 잎의 끝부분을 몇 치 잘라 주는데,[287] 꽃대가 잘려 나가지 않도록 주의해야 한다. 7월이 되면 더 이상 옮겨 심을 수 없다.[288] 7월에는 온갖 풀이 다 자라[289] 너무 늦어지기 때문이다.

散, 則滋茂. 深而直下者, 聚而不科. 其苗長者, 亦可捩[81]去葉端數寸, 勿傷其心也. 入七月, 不復任栽. 七月百草成, 時晚故也.

고전(高田)에 밭벼를 파종할 때는 지나치게 기름진 땅이 필요하지 않으며, 다만 파종한 적이 있는 묵은 땅[290]을 택한다. 너무 비옥하면 이삭이 꺾이게 되며, 파종한 적이 있는 땅은 잡초가 적다. 또한 가을에

其高田種者, 不求極良, 唯須廢地. 過良則苗折, 廢地則無草. 亦秋

287 '열거엽단수촌(捩去葉端數寸)': 스셩한의 금석본을 보면, 이것은 지나치게 왕성하게 생장하는 것을 바로잡아서 개화를 촉진하는 방법으로, 질소가 지나치게 많으면, 벼 잎이 너무 왕성하게 자랄 때는 모두 이와 같은 방법을 사용할 수 있다. 또 이 같은 '분과(分科)'는 마땅히 앞장의 끝에 최식의 『사민월령(四民月令)』 중에서 인용한 바의 '五月可別種(稻)'에서 지적하는 방법이다. 관이다[管義達], 『제민요술금역(齊民要術今譯)』, 山東濟南, 2000('관이다의 금석본'으로 약칭)에 의하면, 벼의 모가 너무 많이 자라면 심은 이후 자라기가 쉽지 않아서 모를 몇 치 정도 잘라 주면 모의 수분 증발량을 감소시켜 생장을 촉진한다고 한다.

288 '임(任)': '할 수 있다', '가능하다면', '해내다'와 같은 뜻으로 해석된다.

289 '성(成)'은 생장할 수 있는 양분이 이미 소모되었음을 의미하며, 밭벼도 마찬가지로 옮겨심기에 너무 늦다.

290 '폐지(廢地)'는 밭벼를 파종하여 윤작하지 않고 한 계절 휴한한 땅이다. 청대 양신(楊屾)의 『지본제강(知本提綱)』 「경가(耕稼)」편에는 수확 후 한 계절을 휴한한 땅을 '백지(白地)'라고 하는데, 묘치위 교석본에 따르면, 오늘날 절동 지역에서는 여전히 '백고(白稿)'라는 명칭이 있으며, 폐지는 이 같은 '백지(白地)'를 말함이다. '폐(廢)'는 내버려 두거나 한동안 방치하는 것으로, 내버린 황무지는 아니라고 한다.

갈아엎어 써레질과 끌개질을 하여 부드럽게 정지하고, 봄이 되어 땅이 누렇게 물기를 머금을 때 파종한다.[291] 너무 습할 때 파종해서는 안 된다. 나머지 방식은 하전과 더불어 동일하다.

耕杷勞令熟, 至春, 黃場納種. 不宜濕下. 餘法悉與下田同.

교 기

79 '요각(墝埆)': '각(埆)'자는 명초본에서는 '용(埇)'으로 잘못 쓰여 있다. '요각(墝埆)'은 땅이 척박한 것으로서, 오늘날에는 관용적으로 '석(石)'자를 옆에 붙여서 '교각(磽确)'으로 쓰고 있다.

80 '지(地)': 남송본에는 동일하게 '지(地)'를 쓰고 있으나, 금택초본과 『농상집요』에는 '야(也)'자로 쓰고 있다. 호상본에는 빠져 있다.

81 '열(捩)': 명초본에서는 '열(捩)'자로 쓰고 있는데, '베다', '자르다'의 의미이다. 금택초본에서는 '여(悷)'자로 잘못 쓰고 있으며, 다른 본에서는 '발(拔)'자로 잘못 쓰고 있다.

291 '황장납종(黃場納種)': 스셩한의 금석본에서는 '장(場)'으로 쓰고 있다. 스셩한에 따르면 '장(場)'자는 곧 물기를 머금는다는 의미의 '상(墒)'이다.(앞의 「기장[黍穄]」 주석을 참조.) '납(納)'자는 이 책에는 보이지는 않는 글자이다. 위 문단과 이 문단에서 두 차례 '납종(納種)'이 연이어 사용되고 있다.

제13장

참깨 胡麻第十三

『한서(漢書)』에 의하면, "장건(張騫)이 나라 밖에서 참깨[胡麻]를 가져왔다."[292]라고 하였으며, 오늘날[후위] 사람들이 '오마(烏麻)'라 부르는 것은 잘못이다.

漢書, 張騫外國得胡麻, 今俗人呼爲烏麻者, 非也.

『광아(廣雅)』에 이르기를, "구슬(狗蝨), 승가(勝茄)는 참깨[胡麻]이다."라고 하였다.

廣雅曰, 狗蝨勝茄, 胡麻也.[02]

『본초경』에는[293] "참깨를 거승이라고 하며 또 홍장이라

本草經曰, 胡麻,

292 『한서』에는 이 기록이 실려 있지 않다. 전본(殿本)의 『농상집요』에는 『제민요술』을 인용하면서 '서(書)'자를 삭제하고 단지 '한장건(漢張騫)'이라고만 쓰고 있다. 장건이 서역을 통해서 종자를 들여온 식물은 오직 포도와 거여목[苜蓿]의 두 종류이며, 이는 『한서』「서역전(西域傳)」에 보이지만 「장건열전」에는 보이지 않는다. 이 외에도 서진(西晉)의 장화(張華: 232-300년)의 『박물지(博物志)』 등에도 인용하고 있는데, 여전히 마늘[大蒜], 안석류(安石榴), 호두[胡桃], 분구형 양파[胡葱], 고수[胡荽], 황남(黃藍) 등은 있지만, 참깨[胡麻]는 보이지 않는다. 참깨는 『태평어람』 권841 '두(豆)'에 『본초경(本草經)』을 인용한 것에서 보이며, 동시에 유입된 것으로 누에콩[蠶豆; 胡豆]이 있다. 또한 『증류본초(證類本草)』에는 『신농본초경(神農本草經)』의 '호마(胡麻)'를 기재하고 있지만 구체적인 설명은 없으며, 단지 도홍경(陶弘景)의 주석에서 "본래 대원(大宛)에서 자라며 이름은 호마라고 한다."라고 기록되어 있다. 원래는 중앙아시아에서 중국으로 유입되었는데, 묘치위에 의하면 후대사람이 장건의 이름으로 기록한 듯하다고 한다.

고도 한다."[294]라고 하였다.

생각건대 오늘날[후위]에는 흰 참깨[白胡麻]와 팔모 참깨[八稜胡麻][295]가 있다. 흰 것은 기름이 많고, (파종하여) 사람들이 밥을 지을 수 있지만, 껍질을 벗기기가 매우 번거롭다.[296]

一名巨勝, 一名鴻藏.

按, 今世有白胡麻, 八稜胡麻. 白者油多, 人可以爲飯, [83] 惟治脫之煩也.

---

293 『신농본초경』에는 원래 단지 '호마(胡麻)'만 있으며, "一名巨勝", "一名鴻藏" 구절은 『본초경집주(本草圖經集注)』에 보이는데, 도홍경이 덧붙인 것이다.

294 비책휘함(祕冊彙函)계통의 판본에서는 "청양(菁蘘)을 일명 거승(巨勝)이라고 한다."라고 되어 있다. 『본초강목』에서 도홍경의 『명의별록』을 인용하여 "참깨는 또 거승이라고 하며, 청양은 거승의 싹이다."라고 하였다.

295 '호마(胡麻)'는 지마(脂麻), 유마(油麻)라고 하며, 지금은 지마(芝麻)라고 통용된다. 『본초연의』 권20 「호마」편에는 "여러 전문가들의 견해는 일치하지는 않지만, 다만 지금의 지마(脂麻)라는 데 대해서는 다른 견해가 없다."라고 한다. 묘치위 교석본에 따르면, 감숙 등지에서는 기름을 짜는 아마(亞麻)를 일컬어 호마라고 하지만, 이것을 가리키는 것은 아니다. 지마(芝麻)의 품종은 매우 많아서, 그 열매 형태는 각이 진 것이 네 개, 여섯 개, 여덟 개의 형태가 있으며, 단일 줄기 형태의 품종[單稈形]에는 각이 여덟 개 이상인 것도 있다. 종자의 색깔은 흑색, 백색, 황색, 갈색의 것이 있다. 종자의 껍질은 대개 검은깨는 비교적 두껍고, 백색과 황색의 깨는 비교적 얇다. 백색의 깨는 대개 생산력이 다소 낮지만, 기름의 함유량은 검은깨보다 높다. 『신수본초(新修本草)』[즉, 『당본초(唐本草)』]에 '팔모 참깨'가 기록되어 있는데, "이 참깨에 각이 여덟 개 진 것을 거승(巨勝)이라고 하며, 네 개 진 것은 '호마'라고 부른다."라고 한다. 도홍경은 『본초경집주(本草經集注)』에서 또 이르기를, "줄기가 각진 것을 거승이고, 줄기가 둥근 것은 호마이다."라고 하였다. 동진의 갈홍(葛洪: 284-364년)은 『본초도경』을 인용하여 "호마 중에서 한 잎에 두 개의 깍지가 달리는 것을 거승이라고 한다."라고 하는데 '거(巨)'는 크고 많다는 뜻으로, 각이 여덟 개인 것은 네 개나 여섯 개인 것보다 많았으며, 두 개의 깍지(혹은 그 이상)는 한 개의 깍지보다 많고, 대체로 품질이 뛰어나며, 거승이라고 불렀다.

296 '유치탈지번야(惟治脫之煩也)': 껍질을 벗겨서 씨를 꺼내는 것이 번거로움을 뜻한다. 스셩한의 금석본에서는 '유(惟)'를 '주(柱)'로 쓰고 있다. '주(柱)'자는 해석

참깨는 빈 땅[白地][297]에 파종하는 것이 좋다. 2, 3월에 파종하는 것이 가장 좋은 시기이고, 4월 상순이 그다음이며, 5월 상순이 가장 좋지 않다. 해당 달의 보름 이전에 파종한 것은 종자가 많고 알이 차며, 보름 이후에 파종한 것은 종자가 작고 쭉정이가 많다.[298]

胡麻宜白地種. 二三月爲上時, 四月上旬爲中時, 五月上旬爲下時. 月半前種者, 實多而成, 月半後

할 수는 없지만, '단지[但]' 또는 '오직[惟]'으로 해석해야 하며, 두 자는 모두 '주(柱)'자와 서로 유사하여 쓸 때 혼동된 듯하다고 하였다. '치(治)'자는 정리한다는 의미이다.(권1 「종자 거두기[收種]」의 주석과 본권 「보리 · 밀[大小麥]」의 【교기】 참조.) 묘치위 교석본에 의하면, 『농상집요(農桑輯要)』에서는 "而又可以爲飯"이라고 인용하고 다음 구절이 없는 것으로 보아 편찬자가 바꾼 것임을 알 수 있는데, 왜냐하면 참깨로 밥을 짓는다는 것은 반드시 참깨의 씨로만 밥 짓는 것이 아니기 때문이다. 그러나 『제민요술』에서는 참깨의 씨를 사용한다고 하였는데, '인(人)'은 '인(仁)'과 같다.

297 '백지(白地)': 『제민요술』에는 두 가지 의미가 있다. 하나는 토양이 서로 다른 형태의 특징을 지닌 것으로 예컨대, 본권 「밭벼[旱稻]」조의 "백토가 흑토보다 낫다.", 권3의 「마늘 재배[種蒜]」와 「염교 재배[種䪥]」의 '희고 무른 땅[白軟地]', 「생강 재배[種薑]」의 '흰모래 땅[白沙地]' 등이다. 다른 하나는 같은 작물에 대해서 일정 연도 비워 두고[空白] 연작하지 않은 땅을 가리킨다. 여기서는 후자를 가리킨다. 청나라 정의증(丁宜曾)의 『농포편람(農圃便覽)』 「사월」편에서 "참깨[芝麻]를 파종할 때는 베어 낸 그루터기 위에 거듭 연작하는 것을 꺼린다."라고 한다. 참깨는 연작한 후에는 줄기가 검고 마른 병[黠枯病], 마름병[枯萎病], 세균성 잎 반점병[細菌性 葉斑病] 등이 매우 심하여 싹일 때 전부 죽어 버리며, 설사 죽지 않아도 잘 자라지 않는다. 묘치위의 재배 경험에 의하면, 첫 해에는 매우 좋고 이듬해에도 매우 좋지만 식물의 그루가 다소 작고 일부는 마르며 3년째에는 태반이 말라서 꺾이며 줄기는 누렇고 잎에 반점이 생겨 살더라도 깍지가 매우 적게 열리는 등의 피해가 있었다고 한다.

298 권1 「조의 파종[種穀]」의 "무릇 오곡(五穀)은 대개 그 달[月]의 상순에 파종하면 온전하게 수확하고, … 하순에 파종한 것은 하등(下等)의 수확을 올리게 된다."는 예에서도 찾아볼 수 있다.

빗발이 멎으려 할 때 파종을 하는데, 만약 습기가 없을 때 파종하면 종자가 소멸되어 발아하지 않는다.[299] 1무에는 2되[升]의 종자를 파종한다. 흩어 뿌릴 때는 먼저 누거[耬]로써 갈이하여 (고랑을 낸) 연후에 종자를 흩어 뿌리고, 다시 이빨 없는 빈 끌개[勞]를 사용하여 평평하게 골라 준다.[300] 끌개 위에 사람을 태우면 덮은 흙이 눌려 싹이 트지 않게 된다. 누거를 이용하여 파종하는 것[301]은 모래를 볶아 말려 (마

種者, 少子而多秕也.

種欲截雨脚, 若不緣濕, 融而不生. 一畝用子二升. 漫種者, 先以耬耩, 然後散子, 空曳勞. 勞上加人, 則土厚不生. 耬耩者, 炒沙令燥,

299 '융이불생(融而不生)': '융(融)'이 본래는 충(爞)으로 쓰여 있으며, 융화(融和), 소융(消融)의 뜻이다. 청나라 모제성(毛際盛)은 『설문신부통의(說文新附通誼)』에서는 "충(爞)의 정자(正字)는 융(融)으로 써야 한다."라고 한다. 여기서는 종자가 수분 부족으로 인해 바싹 말라 소실됨을 가리킨다. 묘치위 교석본에는 참깨[芝麻]의 종자는 가늘고 작으며 흙을 뚫고 나오는 힘이 약해 표토층에 파종하는데 흙을 덮을 수 없으며, 혹은 덮더라도 흙을 얇게 덮는다. 물기가 빠지면 종자가 손상되기 쉬워서 비가 온 후 습기가 있을 때 파종한다. 깨는 건조한 환경 속에서는 호흡이 매우 약하다. 만약 다소 수분이 있는 곳에 파종하더라도 실제는 수분이 매우 부족한 토양에 파종을 하면, 비록 싹은 트지만 성장이 왕성할 때는 수분의 공급이 좋지 않아서, 싹의 성장이 멈추게 된다. 또한 식물 자체의 양분의 소모가 매우 많아지기 때문에 자그만 씨앗이 생명력을 상실하여 발아를 될 수 없으며, 흙 속에서 자연스럽게 말라 버려 형체도 없이 사라지는 융(融)이 된다.

300 '끌개[勞]'는 가축으로 끌어 경지를 평평하게 하는 농구로서(권1 「밭갈이[耕田]」의 주석에 보인다.) 위에 사람이 탈 수 있으며, '공예노(空曳勞)'는 윗면에 사람이 타지 않은 빈 끌개이다.

301 '누강(耬耩)'은 갈이하여 파종하는 것을 가리키며, 조파를 행하였다. 강종(耩種)은 또한 간략하게 '강(耩)'이라고 칭하는데, 『사시찬요(四時纂要)』에는 이미 이런 말이 보이며 지금의 북방도 그러하다. 그러나 앞 문장에서 강종(耩種)은 빈 누거로 땅을 간 후에 흩어 파종하는 것이다.

른 모래를 사용하여) 종자와 반반씩 섞는다.[302] 모래를 섞지 않으면 고르게 파종하기 쉽지 않으며, 이랑 위에 파종할 때 만약 지면 위에 이미 잡초가 자라나 있으면 봉이나 빈 누거를 이용해서 제초한다.[303]

中半和之. 不和沙, 下不均, 壟種若荒, 得用鋒耩.

호미질은 세 차례를 넘어서는 안 된다.

鋤不過三遍.

베어서 작은 단[束]으로 묶는데, 단이 너무 크면 잘 마르지 않고, 두드릴 때 손으로 쉽게 잡을 수 없게 된다. 대여섯 단을 한 묶음으로 만들어 비스듬히 서로 기대게 한다. 그렇지 않으면 바람이 불 때 넘어져서 수확이 줄어들게 된다. 참깨의 껍질이 터질 무렵에 수레에 실어 평평한 밭[304]으로 옮겨 털어 내는데[305] 거꾸로 세워서 작은 막대기로 살살 두드린다. 다시 묶음을 만들어서 세워 둔다.

刈束欲小, 束大則難燥, 打, 手復不勝. 以五六束爲一叢, 斜倚之. 不爾, 則風吹倒, 損收也. 候口開, 乘車詣田斗藪, 倒竪, 以小杖微打之. 還叢之.

3일에 한 번씩 털면서 너덧 번 털어야 수확

三日一打, 四五遍乃

302 각본에는 원래 "中和半之"라고 쓰여 있으나, 『농상집요(農桑輯要)』, 학진본(學津本), 점서본은 "中半和之"라고 인용하고 있다.

303 본서 권2의 「콩[大豆]」편의 "鋒耩各一" 구절을 보면 봉(鋒)과 강(耩)을 용도가 다른 상이한 농기구로 해석할 수도 있다.

304 턴 참깨를 모아서 수확하기 위해서는 바닥이 평평하고 단단하며 잘 정리된 마당이 적절하다. 참깨를 수레에 싣고 다른 장소로 옮긴 것으로 보아, 본문의 '전(田)'은 마당으로 해석하는 것이 좋을 듯하다.

305 '두수(斗藪)': 이는 곧 '두드린다'는 의미이다. 곽박(郭璞)이 『방언(方言)』 권6 '진진언두수(秦晉言斗藪)'에 주석하여 말하기를, "'두수'는 들어서 물건을 찾는 것이다."라고 하였다. 당나라 맹교(孟郊: 751-814년)는 『맹동야집(孟東野集)』 권9에서 '하일알지원선사(夏日謁智遠禪師)'의 시에 이르기를, "먼지 묻은 옷을 털어 선사에게 일러 진종을 알현하네."라고 하였다.

이 완료된다. 만약 습기를 틈타 가로로 쌓아 두면 수분이 증발하면서 열이 발생하여 도리어 빨리 마르는데, 이같이 되면 비록 눅눅해질지라도 바람이 불어 씨가 떨어지는 손실이 없다.[306] 뜨게 되면 종자로 사용할 수 없으나, 기름의 양은 손실이 생기지는 않는다.	盡耳. 若乘濕橫積, 蒸熱速乾, 雖曰鬱裛, 無風吹虧損之慮. 裛者, 不中爲種子, 然於油無損也.
최식崔寔이 이르기를, "2월, 3월, 4월, 5월에 (시기에 맞추어) 비가 내리면 참깨를 파종할 수 있다."[307]라고 한다.	崔寔曰, 二月三月四月五月, 時雨降, 可種之.

교 기

82 "狗蝨勝茄, 胡麻也.": 각본은 모두 명초본과 같으며, "狗蝨勝茄, 胡麻也."라고 쓰고 있다. 왕인지(王引之)는 『광아소증(廣雅疏證)』을 지을 때, 『제민요술』, 『초학기(初學記)』, 『태평어람(太平御覽)』, 『개보본초

306 깨의 꼬투리가 벌어지면, 즉시 종자가 떨어지게 된다. 걸쳐 놓은 깨의 종자는 바람이 불어 넘어지지 않는다고 보장할 수 없다. 그와 같은 종자는 거의 허비하게 되며, 더욱이 밭 사이에 세워 두었다면 떨어진 씨는 찾을 수가 없다. 깻단을 옆으로 쌓아 두는데, 만약 밭 사이에 쌓아 두면 비록 바람의 손실은 면할 수 있을지라도, 꼬투리가 터져서 손실되는 종자 역시 많아 이를 수습할 방법이 없다. 비교적 안전한 방법은 묶은 깻단을 대나무 시렁 위에 걸쳐 두는 것으로, 짧은 시간에 바람이 불어서 비에 젖는 것을 걱정하지 않아도 된다.

307 '참깨[芝麻]'는 파종하는 시기에 따라 봄 깨, 여름 깨, 가을 깨로 구별할 수 있으며, 그 특성은 동일 품종일 경우에는 봄에 파종할 수 있고, 또 여름과 가을에 파종할 수 있는 것이다. 묘치위 교석본에 의하면, 지금 황하 중하류 지역은 봄 깨를 파종하는데. 최식(崔寔)이 『제민요술』에 기록한 것은 모두 봄 깨이고, 모두 봄과 여름에 파종한다.

주(開寶本草注)』의 여러 책을 바탕으로 『광아』를 인용하여 "狗蝨鉅勝, 藤弘, 胡麻也.[원래는 '홍(弘)'자로 써야 하나 청 고종 홍력(弘曆)의 이름을 피휘하여 '굉(宏)'자로 썼다.]"라고 보충하여 쓰고 있으며, '가(茄)'자는 없다. 『본초도경(本草圖經)』에서는 『광아』를 인용하여 "狗蝨, 巨勝也. 藤弦, 胡麻也."라고 적고 있다. 묘치위는 『제민요술』의 '승가(勝茄)'는 글자가 잘못되고 빠진 것으로 추측하였다.

83 '반(飯)': 명초본, 금택초본, 군서교보(群書校補)에 의거한 남송본은 모두 '판(版)'으로 쓰고 있으며, 점서본에서는 '반(飯)'으로 고쳐 쓰고 있는데, 이것이 옳다. 비책휘함 계통의 판본에는 이 구절이 전부 빠져 있다.

제14장

외 재배[308] 種瓜第十四

● 種瓜第十四: 茄子附. 가지를 덧붙임.

『광아(廣雅)』[309]에는, "토지(土芝)는 외[瓜]이며, 외의 씨를 염(瓤)이라 한다. 외의 종류에는 용간(龍肝),[310] 호장

廣雅曰, 土芝, 瓜也, 其子謂之瓤. 瓜有龍肝,

308 '외[瓜]': 고대에는 참외[甛瓜]를 '과(瓜)'라고 통칭하였다. 오기준(吳其濬)은 『식물명실도고장편(植物名實圖考長編)』에서 외는 첨과(甛瓜)라고 분명히 말하고 있다. 본편의 '과(瓜)' 또한 첨과(*Cucumis melo*)라고 하며 속칭, 향과(香瓜)라고 한다. 본편에는 특별히 별도로 월과(越瓜), 호과(胡瓜), 동과(冬瓜)가 있는데, 여기서 이른바 '과(瓜)'는 과류(瓜類)의 총칭을 말하는 것은 아니다. 묘치위 교석본에는 '가자부(茄子附)'라는 부제가 달려 있다.

309 금본(今本)의 『광아(廣雅)』「석초(釋草)」편에 근거한 것이라고 한다. 『태평어람(太平御覽)』 권978에서는 혜함(嵇含)의 『감과부서(甘瓜賦序)』를 인용하여, "世云三芝, 瓜處一焉, 謂之土芝."라고 하였으며, 또 『본초경(本草經)』을 인용하여 말하기를, "瓜一名, 土芝."라고 하였다. 그러나 『예문유취』 권87에서는 『본초경』을 인용하여, "수지(水芝)는 백과(白瓜)이며, 이는 참외[甘瓜]이다."라고 하였다. 토지(土芝)와 수지(水芝)는 모두 참외의 의미로서, 각 책에 기록된 것에 차이가 있다.

310 '간(肝)': 스셩한에 따르면, 명초본과 금택초본, 비책휘함 계통에는 모두 '간(肝)'으로 쓰고 있다. 금본의 『광아』에는 '제(蹏)'자로 쓰고 있으며, 『태평어람』 권978에서 인용한 『광지』에는 또한 '제(蹄)'라고 적고 있다. 『태평어람』은 곽자횡(郭子橫)의 『동명기(洞冥記)』를 인용하여 "용간과(龍肝瓜)는 길이가 한 자이며, 꽃은 붉고, 잎은 흰색이다. 빙곡(冰谷)에서 생산되며, 이른바 빙곡의 흰 잎의 외라

(虎掌), 양교(羊骹), 토두(兔頭), 온딘(瓳瓲),[311] 이두(狸頭), 백편(白㼑), 추무여(秋無餘) 등이 있다. 겸과(縑瓜)[312]도 모두 외의 종류이다."라고 하였다.

虎掌, 羊骹, 兔頭, 瓳瓲, 狸頭, 白㼑, 秋[84]無餘. 縑瓜, 瓜屬也.

장맹양(張孟陽)[313]의 『과부(瓜賦: 외의 이름을 기록함)』에는, "양교(羊骹), 누착(累錯), 편자(㼑子), 여강(廬江) 등이 있다."라고 하였다.

張孟陽瓜賦曰, 羊骹, 累錯, 㼑子, 廬江.

『광지(廣志)』에 이르기를, "외[瓜]의 생산은 요동(遼東), 여강(廬江), 돈황(燉煌)에서 나오는 종류가 가장 좋다.

廣志曰, 瓜之所出, 以遼東, 廬[85]江, 燉煌之種

고 한다."라고 하였지만, 이는 신화 속의 물건이다.

311 '딘(瓲)': 이 글자는 각본에서는 대부분 '고(蛌)'자로 잘못 쓰고 있다. '곤(昆)'자는 금택초본에서는 '두(豆)'자로 잘못 쓰고 있으며, 명초본에서는 '구(具)'자로 쓰고 있다.['공(屏)'자의 잔편[殘餘]일 가능성이 있으며, 또한 금택초본에서 '두(豆)'자의 아랫부분으로 잘못 쓴 듯하다.] 앞의 「기장[黍穄]」편에서 제시한 기장의 품종 중에는 '溫屯黃黍'가 있었는데, '온둔(溫屯)', '온둔(瓳屯)'은 모두 황색을 가리킨다. 묘치위 교석본에 의거하면, '온딘(瓳瓲)'은 금택초본에서는 '과원(瓜宛)'이라고 하고 있으며, 남송본과 호상본 등에서는 '온고(瓳蛌)'라고 하는데 모두 잘못으로, 『광아(廣雅)』에 의거하여 바로잡았다고 한다.

312 금본 『광아』에서 이 부분은 외의 이름이 모두 두 글자이다. 가장 마지막에는 "無餘縑瓜瓜屬也"라고 했고, 이 중의 '과속(瓜屬)' 두 글자는 서로 연결되어 하나의 명사를 이루고 있는데, 스셩한의 금석본을 보면, 이 말은 세 가지 해석이 가능하다. 첫 번째는 '무여겸(無餘縑)'인데, 이 세 글자는 하나의 명칭이라는 것이며, 두 번째는 '겸(縑)'이 하나의 명칭이라는 것이며, 세 번째는 '겸과(縑瓜)'의 '과(瓜)'자는 아래에 다른 '과(瓜)'자가 있으나 빠져 있다. 이 세 번째의 상황이 가장 합당하다.

313 '장맹양(張孟陽)': 진대 사람으로 이름은 재(載)이다. 이 단락의 '부(賦)'는 『예문유취(藝文類聚)』 권87과 『태평어람』 권978 「채가부삼(菜茄部三)」 '과(瓜)'의 "羊骹, 虎掌, 桂枝, 蜜筩, 玄表丹裏, 呈素含紅, 豐斂外偉, 綠瓤內醲"에서 인용한 것이다. 장맹양은 서진의 문학가로 관직은 중서시랑에 이르렀다. 『진서』에는 그의 열전이 있으며, 저서로 『장재집(張載集)』이 있었으나 지금은 전해지지 않는다.

오과(烏瓜),[314] 겸과(鎌瓜), 이두과(狸頭瓜), 밀통과(蜜筩瓜), 여비과(女臂瓜), 양수과(羊髓瓜)가 있다. 과주의 대과[315]는 한 섬[斛] 들이 크기이며, 양주에서 생산된다. 염수(猒須: 지금의 산동 지역)[316]와 옛 양성(陽城:[317] 지금의 하남 지역)에서 진상한[318] 외인 이른바 청등과(青登瓜)는 석 되 들이의 주발[魁][319] 크기이다. 계지과(桂枝瓜)[320]는 그

爲美. 有烏瓜, 鎌瓜, 狸頭瓜, 蜜筩瓜, 女臂瓜, 羊髓瓜.[86] 瓜州大瓜, 大如斛, 出涼州. 猒須, 舊陽城御瓜, 有青登瓜, 大如三升魁. 有桂枝瓜, 長二

314 '오과(烏瓜)': 『용감수감(龍龕手鑑)』「과부(瓜部)」에서 인용한 것으로, '烏瓜魚瓜'라고 한다.

315 묘치위 교석본에 의하면, 감숙성 돈황에서 맛있는 외를 생산하기 때문에 옛날에는 과주(瓜州)라고 불렀다. 여기서 "양주(涼州)에서 생산된다."[감숙성 무위(武威) 지역]라고 하는 것은 곧 돈황에서 종자가 들어온 것이라고 한다. '염수(厭須)'는 금택초본과 남송본은 같으며, 호상본에서는 '장수(狀須)'로 쓰고 있으나 잘못된 듯하다. 『예문유취』 권87과 『초학기(初學記)』 권28 및 『태평어람』 권978에는 『광지』를 인용하였는데, 모두 이 두 글자가 없다.

316 '염수(猒須)': 스셩한의 금석본에서는 '염수(厭須)'로 쓰고 있으며 각본에도 '염수(厭須)'로 되어 있다. 지명 중에는 아직 '염수(厭須)'를 발견하지 못했는데, 다만, '염차(厭次)'는 있다. '차(次)'자는 '수(須)'자와 행서가 유사하여 이 같은 착오가 있은 듯하다. 그러나 『태평어람』에서 인용한 『광지』에는 '염수구(厭須舊)'라는 세 글자가 없다.

317 '양성(陽城)': 과거에는 모두 양성현이 설치되어 있었는데, 모두 지금 하남성 경내에 있으며, 진나라 때 들어 모두 없어졌기 때문에 '구(舊)'자를 붙였다. '성(城)'은 금택초본의 글자와 같으며 남송본에서는 '부(賦)'자로 잘못 쓰고 있다.

318 '어(御)': 『태평어람』에서 인용한 바에는 '어(御)'자가 없으며, 앞의 '출양주(出涼州)' 다음에 접해 있다.

319 '괴(魁)': 스셩한의 금석본을 보면, '괴'는 탕국을 담는 큰 주발이며, '삼승괴(三升魁)'는 3되들이의 주발이다.(권5 「느릅나무 · 사시나무 재배[種楡白楊]」 주석 참조.)

320 '계지(桂枝)': 스셩한의 금석본에 따르면, 『초학기』 권28과 『용감수감(龍龕手鑑)』「과부」에서는 '주장(柱杖)'이라고 인용하여 쓰고 있는데, 이는 옳다. 그 이유는 길이가 두 자[尺] 남짓으로, 아주 커서 그것이 마치 지팡이와 같기 때문이다.

크기가 두 자에 이른다. 사천 지역의 온식[溫良][321]에는 겨울이 되어도 또한 수확된다. 춘백과(春白瓜)는 외가 작고 외씨도 작아서 저장용 외[藏瓜][322]로 사용하기 좋다. 정월에 파종하고 3월에 수확한다. 추천과(秋泉瓜)는 가을에 파종하고 10월에 수확한다. 양뿔처럼 생겼고 색은 황흑색을 띤다."라고 한다.

尺餘. 蜀地溫良, 瓜至冬熟. 有春白瓜, 細小, 小瓣, 宜藏. 正月種, 三月成. 有秋泉瓜, 秋種, 十月熟. 形如羊角, 色黃黑.

『사기(史記)』에 이르기를, "소평(召平)은 본래 진(秦) 제국의 동릉후(東陵侯)였다.[323] 진이 멸망한 후에 평민[布衣]이 되어서 집안이 가난했는데, 장안의 동문 밖에 외를 심었다. 외가 맛이 좋아 사람들이 '동릉과(東陵瓜)'라고 하였는데, 이것은 소평에서 비롯된 것이다."라고 한다.

史記曰, 召平者, 故秦東陵侯. 秦破, 爲布衣, 家貧, 種瓜於長安城東. 瓜美, 故世謂之東陵瓜, 從召平始.

『한서(漢書)』「지리지(地理志)」[324]에 의하면, "돈황

漢書地理志曰, 燉煌,

321 '양(良)': 스셩한의 금석본에서는 '식(食)'자를 쓰고 있다. 스셩한에 따르면, 『초학기』에서는 '식(食)'자를 '양(良)'자로 쓰고 있으며, 앞 구절과 연결된다. 묘치위 교석본에 의하면, '양(良)'은 각본과 『예문유취』, 『태평어람』에서는 『광지』를 인용하여 모두 '식(食)'으로 쓰고 있으나, 『초학기』에서는 '양(良)'자로 인용하여 쓰고 있으며, 점서본에서도 마찬가지이다.

322 '장(藏)': '장과(藏瓜)'는 곧 미리 보관저장['과저(瓜葅)', '장과(醬瓜)'를 만든다.]을 하는 외이다. '판(瓣)'은 '외씨'이다. 소금에 절여 '저장용 외'를 만드는 데 적당하며 여기에는 '선장(鮮藏)', '건장(乾藏)', '엄장(醃藏)', '장장(醬藏)', '밀장(蜜藏)' 등이 있다.

323 "소평(召平)": 『사기』 권53 「소상국세가(蕭相國世家)」에는 "從召平始"는 "從召平以爲名也"라고 쓰고 있다. 금택초본과 장교본에서는 '소평(召平)'이라고 쓰고 있는데, 『사기』와 마찬가지이며, 명초본과 호상본에서는 '소평(邵平)'이라고 쓰고 있다. '진(秦)'자는 금택초본에서는 모두 '태(泰)'자로 잘못 쓰고 있다.

324 경우본(景祐本) 『한서』에는 '돈황' 아래의 주에 "두림(杜林)은 옛 과주(瓜州)이며, 그 땅에서 맛있는 외가 생산된다."라고 한다.

(燉煌)은 옛날의 과주(瓜州) 지방으로서, 좋은 외가 있었다."라고 한다.

古瓜州, 地有美瓜.

왕일(王逸)의 『과부(瓜賦)』에 이르기를 '낙소(落疏)'[325] 라는 문구이다."라고 한다.

王逸瓜賦曰, 落疏之文.

정집지(鄭緝之)의 『영가기(永嘉記)』[326]에 이르기를, "영가(永嘉)에는 좋은 외가 재배되었는데[327] 8월에 익고, 11월이 되면 과육의 겉 부분이 청록색이 되고, 외속[瓤]은 홍색이 되며, 달콤한 냄새가 나고 아삭아삭하여[328] 모든 외 중에 가장 좋다."라고 한다.

永嘉記曰, 永嘉美瓜, 八月熟, 至十一月, 肉青瓤[87]赤, 香甜清快, 衆瓜之勝.

배연(裵淵)의 『광주기(廣州記)』[329]에서 이르기를, "외가 겨울에 익어서 '금채과(金釵瓜)'로 불렀다."라고 하였다.

廣州記曰, 瓜, 冬熟, 號爲金釵瓜.

325 '낙소(落疏)': '낙소(落疏)'의 윗부분에는 동사가 빠져 있는데 마땅히 '유(有)'자 한 자를 더해야 한다. '낙소'의 두 글자는 아직 뜻을 알 수 없지만 원래는 '소소낙락(疏疏落落)'으로 '드문드문하다', '흩어진다'는 뜻인데 스셩한의 금석본에서는 외의 종류를 가리킨다고 하였다.

326 '『영가기(永嘉記)』': 작자는 정집지(鄭緝之)로, 호립초(胡立初)에 의거해서 고증했는데, 후한 말 남조의 송에서 양(梁) 대에 걸쳐 있는 사람이다. 영가군의 치소는 지금의 절강성 온주시에 있다.

327 금택초본에서는 미과(美瓜)라고 쓰고 있는데, 명초본과 호상본에서는 '양과(襄瓜)'라고 쓰고 있다. 이시진(李時珍)은 『본초강목』에서 "양과는 곧 한과(寒瓜)이고, 이는 곧 수박[西瓜]이다."라고 하였으나, 묘치위 교석본에 의하면 그 때 온주에 이미 수박이 있었는가에 대해서는 아직 정확한 근거가 없다고 한다.

328 '청쾌(清快)': 왕웨이후이[汪維輝], 『제민요술: 어휘어법연구(齊民要術: 詞彙語法研究)』, 上海教育出版社, 2007, 276쪽에서는 "맛이 신선하고 상쾌하다."라고 해석하였다.

329 '『광주기(廣州記)』': 『태평어람』에서 인용한 바에 의거하면 이 단락은 배연(裵淵)의 『광주기』로, 호립초 선생의 고증에 의하면 배연은 대체적으로 후한 시대의 사람이라고 한다.

『설문(說文)』에 이르기를, "영(煢)은 일종의 작은 외이고, 질(瓞)[330]이다."라고 했다.

說文曰, 煢, 小瓜, 瓞也.

육기(陸機)[331]의 『과부(瓜賦)』에는, "괄루(栝樓: 오늘날의 왕과),[332] 정도(定桃),[333] 황편(黃䚡), 백단(白摶),[334]

陸機瓜賦曰, 栝樓, 定桃, 黃䚡, 白摶, 金釵, 蜜

---

330 '질(瓞)': '질(瓞)'자는 위 문장과 관계가 없다. 스성한의 금석본에 이르길 만약 '질(瓞)'자를 빼지 않으면, 『설문해자』에 의거하여 '박(瓝)'자를 보충해야만 '질(瓞)'자를 대체할 수 있다고 한다.

331 '육기(陸機: 261-303년)'는 서진의 문학가로 자는 사형(士衡)이다. 일찍이 성도왕(成都王) 사마영(司馬穎)의 후장군(後將軍), 하북대도독(河北大都督)을 역임했으며, 전쟁에서 패하여 사마영에게 죽임을 당했다. 지금 『육사형집(陸士衡集)』에 전해지는데 결코 완전하지는 않다. 묘치위 교석본에 따르면 『과부(瓜賦)』는 『육사형집』 권1에 있으나 오자가 많은데, 예를 들면 '단(摶)'은 '전(傳)'으로 잘못 쓰고 있으며, '소완(素腕)'은 '소완(素椀)'으로 잘못 표기되어 있어 모두 『제민요술』에 따라 바로잡았다고 한다.

332 '괄루(栝樓)'는 '과루(瓜蔞)'로 불러야 하며, 이는 첨과(甛瓜)가 아니다.

333 '정도(定桃)': 스성한의 금석본에 의하면, 『제민요술』과 『태평어람』에서는 '정도(定桃)'라고 쓰여 있으며, 금택초본에서는 '정제(定提)'라고 쓰여 있는데, 권10 「(46)여감(餘甘)」에서 인용한 『이물지(異物志)』의 "理如定陶瓜"라는 구절에 의거하면 '도(陶)'자가 옳다. '정도(定陶)'는 지명이며, 산동 조주(曹州) 부근이다. 묘치위 교석본에 의하면, '정도(定桃)'는 마땅히 '정도과(定陶瓜)'라고 칭해야 한다고 하였다.

334 "황편백단(黃䚡白摶)": 황편(黃䚡)은 편평하고 둥근 형태의 황색의 외이고, 백단(白摶)은 원형의 흰 외이다. 스성한의 금석본을 보면, 『태평어람』에서는 '황편백단(黃扁白摶)'이라고 하는데, 『초학기』에서는 '단(摶)'을 '박(搏)'으로 쓰고 있다. '편(䚡)'자는 '편(扁)'자와 음이 같으나, 다만 한 글자를 두 가지 글자체로 쓴 것이다. '박(搏)'자는 마땅히 '단(摶)'자가 잘못 쓰였다. '편(扁)'자와 '단(摶)'자는 모두 형상을 가리킨다.["단(摶)"은 오늘날 "단(團)"으로 쓴다.] 또 『육기(陸機)』의 이 문장은 이미 '부(賦)'로 되어 있다. 묘치위 교석본에 의하면, '단'은 둥글다는 의미를 가졌으며, '편'과 상대적인 의미이다. 금택초본에서는 '박'으로 쓰고 있고, 호상본에서는 '전'으로 쓰고 있는데, 모두 형태가 비슷하여 와전된 것이라고 한다.

금채(金釵), 밀통(蜜筩), 소청(小青), 대반(大斑),[335] 현간(玄骭: 청퇴), 소완(素腕), 이수(狸首), 호번(虎蹯)[336]이 있다. 동릉과[東陵]는 진중(秦中)의 계곡[秦谷][337]에서 생산되며, 계수과[桂髓]는 무산(巫山)에서 생산된다."라고 한다.

筩, 小青, 大斑, 玄骭, 素腕, 狸首, 虎蹯. 東陵出於秦谷, 桂髓起於巫山也.

외씨를 거두는 방법[收瓜子法]: 매년 '아들덩굴에서 가장 먼저 달린 외'를 가려 따서[338] 양쪽 끝을 잘라 내고, 단지 가운데 부분의 종자를 취한다.[339] '아들 덩굴에 달린 외'는 갓 자라나서 몇

收瓜子法. 常歲歲先取本母子瓜, 截去兩頭, 止取中央子. 本母子者, 瓜生

335 '소청(小青)'은 작고 껍질이 푸른 외이고, '대반(大斑)'은 얼룩무늬가 있는 외이며, 모두 참외이다.

336 '이수(狸首)', '호번(虎蹯)'은 원추형 혹은 누운 계란형이고, 과일 껍질에는 울퉁불퉁한 얇은 홈이 있거나 불규칙한 얇은 세로무늬가 있으며, 혹은 참외의 변종으로 '불수과(佛手瓜)'라고 인식되고 있지만, 반드시 옳은 것은 아닌 듯하다. 금택초본 등에서는 '번(蹯)'으로 쓰고 있고, 『예문유취』, 『초학기』, 『태평어람』에서는 육기의 『호부(虎賦)』를 인용하여 같이 쓰고 있으며, 명초본과 호상본에서는 '반(蟠)'으로 쓰고 있는데 묘치위는 이것이 옳지 않다고 보았다. '번(蹯)'은 짐승의 발바닥으로서 호번(虎蹯)은 곧 『광아』에서 말하는 '호랑이 발바닥'이다.

337 '진곡(秦谷)': 금택초본에서는 '태곡(泰谷)'이라고 쓰고 있다. 스셩한에 따르면, '동릉과(東陵瓜)'는 장안성 동쪽에서 생산되기 때문에 다만 '진(秦)'이라고 할 수 있다. 옛 지역의 이름으로, 지금의 섬서성 중부 평원 지역으로, 춘추 시대에는 진나라의 속하였기에 얻은 이름이며, 관중이라고도 칭한다.

338 '본모자과(本母子瓜)': 묘치위 교석본에 따르면 참외[甛瓜]는 주된 덩굴 위에는 외가 달리지 않으며, 가지 덩굴 위의 암꽃에 비로소 외가 달린다. 주덩굴은 어미덩굴이라고 칭하며, 가지덩굴은 아들덩굴이라고 칭하고, 아들덩굴에서 나온 가지는 손자덩굴이라고 한다. '본모자과(本母子瓜)'는 대개 어미덩굴에 가까운 뿌리 근처에 자식 덩굴 위에서 가장 먼저 맺히는 외를 가리킨다. 참외의 변종인 월과, 채과도 곁 덩굴 위에 외가 달린다. 호박[南瓜], 수박[西瓜], 동아[冬瓜] 등은 차이가 있는데, 주덩굴 위에 달리며, 비교적 빨리 맺힌다고 한다.

339 '지취중앙자(止取中央子)': '본모자과(本母子瓜)'의 모든 외씨가 적합한 것은 아니

개의 잎이 달린 후에 열매가 달린다. 이 같은 씨는 열매가 빨리 달린다.[340] 중간 부분의 외씨를 사용하여, 외의 덩굴이 두세 자[尺]로 자라면 비로소 열매가 달리게 된다. 늦은 외의 씨를 사용하여 파종한 외 모종은 덩굴이 충분히 자란 후에 비로소 외가 달리고 늦게 성숙한다. 이른 외의 씨를 파종하면 빨리 성숙하나 외는 작다. 늦은 외의 씨를 파종하면 성숙은 늦지만, 외는 크다.[341] (따라서 사용하려고 하는 외의) 양 끝 부분의 씨는 버리는데 (왜냐하면) 꼭지에 가까운 외씨는 달린 외가 구부러지고 가늘어지며, 외의 머리 부

數葉, 便結子. 子復早熟. 用中輩瓜子者, 蔓長二三尺, 然後結子. 用後輩子者, 蔓長足, 然後結子, 子亦晩熟. 種早子, 熟速而瓜小. 種晩子, 熟遲而瓜大. 去兩頭者, 近蔕子, 瓜曲而細, 近頭子, 瓜短而喎. 凡瓜, 落疏靑黑者

다. 이것은 한 개의 외 속의 종자라 할지라도 서로 부위가 다르면, 형성 조건도 다르기 때문에 성질도 다르다. 묘치위 교석본에 의하면 중앙의 종자는 형성이 빠르고 씨가 아주 충실하여, 비교적 강한 생활력과 생리적 특성을 지니고 있어서, 파종하면 많이 생산되고 빨리 익는 특성을 지니고 있다. 외의 양 끝의 종자는 늦게 형성되고 생활력이 모자라 파종을 하더라도 외 모종의 생장이 약하고 양분도 부족하여 씨방의 발육 또한 좋지 않기 때문에, 짧고 비틀린 기형적인 외가 생산된다고 한다.

340 '자복조숙(子復早熟)': 다음 대의 외가 달리는 것이 빠르다. 스성한은 "아들덩굴에서 가장 먼저 달린 외의 씨는 열매를 비교적 빨리 맺으며, 또 빨리 익는다."라고 해석하였다. 묘치위 교석본에 따르면 참외[甛瓜]는 자웅동주이나 꽃이 다른 종류이며, 뿌리 근처에서 가장 먼저 뻗어난 자식 덩굴 위의 첫 번째, 두 번째 잎 겨드랑이에서 암꽃이 자라 외가 가장 빨리 맺힌다. 친자 관계에 의해서 서로 유전되는 습성 때문에 그 외는 조숙성을 지니고 있으며, 파종하게 되면 대를 이어 외가 빨리 열린다. 동시에 중앙 부위의 외씨도 조숙성을 지닌다. 이와 같은 것은 두 가지의 조숙성을 지닌 외씨는 대를 이어서도 계속 종자로 선택하면, 외의 성숙이 빨라져 일찍 익는 품종을 배양할 수 있다고 한다.

341 묘치위 교석본에 의하면, 조숙한 품종의 외 혹은 같은 그루의 아랫부분에 간혹 빨리 달리는 외는 일반적으로 충실하지만 비교적 작다. 늦게 익거나 간혹 늦게 열리는 외는 대개 과실은 비교적 크다. 참외뿐만 아니라 나머지 외도 이와 같은 특성을 지닌다고 한다.

분에 가까운 외씨는 달린 외가 크기가 짧고 비틀려 있다.[342] 외 중에서 '낙소(落疏)'와 검푸른 것은 모두 맛이 좋으며,[343] 황백색이고 얼룩무늬가 있는 것은 비록 크기는 크지만 맛은 좋지 않다. 만약 맛이 쓴 외를 파종할 경우 열매는 비록 성숙해서 농익으면 단 향기가 있지만 맛은 여전히 쓰다.

爲美, 黃白及斑, 雖大而惡. 若種苦瓜子, 雖爛熟氣香, 其味猶苦也.

또 씨를 거두는 다른 방법: 외를 먹었을 때 맛이 좋으면 씨를 거두어 둔다. 즉시 가는 겨와 잘 버무려 햇볕에 말린다. (햇볕에 바싹 말리지 말고) 손으로 주물러[344] 뭉친 겨를 풀어서 키질을 하고 깨끗하게 하여 또 잠깐 말린다.

又收瓜子法. 食瓜時, 美者收取. 即以細糠拌之, 日曝向燥. 挼而簸之, 淨而且速也.

좋은 땅은 소두小豆를 재배한 곳이 가장 좋고, 그다음으로 기장을 심었던 땅이 좋다. (이 두 종류의 곡물을) 베고 바로 갈아엎어 여러 차례 뒤집는다.[345]

良田, 小豆底佳, 黍底次之. 刈訖即耕, 頻煩轉之.

2월 상순에 파종하는 것이 가장 좋은

二月上旬種者爲

342 '괘(喎)': 오늘날에는 '왜(歪)'자로 쓴다.

343 '낙소(落疏)'는 외 껍질 위에 줄무늬가 듬성듬성하게 새겨진 것을 말한다. 왕일(王逸) 『과부(瓜賦)』의 '낙소지문(落疏之文)'에는 이와 같은 해석이 있는데, 권10 「(46)여감」에서는 "'꽃무늬가 보이는데, 마치 정도(定陶)의 외와 같다."라고 한다. 이는 곧 여과의 껍질 위의 세로의 흰색 줄이 마치 정도과의 줄무늬와 같아서 이를 낙소라고 하는 것이다. 정도(定陶)는 지금의 산동성 정도현이다.

344 '뇌(挼)': 양손으로 비비는 것을 일러 '뇌(挼)'라고 한다.

345 '빈번(頻煩)': 거듭한다는 의미로, 『제민요술』에서는 늘상 이와 같은 말을 사용한다.

시기이고,[346] 그다음은 3월 상순이 좋으며, 4월 상순이 가장 좋지 않은 때이다. 5월과 6월 상순에는 '저장용 외[藏瓜]'[347]를 파종한다.

上時, 三月上旬爲中時, 四月上旬爲下時. 五月六月上旬, 可種藏瓜.

일반적인 파종법[凡種法]: 먼저 물로 외씨를 깨끗이 일고 소금을 넣어 버무린다. 소금에 버무리면 질병으로 죽지 않는다.[348] 먼저 호미와 누거를 눕혀 (지면과 평평하게 해서) 마른 흙을 제거한다.[349] 땅의 마른 흙을 긁어내지 않으면, 구덩이가 깊고 크다 하더라도 항상 마른 흙이 그 속에 섞여 있기 때문에 외가 싹 틔우기가 쉽지 않다. 그런 연후에 말통

凡種法. 先以水淨淘瓜子, 以鹽和之. 鹽和則不籠死. 先臥鋤耬却燥土. 不耬者, 坑雖深大, 常雜燥土, 故瓜不生. 然後培坑, 大如斗口, 納瓜子

346 묘치위 교석본에 의하면, 황하 하류 지역에서는 대개 4월 하순에 참외를 파종하는데, 지나치게 빠르면 늦서리를 맞아 해를 입게 된다. 『제민요술』에서는 음력 2월 상순에 노지에 직파하는 것을 가장 좋은 시기로 삼으며, 파종 시기는 비교적 빠르다고 한다.

347 '장과(藏瓜)'는 가을 외로 장을 담가 저장하는 것을 가리킨다.

348 '롱사(籠死)': 청대 노남(魯南) 지역의 『농포편람(農圃便覽)』에는 청명일에 참외를 파종한다고 하면서, "참외의 파종은 소금물로 씻고, 거름과 흙을 부드럽게 섞어 파종하는데, 파종하면 이내 씻은 종자에 소금물을 뿌려서, 소금기가 있으면 벌레가 생겨 죽지 않는다."라고 한다. 묘치위 교석본에 의하면 지금의 북방의 외 농사를 짓는 농부는 여전히 소금물에 종자를 담근다. 오늘날 소남(蘇南) 등지에서는 외에 질병의 종상이 있는 것을 '농(籠)'이라고 일컫는데, 소금을 종자에 버무리게 되면 독과 질병을 방지할 수 없다고 한다.

349 '와서(臥鋤)': 호미를 옆으로 눕혀 지면에 평평하게 붙이는 것을 말한다. '누각(耬却)'은 끌어모으거나 긁는 것이다. 긁지 않은 상층부의 마른 흙을 긁어내지 않으면 마른 흙이 구덩이 속에 섞여 들어가서 수분이 없어지고 부족하게 되어서 싹이 잘 틀 수 없다.

의 아가리[斗口] 크기의 구덩이를 파고[350] 햇볕이 쪼이는 방향의 흙무더기 위에 4개의 외씨와 콩[大豆] 3알을 넣는다. 농언에 이르기를, "외는 흙더미 위에 파종한다."[351](이는 곧 햇빛이 비치는 곳에 외를 파종한다는 말이다.)라고 하였다. 외가 자라 몇 장의 잎이 자라나면 콩을 따 준다[掐]. 외의 모종은 본래 연약하여 홀로 (땅을 뚫고) 생장하지 못하기 때문에 콩 모종의 힘을 받아 흙을 뚫고 나온다.[352] 외가 자란 후에

四枚大豆三箇於堆旁向[88]陽中. 諺曰, 種瓜黃臺頭. 瓜生數葉, 掐[89]去豆. 瓜性弱, 苗不獨生, 故須大豆爲之起土. 瓜生不去豆, 則豆反扇瓜, 不得滋茂. 但豆斷汁出, 更成良潤. 勿拔之.

---

350 '부(掊)': 지금의 '포(刨)'자와 같으며 구덩이를 깎거나 구덩이를 파는 것을 의미한다.

351 『구당서(舊唐書)』·『신당서(新唐書)』 「승천황제담전(承天皇帝倓傳)」에는 "외를 흙더미 위에 파종하니 외가 익어 열매가 주렁주렁 달리네."라고 하였다. 이 문장의 '황대두(黃臺頭)'는 바로 '황대하(黃臺下)'의 의미이다. 구덩이를 팔 때 파낸 흙을 북쪽에 쌓아 둔다. 이 흙이 더미를 이루는데 이것이 '황대(黃臺)'이다. '황(黃)'은 '황토[황니(黃泥)]'를 가리키는데 어떤 사람은 '황두(黃豆)'라고 하여 헷갈리게 하고 있다. 묘치위 교석본에 따르면 외를 흙더미 아래 구덩이 속에 햇빛을 향해서 파종을 하는 것이 바로 '퇴방향양중(堆旁向陽中)'에 파종하는 것이다. 이것은 노지에 구덩이를 파서 직파하는 것으로, 오늘날에도 항상 구덩이 북쪽에 쌓아 둔 작은 흙무더기는 바람막이 작용을 한다. '두(頭)'는 하두(下頭)의 의미이며 머리꼭대기로 해석할 수는 없다.

352 '기토(起土)'는 표토층을 뚫고 흙을 일으켜서 참외씨의 떡잎이 땅을 뚫고 나오는 것을 도와준다. 콩[大豆]의 종자가 흙을 뚫고 나오는 힘이 비교적 강하여 비교적 빨리 싹이 튼다. 외씨는 평평하게 눕혀 두어야 하며 옆으로 놓아두거나 거꾸로 놓아두면 '대모(帶帽: 씨가 싹이 나올 때 씨껍질을 쓰고 나옴)'현상이 발생하기 쉽다. 묘치위 교석본에 의하면, 외 모종이 자라서 몇 장의 본 잎이 나올 때 즉시 콩의 모종을 꺾어서 그늘을 차단하여 그늘 때문에 외 모종이 신진대사를 순리적으로 진행하는 것을 방해받지 않도록 해야 한다. 아울러 콩의 싹에 잘린 부분에서 즙이 흘러나오면 토양의 물기를 다소나마 제공하는 작용을 한다. 그러나 뽑지 않으면 토양이 갈라지고 푸석해질 뿐 아니라 쉽게 마르고 또한 모종의 뿌리도 상

콩 모종을 꺾지 않으면 콩이 오히려 외의 햇볕을 가려 외가 왕성하게 자랄 수 없다. 콩 모종을 꺾으면 즙이 흘러나와 토양이 촉촉해진다. 절대 뽑아서는 안 된다. 뽑게 되면 흙이 들떠서 마르기 쉽다. 호미질한 횟수가 많으면 결실도 많아지며, 호미질을 하지 않으면 결실도 적어진다.[353] 오곡, 채소 및 과일과 열매[354] 종류들은 모두 이와 같다.

拔之則土虛燥也.

多鋤則饒子, 不鋤則無實. 五穀蔬菜果90蓏之屬, 皆如此也.

5·6월에는 늦외[晩瓜]를 파종한다.

五六月種晩瓜.

외의 질병을 퇴치하는 법:[355] 아침 일찍 이슬이 아직 맺혀 있을 때 지팡이로 외 덩굴을 들어 뿌리 부근에 재를 뿌려 준다. 하루 이틀이 지나고 다시 흙으로 뿌리 위를 북돋아 주면 훗날 벌레가 생기지 않는다.

治瓜籠法. 旦起, 露未解, 以杖擧瓜蔓, 散灰於根下. 後一兩日, 復以土培其根, 則迥無蟲矣.

외를 심는 또 다른 방법: 이런 방식에 의거하여 외를 심으면 10무의 땅에 파종하더라도 100무[一頃]의 땅에 파종하는 것보다 낫다. 비옥한 땅에 먼저 늦조를

又種瓜法. 依法種之, 十畝勝一頃. 於良美地中, 先種晩禾.

한다. 외 모종은 비록 자란 후에는 물을 싫어하지만 어린 모종일 때는 특별히 촉촉한 환경을 좋아하기 때문에, 흙이 마르면 곧 말라죽게 된다. 이러한 상황에서 볼 때 『제민요술』은 촉진과 조절을 병행하는 재배기술을 반영하고 있음을 알 수 있다고 한다.

353 『제민요술』에서는 간혹 '무(無)'자를 '소(少)'자로 사용하고 있는데, 대부분 의미를 확대시키기 위함이며, '무실(無實)'은 곧 '소실(少實)'이다.

354 여기에서 '나(蓏)'는 오곡, 채소, 과일을 제외한 외[瓜] 종류에 속한다.

355 '단기(旦起)'에서 '형무충의(迥無蟲矣)'까지는 원래 두 줄의 작은 글자로 되어 있었지만 묘치위 교석본에서는 큰 글자로 바꾸어 적고 있다.

파종한다. 늦조는 땅을 보드랍게 해 준다.[356] 조가 익으면 베어서[357] 이삭만 취하고 길게 그루터기[358]를 남겨 둔다. 가을이 되면 갈아엎는다. 갈아엎는 방법은 볏을 떼어 내고,[359] 그 둘레를 돌며 역경逆耕을 하는 것이다.[360] 볏을 떼어 내고 갈기 때문에, 조의 그루터기가 여전히 튀어나와 있어 땅속에 묻히지 않는다. 봄이 되어 다시 순경順耕을 하는데, 여전히 볏을 떼

晩禾令地膩. 熟, 劁刈取穗, 欲令茇長. 秋耕之. 耕法, 弭縛犂耳, 起規逆耕. 耳弭則禾茇頭出而不沒矣. 至春, 起復順耕, 亦弭縛犂耳翻之, 還令草頭出. 耕

356 '이(膩)': 윤기가 있고, 비옥하고, 보드랍다는 의미이다.

357 '초(劁)': 『옥편』에 의거하면, '초(劁)'는 '베다[刈]'의 의미이다.

358 '발(茇)': 화본과(禾本科) 작물이 땅 속에 남아 있는 '그루터기[茬]'이다.

359 '미박리이(弭縛犂耳)': 이이(犁耳)'는 곧 쟁기의 볏이다. '미(弭)'는 정지하여 사용하지 않는다는 의미이다. '미박리이(弭縛犂耳)'는 쟁기 볏을 떼어 내는 것이다. 쟁기 볏을 떼어 내고 간 흙덩이는 뒤집어지지 않기에 조의 그루터기가 여전히 땅 위에 그전처럼 드러난다. 다음 문장에 연이어 두 개의 '박(縛)'자가 등장하는데, 금택초본, 호상본에서는 글자가 같지만 명초본에서는 '전(縳)'으로 쓰여 있다.

360 '기규역경(起規逆耕)': 순경(順耕)은 내번법(內翻法)으로 밭의 중간에서 갈아 돌면서 밖으로 향하기에 갈아엎는 것[垡片]이 안으로 향하며, 역경(易耕)은 곧 외번법(外翻法)으로 밭의 한 변에서부터 갈기 시작하여 안으로 원을 그리면서 갈이하기에 갈아엎는 것이 밖으로 향한다. 묘치위 교석본에 의하면, 『통속문(通俗文)』에서는 "둥근 원을 재는 것을 규(規)라고 한다."라고 했으며, 이는 곧 둘레를 그리는 것이다. 여기서의 경법은 곧 밭의 우측에서 갈아서 끝부분에서 좌측으로 향해 갈면서 원을 그리며 밭 가운데에 이르게 하는데, 이는 마치 오늘날 경작 방법에서 말하는 '외번법(外翻法)'이다. 다음 문장의 순경(順耕)은 곧 좌측에서 우측을 향해서 빙 두르면서 가는 것으로 이것은 역경(逆耕)과 상반된 방향의 경작방식이다. 이른바 순경과 역경은 원을 그리면서 빙 두르는 형상으로서 좌측에서 우측의 방향으로 하는 것이 순경이고, 반대로 하는 것이 역경이라고 한다. 보다 상세한 내용과 그림은 딩지엔추안[丁建川], 「王禎農書緻耕」 『中國農史』 2013年 1期 참조.

어 내고 갈이하면, 이전과 같이 그루터기가 다시 드러난다. 끌개[勞]질하여 흙덩이를 깨고 평평하게 해 준다.

訖, 勞之, 令甚平.

(그 이듬해) 올조를 파종할 때 외를 파종한다. 파종하는 방식은 반드시 행렬을 바르게 지어서[361] 두 줄은 서로 약간 좁게 하고, 그 외의 두 줄과 중간의 두 줄 사이는 약간 떨어지게 해서 중간에 사람이 다닐 수 있는 길을 만든다. 길 밖에는 또한 두 줄의 간격을 좁게 한다. 이와 같이 하여, 네 줄의 작은 길 간격마다 하나의 수레길[車道]을 만든다. 무릇 1경頃의 땅에는 십자 형태의 큰 길을 만들어서 두 대의 큰 수레가 지나다니게 하여 운반하도록 한다. 딴 외는 모두 네거리[十字路]의 가운데에 모아 둔다.

種稙[91]穀時種之. 種法, 使行陣整直, 兩行微相近, 兩行外相遠, 中間通步道. 道外還兩行相近. 如是作次第, 經四小道, 通一車道. 凡一頃[92]地中, 須開十字大巷, 通兩乘車, 來去運輦. 其瓜, 都聚在十字巷中.

외가 싹이 터서 꽃이 피기 시작하면, 반드시 서너 차례 잘 호미질하여 풀이 자라지 못하도록 한다. 풀이 자라면 외를 압박하

瓜生, 比至初花, 必須三四遍熟鋤, 勿令有草生. 草生,

361 '진(陣)'은 배열한다는 의미이고, '행진(行陣)'은 행렬을 뜻하며, 바르고 곧아야 한다. 묘치위 교석본에 의하면, 행렬을 바르게 하는 방법은 두 줄은 붙이고, 두 행렬 사이에는 약간 넓게 띄어서 사람이 지나갈 수 있도록 하는 것이다. 사람이 지나가는 네 개의 길 밖에 다시 좀 더 넓은 공간을 확보하여 수레가 지나가도록 한다. 다시 큰 넓이의 외를 심을 땅은 종횡으로 두 줄의 십자대로를 설치하여 그 넓이는 두 개의 수레가 통과할 수 있도록 해야만 편리하게 외를 실어 나를 수 있다고 한다.

여[362] 외가 결실을 맺지 못하게 된다. 호미질하는 방법은 조의 그루터기를 모두 세워 똑바로 서게 하는 것이다. 외의 덩굴의 뿌리 부분의 우묵하게 하고, 그 주변 사방의 흙은 높게 북돋아 준다.[363] 작은 비가 내릴 때도 물이 그 속에 고이도록 한다. 외의 덩굴이 뻗어 날 때 모두 조의 그루터기를 타고 위로 자라게 하는데, 그루터기가 많으면 외도 많아지고, 그루터기가 적으면 외도 적어진다. 그루터기가 많으면 덩굴이 넓게 뻗어 가며, 덩굴이 넓게 뻗으면 가지 덩굴이 많아지고, 가지 덩굴이 많아지면 열매도 많이 맺는다. 외는 반드시 가지가 나누어지는 부위에서 달리는데, 가지가 나뉘지 않는 부위에서 핀 꽃은 모두 쓸데없는 꽃[浪花]으로서 결국 외가 달리지 않는다.[364] 이 때문에 반드시 덩굴이 조의 그루터기 위로 기어오르도록 해야 하며, 외는 반드시 덩굴 아래쪽에 달린다.

외 따는 법[摘瓜法]: 외밭의 고랑[步道]에서

脅瓜無子. 鋤法, 皆起禾茇, 令直豎. 其瓜蔓本底, 皆令土下四廂高. 微雨時, 得停水. 瓜引蔓, 皆沿茇上, 茇多則瓜多, 茇少則瓜少. 茇多則蔓廣, 蔓廣則歧多, 歧多則饒子. 其瓜會是歧頭而生, 無歧而花者, 皆是浪花, 終無瓜矣. 故[93]令蔓生在茇上, 瓜懸在下.

摘瓜法. 在步道

362 '협(脅)': 옆에서 압박하는 것을 '협(脅)'이라고 한다.

363 '토하사상고(土下四廂高)': 외의 넝굴의 뿌리 부분은 흙이 움푹하게 하고, 주위의 사방은 높게 하여 사발 모양을 이루도록 하는 것이다. 이로 인해서 비가 조금만 내릴 때에도 물이 사발 속에 모이게 된다.

364 '낭화(浪花)'는 숫꽃으로서, 꽃이 피더라도 외가 달리지 않는다. '기(歧)'는 가지덩굴이다.

손을 뻗어 딴다. 조심성 없는 사람에게 맡겨서 외의 덩굴을 밟거나 뒤집게 해서는 안 된다. 밟으면 덩굴 줄기가 부러지고 덩굴을 뒤집으면 (외가 제대로 자라지 못하고) 가늘어진다.[365] 이같이 하면 외가 왕성하게 자라지 못하고 또한 덩굴도 일찍 말라죽는다. 만약 (조의) 그루터기[茇]가 없이 외를 파종하게 되면, 땅이 비록 기름질지라도 단지 긴 덩굴만 죽 뻗고[366] 곁가지를[367] 많이 치지 않아 외가 적게 열린다. 만약 조의 그루터기가 없는 곳이라면[368] 마른 가지를 세워 주어도 좋다. 무릇 마른 가지와 풀은 외가 무성하게 자라는 데 방해되지 않는다.[369] 무릇 외의 그루가 일찍 쇠하는[早爛][370] 까닭은 모두 발로 덩굴을 밟아 상하게

上引手而取. 勿聽浪人踏瓜蔓, 及翻覆之. 踏則莖破, 翻則成細. 皆令瓜不茂而蔓早死. 若無茇而種瓜者, 地雖美好, 正得長苗直引, 無多盤歧, 故瓜少子. 若無茇處, 豎乾柴亦得. 凡乾柴草, 不妨滋茂. 凡瓜所以早爛者, 皆由脚躡及摘時不慎, 翻動其蔓故也. 若

365 '성세(成細)'는 외가 길게 자라는 것으로 외 덩굴을 뒤집으면 참외뿐 아니라 일반적인 외도 이와 같이 되며, 그 외는 종종 생장이 멈추고 심지어는 녹색을 잃고 말라서 누레진다.

366 '정(正)'은 '지(止)'의 의미이다. 위진남북조시대에는 늘상 '지(止)'의 의미로 사용되었다.

367 '반기(盤歧)': 구부러지고 교차된 가지덩굴을 의미한다. '반(盤)'은 원래는 '반(槃)'으로 쓰여 있으며, 글자는 동일하다. 『제민요술』에는 두 글자가 모두 보이나, 묘치위 교석본에서는 '반(盤)'자로 통일해서 썼다.

368 '약무발처(若無茇處)': 외의 덩굴이 길게 뻗어나가는 곳에 바로 닿는 조의 그루터기가 없는 곳을 가리킨다. 이때 약간 마른 가지를 꽂아서 조의 그루터기를 대신할 수 있다.

369 이것은 재생능력이 있는 살아 있는 가지를 꽂아서는 안 됨을 말하는 것으로, 묘치위 교석본에 의하면, 만약 살아서 자란다면 양분을 빼앗을 뿐 아니라, 외잎과 더불어 햇빛을 다투어 외가 당연히 무성하게 자랄 수 없게 된다고 한다.

하거나, 외를 딸 때 조심하지 않아서 덩굴을 뒤집어 일으켰기 때문이다. 만약 이치에 따라서 잘 보호한다면 서리가 내리고 잎이 마를 때까지 외를 딸 수 있다. 다만 이 같은 방법에 따라서 파종하면 올외, 늦외, 중간외로 구분해서 파종할 필요가 없다.

以理愼護, 及至霜下葉乾, 子乃盡矣. 但依此法, 則不必別種早晩及中三輩之瓜.

외 구종법[區種瓜法]: 6월에 비가 내리면 녹두菉豆를 파종한다. 8월에 쟁기로 갈아엎어서 녹두를 땅속에 파묻는다. 10월에 또 한 번 갈아엎고 10월중에 외를 파종한다.[371] (구덩이

區種瓜法. 六月雨後種菉豆. 八月中犂稚殺之. 十月又一轉, 即十月中

370 『방언(方言)』 권7에서는 "난(爛)은 농익어 문드러지는[熟] 것이다."라고 하였다. 묘치위 교석본에 따르면 완전히 다한다는 뜻으로 의미가 확장되어서 대체로 '다하다[闌]'와 상응하지만 결코 문드러지는 것은 아니다. 조란(早爛)은 외의 그루가 일찍 쇠하여 과수원을 지나치게 빨리 닫는다는 의미이다. 아래 문장에서는 만약 밟지 않거나 덩굴을 뒤집지 않고 신중히 관리한다면 늦게 첫서리가 내릴 때까지 외를 딸 수 있다. 이것은 생육기가 긴 품종에서 가능하지만 가을비가 지나치게 많은 것을 막아야 하며 높고 건조한 땅에 파종할 때는 배수처리를 잘해야 한다.

371 10월 중에 외를 파종한다는 의미는 다음 문장의 10월에 동아[冬瓜], 월과(越瓜), 박[瓠子]과 가지를 구종하는 것으로, 이는 모두 겨울에 외와 가지를 파종하는 방법이다. 묘치위에 의하면, 외와 가지는 모두 높은 온도를 좋아하는 채소로서 그 생육기간은 고온의 계절에 해당하여 결실이 많고 좋은 과실을 맺는 데 유리하지만 추위를 견디지 못하여 서리를 맞으면 이내 죽는다. 오늘날 겨울에 파종한 것은 결코 노지에 파종한 것이 아니다. 노지의 토양이 아직 얼기 전에 종자를 파종하여 겨울에 싹이 나면 충분히 물을 주고 땅속에 묻힌 채로 겨울을 나면 이듬해 봄에 비교적 빨리 싹이 트게 된다. 『제민요술』에는 모두 눈을 모으는 방법을 제시하고 있는데 이는 추위를 막고 습기를 보존하는 데 매우 큰 작용을 한다. 그러나 만약 봄이 되어 얼음이 녹으면 눈물[雪水]이 지나치게 많아지고 신속하게 스며들지 못할 때 (하층의 토양이 여전히 해동되지 않아서 물을 밀어낸다.) 종자가

의) 규격은 두 보 간격으로 하나의 구덩이를 만든다. 구덩이의 크기는 동이 아가리의 크기같이 하고 깊이는 5치[寸]로 한다. (구덩이 주변에) 흙을 끌어 모아서 채소의 이랑처럼 만든다. 구덩이 바닥은 평평하게 해 주며 발로 밟아서 수분을 유지하도록 해 준다. 외씨와 콩[大豆]을 각각 10개씩 구덩이 안에 배치한다. 외씨와 콩은 각각 짝이 되게 배치한 것은 (콩의 힘을) 빌려 토양을 뚫고 나오게[372] 하기 위한 까닭이다.[373] 윗면에 5되[升]의 거름을 덮어 주며 또 평평하게 골라준다. 또 10되 가량의 흙을 얇게 거름 위로 다시 깔고 발로 가볍게 밟아 준다. 겨울에 큰 눈이 내릴 때 급히 (사람들의) 힘을 빌려 외를 파종한 구덩이 위에 눈을 쌓아서 큰 무더기를 만든다. 봄이 되면 풀이 자라 나올 때 외도 싹이 튼다. 줄기와 잎이 튼튼하고 무성해져서 일반적인 외의 모습과는 다르다. 토양이 항상 촉촉하여 가물어도 해를 입지 않는다.[374] 5월

種瓜. 率兩步爲一區. 坑大如盆口, 深五寸. 以土壅其畔, 如菜畦形. 坑底必令平正, 以足踏之, 令其保澤. 以瓜子大豆各十枚, 遍布坑中. 瓜子大豆, 兩物爲雙, 藉[94]其起土故也. 以糞五升覆之. 亦令均平. 又以土一斗, 薄散糞上, 復以足微躡之. 冬月大雪時, 速併力推雪於坑上爲大堆. 至春草生, 瓜亦生. 莖葉肥茂, 異於常者. 且常有潤澤, 旱亦無

싹이 트는 데 불리하게 된다.

372 '기토(起土)': 스셩한의 금석본에서는 토양을 느슨하게 한 후에 위를 향해 솟는다고 풀이하였다.

373 '자(藉)': 두 가지를 쌍(雙)이 되게 한다는 것은 외씨와 콩이 서로 짝이 되어서 파종한다는 것을 가리키며 '자(藉)'는 콩[大豆]이 흙을 일으킨다는 뜻이다.

374 『제민요술』의 지역은 가물고 건조하며 비가 적어 강우량이 부족한 자연 조건 속에서 진행되는 한전 농업 생산지역으로서, 비를 극히 중시할 뿐 아니라 눈 또한

에 외가 익는다. 그 사이에 콩의 싹을 따 주며 외밭을 호미질하는 방법은 일반적인 (앞에서 지적한) 방식과 같다. 만약 (10개의) 외씨가 모두 싹이 트면 너무 조밀하기 때문에 마땅히 약간은 꺾어 주어야 한다. 구덩이 한 개에 4그루 정도 남기면 충분하다.

害. 五月瓜便熟. 其掐 95 豆鋤瓜之法與常同. 若瓜子盡生則太概, 宜掐去之. 一區四根即足矣.

또 다른 방법: 겨울에 외 몇 개를 따끈한 쇠똥 속에 넣고, 얼면 즉시 모아서 그늘진 곳에 쌓아 둔다. 땅의 크기를 헤아려서 사용할 한도를 정한다. 정월에 땅이 풀리면 즉시 갈아엎어서 습기가 있을 때 파종한다.[375] 대략 사방 한 보에 열 되의 거름을 주고 땅을 갈아서 그 위에 덮는다. (그러면) 싹이 건강하고 무성하게 자라서 일찍 익는다. 비록 구덩이에 파종[구종]에 미치지 않을지라도 보통의 외보다는 훨씬 튼튼하다. 생똥[376]을 땅에 시비하면 지력을 돕지 못하는

又法, 冬天以瓜子數枚, 内熱牛糞中, 凍即拾聚, 置之陰地. 量地多少, 以足爲限. 正月地釋即耕, 逐䁪布之. 率方一步, 下一斗糞, 耕土覆之. 肥茂早熟. 雖不及區種, 亦勝凡瓜遠矣. 凡生糞糞地無

충분히 보존하고 이용한다. 묘치위 교석본에 따르면, 눈을 모으고 눌러서 습기를 보존하는 조치를 취하는 것으로서 매우 효과적이라고 한다. 눈을 눌러서 겨울날 노지에 아욱을 파종하는 데 사용하는데 습기를 보존하는 효과가 오랫동안 계속되어서 봄 가뭄을 벗어날 수가 있으며, 이듬해 4월 이전에는 줄곧 가뭄 걱정을 하지 않게 된다. 이 때문에 땅이 실하고 습기를 보존하는 것은 눈의 기운이 아직 다 하지 않았기 때문이라고 한다.(권3의 「아욱 재배[種葵]」.) 눈을 쌓으면 구덩이 속에 쌓은 눈이 습기가 있기 때문에 마찬가지로 봄 가뭄을 넘길 수 있으며 5월에 여름비가 내려 참외가 비를 두려워할 때 외는 이미 익게 되어서 재배가 끝나고 조숙한 참외가 생산되어 먹을 수 있다고 한다.

375 '상(䁪)'은 '장(塲)'으로도 쓰며(본권 「기장[黍穄]」 참조.) 곧 지금의 상(墒)자에 해당된다. 습기를 좇아 파종한다는 말은 곧 물기가 모일 때 파종한다는 의미이다.

데,[377] 만일 (생똥을) 부숙한 거름보다 많이 사용하면 땅이 (상대적으로) 다소 좋지 않게 된다.

勢, 多於熟糞, 令地小荒矣.

개미가 있으면 골수가 붙어 있는 소와 양의 뼈를 외 그루 부근에 놓아두고 개미가 (뼈 위로 기어오르는 것을) 기다려서 붙어 있는 채로[378] 내다 버린다. 2-3차례 내다 버리면 개미가 없어진다.

有蟻者, 以牛羊骨帶髓者, 置瓜科左右, 待蟻附, 將棄之. 棄二三, 則無蟻矣.

범승지氾勝之의 외 구종법[區種瓜]: "1무의 땅에 24개의 구덩이를 지으며 구덩이[區][379]의 직경은 3자[尺], 깊이는 5치로 한다.[380] 매 구획마

氾勝之區種瓜. 一畝爲二十四科, 區方圓三尺, 深五

376 '생분(生糞)': 사람의 갓 배출한 똥으로 부숙하지 않은 것이다. 이것은 인분을 사용한 최초의 예이다. 최덕경, 『동아시아 농업사상의 똥 생태학』, 세창출판사, 2016; 왕웨이후이[汪維輝], 『제민요술: 어휘어법연구(齊民要術: 詞彙語法硏究)』, 上海敎育出版社, 2007, 289쪽에서는 '부숙하지 않은 똥'이라고 해석하고 있다.

377 '세(勢)': 묘치위 교석본에 의하면 금택초본에서는 '숙(熟)'으로 잘못 쓰고 있다. 또한 이 주석은 생똥 거름의 거름 효과를 이야기하는 것으로 본문의 내용과는 무관하며, 일본학자 니시야마 다케이치[西山武一]는 후대사람이 덧붙인 것으로 인식하고 있다.

378 '장(將)': '장(將)'이 동사로 사용될 때에는 '지니다[持]'라는 의미로 해석된다.

379 '과(科)': 스성한의 금석본을 보면, 화본과(禾本科) 식물의 많은 분얼(分蘖)을 종합적으로 일러 '과(科)'라고 한다. 이 때문에 '과(科)'자는 같은 유가 한곳에 퍼져 있는 의미가 있으며 또한 웅덩이가 있는 곳을 뜻한다. 구종법의 '구(區)' 또한 항상 '과(科)'자와 상응한다. 묘치위 교석본에 의하면 『맹자(孟子)』「이루장구(離婁章句)」 하편에는 샘물은 "구덩이에 물이 차면 밀려간다."라고 하는데, '과(科)'와 '감(坎)'은 쌍성으로서 구덩이에 심는 것을 말하며, '과'는 곧 '감'이다. '과'와 '와(窩)'는 첩운으로서 그루를 심는 것을 말하며 '과'는 곧 '와'라고 한다.

380 '심오촌(深五寸)'은 분명히 잘못되었다. 묘치위에 따르면, 다음 편의 『범승지서』 '구종호법(區種瓠法)'에서 한 구덩이가 '가로세로 깊이가 각 3자'라는 것을 인용

다 한 섬[石][381]의 거름을 사용하며 거름과 흙을 합하여 반반씩 뒤섞는다. 물 3말을 담을 수 있는 항아리를 구덩이의 중심에 묻고, 항아리의 아가리는 지면과 평평하게 한다. 항아리 속에는 물을 가득 채워 둔다.[382] 항아리 주변에는 각각 한 개의 외씨를 파종한다. 기와로 항아리 주둥이를 덮는다. (항아리 속의 물이) 간혹 부족하면 번번이 채워 항상 물을 가득 채워 주어야 한다."

寸. 一科用一石糞, 糞與土合和, 令相半. 以三斗瓦甕埋著科中央, 令甕口上與地平. 盛水甕中, 令滿. 種瓜, 甕四面各一子. 以瓦蓋甕口. 水或減, 輒增, 常令水滿.

"외 파종은 동지 이후 90-100일(춘분 후)인 무진일에[383] 파종한다."

種常以冬至後九十日百日, 得戊辰

하고 있으며, 외와 박의 성질과 형상이 큰 차이가 없고, 구덩이 형상도 서로 같은데 깊이만 단지 5치이다. 또한 구덩이 속에 2섬[石] 분량의 거름과 흙을 넣어서 다시 구덩이 속에 3되[升]들이의 물이 담기는 항아리를 묻는데, 단지 5치 깊이로는 불가능하다. 문장에 무언가 빠진 듯하다.

381 여기서의 '석(石)'은 무게 단위이다.

382 "항아리 속에는 물을 가득 채워 둔다."는 것은 물을 스며들게 하여 관개하는 것이다. 묘치위 교석본을 보면 물이 유약을 바르지 않은 항아리에 천천히 스며들어가서 항아리 사방의 외 덩굴에 적당한 수분이 공급되도록 하는 것으로, 소홀히 생각할 수 없다. 또한 지면 관개법(灌漑法)으로 인해서 물이 유실되거나 증발하는 것을 피하여 물을 절약하고 일정한 정도에서 수온도 유지할 수 있으며, 우물물을 관개하기 때문에 지나치게 차가운 물을 공급하는 폐단도 없어진다. 북방의 건조한 지역과 한랭한 지역에서는 『범승지서』에 의하면 교묘하게 설계한 관개 기술도 있다고 한다.

383 "득무진일(得戊辰日)"이라는 구절은 문제가 있다. 동지가 90일이 지난 후는 춘분이며 100일 뒤는 춘분과 청명 사이로서, 이것은 무진(戊辰)일과는 조금도 관계가 없다. 이것은 바로 무진일을 맞추기가 매우 어렵다는 것이며, 외를 파종할 방법이 없게 된다. 그 때문에 '득(得)'은 '약(若)'의 잘못인 듯한데, 여전히 의문

日種之.

"또 항아리 주위에 심긴 외씨 밖에 10그루의 염교를 파종한다. 5월이 되어 외가 익으면 염교를 뽑아서 팔아, 외가 자라는 데 서로 장애가 되지 않게 한다."

又種薤十根, 令周迴甕, 居瓜子外. 至五月瓜熟, 薤可拔賣之, 與瓜相避.

"또한 외밭의 빈 땅에는 소두小豆를 파종할 수 있는데,[384] 무당 4-5되를 파종하며 콩잎[藿][385]을 (연할 때) 따서 채소로 팔 수 있다. 이 같은 방법은 평지에 사용해야 하며 외를 수확할 때는 1무의 땅에서 만 전錢의 소득을 거둘 수 있다."

又可種小豆於瓜中, 畝四五升, 其藿可賣. 此法宜平地, 瓜收畝萬錢.

최식이 이르기를 "외의 파종은 무진일이 적합하다." "3월 3일에 외를 파종할 수 있다." "12월 납제를 올릴 때 소금에 절여 훈제한 포육[炙脯]을 걸어두는 풀단[祀炙萐][386]을 외밭의

崔寔曰, 種瓜宜用戊辰日. 三月三日可種瓜. 十二月臘時祀炙萐, 樹瓜

은 남는다.

384 "외밭의 빈 땅에는 소두를 파종할 수 있다."라는 것은 외를 파종한 구역 사이의 빈 땅에 소두(小豆)를 파종하는 것으로서, 외 구덩이 속에 파종하는 것은 아니다.

385 '곽(藿)': 콩잎을 '곽(藿)'이라고 하는데, 연할 때 따서 채소로 쓴다.

386 '납시사자삽(臘時祀炙萐)': 이는 납제 때의 자포(炙脯)이다. 『사시찬요』 「십이월」 편에서 '납(臘)'자에 대해 "이달에 납제를 위해서 구운 고기를 거두어 막대기에 걸어서 외밭의 모퉁이에 세워 두면 벌레를 방지한다."라고 하였다. 묘치위 교석본에 의하면 당나라 때에는 항상 이와 같은 방제활동이 있었으며, 그와 같은 설명은 최식과 일치한다. 이른바 자삽(炙萐)은 실제로는 '자포'이며 사냥한 짐승의 고기를 훈제한 것이다. 권3의 「잡설(雜說)」에는 『사민월령』을 인용하여 '자첩(炙箑)'을 태운 재를 물에 타서 마신다고 하였다. 『본초강목』 권50의 '시(豕)'는

네 모퉁이에 세워 두면 외의 벌레[蟲]를 방재할 수 있다"라고 하였다. 외를 해치는 벌레를 '감(蟲)[387]'이라고 한다.

田四角，去蟲. 瓜蟲謂之蟲.

『용어하도龍魚河圖』에 이르기를[388] "외에는 두 개의 코[鼻][389]가 있는데 먹으면 죽을 수 있다."라고 한다.

龍魚河圖曰，瓜有兩鼻者殺人.

월과越瓜, 호과胡瓜를 파종하는 방법:[390] 4

種越瓜胡瓜法.

구급방을 인용하여 "대나무를 고기 속에 찔러 넣어서 수년간 고기를 훈제하여 조각을 내어 포장해서 내놓는다."라고 한다. 이 역시 '자삽'이 사냥한 고기를 훈제한 것임을 증명하는 것이다. 납사(臘祀)란 옛날 12월 납일에 온갖 신에게 제사를 지낸 것이다. 『설문해자』에서 이르기를 납일에 이르면 동지 후 세 번째 술일이지만 이날은 결코 매년 모두 12월에 모두 있는 것은 아니다. 남조시대 양나라의 종름(宗懍)의 『형초세시기(荊楚歲時記)』에는 12월 초파일을 납일(臘日)로 하였으며 이것은 곧 후세에서 말하는 납팔일(臘八日)이라고 한다.

387 '감(蟲)': 『광운(廣韻)』 '오십사함(五十四闞)'의 감(蟲)자는 '과충(瓜蟲)'으로 해석하고 있으며 『집운(集韻)』에는 "벌레 이름으로, 뽕과 외를 먹는다."라고 해석하고 있다. 학의행(郝懿行)의 『이아의소(爾雅義疏)』에는 특별히 감(蟲)은 '수과(守瓜)'는 아니라고 하지만 이유는 말하지 않고 있다. 스셩한은 금석본에서 이같이 외를 해치는 벌레는 '수과류(守瓜類)의 딱지날개가 달린 벌레'로서 또한 나머지 여타한 곤충들도 확증할 필요가 있다고 한다.

388 『예문유취』 권87 「초학기」 권28, 『태평어람』 권978과 당대 맹선(孟詵)의 『식료본초(食療本草)』에서 인용한 『용어하도(龍魚河圖)』는 『제민요술』과 같다.(『태평어람』에는 '살(煞)'로 되어 있다.)

389 '비(鼻)': 『문선(文選)』중 장형(張衡)의 「서경부(西京賦)」에서 이선(李善) 주에는 "『성류(聲類)』에서 이르기를 '꼭지[蔕]는 과일의 꼭지이다.'"라고 하였다. '비'는 즉 외의 꼭지[蔕]이다. 『성류』는 삼국시대 위나라 이등(李登)이 찬술하였으며 전해지지는 않는다.

390 '호과(胡瓜)'는 곧 오이[黃瓜]이다. '월과'(越瓜; *Cucumis melo* var. *conomon*)는 또 채과(菜瓜)라고 칭하는데, 실제로는 두 종류의 외이다. 월과의 껍질은 얇고 수

월 중에 파종한다. 호과(胡瓜)는 나뭇가지를 세워 덩굴이 의지하여 뻗어 나가게 한다. 월과를 수확할 때는 충분히 서리를 맞혀야 하며, 서리를 충분히 맞지 않으면 곧 문드러진다. 호과를 수확할 때는 색깔이 황색으로 변하면 딴다. 만약 붉은색으로 변하게 되면 껍질은 남지만 과육은 없어지게 된다. 모두 뭇 외와 마찬가지로 장에 넣어 저장해도 좋다.

四月中種之. 胡瓜宜豎柴木, 令引蔓緣之. 收越瓜, 欲飽霜, 霜不飽則爛. 收胡瓜, 候色黃則摘. 若待色赤, 則皮存而肉消也. 並如凡瓜, 於香醬中藏之亦佳.

동아[冬瓜] 심는 법: 『광지』에 이르기를, "동아는 곧 '소거(蔬𧿨)'"라 하였고,[391] 『신선본초(神仙本草)』에는 그것을 동아의 별칭인 '지지(地芝)'라고 하였다. 담장 옆 음지의 땅에 구덩이를 만드는데, 둘레는 두

種冬瓜法. 廣志曰, 冬瓜, 蔬𧿨, 神仙本草謂之地芝也. 傍牆陰地作區, 圓二尺, 深五

분이 많으며, 육질은 연하고 부드러우며, 날로 먹으면 갈증을 해소할 수 있다. 채과(菜瓜; *Cucumis melo* var. *flexuosus*)는 껍질이 두껍고 수분이 적으며, 육질이 단단하고 야물다. 날로 먹으면 약간 신맛이 난다. 묘치위에 따르면, 예로부터 서로 혼동되어 오늘날 지방의 향명에서도 여전히 실제는 월과이나 채과라고 부르는데, 월과와 채과는 모두 참외의 변종이라고 한다.

391 『광지』에서 말하는 것은 백과전서류에서는 보이지 않는다. 묘치위 교석본에 의하면, 『광아』 「석초」편에는 '동아[冬瓜]는 지(菰)이다.'라고 하였지만, '거(𧿨)'와 '지(菰)'는 서로 유사하여 와전된 것 같다고 한다. 또한 『신선본초』는 『수서』, 『구당서(舊唐書)』·『신당서(新唐書)』의 서목에 보이지 않는데, 아마 『신선복식경(神仙服食經)』류의 책인 듯하다. 현존하는 당 이전의 본초서(本草書)에도 동아[冬瓜]를 '지지(地芝)'라고 일컫는 말은 보이지 않는다. 『신수본초(神修本草)』에서는 『광아』를 인용하여 이르기를, "동아는 일명 지지이다."라고 하였다. 『광아』는 『광지』의 잘못인 듯하며, 왕염손은 『광아소증』에서 "『신선본초』가 이를 일러 '지지'이다."라고 한 구절은 곧 『광지』가 인용하여 일컫는 문장이라고 인식하였다.

자[尺], 깊이는 5치[寸]로 하며, 잘 썩힌 거름과 흙을 섞어 넣어 준다. 정월 그믐에 파종하며 2월, 3월도 좋다. 싹이 자라나게 되면 나무막대를 담장에 기대어 두어 그 덩굴이 타고 올라가도록 한다. 가물면 물을 준다.

寸, 以熟糞及土相和. 正月晦日種, 二月三月亦得.[96] 既生, 以柴木倚牆, 令其緣上. 旱則澆之.

8월이 되면, 줄기의 끝을 잘라 내고 약간의 열매도 따내서 한 덩굴에 5-6개만 남긴다. 많이 남기면 열매가 잘 자라지 못한다. 10월에 서리가 충분히 내리면 거두며, 빨리 거두면 문드러진다. 껍질을 벗기고 씨를 걷어 내어 겨자장[芥子醬] 속 혹은 잘 담은 콩장[美豆醬] 속에 저장하면 좋다.

八月, 斷其梢, 減其實, 一本但留五六枚. 多留則不成也. 十月, 霜足收之, 早收則爛. 削去皮子, 於芥子醬中, 或美豆醬中藏之, 佳.

동아, 월과와 박은 10월 중에 구덩이를 만들어 파종하는데, 구덩이에 외를 파종하는 방식과 같이 한다. 겨울에 눈을 구덩이 속에 밀어 넣고 쌓아 두어 촉촉하고 기름지게 해 주면 봄에 파종하는 것보다 좋다.

冬瓜越瓜瓠子, 十月區種, 如區種瓜法. 冬則推雪著區上爲堆, 潤澤肥好, 乃勝春種.

가지[茄子]를 파종하는 법: 가지는 9월 중에 익을 때 따서 쪼갠다. 물에 씨를 일어 물에 가라앉는 씨를 취하여 재빨리 햇볕에 말려 싸서[裹][392] 저장한다. 2월이 되면 이랑을 만들어 파종한다. 이랑을 만들고 물을 주는 것은 아욱을 심는

種茄子法. 茄子, 九月熟時摘取, 擘破. 水淘子, 取沈者, 速曝乾裹置. 至二月畦種. 治畦下水,

392 '과(裹)': 금택초본에서는 '이(俚)'로 잘못 쓰고 있다. 『농정전서』 권27에는 '과치(裹置)' 아래에 주를 달아 이르기를, "과(裹)는 베주머니[布囊]이다."라고 하였다.

법과 같다.(권3 「아욱 재배[種葵]」에 보인다.) 가지는 물을 좋아하여 항상 촉촉하게 해 주어야 한다. 네댓 개의 잎이 자란 후에 비가 내리면 진흙째로 옮겨 심는다. 만약 가뭄이 들어 비가 내리지 않으면 물을 주어 땅을 촉촉하게 하고, 밤중에 옮겨 심는다. 한낮[白日]에는 거적으로 덮고 햇빛을 보게 해서는 안 된다.	一如葵法. 性宜水, 常須潤澤. 著四五葉, 雨時, 合泥移栽之. 若旱無雨, 澆水令徹澤,[97] 夜栽之. 白日[98]以席蓋, 勿令見日.
10월에 파종하는데, 외를 구덩이에 파종하는 법과 같이 하며, 눈을 구덩이 속에 끌어 모으면 반드시 옮겨 심을 필요는 없다.	十月種者, 如區種瓜法, 推雪著區中, 則不須栽.
가령 봄에 파종하여 이랑을 만들지 않는다면, 단지 보통 외를 파종하는 방법과 같이 파종해도 좋은데, 그렇지 않으면 아침저녁으로 자주 물을 주어야 한다.	其春種, 不作畦, 直如種凡瓜法者, 亦得, 唯須曉夜[99]數澆耳.
가지 열매가 탄환만 한 크기가 되면 먹을 수 있으며,[393] 맛은 소두의 깍지와 다름이 없다.	大小如彈丸,[100] 中生食, 味如小豆角.

393 '중생식(中生食)': '중(中)'은 제공할 수 있다는 뜻이다. 가지는 후위 시대에 '삶는 방법[缹]'[권9 「소식(素食)」의 가지를 볶는 법[缹茄子法]에 보인다.] 이외에 날것으로 먹는 방법도 있다.

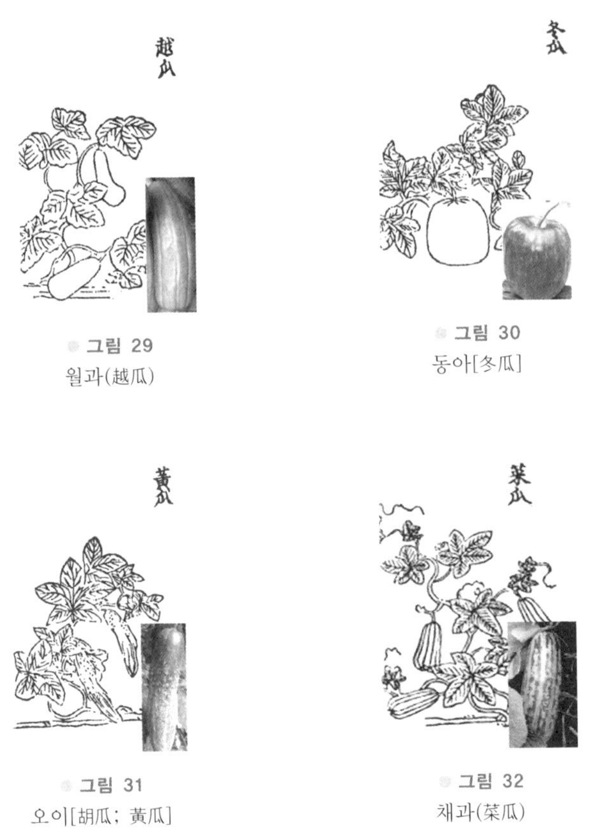

그림 29
월과(越瓜)

그림 30
동아[冬瓜]

그림 31
오이[胡瓜; 黃瓜]

그림 32
채과(菜瓜)

교 기

84 '추(秋)': 금택초본과 명초본에서는 이 부분을 '추(秋)'자로 하였고, 명청 각본에서는 '적(狄)'으로 쓰고 있다. 금본의 『광아』는 여기에 빈 공간이 없다. '추(秋)'자는 여기서 전혀 의미가 없는데, 스성한에 따르면 아마도 원래 세 글자의 음절의 소주라고 추측되며 또한 세 번째 글자인 '반(反)'은 '견(犬)'변이나 '화(禾)'변으로 잘못 보았을 것이라고 보았다.

85 '여(廬)': 이 글자는 금본의 『광아』에는 '여(𢊁)'자로 되어 있다. 비책휘

함 계통의 판본자는 '시(市)'자로 되어 있는데, 어떤 것이 잘못된 것인가는 알 수 없다.

86 '양수과(羊髓瓜)': '수(髓)'는 '교(骹)'자의 잘못인 듯하다. 스셩한은 "羊骹瓜, 桂髓瓜"에서 '桂髓瓜'의 세 글자가 빠졌을 것으로 보았다.

87 '양(瓤)': 황교본과 명초본에서는 '호(瓠)'자로 쓰고 있으며, 장교본에서는 '고(瓠)'자로 쓰고 있다. 금택초본에서는 칸이 비어 있으며, 호상본에는 빠져 있다. 스셩한의 금석본에서는 '호(瓠)'로 적고 있으나, 문장의 뜻으로 미루어 볼 때 '양(瓤)'자가 맞다고 지적하였다. 묘치위는 『예문유취』 권87에서 유정(劉楨)의 『과부(瓜賦)』를 인용하여 '소기단양(素肌丹瓤)'이라고 하였는데, 여기에 기록된 것과 서로 같으며, 그에 의거하여 고쳤다고 한다.

88 '향(向)': 명초본과 호상본, 『농상집요』에서는 '향(向)'자를 인용하여 쓰고 있지만, 금택초본에서는 '남(南)'자를 쓰고 있다.

89 '겹(掐)': 학진본(學津本)과 점서본에서는 이 글자와 같으나 금택초본에는 '지(指)'자로 잘못 쓰고 있으며, 명초본과 호상본에서는 '도(掐)'자로 잘못 쓰고 있다.

90 '과(果)': 명초본에서는 '율(栗)'로 쓰여 있으며, 금택초본과 명청 각본에 의거하여 바로잡는다.

91 '직(稙)': 금택초본과 호상본에서는 '직(稙)'로 쓰여 있지만, 명초본에서는 '식(植)'으로 잘못 쓰여 있다.

92 '경(頃)': 금택초본에서는 '돈(頓)'자로 잘못 쓰고 있다.

93 '고(故)': 각본에서는 '고(故)'자로 적고 있지만, 금택초본에서는 '욕(欲)'자로 표기하였다.

94 '자(藉)': 명초본에는 '적(籍)'으로 되어 있다.

95 '겹(掐)': 명초본에서는 '도(稻)'로 잘못 쓰고 있다.

96 '득(得)': 명초본에는 '전(全)'자로 잘못 표기되어 있다.

97 '철택(徹澤)': '철(徹)'은 명초본과 금택초본에서는 모두 '철(澈)'이라고 쓰여 있다. '철(澈)'은 물이 맑아 바닥이 보이는 것으로서, 여기서는 사용할 수 없다. 이 책의 뒷부분 각 조의 예에 따르면 '철(徹)'로 고쳐야 한다. '철(徹)'은 바닥까지 미치는 것으로, '철택(徹澤)'은 물기가 완전

히 스며든다[溼透]는 의미이다.

98 '백일(白日)': 금택초본과 호상본 등에서는 '백일(白日)'로 표기되어 있다. 남송본 등에는 '향일(向日)'로 쓰고 있으나, 묘치위는 형태의 오류로 보았다.

99 '효야(曉夜)': 스성한의 금석본에서는 '만(晚)'자를 쓰고 있는데, 스성한은 글자 형태가 서로 비슷하여 옮겨 적을 때 잘못된 것으로 추측하였다.

100 '환(丸)': 명초본에서는 '원(圓)'이라고 쓰여 있으며, 송각본에는 송 흠종(欽宗)의 이름인 '환(桓)'을 피휘한 흔적이 있다. 금택초본에는 여전히 '환(丸)'으로 쓰여 있으며, 비책휘함 계통의 판본에서는 모두 '원(圓)'으로 고쳐 쓰고 있다.

제15장

박 재배 種瓠第十五

『시경(詩經)』「위시(衛詩)」[「패풍(邶風)」편]에 이르기를,[394] "포(匏)에는 쓴 잎이 있다."라고 하였으며, 모공(毛公)은 "포(匏)는 박[瓠]이다."라고 하였다. [육기(陸機)의] 『시의소(詩義疏)』[395]에 이르기를, "박잎[匏葉]이 연할 때 국을 끓여 먹을

衛詩曰, 匏有苦葉, 毛云, 匏, 謂之瓠. 詩義疏云, 匏葉, 少時可以爲羹, 又可

394 『시경(詩經)』「패풍(邶風)·포유고엽(匏有苦葉)」의 구절이다. 『모전(毛傳)』에서도 이 구절을 인용하고 있다. 패(邶)와 용(鄘)은 모두 위(衛)나라 땅이기 때문에 널리 칭하여 『위시(衛詩)』라고 하였다.

395 『시의소』: 편찬자는 자세하지 않고, 책 역시 지금 전하지 않는다. 『수서(隋書)』 권32 「경적지일(經籍志一)」에서는 『모시의소(毛詩義疏)』의 책으로서 사라졌거나 남아 있는 9종류의 저서가 기록되어 있는데, 작자는 서원(舒援), 심중(沈重), 사침(謝沈), 장씨(張氏) 등이 있으며, 『시의소』는 이 같은 유에 속하지만 이전부터 누가 편찬하였는지를 알 수 없다고 적고 있다. 이러한 『모시의소』는 모두 육기의 『소』보다는 늦다고 한다. 묘치위 교석본에 의하면, 『시의소(詩義疏)』는 『제민요술』이 인용한 것으로 간혹 『의소(義疏)』, 『시소(詩疏)』라고 약칭한다. 인용된 내용은 매우 많지만, 삼국시대 오나라의 육기[陸璣: 서진의 문학가 육기(陸機)와 같은 이름인데, 혼동을 피하기 위하여 송대 이후로는 육기(陸璣)로 고쳐 썼다.]의 『모시초목조수충어소(毛詩草木鳥獸蟲魚疏)』와 『시의소』는 육기의 『소(疏)』는 아니다. 본 조문과 같이, 공영달(孔穎達)의 주소는 육기의 『소』를 인용하여 '고운(故云)'을 "고시왈(故詩曰)"이라고 하고 있으며, '하동(河東)'을 '하남

수 있으며, 또 절이거나 데쳐 먹으면 매우 맛이 있다. 이 때문에 『시경(詩經)』에는, '박잎이 나부끼니 따서 삶아 먹는다.'라고 하였다. (이 두 구절은) 하동(河東)과 양주(揚州)에서 항상 먹는 것이다. 8월이 되면 쇠어서 먹을 수 없기 때문에 '박[匏]에는 쓴 잎이 있다.'"라고 한다.

『광지(廣志)』에 이르기를, "도호(都瓠)가 있는데 씨는 소뿔과 같으며 길이는 4자이다. 허리가 가는 박[約腹瓠]은 대략 여러 말을 담는 크기인데, 배 부분은 잘록하여 가늘고[396] 꼭지 부분으로 주둥이를 만든다.[397] 옹현(雍縣)[398]에서 생산된다. 옮겨서 다른 곳에 파종하면 성질이 변하게 된다. 주애(朱崖)[399]에는 잎이 쓴 박[苦葉瓠]이 있는데, 크기는 한 말들이이

淹煮, 極美. 故云, 瓠葉幡幡, 採之亨之. 河東及揚州常食之. 八月中, 堅強不可食, 故云, 苦葉.

廣志曰, 有都瓠, 子如牛角, 長四尺. 有約腹瓠, 其大數斗, 其腹窈挈, 緣帶爲口. 出雍縣. 移種於他[101]則否. 朱崖有苦葉瓠,

---

(河南)'이라고 하고, '호엽번번(瓠葉幡幡)'을 거꾸로 하여 '번번호엽(幡幡瓠葉)'이라고 하고 있는데, 금본의 『시경』과 같다고 한다.

396 '약복호(約腹瓠)': 곧 '허리가 가는 호로(葫蘆)'이다. '요계(窈挈)'는 배 부분이 오목하여 마치 꽉 묶은 가는 허리와 같고 또한 한 줄로 홈을 낸 것이 가는 허리의 호로 모양이다. '계(挈)'는 '계(絜)'로 통하며, '동여매다'는 의미이다. 또 '계(契)'로도 통하며, 이는 깎아서 홈을 낸다는 의미이다.

397 '연대위구(緣帶爲口)': 명초본과 호상본에서는 '대(帶)'라고 쓰고 있는데, 금택초본과 진체본에서는 '체(蔕)'라고 하고 있으며, 스셩한의 금석본에서는 '체(蔕)'로 쓰고 있다. '연(緣)'은 '기회를 틈타 편리하게 이용하다'이고, '체(蔕)'는 오늘날에는 '체(蒂)'로 쓰고 있으며, '구(口)'는 곧, '호로[壺盧: 오늘날에는 호로(葫蘆)라고 하며, 이 주의 아래에 인용되어 있는 『곽자』는 '호루(瓠樓)'라고 쓰고 있다.]'의 주둥이이다. 이 꼭지를 떼어 내고 구멍을 내서 주둥이로 만들어 이용할 수 있다. 그런데 묘치위 교석본에서는 허리 사이를 따라 띠를 묶는 곳에 한 줄로 오목한 홈을 파는 것이라고 해석하였다.

398 '옹현(雍縣)': 한나라 때 설치되었으며, 지금 섬서성 봉상현(鳳翔縣) 남쪽이다.

399 '주애(朱崖)': 현의 이름으로, 치소는 지금의 해남성 해구시(海口市)에 있다.

다."라고 하였다.

『곽자(郭子)』[400]에 이르기를, "동오(東吳)에는 자루가 긴 호루(壺樓)가 있다."라고 하였다.

『석명(釋名)』[「석음식(釋飮食)」편]에 이르기를, "박을 길러 (연한) 겁질째 잘라[401] 포로 만들어 말려 쌓아 두면 겨울에 먹을거리로 쓸 수 있다."라고 하였다.

『회남만필술(淮南萬畢術)』에 이르기를,[402] "(집 안에서) 기장 짚을 태우면 땅속의 박이 죽는데, 이것은 곧 자연의 도리이다."라고 하였다.

其大者受斛餘.

郭子曰, 東吳有長柄壺樓.

釋名曰, 瓠畜, [102] 皮瓠以爲脯, 蓄積以待冬月用也.

淮南萬畢術曰, 燒穰殺瓠, 物自然也.

『범승지서氾勝之書』의 박 파종법: "3월에 좋은 땅 10무를 갈아서 구덩이[區]를 만든다. 매 구덩

氾勝之書種瓠法. 以三月耕良

400 『곽자(郭子)』의 이 조문은 백과전서류에는 보이지 않는다. 『수서』 권34 「경적지삼(經籍志三)」의 소설류에는 "『곽자』 세 권은 동진(東晉) 중랑장(中郎將) 곽징지(郭澄之)의 찬술이다."라고 기록되어 있는데, 이 책은 의심스럽다. 곽징지(郭澄之)는 동진 말엽의 사람으로 『진서』에는 그의 열전이 있지만, 책은 전해지지 않는다.

401 '피(皮)': 동사로 사용되었으며, '껍질을 벗긴다[去皮]'와 '껍질째로 자른다[連皮切開]'는 두 가지로 해석된다.

402 『회남만필술(淮南萬畢術)』의 이 조는 『태평어람』 권979의 '호(瓠)'에는 인용되지 않고, 오직 『풍속통(風俗通)』의 조문에만 인용되어 있는데, 구절이 동일하다. (권1의 「조의 파종[種穀]」 주석 참조.) 『회남만필술』은 『수서』 「경적지(經籍志)」에는 기록되어 있지 않으며, 『구당서』 권47 「경적지하(經籍志下)」, 『신당서』 권59 「예문지삼(藝文志三)」, 오행류에 『회남왕만필술(淮南王萬畢術)』 1권이 기록되어 있으며, 『구당서』 「지(志)」에는 '유안찬'이라고 제목이 붙어 있는 것을 보아서 당대에 나온 책인 것 같지만 현재는 전하지 않는다. 유안(劉安)은 전한 초의 문학가로서 아버지의 작위를 이어 회남왕이 되었다. 그 문객 중에는 방술지사가 많아서, 이 책은 아마 그 방술가들의 손에서 나온 것 같다. 후에 유안은 모반의 일이 폭로되어 자살하였는데, 연루된 사람이 수천 명에 달했다고 한다.

이의 사방과 깊이는 한 자[尺]로 하며, 공이[杵]로 단단하게 다져서 물기가 머물도록[403] 한다. 구덩이와 구덩이 간의 거리는 한 보步로 한다.[404] 매 구덩이 속에 네 개의 종자[實]를 파종하고, 누에똥[蠶矢] 한 말을 흙거름[土糞]과 섞는다.[405](구덩이 속에 넣어 밑거름으로 한다). 구덩이마다 물 두 되를 주며 빨리 마르는 곳은 다시 한 번 더 물을 준다."

"덩굴마다 세 개의 열매[實][406]가 달리면 말채찍[馬箠][407]으로 덩굴의 끝부분을 쳐서 잘라 덩굴이 더 이상 뻗어 나가지 못하도록 한다. 열매가

田十畝. 作區, 方深一尺. 以杵築之, 令可居澤. 相去一步. 區種四實, 蠶矢一斗, 與土糞合. 澆之, 水二升, 所乾處, 復澆之.

著三實, 以馬箠㲉[103]其心, 勿令蔓延. 多實,

403 '거택(居澤)': '거(居)'는 머무른다는 의미이며, '택(澤)'은 물기이다.

404 '상거일보(相距一步)': 실제 구덩이 사이 간의 거리는 단지 5자[尺]이다.[그 당시에는 6자를 한 보(步)로 했다.] 묘치위 교석본에 의하면, 아래 문장에서 한 무(畝)의 땅에서 2,880개의 박을 수확한다고 하였는데, 한 구덩이[區]에는 12개의 박을 생산하기에, 즉 2,880÷12=240 구덩이[區]가 되어 240평방보가 1무이고, 1평방보에 1개의 구덩이를 판 셈이라고 한다.

405 '여토분합(與土糞合)'은 글자에 의거해서 해석하면 흙과 거름을 섞는 것인데, 토분(土糞)이 무엇을 가리키는지 분명하지 않다. 앞의 「외 재배[種瓜]」편에서는 『범승지서』를 인용하여 '분여토합화(糞與土合和)'라고 하였는데, '분(糞)과 토(土)'를 가리키는 것인지 의문이다. 그러나 이미 누에똥[蠶矢]을 사용하고 『범승지서』를 인용하여 다만 "누에똥과 흙을 서로 섞는다."라고 하는 것이 있는데, '분(糞)'자가 잘못이 있는지 없는지 여부는 알 수가 없으며, 여전히 의문이 남는다. 그런가 하면 토분은 각종 쓰레기를 흙과 함께 태운 화분(火糞)을 뜻한다고 한다.(최덕경, 『진부농서 역주』, 세창출판사, 2016 참조.)

406 '실(實)': 이 문장과 뒤에 나오는 '실(實)'자는 모두 과실로 해석되지만 앞의 '구종사실(區種四實)'의 '실(實)'자는 '종자'로 해석되어 다르다.

407 '마수(馬箠)': '수(箠)'자는 대나무채찍을 의미하며, 이는 곧 말의 채찍이다.

많아지면 열매가 가늘고 작아지기 때문이다. 곡물의 짚을 박 열매 아랫부분에 받쳐 두어 박이 직접 흙과 접촉하여 생기는 부스럼과 같은 흉터[408]가 쉽게 생기지 않도록 한다. 박[瓢]을 만들 정도로 충분한 크기가 되면[409] 손으로 박의 표면을 꼭지부터 바닥까지 한 번 쓸어 주어 박 표면의 털을 제거한다. 이와 같이 하면 더 이상 크거나 두텁게 자라지 않는다. 8월에 약간 서리가 내리면 거두어들인다."

實細. 以藁薦其下, 無令親土多瘡瘢. 度可作瓢, 以手摩其實, 從蔕至底, 去其毛. 不復長, 且厚. 八月微霜下, 收取.

"한 길[丈] 깊이의 구덩이를 파고 구덩이 바닥 네 변에 모두 마른 짚을 한 자[尺] 두께로 깐다. 딴 박을 구덩이 속에 넣는데, 박의 밑 부분을 아래로 향하게 한다. 박을 한 층 놓고, 그 위에 세 자 두께의 흙을 한 층 덮는다."

掘地深一丈, 薦以藁, 四邊各厚一尺. 以實置孔中, 令底下向. 瓠一行, 覆上土, 厚三尺.

"20일이 지난 후에 황색이 되면, 타서 표주박을 만든다. 그중 흰 속살[410]을 돼지에게 먹이면 매우 잘 큰다.[411] 박의 씨[瓣][412]를 사용하여 횃불

二十日出, 黃色好, 破以爲瓢. 其中白膚, 以養

408 "無令親土, 多瘡瘢": '친(親)'은 직접 접촉한다는 의미이며, '창(瘡)'은 상처를 입어 상처부위가 헐어 문드러지는 것이다. '반(瘢)'은 부스럼이 나은 후에 남은 흔적, 즉 '딱지[痍]'이다.

409 '도(度)': 동사로 사용되어 '헤아리다[估量]'의 의미이다.

410 '부(膚)': 여기서는 껍질 속의 부드럽고 연한 속살의 의미로서, '피부'는 아니다.

411 '치(致)': '아주 좋다[到極端]'는 의미로, 오늘날에는 '지(至)'자로 쓴다.

412 '판(瓣)'자의 원래 의미는 '외씨[瓜子]'이다.

의 재료로 만들면 불[413]이 아주 밝다."

"한 덩굴에 세 개의 박이 달리면 한 구덩이에는 (네 개의 줄기가 있으니) 12개의 박이 달리게 되며, 1무畝에서 2,880개의 박을 얻을 수 있다. 10무에서는 (총 28,800개의 박을 얻을 수 있으며, 박을 탄 이후에는) 57,600개의 표주박을 얻을 수 있다. 표주박 1개마다 값이 10전이기에 모두 57만 6천문文이 된다. 여기에 누에똥[蠶矢] 200섬[石]을 사용하고,[414] 게다가 우경牛耕을 사용한 인력과 축력의 (비용을 더하면) 2만 6천 문전이 된다. 이렇게 하면 55만 문전이 남게 된다. 박의 속살을 먹여 키운 돼지, 종자를 이용해서 만든 횃불로 얻은 이익은 여기에 포함되지 않았다."

『범승지서氾勝之書』의 박을 구덩이 속에 심는 법[區種瓠法]: "열매[415]를 거둘 때는 큰 것을 선택해야 한다. 만약 한 말[斗] 들이의 열매에서 거둔 종

豬致肥. 其瓣, 以作燭致明.

一本三實, 一區十二實, 一畝得二千八百八十實. 十畝凡得五萬七千六百瓢. 瓢直十錢, 並直五十七萬六千文. 用蠶矢二百石, 牛耕, 功力, 直二萬六千文. 餘有五十五萬. 肥豬, 明燭, 利在其外.

氾勝之書區種瓠法. 收種子須大者. 若先受一

413 '촉(燭)'은 기름기를 머금고 있는 박의 씨를 섞어서 횃불로 만든 것이다.(본권 「암삼 재배[種麻子]」의 주석 참조.)

414 이것은 단지 대략적인 계산이다. 실제로는 한 구덩이에 한 말[斗]의 누에똥을 사용하며, 10무(畝)가 2,400구이므로 240섬[石]의 누에똥을 사용했다.

415 '자(子)'자는 당연히 열매를 말하는 것인데, 아래 단락의 "引蔓結子, 子外之條" "留子法" 등에서 보이는 '자(子)'자를 통해서도 알 수 있다. 다만 바로 다음 단락에 언급된 "下瓠子十顆"의 '자(子)'자는 종자를 가리킨다.

자라면 (구덩이에 파종한 이후에는) 한 섬[石]들이의 열매를 거둘 수 있다. 원래 한 섬들이인 것은 10섬이 들어갈 수 있는 열매를 거둘 수 있다."

"먼저 땅속에 구덩이를 판다. 구덩이는 직경과 깊이를 각각 세 자[尺]로 한다. 누에똥[416]과 진흙을 반반씩 섞는다. 누에똥[蠶沙]이 없으면 소 생똥[牛糞]을 사용해도 좋다. 구덩이에 넣고 발로 잘 다져 준다. 물을 주어 물이 모두 스며들면 10개의 종자를 파종하고 다시 앞의 (누에똥과 진흙을 반반씩 섞은) 혼합물을 잘 덮어 준다."

"싹이 터서 줄기가 두 자 정도의 길이로 자랐을 때 10개의 줄기를 한데 모아 베[布]로 묶어서 5치[寸] 정도로 감싸고, 다시 그 바깥을 진흙으로 바른다. 며칠이 지나지 않아서 감싼 부분이 다시 한 줄기로 합쳐진다.[417] 가장 강한 한 줄기

斗者, 得收一石. 受一石者, 得收十石.

先掘地作坑. 方圓深各三尺. 用蠶沙與土相和, 令中半. 若無蠶沙, 生牛糞亦得. 著坑中, 足躡令堅. 以水沃之, 候水盡, 即下瓠子十顆, 復以前糞覆之.

既生, 長二尺餘, 便總聚十莖一處, 以布纏之五寸許, 復用泥泥之. 不過數日,

416 '잠사(蠶沙)': 누에똥이다. 『범승지서』에서는 줄곧 잠시(蠶矢)라고 한다.

417 열 그루의 박 모종이 접을 붙인 후에 하나로 합쳐졌다는 의미이다. 이후에 가장 강한 덩굴 하나만 남기고 나머지 아홉 개는 따 버리는데, 그 이유는 열 그루의 뿌리가 모두 공동으로 한 덩굴 상의 열매에 양분을 제공함으로써 원래보다 열 배 크기의 박을 키울 수가 있기 때문이다. 묘치위 교석본에 의하면, 이것은 단지 개인의 주관적인 바람이고, 실제상에서는 땅굴 한 줄기의 성장은 비록 특별히 무성하다 할지라도 뿌리 열 그루의 자양분 때문에 열 배나 되는 큰 과실을 만든다는 것은 불가능하다고 한다.

만 남기고 나머지는 잘라 낸다. 덩굴이 뻗어 나가 열매가 달린 후에 아직 열매를 맺지 않은 여타 줄기는 모두 잘라 내서 덩굴이 웃자라지 않도록 해야 한다."

纏處便合爲一莖. 留強者, 餘悉掐去. 引蔓結子, 子外之條, 亦掐去之, 勿令蔓延.

"열매를 남기는 법: 처음 맺은 두 세 개의 열매는 좋지 않으니 따낸다.[418] 네 번째에서 여섯 번째의 열매만 남긴다. 한 구덩이에는 세 개의 열매만 남기는 것으로 족하다."

留子法. 初生二三子不佳, 去之. 取第四五六. 區留三子即足.

"날이 가물면 반드시 물을 주어야 한다. 구덩이 주위 사방에 깊이 4-5치[寸] 정도의 작은 고랑을 파서 고랑 사이에 물을 고이게 하여 물이 먼 곳에서부터 스며들게 하되,[419] 구덩이 속에 직

旱時須澆之. 坑畔周匝小渠子, 深四五寸, 以水停之, 令其遙潤,

418 외과 식물은 물론이고, 주된 덩굴이나 가지 덩굴에 달리는 외 중 가장 먼저 맺히는 외는 그루가 아직 유년기이기 때문에 그 외도 대개 비교적 작으며, 어떨 때는 외의 형태도 정상적이지 않다. 호리병박[葫蘆]의 주된 덩굴 위에는 대개 박이 달리지 않으며, 주로 가지 덩굴에서 박이 달린다. 현재 가장 빨리 맺히는 두세 개의 박을 따서 그루의 지속적인 생장에 영향을 주지 않게 함으로써 이후에 세 개의 과실의 양분을 소모하지 않게 하며, 그 결과 비교적 큰 과실을 얻게 하는 것은 매우 합리적인 방법이다.

419 이것은 물을 스며들게 하여 관개하는 방식[浸潤灌漑法]이다. 묘치위에 의하면 『범승지서』에서 언급한 한전(旱田) 지역의 관개방식에는 네 가지의 서로 다른 기술이 있다. ① 논벼[水稻]를 파종할 때는 물꼬를 직선이나 교차하도록 내어서 물을 흘러들게 하여 온도를 조절하는 방식, ② 삼[麻]을 파종할 때 우물물을 햇볕에 쬐어 찬 기운을 없애는 방식, ③ 외를 구덩이에 파종할 때 옹기에 물을 담아서 스며들게 하여 관개하는 방식, ④ 이 구절과 같이 물을 스며들게 하는 관개 방식으로, 물을 주위 사방의 작은 도랑 속에 서서히 스며들게 하여 구덩이 속에 물을 대서,

접 물을 주어서는 안 된다."라고 하였다.

최식崔寔이 (『사민월령』에서) 이르기를, "정월에는 박을 파종할 수 있고, 6월에는 '축호畜瓠'를 만들 수 있으며, 8월에는 박을 타서 축호蓄瓠를 만들 수 있다.[420] 박 속의 흰 속살은 돼지에게 먹이면 매우 살이 찐다. 박의 씨는 횃불을 만들면 불이 매우 밝다."라고 한다.

『가정법家政法』에 따르면,[421] "2월에는 외[瓜]

不得坑中下水.

崔寔曰, 正月, 可種瓠, 六月, 可畜瓠, 八月, 可斷瓠, 作蓄瓠. 瓠中白膚實, 以養豬致肥. 其瓣則作燭致明.

家政法曰, 二

습기가 있을 때는 흙이 진흙처럼 물러지고 마르게 되면 갈라지고 판결 구조가 일어나는 폐단을 막을 수 있다. 이와 같은 방법은 북방의 건조지역에서는 모두 매우 좋은 경제적 효과를 지닌다고 한다.

420 최식의 『사민월령』에 언급된 이 내용은 『범승지서』의 기술을 그대로 모방한 것이다. 스셩한의 금석본에 따르면, 최식의 이 단락 중의 "六月可畜瓠"와 "八月可斷瓠作蓄瓠"는 마땅히 서로 다른 두 가지 일이다. 축호(畜瓠)는 박을 갈라 햇볕에 말려서 '호축(瓠畜)'을 만들어 미리 겨울에 먹을 것을 미리 준비하는 것이다. 박을 잘라 '축호(蓄瓠)'를 만드는 것은 위의 문장 "八月微霜下 …"에 박을 구덩이를 파서 저장하여 미리 표주박을 만들 것을 준비하는 수순이다. 왜냐하면 아래에서 말한 흰 속살을 돼지에게 먹이고, 박의 씨를 횃불을 밝히는 데 사용한 것의 두 부분이 완전하게 일치하기 때문이다. '작축호(作蓄瓠)'는 명초본과 명청 각본에 마찬가지로 '작치호(作蓄瓠)'로 잘못 쓰고 있다.

421 『가정법(家政法)』: 『수서(隋書)』 권34 「경적지삼(經籍志三)」 의방류(醫方類) 주에 이르기를, 양나라에는 『가정방(家政方)』 12권이 있었는데, 지금은 전해지지 않는다고 하였다. 그러나 『제민요술』이 인용한 것은 모두 파종과 재배, 사육방법으로서 의학서적은 아니다. 권10 「(21)사탕수수[甘蔗]」는 『가정법』을 인용하여 '삼월에 사탕수수[甘蔗]를 파종한다.'라고 하였는데, 묘치위 교석본에서는 사탕수수는 남방에서 생산되는 것으로서, 이 책은 남조인이 쓴 듯하지만, 전해지지 않는다고 한다.

와 박[瓠]을 파종할 수 있다."라고 한다. | 月可種瓜瓠.

교 기

101 '타(他)': 금택초본, 황교본, 장교본에는 '타(他)'라고 쓰고 있으며, 명초본에서는 '타(佗)'자로 쓰고 있는데, 의미는 동일하다.

102 '호축(瓠畜)': 스셩한의 금석본에서는 '호축(瓠蓄)'으로 쓰고 있다. 명초본과 금택초본, 비책휘함 계통의 각 판본에서는 '축(蓄)'자를 모두 '축(畜)'으로 쓰고 있다. 금본의 『석명(釋名)』에서는 '축(蓄)'으로 쓰고 있다. '축(蓄)'자는 본래는 '축(畜)'자로 사용할 수 있다. 그러나 다음 구절의 '축적이대동월(蓄積以待冬月)'의 '축(蓄)'자는 초머리[艸]가 있는 글자로서 여기에 잘 부합된다.

103 '각(㱿)': 금택초본에서는 '산(散)'으로 잘못 쓰여 있는데, 아마도 글자 형태가 유사하여 착오가 생긴 듯하다. 각(㱿)자는 '각(㲉)', '고(敲)', '고(考)'와 같은 글자이며, '치다[打]'의 의미이다.

제16장

토란 재배 種芋第十六

『설문(說文)』에는[422] "토란[芋]은 잎이 크고 뿌리가 튼실하여 사람을 놀라게 하는데, 그 때문에 우(芋)[423]라고 일컫는다. 제(齊)나라 사람들은 '우'를 거(莒)'라고 하였다."라고 한다.

『광아(廣雅)』에 이르기를 "'거(渠)'는 곧 우(芋)이다. 그 줄기를 경(蔵)이라고 부른다."[424] "'저고(藉姑)'는 물토란[水芋]

說文曰, 芋, 大葉實根駭人者, 故謂之芋. 齊人呼芋爲莒.

廣雅曰, 渠, 芋. 其莖謂之蔵. 藉姑, 水

422 이 부분은 『설문해자』와 동일하지 않고 다소 이문(異文)이 있다.

423 『시경』 「소아(小雅) · 사간(斯干)」편에는 '군자유우(君子攸芋)'라고 하며, 『모전(毛傳)』에서는 "우(芋)는 크다."라고 한다. 『설문해자』 「구부(口部)」에는 "우(吁)는 놀라다."라고 한다. 서개(徐鍇)의 『설문해자계전(說文解字繫傳)』에는 "우(芋)는 우(吁)를 말하는 것 같다. '우(芋)'는 감탄사이기 때문에 사람들이 놀라서 그를 일러 '우(吁)'라고 한다고 하였다. 토란의 형상은 웅크린 올빼미와 같기 때문에 사람을 놀라게 한다."라고 하였다.

424 금본(今本) 『광아(廣雅)』에 '거(渠)'는 '거(蕖)'로 되어 있고, '엽(葉)'은 '경(莖)'으로 적혀 있다. 스성한의 금석본을 보면 '거'자에 초머리[艸]가 있고 없는 것은 그다지 큰 문제는 아니다. '경(蔵)'은 '엽(葉)'이고 '경(莖)'으로, 이는 검토할 만한 가치가 있다. 왕인지(王引之)의 『광아소증(廣雅疏證)』 중에는 아래 문장의 "'청우(青芋)', '소우(素芋)' … 줄기는 절인 채소를 담을 수 있다."라는 것을 인용하여 "경(蔵)은 줄기이다."라고 설명하고 있는데, 이는 곧 음이 서로 유사한 글자가 같은 물건을 나타냄을 말한다. 사실은 '경(莖)'자는 비록 음은 바로 '경(檿)'이라고

이며, 또한 오우(烏芋)[425]라고 불리었다."라고 한다.

『광지(廣志)』에 이르기를[426] "촉한(蜀漢)에서는 토란이 매우 번성하여 백성들이 일상적인 먹을거리로 이용하였다. 모두 14종류가 있다. 군자우(君子芋)는 크기가 한 말[斗] 정도에 달하며, 가운데 큰 줄기[427]는 (대나무로 짠 둥근) 밥그릇[杵簇][428] 크기만 하다. 차곡우(車轂芋), 거자우(鋸子芋), 방거

芋也, 亦曰烏芋.

廣志曰, 蜀漢既繁芋, 民以爲資. 凡十四等. 有君子芋, 大如斗, 魁如杵簇. 有車轂芋, 有鋸子芋, 有旁巨芋,

할지라도 일반적인 구어 상에서는 모두 '경자(梗子)'라고 일컬으며, 실로 '경(莖)'과 같은 음이다. 그리고 토란을 먹는 것은 뿌리와 줄기 이외에 흔히 (운남, 귀주, 사천지역에는) '우고(芋蒿)'라고 하며, (호남, 호북지역에서는) '우하(芋荷)'라고 하고 (광동, 광서지역에는) '우합(芋柗)'이라고 한다. 비록 잎줄기일지라도 일반적인 관념상 여전히 '경(莖)'이라고 하고 '엽(葉)'이라고는 하지 않는다. '경'이라고 하는 것이 정확하다.

425 금본 『광아』에는 '오우(烏芋)' 앞에 '역왈(亦曰)'이 없고, 직접 '수우(水芋)' 다음, '야(也)'자 앞에 연결되어 있다. 이 때문에 왕인지는 『제민요술』이 잘못 인용하였다고 인식했다. 사실 자고(藉姑)는 쇠귀나물[慈姑]이며 오우(烏芋)는 올방개[荸薺]인데, 근본적으로 모두 토란[芋]과 무관하지만 마찬가지로 '우(芋)'라는 이름이 있을 뿐이다.

426 『태평어람』 권975 '우(芋)'에서는 『광지』의 이 조항을 인용하였지만, 대부분 누락되어 거의 읽을 수가 없다. 『제민요술』에서는 촉나라 땅에서 나는 14종류와 촉나라 땅에 생산되지 않는 '백자우(百子芋)' 등의 세 종류를 합쳐 모두 17종류를 인용하고 있다. 『태평어람』에서는 14종류를 인용한 중에 '거자우(鋸子芋)', '담선우(談善芋)' 두 종류가 빠져 있고, 촉나라 땅에서 생산되지 않는 '백자우', '괴우(魁芋)' 등을 모아 14종류로 하고 있지만, 근거가 없다. 『왕정농서(王禎農書)』 「백곡보삼(百穀譜三) · 우(芋)」편에는 『풍토기』의 '박사우(博士芋)'를 『광지』의 14종류 중에 섞어 놓고 있다.

427 '괴(魁)': '괴'의 원래의 뜻은 '갱두(羹斗)'로서, 끓인 물을 담는 나무로 만든 큰 주발[碗]이다. 주발의 크기는 대개 사람의 머리만 하기 때문에 '괴'자 또한 '규(頄)'(글자형태 또한 상당부분 유사하다.)로 대체하여 '두(頭)'의 의미로 해석하고 있다. 이것은 바로 '괴수', '거괴(渠魁)' 등의 '괴(魁)'자의 해석과 같다. 우괴(芋魁)는 곧 토란의 땅속 중심 줄기이다.

우(旁巨芋), 청변우(青邊芋)가 있는데, 이들 네 종류의 토란은 곁에 작은 알줄기가 많이 달려 있다. 담선우(談善芋)는 중심 덩이줄기가 물을 긷는 병처럼 크지만, 열매는 작고, 잎은 우산[散蓋][429]과 같으며 붉은색이다. 줄기는 자색으로 한 길[丈] 정도 되며, 잘 익으며 맛이 뛰어나서 토란 중 최고이다. 토란대[줄기]로는 고깃국[羹臛][430]을 끓일 수 있지만, 기름기가 많아 목이 껄끄러울 때에는 물을 마시면 바로 목구멍으로 내려간다. 만우(蔓芋)는 푸른 나뭇가지에 열매가 달리는데,[431] 큰 것

有青邊芋, 此四芋多子. 有談善芋, 魁大如瓶, 少子, 葉如散蓋, 紺色. 紫莖, 長丈餘, 易熟, 長味, 芋之最善者也. 莖可作羹臛, 肥澀, 得飲乃下. 有蔓芋, 緣枝生, 大者次二三升.

---

428 저여(杵籢)는 곧 '거여(去籢)'로서 대나무나 수양버들로 둥글게 짜서 밥을 담는 용기로 지금의 반나(飯籮)와 같다. 『의례』「사혼례(士昏禮)」의 정현 주에는 '거노(笑盧)'라고 쓰고 있는데, 『설문(說文)』에서는 '감노(凵盧)'라고 쓰고 있으며 "이것은 밥을 담는 그릇으로서, 수양버들[柳]로 만든다."라고 한다. 『방언(方言)』 권13에는 "여(籢)는 남쪽 초 지역에서는 그것을 일러 소(筲)라고 하고 조(趙)와 위(魏)나라의 교외에서는 그것을 거여(去籢)라고 한다."라고 한다. 곽박(郭璞)은 "떡을 담는 광주리[筥]이다."라고 주석하였다.

429 '산개(散蓋)': 이는 펼친 우산으로 또한 '장산(張繖)'이라고 한다. 『수경주(水經注)』 권33의 「강수(江水)」에는 파천[巴川: 사천 동북의 파하(巴河)와 거강(渠江) 지역]에서 일종의 '산자염(繖子鹽)'이 생산된다고 기록하였는데 "입자가 큰 것은 사방 한 치[寸]이고, 중앙이 튀어나와 있으며, 형태는 장산(張繖)과 같다."라고 한다. '산(繖)'은 산(傘)의 본래글자이다.

430 "芋之最善者也. 莖可作羹臛": '선(善)'을 명초본에서는 '미(美)'자로 쓰고 금택초본에서는 '선미(善美)'라고 하며, 다른 본에는 '갱(羹)'자로 쓰고 있는데, 묘치위는 이것이 옳다고 보았다. 『태평어람』에서는 이를 인용하여 또한 "줄기[莖]로 고깃국[羹臛]을 끓인다."라고 하고 있으며, 금택초본에서는 '선미(善美)'라는 두 자가 '갱(羹)'자로 이어져 있었지만 갈라지게 되면서 두 글자로 잘못 쓰인 것 같다. '학(臛)'은 금택초본에서는 권(膗)으로 와전되어 쓰이고 있다고 한다.

431 "蔓芋, 緣枝生": 다음 단락의 『풍토기(風土記)』에 언급된 덩굴에서 열리는 '박사우(博士芋)'와 더불어 모두 '참마[薯蕷]' 종류의 덩굴식물로서, 비록 '우(芋)'자의 의미가 있다 하더라도 실제로는 토란과는 무관하다.

은 2-3되[升][432] 용량의 크기이다. 계자우(雞子芋)는 황색이다. 백과우(百果芋)는 토란덩이가 크고 알줄기도 번성하며 1무의 땅에서 백섬[斛]을 거둘 수 있다. 백무(畝)를 파종하면 돼지[彘]를 키울 수 있다. 조우(早芋)[433]는 7월에 수확한다. 구면우(九面芋)는 크지만 맛은 없다. 상공우(象空芋)는 크고 연하지만[434] 먹으면 쉽게 허기를 느낀다. 청우(青芋), 소우(素芋) 위의 두 종류의 토란의 알은 모두 먹을 수 없지만 줄기는 절인 채소[菹][435]로 만들 수 있다. 이 같은 토란들은 모두 햇볕에 말릴 수 있으며 저장하여 여름이 될 때까지 먹을 수 있다.[436] 또 백자우(百子芋)는 엽유현(葉俞縣)[437]에서 생산된

有雞子芋, 色黃. 有百果芋, 魁大, 子繁多, 畝收百斛. 種以百畝, 以養彘. 有早芋, 七月熟. 有九面芋, 大而不美. 有象空芋, 大而弱, 使人易飢. 有青芋, 有素芋, 子皆不可食, 莖可作菹. 凡此諸芋, 皆可乾腊, 又可藏至夏食

432 '차이삼승(次二三升)': 스셩한은 금석본에서 '차(次)'자는 '급(及)'자가 잘못 쓰인 것으로 보았으나 묘치위 교석본에 의하면, '차(次)'는 '지(至)'와 '급(及)'의 의미라고 한다. 『사기』 권122 「혹리열전(酷吏列傳) · 두주전(杜周傳)」에는 "안쪽 깊이 뼈까지 이른다.[內深次骨.]"라고 하며 『사기색은(史記索隱)』은 "차(次)는 이르다[至]."라고 하였고, 또 접근한다는 뜻도 있다고 하였다. 당나라 유우석(劉禹錫: 772-842년) 『유몽득집(劉夢得集)』 권2 「고객사(賈客詞)」에서 "큰 배[大艑]는 통천(通川)에 띄우고, 높은 누각은 깃대[旗亭]까지 이른다."라고 하였다.

433 '조우(早芋)': 명초본과 비책휘함 계통의 판본에는 모두 '한우(旱芋)'라고 쓰여 있다. 7월에 익는 것은 상당히 빠른 조숙성 품종이다.

434 '약(弱)': 삶아서 익히면 연하고 끈끈해져 단단하지 않다.

435 '저(菹)'는 채소절임과 고기절임 두 종류가 있다. 묘치위는 이것이 채소절임을 뜻하며 절여서 생채를 저장하는 것으로, 오늘날의 절인 김치나 신김치라고 하였다. 권9 「채소절임과 생채 저장법[作菹藏生菜法]」에 보인다.

436 '석(腊)'은 기름기 있는 말린 고기로서, 절여 만든 고기인 납(臘)자가 아니며, '납육(臘肉)'을 가리킬 수는 없다. 묘치위에 따르면, 이것은 신선한 것을 말린다는 의미이며, 여기서는 전의하여 생물을 말린 것을 의미한다. '건석(乾腊)'은 곧 토란을 잘라서 햇볕에 말려 저장하여 먹는 것으로서, 말린 고구마빼대기[番薯片]와 같다. 토란도 신선하게 저장할 수 있는데, 다만 흙을 벗어나면 건조한 곳에 두어

다. 괴우(魁芋)는 토란 곁에서 나오는 알줄기는 없으며 영창현(永昌縣)[438]에서 생산된다. 범양(範陽)[439]과 신정(新鄭)현[440]에서도 큰 토란이 생산되는데 크기가 두 되[升]들이 정도만 하다.

之. 又百子芋, 出葉俞縣. 有魁芋, 旁無子, 生永昌縣. 有大芋, 二升, 出範陽新鄭.

『풍토기(風土記)』에 이르기를 "박사우(博士芋)는 덩굴에서 나오며 뿌리는 마치 거위알[鵝卵]이나 오리알[鴨[441]卵]과 흡사하다."라고 한다.

風土記曰, 博士芋, 蔓生, 根如鵝鴨卵.

『범승지서氾勝之書』에 이르기를, "토란의 파종은 구덩이를 사방 3자, 깊이 3자로 판다. 판 후에 구덩이 속에 콩깍지를 발로 밟아 한 자[尺] 5치[寸] 두께로 한다. 구덩이 속에서 파낸 축

氾勝之書曰, 種芋, 區方深皆三尺. 取豆萁內區中, 足踐之, 厚尺

야 한다. 어떤 특별한 조치를 하지 않아도 신선하게 여름까지 썩지 않고 보전할 수 있으며, 고구마[番薯]보다 더 쉽게 신선함을 유지할 수 있다. 속담에는 "산우(山芋)가 썩으면 개도 돌아보지 않는다."라고 하는데 '산우'는 매우 부패되기 쉽기 때문이라고 한다.

437 스셩한의 금석본을 참고하면, '엽유현(葉兪縣)'은 한대에서 진대(晉代)에 이르기까지 건위군(犍爲郡)의 현에 속했으며 분명 지금의 사천성이다. 반면 묘치위 교석본에 따르면, 『태평어람』 권975에서는 『광지(廣志)』를 인용하여 '엽유현(葉兪縣)'이라고 쓰고 있는데, 이것은 한대에 설치하였으며, 치소는 오늘날의 운남성 대리(大理)현 동북지역에 있다고 하여 스셩한과 다른 견해를 제시하였다.

438 영창현(永昌縣)은 극도(僰道)의 현에 속한다. 묘치위 교석본에 의하면, 영창현은 삼국 오나라때 설치한 것으로 치소는 오늘날 호남성 기양(祁陽)현이다.

439 '범양(範陽)'은 현의 이름이며 성읍은 지금의 하북 정흥(定興)현에 있다. 또 군명(郡名)으로서 삼국시대의 위나라에서 설치했는데, 군의 치소는 오늘날의 하북성 탁현(涿縣)지역이다.

440 '신정(新鄭)'은 현의 이름이며 진대(秦代)에 설치되었으며, 오늘날의 하남성 신정(新鄭)현이다.

441 '압(鴨)': 명초본에서는 '계(雞)'로 잘못 쓰여 있다.

축한 흙을 거름과 잘 섞어서, 구덩이 속 콩깍지 위에 한 자 2치 두께로 덮어 준다. 그 위에 물을 주고 밟아서 수분을 잘 보존하게 한다."라고 하였다.

五寸. 取區上濕土與糞和之, 內區中萁上, 令厚尺二寸. 以水澆之, 足踐令保澤.

"5개의 알토란을 네 모서리와 중앙에 놓고, 발로 밟는다. 가물 때는 몇 차례 물을 준다. 콩깍지가 썩으면[442] 토란에서 싹이 돋아나는데, 모두 세 자 높이로 자란다. 한 구덩이에서 세 섬[石]의 토란을 수확할 수 있다."

取五芋子置四角及中央, 足踐之. 旱, 數澆之. 萁爛, 芋生, 子皆長三尺. 一區收三石.

또 토란을 심는 방법: "기름지고 부드러우며 물에 가까운 땅을 택한다.[443] (잘 호미질하여) 흙을 부드럽게 하고[444] 거름을 준다. 2월이 되어 연일 비가 내릴 때 토란을 파종한다. 그루 간의 거리는 대략 두 자로 한다."

又種芋法. 宜擇肥緩土近水處. 和柔, 糞之. 二月注雨, 可種芋. 率二尺下一本.

"토란에서 싹이 나면서 뿌리가 자라 깊어진다. 뿌리의 사방을 일구어 흙을 성글고 부드

芋生, 根欲深. 劚其旁以緩其

442 '기란(萁爛)': 지난해에 수확하여 묻어둔 튼실한 마른 콩깍지는 물을 머금어 습기를 보존하는 작용을 하지만 썩어서 부식질을 제공하기에는 용이하지 않아 양분을 공급하는 작용에는 매우 한계가 있다.

443 이 같은 토질과 땅의 선택은 매우 합리적이다. 토란은 따뜻하면서 촉촉한 것을 좋아하는 작물로서, 물을 잘 보존하는 동시에 배수가 용이하고, 풍부한 유기질을 지닌 모래가 섞은 토양이나 점토질을 선택하는 것이 가장 좋으며, 강가 주변의 충적토도 매우 좋다. 물이 가까우면 관개에 편리하다.

444 화유(和柔)는 갈이하고 써레질하여 성글고 부드럽게 관리하는 것을 뜻한다.

럽게 해 준다. 가물면 곧 물을 준다. 잡초가 생기면 김매는데, 횟수는 많을수록 좋다. 이처럼 토란을 관리하면 항상 두 배로 수확할 수 있다."

土. 旱則澆之. 有草鋤之, 不厭數多. 治芋如此, 其收常倍.

『열선전列仙傳』[445]에 이르기를, "주객酒客은 양현의 현승이었을 때, 많은 백성들에게 토란을 심도록 하였다.[446] '삼년 후에는 큰 기근이 있을 지어다.' 후에는 마침내 그가 말한 것과 같이 되었으나, 양현 사람들은 (준비를 하였기 때문에) 굶어 죽는 일이 없었다."라고 하였다. 생각건대 토란은 기근을 구제할 수 있어서, 흉년을 넘길 수 있다. 오늘날 [후위(後魏)] 북방인은 모두 이러한 사실을 고려하지 않고 있

列仙傳曰, 酒客爲梁, 使烝民益種芋. 三年當大饑. 卒如其言, 梁民不死. 按, 芋可以救饑饉, 度凶年. 今中國多不以此爲意. 後至有耳目所不

445 『열선전』은 전한 유향(劉向: 기원전 77-기원전 6년)이 찬술했으며, 후인들은 위진시대에 방사들의 위작이라고 의심하였다. 지금도 존재하며, 책 가운데는 적송자(赤松子) 등의 신선의 고사 70개가 기술되어 있다. 유향(劉向)은 전한 시대 경학자이며 서지학자이다. 일찍이 여러 책들을 교열하여 『별록(別錄)』을 찬술하였으며, 중국의 목록학의 시조가 되었다. 별도로 『신서(新序)』, 『설원(說苑)』, 『열녀전(列女傳)』 등의 저서가 있으며, 지금도 모두 전해지고 있다.

446 이 내용은 금택초본과 명초본과 호상본의 문장과 같으며 원각 『농상집요』에서도 같은 문장을 인용하고 있다. 총서집성본(叢書集成本)의 『농상집요』에서는 "주객이 양현 현승(縣丞)이 되어, 백성들에게 토란을 심도록 했다.[酒客爲梁丞, 使民益種芋.]"라고 인용하고 있으며, 총서집성본 『열선전(列仙傳)』 권상(上)에도 "주객은 … 양현의 현승이 되어 백성들에게 토란과 채소를 심도록 하고, 이르기를 '삼년이 되면 큰 기근이 있을 것이다.'"라고 하였다. '증민(烝民)'은 '중민(衆民)'을 이르며, '승(丞)'은 관리를 보조하는 직책[佐貳官]이고, 양현의 정직(正職)과 좌이(佐貳)의 차이를 기록한 것이다. 양(梁)은 현의 이름이다. 한대에 설치되었기 때문에 치소는 지금의 하남성 임여현(臨汝縣)이다.

다. 젊은 사람[後至]들은 귀와 눈이 있음에도 널리 듣고 보지를 못하여,[447] 홍수 · 가뭄 · 태풍 · 충해 · 서리 · 우박 등의 천재가 닥치면 길바닥에 굶어죽는 사람을 볼 수 있으며, 백골이 도처에 쌓이게 된다. 또한 사람들은 알고는 있지만 파종을 하지 않아, 그 때문에 앉아서 멸망을 초래하고 있으니 실로 슬프도다! 황제된 사람[448]은 어찌 백성들에게 토란의 파종을 재촉하지 않는가?

聞見者, 及水旱風蟲霜雹之災, 便能餓死滿道, 白骨交橫. 知而不種, 坐致泯滅, 悲夫. 人君者, 安可不督課之哉.

최식崔寔이 이르기를 "정월에는 토란으로 절인 채소[菹][449]를 만들 수 있다."라고 하였다.

崔寔曰, 正月, 可菹芋.

447 '후지(後至)': 스셩한의 금석본에서는 후생(後生)으로 적고 있다. 금택초본에서는 '후지'로 하였으며, 남송본에서는 '후생(後生)'으로 쓰고 있으며, 명청각본에서는 '후생중(後生中)', '후생지(後生至)', '후생중지(後生中至)'라고 쓰고 있는데, 모두 후대 사람의 여탈에서 나온 것이다. '후지(後至)'라는 것은 환난을 사전에 준비하여 막지 않은 아둔한 관리가 '마침내 ~에 이르게 되어[後來至於]' 귀와 눈이 있지만 널리 듣지도 보지도 못하는 것을 질책한 것이지, 어떠한 '후생(後生)'에 대한 질책은 아니다. 『위서(魏書)』 권112 「영징지(靈徵志)」의 기록에 의하면, 가사협 전후의 몇십 년 사이에 있었던 일로, 이는 곧 후위 연흥(延興) 4년(474)부터 후위 흥화(興和) 4년(542)에 이르는 68년간의 내용이다. 홍수의 재난, 태풍의 재난, 우박의 재난, 대설의 재난, 서리의 재난, 안개의 재난, 메뚜기의 재난이 모두 123차례나 일어났으며, 평균 매년 2차례 발생하였다. 이 중에는 가뭄과 흉년과 같은 그런 횟수는 포함하지도 않았는데, 후생이 어떻게 보지도 못하고 듣지도 못했다고 할 수 있겠는가를 묻고 있다.

448 '인군(人君)': 금택초본과 호상본에는 '군(君)'으로 쓰고 있으나, 명초본에는 '거(居)'로 잘못되어 있다.

449 '저(菹)': 각본에서 모두 동일하지만, 『옥촉보전(玉燭寶典)』 「정월(正月)」편에서는 『사민월령(四民月令)』을 인용하여 '종(種)'자로 쓰고 있다. 묘치위 교석본에 따르면 토란 뿌리는 전분이 풍부하게 함유되어 있어 절인 김치를 담그는 데는 적당하지 않다. 권9 「채소절임과 생채 저장법[作菹藏生菜法]」에서는 대량의 절인

『가정법家政法』에 이르기를, "2월에는 토란을 파종할 수 있다."라고 하였다.

家政法曰, 二月可種芋也.

채소[菹菜]를 소개하고 있는데, 유독 토란을 절인 김치는 보이지 않는다. 다만 토란대[葉柄]를 절임 채소로 만들 수 있지만, 정월에는 아직 신선한 토란대가 나오지 않는다. 그렇기에 '저(菹)'는 마땅히 '종(種)'으로 써야 한다고 하였다.

中文介绍

『齐民要术齐民要术』是中国现存最早的农业百科全书，于公元530-540年由后魏的贾思勰所著。本书也是中国最早具有完整形态的农书。这本书系统地地整理了六世纪之前黄河中下流地区农作物的栽培和畜牧经验，各种食品的加工和储存以及野生植物的利用方式等，而且按照季节和气候详细介绍了农作物和土壤的关系，所以意义深远。本书的题目『齐民要术』正意味着所有百姓(齐民)必须要阅读和了解的内容(要术)。从这个角度来看，本书并非只是单纯的农书，而是可以被称为生活指导方针。因此，本书长期以来作为百姓们的必读之书，在后世成为了『农桑辑要』，『农政全书』等农书的典范，此外对包括韩国在内的东亚所有地区的农书编撰和农业发展形成了较深的影响。

贾思勰于北魏孝文帝时期出生于山东益都(现在的寿光一带)附近，曾任青州高阳太守，离任后开始经营农牧业活动。贾思勰活动的时代正是全面推展北魏孝文帝汉化政策的时期，实行均田制，把无主荒地分给无地或少地农民耕种，规定种植五谷和瓜果蔬菜，植树造林。『齐民要术』的出现为提高农业生产提供了有利的条件。尤其是贾思勰在山东，河北，河南等地历任官职期间直接或间接获取的农牧和生活经验直接反映到了这本书上。如序文所述，他追求了‘有利于国家和百姓’耿寿昌和桑弘羊等的经济政策，并为此重视观察和体验，也就是说主要关注了实用性的知识。

『齐民要术』分成10卷92篇。开头部分主要记录了水稻以及各种旱田作物的耕作方式和收种子方式。加上瓜果, 蔬菜类, 养蚕和牧畜等一共达到61篇。后半部主要介绍了以这些为材料的各种加工食品。

加工食品的比重虽然仅为25篇, 但详细介绍了生活中需要的造曲, 酿酒, 做酱, 造醋, 做豆豉, 做鱼, 做脯腊, 做乳酪的方法, 列举食品, 菜点品种越达到三百种。有趣的是, 第10卷介绍了150多种引入到中国的五谷, 蔬菜, 果蓏及野生植物等, 其分量几乎达到整个书籍的四分之一。这说明本书的有关外来农作物植生的信息非常全面。

本书不仅介绍了农作物的播种, 施肥, 浇灌和中耕细作技术等的农耕方法, 还详细介绍了多种园艺技术, 树木的选种方法, 家禽的饲养方法, 兽医处方, 利用微生物的农副产品发酵方式, 储存方法等。尤其是经济林和木材用树木的介绍较多, 这意味着当时土木, 建筑材料的需求和木材手工艺品大幅增长。此外, 通过本书的目录也可以得知, 此书详细介绍了养蚕, 养鱼和各种发酵食品, 酒和饮料以及染色, 书籍编辑, 树木繁殖技术和各地区树木种类等。这些内容证明了六世纪前后以中原为中心四面八方的少数民族饮食习惯和烹饪技术相互融合创出了新的中国饮食文化。特别的是这些技术介绍了地方志, 南方的异物志, 本草书和『食经』等50多卷书。这也证实了南北之间进行了全面的经济和文化交流。实际上『齐民要术』中出现了很多南方地名或饮食习惯, 因此可以证明六世纪中原饮食生活与邻近地区文化进行了积极的交流。如此, 成为旱田农业技术典范的『齐民要术』经唐宋时代为水田农业发展做出了贡献, 栽培和生产经验又再次转到了市场和流通。

从这一点来看, 『齐民要术』正是作为唐宋这个中国秩序和价值的完成过程中出现的产物, 提供"中国饮食文化的形成", "东亚农业经济"之基础。于是, 通过这一本书可以详细了解前近代中国百姓的生后中需要的是什么, 用什么方式生产何物, 用什么方式加工, 他们所需要的是什么。从这个角度来看，本书虽然分类为农家类，但并非是单纯的农业技术书籍。通过『齐民要术』所记载的内容，除了农业以外还能了解中国古代和中世纪的日常生活文化。不仅如此，还能确认中原地区和南北方民族以及西域，东南亚等地区进行了多种文化及技术交流，因此可以看作是非常有价值的古典。

尤其，『齐民要术』详细记录了多种谷物和食材的栽培方法和烹饪方法，这说明当时已经将饮食视为是文化，而且作者具有记录下来传授给后代的意志。这可以看作是要共享文化的统一志向型表现。实际上，隋唐时期之前东西和南北之间存在长期的政治纠纷，但通过多方面的交流促使文化融合，继承『齐民要术』的农耕方式和饮食文化，从而形成了基本的农耕文化体系。

『齐民要术』还以多种方式说明了当时农业的科学成就。首先，为了解决华北旱田农业的最大难题-保存土壤水分的问题，发明了犁耙，耧車和锄头等的农具与耕，耙，耱，锄，压等技术巧妙相结合的保墒方法，抗旱田干旱，防止害虫，促使农作物健康成长。还介绍了储存雨水和雪来提高生产力的方法。此外，为了选择种子和培养种子的方法开发了特殊处理法，并介绍了轮耕，间作和混作法等的播种方法。不仅如此，为了进行有效的农业经营，说明了除草，病虫害预防和治疗方法以及动物安全越冬方法和动物饲养方法。还有通过观察确定的土壤环境关系和生物鉴别方法，遗传变异，利用微生物的酒精酶方法和发酵方法，利用蛋白质分解酶做酱，利用乳酸菌或淀粉酶制作麦芽糖的方法等是经科学得到证明的内容。这种『齐民要术』的科学化实事求是的态度为黄河流域旱田农业技术的发展做出了重大的贡献，成为后世农学的榜样，使用这项技术提高生产力，不仅应对了灾难，还创造了丰富的文化。从以上可以看出，『齐民要术』融合了古代中国多种领域的产业和生活文化, 是一本名副其实的百科全书。

随着社会需求的增长,『齐民要术』的编撰次数逐渐增加, 结果出现了不少版本。最古老的版本是北宋天圣年前(1023-1031)的崇文院刻本, 但现在只剩下第5卷和第8卷。此外, 北宋本有日本的金泽文库抄本。南宋本有将校本。此外, 明清时代也出现了很多版本。

翻译本书的目的, 在于了解随着农业技术的变迁和发展而形成的文明, 并体系化地整理『齐民要术』所示的知识, 为未来社会做出一点贡献。于是首先试图总结了中国和日本的多种围绕着『齐民要术』的农业史研究成果。并且强调逐渐被疏忽的农业问题并非是单纯生产粮食的第一产业形式, 而是作为担保生命的生活中重要组成部分, 当今也持续存在的事实。 生命和环境问题是第四次产业革命时代重要的关键词, 农业史融合了与此有关的多种学问。这也是超越时空译注确保农业核心价值的『齐民要术』并向全世界发表的背景。

本书的翻译坚持了直译原则。只对于意义不通等的部分添加脚注或意译。尤其是, 本译注简介参考了近期出版的石声汉的『齐民要术今释』(1957-58)和缪启愉的 『齐民要术校释』(1998)及日本西山武一 的『校订译注齐民要术』。在本文的末端通过 【校记】 说明了所出版的每个版本之差。甚至在必要时还努力反映了韩中日的最近与『齐民要术』有关 的主要研究成果。译注时积极参考了中国古典文学者的研究成果“齐民要术词汇研究”等。

为了帮助读者的理解, 每一篇的末端插入了图版。之前的版本几乎没有出现照片, 这也许是因为当时对农作物和生产工具的理解度比较高, 所以不需要照片资料。但如今的韩国, 随着农业比重和人口的剧减, 年轻人对农业的关心和理解度比较低。不仅不理解生产工具或栽培方式, 连农作物的名称也不是太了解。其实, 他们在大量的信息中为未来做好准备而忙都忙不过来。并且，随着农业的机械化，已经不容易接触传统生产手段的运作方法，于是为了提高书的理解度而插入了照片。

如本书一样述有多种内容的古典，不容易用将过去的语言换成现在的语言。因为书里面融合了多种学问，于是需要很多相关研究者的帮助。连简单的植物名也不容易翻译。例如，『齐民要术』里面指称为'艾蒿'的汉字词有蓬，艾，蒿，莪，萝，萩等。如今其种类已增加为好几倍，但缺少有关过去分叉的研究，因此难以用我们的现代语言表达。为此，基本上需要研究韩国和中国的植物名称标记。虽然各种词典有从今日的观点研究的许多植物名和学名，但与历史中的植物相连接方面发现了不少问题。这种现象也是适用于出现在本书的其他谷物，果树，树木和动物等的现象。希望本书出版后，能以此为根据，在过去的物质资料和生活方式结合人文学因素后，全面进行融合学问的研究。还有，通过本书了解传统时代的农业和农村如何与自然合作进行耕作以及维持生活，也期待帮助解决今日的环境问题和生命产业所存在的问题。

本书内容丰富，主题也很多样化，于是翻译方面花费了不少时间，校对也用了相当于翻译的时间。最重要的是，本书对笔者的研究形成了最大的影响，也是笔者最想要翻译的书，于是更是感受颇深。在与"东亚农业史研究会"的成员每个星期整日阅读原书和进行讨论的过程中，笔者学会了不少知识，也得到了不少帮助。但因为没能充分涉猎，可能会有一些没有完美反映或应用不完善的部分。希望读者能对此进行指责和教导。

2018. 11. 27.

釜山大學校 歷史系 敎授 崔德卿

찾아보기

ㅇ